低压电工技能鉴定考证权威指南

主　编　杨清生

副主编　杨

中国水利水电出版社
www.waterpub.com.cn
·北京·

内 容 提 要

本书根据低压维修电工全国统考大纲和《低压电工作业人员安全技术培训大纲和考核标准》的要求，全面涵盖初级和中级电工专业知识、职业素养和技能操作等方面的考点，包括职业道德、电工执业要求与安全用电、电工工具仪器仪表、电工技术基础知识、电子技术基础知识、电工识图、变配电设备及运行知识、电力系统与输配电线路、相关工种一般知识、电动机与电力拖动、电工实操口述试题、电气安装实操、电动机 PLC 控制实操等内容。

本书深入浅出、难易得当，可以作为低压维修电工职业资格考试、特种作业人员低压电工培训考核的教材，也可以作为职业院校学生、低压电工从业人员的学习用书。

图书在版编目（CIP）数据

低压电工技能鉴定考证权威指南/杨清德，徐海涛
主编. —北京：中国水利水电出版社，2021.9（2024.9重印）.
　　ISBN 978-7-5170-9597-2

　　Ⅰ.①低… 　Ⅱ.①杨… ②徐… 　Ⅲ.①低电压—电工
—职业技能—鉴定—指南 　Ⅳ.①TM08-62

中国版本图书馆 CIP 数据核字（2021）第 087224 号

书　　名	低压电工技能鉴定考证权威指南 DIYA DIANGONG JINENG JIANDING KAOZHENG QUANWEI ZHINAN
作　　者	主　编　杨清德　徐海涛 副主编　杨　鸿　陈　飞
出版发行	中国水利水电出版社 （北京市海淀区玉渊潭南路 1 号 D 座　100038） 网址：www.waterpub.com.cn E-mail：zhiboshangshu@163.com 电话：（010）62572966-2205/2266/2201（营销中心）
经　　售	北京科水图书销售有限公司 电话：（010）68545874、63202643 全国各地新华书店和相关出版物销售网点
排　　版	北京智博尚书文化传媒有限公司
印　　刷	河北文福旺印刷有限公司
规　　格	185mm×260mm　16 开本　21.5 印张　518 千字
版　　次	2021 年 9 月第 1 版　2024 年 9 月第 3 次印刷
印　　数	6001—7000 册
定　　价	79.00 元

前　言

相关背景

电与国民经济各领域发展和人民生活质量提高息息相关。《国家职业教育改革实施方案》要求把学历证书与职业技能等级证书结合起来，启动"1+X"证书制度试点工作。根据《人力资源和社会保障部办公厅关于做好水平评价类技能人员职业资格退出目录有关工作的通知》（人社厅发〔2020〕80号）的精神，"电工职业资格"等水平评价类技能人员职业资格2020年年底前将全部退出国家目录，不再由政府部门鉴定发证，改为社会化认定发证。同时，要求大力推行职业技能等级认定，推动各类企业等用人单位全面开展技能人才自主评价，遴选发布社会培训评价组织并指导其按规定开展职业技能等级认定，颁发职业技能等级证书，支持劳动者实现技能提升。职业技能等级证书是职业院校毕业生、社会成员职业技能水平的凭证，也是对学习成果的认定。为此，全国许多职业院校都在践行"1+X"证书制度背景下的"学历证书+职业技能等级证书+特殊工种上岗证书"的试点工作，培养紧贴市场需求的一专多能的学生。

本书特点

本书根据国家对电工职业技能等级证书岗位（群）能力的要求，全面涵盖初级和中级电工专业知识、职业素养和技能操作，讲解职业活动和个人职业生涯发展所需要的综合职业能力，以满足电工初学者、电工从业人员认证培训与考核的需求。

本书具有以下特色及优势。

（1）对接考纲。全书以知识考点和实操项目为主线，从电工应知理论知识、电工应会实际操作技能和电工试题库三个维度，全面介绍低压电工技能鉴定的复习及训练策略，有助于读者充满信心参加考试。

（2）专家引领。本书汇集了多位长期工作在电工课程教学一线教师的宝贵经验，以低压维修电工全国统考大纲和《低压电工作业人员安全技术培训大纲和考核标准（2011年版）》的考点为中心，内容包括职业道德、电工执业要求与安全用电、电工工具仪器仪表、电工技术基础知识、电子技术基础知识、电工识图、变配电设备及运行知识、电力系统与输配电线路、相关工种一般知识、电动机与电力拖动、电工实操口述试题、电气安装实操、电动机PLC控制实操。以历年真题为基础，从实战出发，给出知识点归整和试题选解，对考试相关的知识点难点和重要性作了详细归纳和总结。同时，对部分知识点进行了有限度扩展，增加了电工新技术与新理论的内容，便于考生更全面地掌握知识体系。带 * 内容为扩展进阶内容。

（3）视频教学。电工考试分为理论考试与实操考试两大部分。理论考试中的重要考点配有老师讲解视频，有助于读者对概念的理解和方法的掌握；实操考试项目有老师示范操作讲解的录像，介绍本实操项目所需的设备、仪表，操作步骤、操作方法，安全操作要点及防护措施，图文声像并茂，对提高学习效率能起到立竿见影的作用。

　　本书深入浅出，通俗易懂，可作为低压维修电工职业资格考试、特种作业人员低压电工培训考核的教材，也可以作为职业院校学生、低压电工从业人员的学习用书。

　　本书由杨清德、徐海涛任主编，杨鸿、陈飞任副主编，全书由杨清德研究员拟定编写大纲和统稿。

　　由于编者水平有限，加之时间仓促，书中难免有疏漏及不当之处，敬请广大读者批评指正。

编者

2021 年 1 月

目　　录

单元一　电工应知

单元二 电工应会技能

单元一 电 工 应 知

第1章

职 业 道 德

1.1 人生职业与道德

1. 职业的定义

职业是参与社会分工，利用专门的知识和技能，为社会创造物质财富和精神财富，获取合理报酬，作为物质生活来源，并满足精神需求的工作。

2. 职业的分类

职业分为第一产业（农、林、牧、渔、水）、第二产业（工业、建筑业）和第三产业（除第一、第二产业以外的流通和服务业）。

3. 职业与人生的关系

人生1/3以上的时光在职业生活中度过；人生需要职业，职业需要道德，人生是短暂的，道德是永恒的。

4. 道德的定义

道德就是人类社会现实生活中，由经济关系决定的、以善恶标准评价的，依据人们的内心信念、传统习惯和社会舆论并辅以法律、行政手段来维持的原则规范、行为活动和心理意识的总和。

5. 道德的特点

（1）依靠社会舆论、个人内心信念和风俗习惯来维持。

（2）其渗透力在调节方式、调节范围上具有干预性和广泛性。

（3）它的风尚形成、巩固和发展，要靠教育，也要靠法制和行政手段。

6. 道德与法律的关系

（1）同属社会的上层建筑，是相互影响、相互补充的。道德规范中有法律的内容，法律条文中有道德的要求。两者在内容上相互渗透、相互包容，在作用上相辅相成。

（2）从历史角度看，道德比法律产生得早。法律直接体现统治阶级的意志，是阶级统治的工具，道德除有阶级性外，在全人类具有其广泛性。道德不具有法律那样的强制性。

7. 社会公德和家庭美德

社会公德是被全体公民公认的、大家都要共同遵守的道德规范。家庭美德是指调节家庭内部伦理关系的行为准则。

1.2　职业道德概述

1. 职业道德的定义

职业道德是人们在一定职业活动范围内应当遵守的、与其特定职业活动相适应的行为规范的总和。

2. 职业道德的作用

职业道德是社会道德体系的重要组成部分，一方面它具有社会道德的一般作用，另一方面它又具有自身的特殊作用，具体表现为以下四个方面：①调节职业交往中从业人员内部以及从业人员与服务对象间的关系；②有利于维护和提高本行业的信誉；③促进本行业的发展；④有助于提高全社会的道德水平。

职业道德是事业成功的保证。没有职业道德的人干不好任何工作，每一个成功的人往往都有较高的职业道德。

3. 职业道德的主要内容

职业道德的主要内容：忠于职守，乐于奉献；实事求是，不弄虚作假；依法行事，严守秘密；公正透明，服务社会。

4. 社会主义职业道德的核心和基本原则

社会主义职业道德的核心是为人民服务。

社会主义职业道德的基本原则是集体主义，即我为人人、人人为我。

5. 职业道德的基本特征

职业道德的基本特征：鲜明的职业性；内容、形式的多样性；较强的适用性；相对的稳定性和连续性。

6. 职业道德的基本规范

职业道德的基本规范：在岗爱岗、敬业乐业、诚实守信、平等竞争；办事公道、廉洁自律、顾全大局、团结协作；注重效益、奉献社会。

（1）体现从业人员人生价值的前提（或为他人服务、为企业和社会作贡献的基本要求）是勤奋工作、尽职尽责。

（2）人生价值与职业使命紧密相连，实现人生价值的途径是勤奋。

（3）诚实守信：是指言行一致、遵守诺言。

（4）平等竞争：是指参与市场活动的人无论其社会地位如何，在市场面前一律平等。

（5）诚实：是做人之本，是我们在社会上得以立足之本，是人与人之间正常交往的基础，是职业生活正常有序的前提条件。

（6）以诚待人的行为要求：①努力做到言行一致，表里如一；②做老实人，说老实话，办老实事；③先让人一步，不怕先吃亏。

（7）信誉：是个人立业的基础，是企业的生命。

（8）以信立业的行为要求：①言必信，行必果；②克服各种困难，达成诺言；③敢于承担诺言的责任。

（9）以质取胜：是市场经济的道德法则，是企业发展的根本，是促进"两个文明"建设的重要手段，是个人发展的根本途径。

（10）以质取胜的行为要求：①树立服务意识，提高服务质量，以优异的服务参与市场竞争；②端正服务态度，赢得良好信誉；③不生产和销售假冒伪劣商品，不牟取不正当的利益；④提倡高水平竞争，避免内耗。

（11）办事公道、廉洁自律：是指从业人员在行使职业职权时要公平公正、公私分明，约束好自己的行为。

（12）秉公办事、不徇私情：①有助于市场的良性运作；②有利于公众利益；③可以防止从业人员从"徇私情"滑向"谋私利"的深渊。

（13）秉公办事、不徇私情的行为要求：①严格按章办事；②以企业整体利益为重，必要时做出一定的个人牺牲；③提高抵制人情干扰的能力。

（14）克己奉公：是指克制自己的私欲，约束自己，一心为公。

（15）不谋私利：是指不以职权谋私利。

（16）以职权谋私利的后果：会损害他人和企业利益，会败坏社会风气。

（17）克己奉公、不谋私利的行为要求：①廉洁自律，抵制私欲的诱惑；②作风严谨，珍惜手中权力；③自觉接受监督。

（18）维护公众利益，抵制行业歪风：是维护社会整体利益的要求，是建设社会主义精神文明的要求。

（19）维护公众利益，抵制行业歪风的行为要求：①树立全心全意为人民服务的信念；②实行社会服务承诺制度。

（20）顾全大局：是指在处理局部利益与整体利益时，要以整体利益为重。

（21）团结协作：是指从业人员之间以及单位之间，在共同利益和共同目标下的相互支持、相互帮助的活动。

（22）全局观念的核心：是小道理服从大道理，个人利益服从整体利益。

（23）树立全局观念：是为了保证企业整体利益的获得，是社会发展的保障，是实现个人利益的保障。

（24）树立全局观念，服从统一安排的行为要求：①克服个人狭隘、片面的利益观，维护集体利益；②在特定的情况下，要忍辱负重；③坚定不移地执行领导的指令；④不要片面追求局部利益的最大化。

（25）增强团体意识、做好配合协作：①只有协作，才能使一个人的职业成就显示出来；②只有发挥群体优势，才能取得竞争的胜利。

（26）增强团队意识、做好配合协作的行为要求：①要树立协作意识、主动做好配合；②树立绿叶意识和配角意识、甘当绿叶、善当配角。

（27）尊重他人劳动、主动关心同事：①同事之间的关系有些胜过亲情关系；②每个劳动者的职业人格都是平等的；③尊重同事就是尊重自己。

（28）尊重他人、主动关心同事的行为要求：①建立和谐的人际关系；②主动关心能力较差的同事，在别人工作最困难时，主动伸出援助之手。

（29）注重效益：是指在生产经营活动中劳动者要合理地利用劳动时间，以较少的消耗取得较大的经济效果。

（30）奉献社会：是指从业人员要先公后私、公而忘私、大公无私，把自己的全部聪明才智用于为他人、为企业、为社会的服务之中。

（31）追求工作效率、合理取得利益：①在职业岗位上必须创造高效率；②效率越高、效益越大，个人与企业的收益也就越大。

（32）追求工作效率、合理取得利益的行为要求：①讲效率、求实效；②合理地取得个人报酬和企业利润；③让小利而求大义。

7. 电工职业道德规范的主要内容

（1）安全用电的责任性。事故出于麻痹，安全来自警惕。每个电工要热爱本职工作，忠于职守，以高度的安全用电责任性和对同事、对业户极端负责的精神，做好电气安全工作，提高安全警惕，反对麻痹大意、冒险操作，坚持做到"装得安全，拆得彻底，修得及时，用得正确"的职业要求。

（2）团结互助的协作性。电气作业建立在分工协作的基础上，往往是几个人同时进行操作，还牵涉部门之间的关系。彼此之间要团结互助，相互关心、相互爱护、相互支持、相互配合。

（3）执行制度的严肃性。电工要坚持执行电气安全各项制度，它包括以下内容。

1）岗位责任制：在自己所管辖的范围内，保证设备和电气线路的完好，设置必要的安全保护装置，防止他人乱摸乱动造成事故。

2）安全教育制度：电工是一种特殊工种，必须持证上岗、定期复审。同时要养成用电安全宣传和教育的习惯，对周围所有人都要随时随地进行用电安全宣传和教育。

3）安全检查制度：要进行各项电气安全检查。如日常巡视检查、定期检查及不定期的专项重点检查等，发现隐患及时整改。

4）事故分析制度：凡发生电气事故都要认真分析事故原因，找出防止事故的对策并加以实行，检查落实整改内容。

5）安全作业制度：电气安全管理的重要内容，主要包括停电检修安全工作制度、不停电及带电工作安全制度、倒闸操作安全制度等。

6）安全验收制度：安全检查验收是在前期工作完成以后进行的，尤其是前期工作的成果，在后续工作程序中使用的作业项目在使用前必须经过检查验收。坚持"验收合格，才能使用"的原则。

（4）消除事故隐患的及时性。在对电气设备及线路进行日常巡视检查中，要及时发现电气设备及线路的隐患，及时加以整改，消除隐患。

（5）坚持全心全意的服务性。必须本着诚信原则，提倡用服务代替管理，严格执行各项文明服务规范，坚持全心全意地为部门、为业户提供优质服务。

1.3　职业道德养成与职业修养

1. 如何认识职业道德教育与训练

职业道德教育是指一定的社会组织，为了提高从业人员的职业道德思想素质，有计划、有组织地对从业人员进行职业道德知识和观念灌输的活动，是一个由外而内的思想培育过程。

（1）职业道德教育的必要性：人们的职业道德知识和正确的职业道德观念，不是先天就有的，不是自然形成的，而是通过后天的学习和实践获得的。

（2）职业道德教育的内容：①学习职业道德基本知识，形成职业道德意识；②学习市场经济理论，树立现代经营意识；③学习和借鉴古今中外职业道德精华。

（3）职业道德教育的种类：①以教育对象的不同层次可分为决策管理层、经营管理层和操作人员层；②以实施教育的不同时间阶段可分为职前培训、在职转岗培训等。

（4）职业道德教育的方式：①课堂教学方式；②榜样引导方式；③集体影响方式；④行政规范方式。

（5）职业道德行为训练：是指一定的社会组织，通过有计划、有步骤地组织从业人员进行行为训练和实践的活动，使从业人员提高职业道德思想素质和职业技能，具备符合职业道德要求的职业行为。

（6）职业道德行为训练的意义：首先在于养成从业人员良好的行为习惯，使其能更好地为人民服务；其次表现在提高从业人员的职业道德思想素质上。

（7）职业道德行为训练的内容：①训练职业技能；②训练职业道德素质；③训练职业文明行为。

（8）职业道德行为训练的方式：①反复训练方式；②庄重的集体活动方式；③锻炼的方式；④角色扮演方式；⑤情境训练方式。

2. 职业道德修养

职业道德修养是指从业人员在道德意识、道德行为方面的自我锻炼、自我改造和自我提高，在职业实践中所形成的道德品质以及应达到的职业道德境界。

（1）职业道德修养的内容：提高职业道德认识，陶冶职业道德情感，坚定职业道德意志，确立职业道德信念，养成职业道德行为习惯。

（2）职业道德修养的常用方法：①学习职业道德规范、掌握职业道德知识；②努力学习现代科学文化知识和专业技能，提高文化素养；③经常进行自我反思，增强自律性；④提高精神境界，努力做到"慎独"。

【练习题】

一、选择题

1. 职业道德是指从事一定职业劳动的人们，在长期的职业活动中形成的（　　　）。

　　A. 行为规范　　　　B. 操作程序　　　　C. 劳动技能　　　　D. 思维习惯

2. 下列选项中属于职业道德范畴的是（　　　）。

　　A. 企业经营业绩　　　　　　　　　　B. 企业发展战略

C. 员工的技术水平   D. 人们的内心信念

3. 职业道德是一种（   ）的约束机制。

A. 强制性   B. 非强制性   C. 随意性   D. 自发性

4. 职业道德对企业起到（   ）的作用。

A. 决定经济效益   B. 促进决策科学化

C. 增强竞争力   D. 树立员工守业意识

5. 下列选项中，关于职业道德与人们事业成功的关系的叙述正确的是（   ）。

A. 职业道德是人事业成功的重要条件

B. 职业道德水平高的人肯定能够取得事业的成功

C. 缺乏职业道德的人更容易获得事业的成功

D. 人的事业成功与否与职业道德无关

6. 职业纪律是企业的行为规范，职业纪律具有（   ）的特点。

A. 明确的规定性   B. 高度的强制性   C. 通用性   D. 自愿性

7. 在日常接待工作中，对待不同服务对象，态度应真诚热情、（   ）。

A. 尊卑有别   B. 女士优先   C. 一视同仁   D. 外宾优先

8. 企业员工违反职业纪律，企业（   ）。

A. 不能做罚款处罚   B. 因员工受劳动合同保护，不能给予处分

C. 视情节轻重，作出恰当处分   D. 警告往往效果不大

二、判断题

1. 职业道德具有自愿性的特点。   （   ）

2. 职业道德不倡导人们的牟利最大化观念。   （   ）

3. 在市场经济条件下，克服利益导向是职业道德社会功能的表现。   （   ）

4. 事业成功的人往往具有较高的职业道德。   （   ）

5. 服务也需要创新。   （   ）

6. 员工在职业交往活动中，尽力在服饰上突出个性是符合仪表端庄具体要求的。（   ）

第 2 章

电工执业要求与安全用电

2.1 电工执业要求

■ 2.1.1 特种作业人员操作证

特种作业人员操作证是由国家安全生产管理总局对于实行准入备案制度的特殊行业的作业人员所颁发的证书，可证明持证人受过专业安全技术、法律法规、职业道德的培训，并已在地方安全生产监督管理局备案注册。

特种作业操作资格证书在全国范围内有效，离开特种作业岗位 6 个月以上，应当按照规定重新进行实际操作考核，经确认合格后方可上岗作业。对于未经培训考核即从事特种作业的，《建设工程安全生产管理条例》第六十二条规定了行政处罚；造成重大安全事故，构成犯罪的，对直接责任人员，依照刑法的有关规定追究刑事责任。

高压电工作业、低压电工作业、防爆电气作业被列为特种作业目录。特种作业人员操作证有效期为 6 年，在全国范围内有效。特种作业人员操作证每 3 年复审一次。

■ 2.1.2 电工职业资格证

职业资格证书是表明劳动者具有从事某一职业所必备的学识和技能的证明。它是劳动者求职、任职、开业的资格凭证，是用人单位招聘、录用劳动者的主要依据，也是境外就业、对外劳务合作人员办理技能水平公证的有效证件。

电工职业资格证书分为五个等级：初级（国家 5 级）、中级（国家 4 级）、高级（国家 3 级）、技师（国家 2 级）以及高级技师（国家 1 级）。

职业资格证书与职业劳动活动密切相连，反映特定职业的实际工作标准和规范。电工及其所属电工的职业工种（如继电保护工、维修电工、配电线路工、电气试验工等）均可以作为电工的资格凭证。

【试题选解 1】 特种作业人员操作证每（　　）年复审一次。

A. 4　　　　　　　　　　B. 5　　　　　　　　　　C. 3

解： 根据《特种作业人员安全技术培训考核管理规定》，特种作业人员操作证每 3 年复审一次，所以正确答案为 C。

2.2 用电安全法规

■ 2.2.1 特种作业人员安全技术培训考核管理规定

2010 年 5 月 24 日，国家安全生产监督管理总局制定与发布《特种作业人员安全技术培训考核管理规定》，2015 年 5 月 29 日进行了第二次修正，主要目的是落实特种作业人员持证上岗制度，提高特种作业人员的安全技术水平，防止和减少伤亡事故。

■ 2.2.2 《中华人民共和国安全生产法》

2014 年 12 月 1 日开始施行的《中华人民共和国安全生产法》共 7 章 114 条，该法律指出：安全生产工作应当以人为本，坚持安全发展，坚持"安全第一、预防为主、综合治理"的 12 字方针。

(1) 从业人员的权利：知情、建议权；批评、检举控告权；拒绝权；撤险权和保外索赔权。

(2) 从业人员的义务：遵章守纪、教育培训和报告隐患。

■ 2.2.3 《中华人民共和国消防法》

《中华人民共和国消防法》于 2008 年 4 月 29 日通过，2008 年 10 月 28 日第十一届全国人民代表大会常务委员会第五次会议修订，自 2009 年 5 月 1 日起施行。2019 年 4 月 23 日第十三届全国人民代表大会常务委员会第十次会议修订。

电工要增强防火意识，时刻关注消防安全，当好企业防火的宣传员。

■ 2.2.4 《中华人民共和国劳动法》

《中华人民共和国劳动法》于 1994 年 7 月 5 日第八届全国人民代表大会常务委员会第八次会议通过，自 1995 年 1 月 1 日起施行。2009 年 8 月 27 日第十一届全国人民代表大会常务委员会第十次会议进行了第一次修订，2018 年 12 月 29 日第十三届全国人民代表大会常务委员会第七次会议进行了第二次修订。

■ 2.2.5 《中华人民共和国劳动合同法》

《中华人民共和国劳动合同法》于 2007 年 6 月 29 日通过，自 2008 年 1 月 1 日起施行，2012 年 12 月 28 日第十一届全国人民代表大会常务委员会第三十次会议进行了修订。

■ 2.2.6 《工伤保险条例》

《工伤保险条例》由国务院于 2003 年 4 月 27 日发布，自 2004 年 1 月 1 日起施行。2010 年国务院第 586 号令对它作出修订，自 2011 年 1 月 1 日施行。

▌2.2.7　《电力安全事故应急处置和调查处理条例》

《电力安全事故应急处置和调查处理条例》于 2011 年 6 月 15 日国务院第 159 次常务会议通过，自 2011 年 9 月 1 日起施行。该条例共 6 章 37 条。

该条例将电力安全事故划分为特别重大事故、重大事故、较大事故、一般事故四个等级。

【特别提醒】

电工应了解和掌握的法律法规的相关规定还有很多，大家可以通过书籍或网络进一步阅读其原文，使自己在工作中更好地知法和守法。

【试题选解 2】《中华人民共和国安全生产法》立法的目的是加强安全生产工作，防止和减少（　　），保障人民群众生命和财产安全，促进经济发展。

　　A．生产安全事故　　　　　　　B．火灾、交通事故　　　　　　　C．重大、特大事故

解：顾名思义，《中华人民共和国安全生产法》立法的目的是加强安全生产工作，防止和减少生产安全事故的发生，所以正确答案为 A。

2.3　安全用电知识

▌2.3.1　用电安全操作规程

安全用电操作的基本知识很多，这里仅就重要内容作简要提示，详尽内容请读者阅读相关书籍。

1. 安全用电基本常识

（1）安装、维修或拆除临时用电工程，必须由专业持证电工完成。

（2）按规定穿戴好相应的劳动防护用品，检查电气装置和保护设施是否完好。严禁设备带病运转。

（3）发现问题，及时报告解决。搬迁或移动用电设备，必须切断电源并做妥善处理后进行。

（4）施工现场临时用电必须建立安全技术档案，由主管该现场的电工负责建立与管理。

2. 电工安全操作基本要求

（1）电工在进行安装和维修电气设备时，应严格遵守各项安全操作规程，如《电气设备维修安全操作规程》《手持电动工具安全操作规程》等。必须坚持必要的安全工作制度，如工作票制度、工作监护制度等。

（2）做好操作前的准备工作，如检查工具的绝缘情况，并穿戴好劳动防护用品（如绝缘鞋、绝缘手套）等。

如果是有多人同时进行停电作业，必须由电工组长负责及指挥。工作结束，应由组长发令合闸通电。

（3）严禁带电操作，并应遵守停电操作的规定。操作前，要断开电源，然后检查电器、线路是否已停电，未经检查的都应视为有电。

（4）切断电源后，应及时挂上"禁止合闸，有人工作"的警告示牌，必要时应加锁，带走电源开关内的熔断器，然后才能工作。

（5）工作结束后，应遵守停电、送电制度，禁止约时送电。在送电的同时应取下警告牌，装上电源开关的熔断器。

（6）在低压线路带电操作时应有专人监护，使用有绝缘柄的工具，必须穿长袖衣服和长裤、扣紧袖口、穿绝缘鞋、戴绝缘手套，工作时站在绝缘垫上。

（7）发现有人触电，应立即采取抢救措施，绝不允许临危逃离现场。

对断落在地面的带电导线，为了防止触电及"跨步电压"，应撤离电线落地点 15～20 m，并设专人看守，直到事故处理完毕。若人已在跨步电压区域，则应立即用单脚或双脚并拢迅速跳到 15～20 m 以外地区。千万不能大步奔跑，以防跨步电压触电。

3. 用电安全措施

用电安全措施是为了确保电工设备的安全和使用人员的人身安全而采取的措施，是安全用电的一项主要内容，安全用电的措施分为组织措施和技术措施，其要求见表 2-1。

表 2-1　安全用电的措施及要求

安全用电的措施		具 体 要 求
组织措施		1. 工作票制度（电气设备工作应先填写工作票。已经终结的工作票，至少要保存 3 个月）； 2. 工作许可制度（电气设备工作应经许可才能进行）； 3. 工作监护制度（工作现场必须对工作人员工作进行监护）； 4. 工作间断、转移终结制度
技术措施	绝缘措施	保证带电体之间，或者带电体对人或对地之间的有效绝缘，一般采用固体绝缘
	屏护措施	当电气设备不便于绝缘或绝缘不足以保证安全时，应采取屏护措施，常用的屏护装置有遮栏、护罩和护盖
	设置障碍物	设置障碍物可以防止无意触及或接近带电体，但不能防止绕过障碍物而触及带电体
	间隔措施	间隔措施要求保持一定的间隔距离，防止触及带电体，通常应保持在伸直手臂所能触及的范围外
	漏电保护	漏电保护装置只能做附加保护，不能单独使用，漏电保护的动作电流应整定在 30 mA 以下
	安全电压	安全电压等级的选择需视用电地点的不同而定，不允许利用自耦调压器获得低电压

【特别提醒】

遮栏、栅栏等屏护装置上应有明显的标志，挂标志牌，必要时还应上锁。安全间距的大小取决于电压高低、设备类型以及安装方式。

对建筑物和电气设备采取一定的保护措施。例如，电气设备的接地、保护接零，漏电保护；带电导体的遮栏、挂安全标志牌等。

4. 安全色与安全标志牌

国家规定的安全色有红、蓝、黄、绿 4 种颜色。其中，红色表示禁止、停止，也表示防火；蓝色表示指令或必须遵守的规定；黄色表示警告、注意；绿色表示指示、安全状态、通行。

安全标志牌是用来表达特定安全信息的标志，由图形符号、安全色、几何形状（边框）或文字构成。安全标志有禁止标志、警告标志、指令标志和提示标志 4 类。

5. 电气作业安全管理技术措施

在全部停电或部分停电的电气设备上工作，必须完成停电、验电、装设接地线、装设个人保安线、悬挂标示牌和装设遮栏后，方能开始工作。

（1）停送电操作。

1）隔离开关操作安全技术。

a. 手动合隔离开关时，先拔出联锁销子，开始要缓慢，当刀片接近刀嘴时，要迅速果断合上，以防产生弧光。在合到终了时，不得用力过猛，防止冲击力过大而损坏隔离开关绝缘。

b. 隔离开关操作完毕，检查其开、合位置，三相同期情况及触头接触插入深度是否正常。

2）断路器操作安全技术。

a. 操作控制开关时，操作应到位，停留时间以灯光亮或灭为限。不要过快松开控制开关，以防止分、合闸操作失灵。

b. 操作控制开关时，不要用力过猛，以免损坏控制开关。

c. 断路器操作完毕，应检查断路器的位置状态是否正常。

为了防止带负荷拉（合）刀闸，缩小事故范围，在进行倒闸操作时一般遵循下列顺序：停电应该由电源端往负荷端一级一级停电；送电顺序相反，即由负荷端往电源端一级一级送电。

（2）验电操作。验电时，应使用相应电压等级而且合格的接触式验电器，在装设接地线或合接地刀闸处三相分别验电。

验电前，应先在有电设备上进行试验，确证验电器良好。验电操作人员在确认无电并隔离操作以前，应以带电设备对待。注意安全距离，注意安全监护。

（3）装设接地线。装设和拆除接地线时，必须两人进行。当验明设备确实无电后，应立即将检修设备接地，并将三相短路。装设和拆除接地线均应使用绝缘棒并戴绝缘手套。装设接地线必须先接接地端，后接导体端，必须接触牢固。拆除接地线的顺序与装设接地线相反。

（4）装设个人保安线。为防止停电检修线路上感应电压伤人，在需要接触或接近导线工作时，应使用个人保安线。个人保安线应在杆塔上接触或接近导线的作业开始前挂接，作业结束脱离导线后拆除。装设时，应先接接地端，后接导线端，且接触良好，连接可靠。拆个人保安线的顺序与此相反。

（5）悬挂标示牌和装设遮栏（围栏）。

在一经合闸即可送电到工作地点的开关和刀闸的操作把手上，均应悬挂"禁止合闸，有人工作"或者"禁止合闸，线路有人工作"的标示牌。

在室内高压设备上工作，应在工作地点两旁间隔和对面间隔的遮栏上和禁止通行的过道上悬挂"止步，高压危险！"的标示牌。

在室外架构上工作，则应在工作地点邻近带电部分的横梁上，悬挂"止步，高压危险！"的标示牌。

部分停电的工作，安全距离小于 0.7 m 的未停电设备，应装设临时遮栏。在城区或人口密集区域施工时，工作场所周围应装设遮栏（围栏）。

【特别提醒】

在低压带电设备上工作时，绝缘手套、绝缘鞋（靴）、绝缘垫可作为基本安全用具使用，在高压情况下，只能用作辅助安全用具。

6. 接地和接零

接地和接零的基本目的，一是电路的工作要求需要，二是保障人身和设备安全。如图 2-1 所示，按其作用可分为保护接零、重复接地、工作接地和保护接地 4 种，见表 2-2。

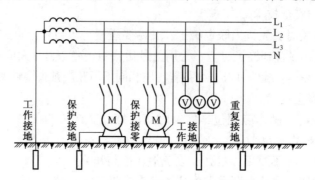

图 2-1　接地和接零

表 2-2　接地和接零

序号	种类	说　　明
1	保护接零	在 TN 供电系统中受电设备的外露可导电部分通过保护线 PE 线与电源中性点连接，而与接地无直接联系
2	重复接地	在工作接地以外，在专用保护线 PE 上一处或多处再次与接地装置相连接称为重复接地
3	工作接地	电气系统的需要，在电源中性点与接地装置做金属连接称为工作接地
4	保护接地	将用电设备与带电体相绝缘的金属外壳和接地装置做金属连接称为保护接地

保护接地与保护接零是两种既有相同点又有区别的安全用电技术措施，其比较见表 2-3。

表 2-3　保护接地与保护接零的比较

比较		保护接地	保护接零
相同点		都属于为防止电气设备金属外壳带电而采取的保护措施	
		适用的电气设备基本相同	
		都要求有一个良好的接地或接零装置	
区别	适用系统不同	适用于中性点不接地的高、低压供电系统	适用于中性点接地的低压供电系统
	线路连接不同	接地线直接与接地系统相连接	保护接零线则直接与电网的中性线连接，再通过中性线接地
	要求不同	要求每个电器都要接地	要求三相四线制系统的中性点接地

7. 安全电压

安全电压是相对于高压、低压而言的，是指对人身安全危害不大的电压。

国家标准《安全电压》规定我国安全电压额定值的等级为 42 V、36 V、24 V、12 V 和 6 V，应根据作业场所、操作员条件、使用方式、供电方式、线路状况等因素选用。

8. 施工现场临时用电安全技术规范

住房和城乡建设部《施工现场临时用电安全技术规范》（JGJ 46—2019）的主要技术内容是：总则；术语、代号；配电系统；配电装置；配电室及自备电源；配电线路；电动建筑机械和手持式电动工具；外线电路及电气设备防护；照明；临时用电工程管理。

建筑施工现场临时用电工程专用的电源中性点直接接地的 220/380 V 三相四线制低压电力系统，必须符合下列规定。

（1）采用三级配电系统。

（2）采用 TN-S 接零保护系统。

（3）采用二级漏电保护系统。

临时用电工程必须经编制、审核、批准部门和使用单位共同验收，合格后方可投入使用。

9. 手持式电动工具的管理使用检查和维修安全技术规程

国家标准《手持式电动工具的管理、使用、检查和维修安全技术规程》（GB/T 3787—2017）规定如下。

（1）手持式电动工具的管理。

1）检查工具是否具有国家强制认证标志、产品合格证和使用说明书。

2）监督、检查工具的使用和维修。

3）对工具的使用、保管、维修人员进行安全技术教育和培训。

4）工具应存放在干燥，无有害气体或酸蚀性物质的场所。

5）制定相应的安全操作规程。

（2）手持式电动工具的使用与检查。

1）手持式电动工具中的塑料外壳 Ⅱ 类工具和一般场所手持式电动工具中的 Ⅲ 类工具可不连接 PE 线。

2）工具的电源线不得任意接长或拆换。当电源离工具操作点距离较远而电源线长度不够时，应采用耦合器进行连接。

3）操作人员在进行操作时须佩戴防护用品。根据适用情况，使用面罩、安全护目镜或安全眼镜。使用时，戴上防尘面具、听力保护器、手套和能阻挡小磨料或者工具碎片的工作围裙。

4）工具使用单位应有专职人员进行定期检查，每年至少检查一次。

5）工具如有绝缘损坏，电源线护套破裂、保护接地线（PE）脱落、插头插座裂开或有损于安全的机械损伤等故障时，应立即进行修理。在未修复前，不得继续使用。

【试题选解3】　如果线路上有人工作，停电作业时应在线路开关和刀开关操作手柄上悬挂"（　　）"标示牌。

A. 止步、高压危险　　　　　B. 禁止合闸，有人工作

解：如果线路上有人工作，停电作业时应在线路开关和刀开关操作手柄上悬挂"禁止合

闸，有人工作"的标示牌。所以正确答案应为 B。

【试题选解 4】 停电操作应在断路器断开后进行，其顺序为（　　）。

A. 先拉线路侧刀开关，后拉母线侧刀开关　　B. 先拉母线侧刀开关，后拉线路侧刀开关

C. 视情况而定

解：停电操作应在断路器断开后进行，其正确操作顺序为先拉线路侧刀开关，后拉母线侧刀开关，因为刀开关不能带负荷操作，刀开关只是在检修时起明显断开作用，方便后面的检修。所以正确答案应为 A。

【试题选解 5】 我国规定安全电压的上限值不超过交流电压有效值（　　）V。

A. 50　　　　　　　　　B. 42　　　　　　　　　C. 36

解：国家标准《安全电压》规定我国安全电压额定值有 5 个等级，最高为交流 42 V，所以正确答案应为 B。

【试题选解 6】 用于电气作业书面依据的工作票应一式（　　）份。

A. 三　　　　　　　　　B. 两　　　　　　　　　C. 四

解：用于电气作业书面依据的工作票应一式两份，所以正确答案为 B。

2.3.2　触电与急救

1. 触电事故发生的原因

（1）缺乏电气安全知识。例如，带负荷拉高压隔离开关；低压架空线折断后不停电，用手误碰火线；在光线较弱的情况下带电接线，误触带电体；手触摸破损的胶盖刀闸。

（2）违反安全操作规程。例如，带负荷拉高压隔离开关；带电拉临时照明线；安装接线不规范等。

（3）设备不合格。例如，高低压交叉线路，低压线误设在高压线上面；用电设备进出线未包扎好裸露在外；人触及不合格的临时线等。

（4）设备管理不善。例如，大风刮断低压线路和刮倒电杆后，没有及时处理；水泵电动机接线破损使外壳长期带电等。

（5）其他偶然因素。例如，大风刮断电力线路触到人体，人体受雷击等。

2. 触电事故的种类

一般来说，电流对人体的伤害有两种类型：电击和电伤。

通过对许多触电事故的分析，两种触电的伤害会同时存在。不论电击还是电伤，都会危害人的身体健康，甚至会危及生命。

3. 触电方式

根据人体触及带电体的方式和电流流过人体的途径，触电可分为单相触电、两相触电和跨步电压触电等。

（1）单相触电。当人体某一部位与大地接触时，另一部位与一相带电体接触所致的触电事故如图 2-2 所示。

（2）两相触电。发生触电时，人体的不同部位同时触及两相带电体，称两相触电。两相触电时，相与相之间以人体作为负载形成回路电流，如图 2-3 所示。此时，流过人体的电流大小完全取决于电流路径和供电电网的电压。

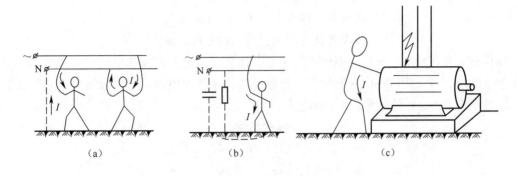

（a）　　　　　　　（b）　　　　　　　（c）

图 2-2　单相触电

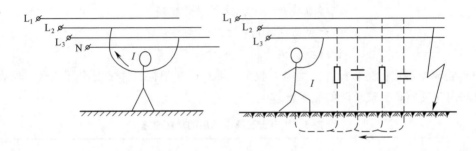

图 2-3　两相触电

（3）跨步电压触电。电气设备碰壳或电力系统一相
接地短路时，电流从接地极四散流出，在地面上形成不
同的电位分布，人在走近短路地点时，两脚之间的电位
差称跨步电压。人体触及跨步电压而造成的触电，称跨
步电压触电，如图 2-4 所示。

当发觉跨步电压威胁时，人应赶快把双脚并在一起，
或尽快用一条腿或两条腿跳着离开危险区 20 m 以外。

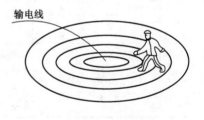

图 2-4　跨步电压触电

【特别提醒】

触电方式还有接触电压触电、感应电压触电和剩余电荷触电等。无论哪种方式的触电，
都有危险。在日常工作中如果没有必要的安全措施，不要接触低压带电体，也不要靠近高压
带电体。

4. 触电急救

（1）现场抢救触电者原则：迅速，就地，准确，坚持。

（2）让触电者迅速脱离电源。发生 220 V 触电事故，要立即想办法切断电源。

操作口诀

人触电，先断源，一根一根地剪断。

情急时，杆挑线，干燥木棍或竹竿。

不得已，将人拉，戴上手套站木板。

措施当，保安全，单手拉拖最保险。

不要直接将人拽，防止被电连成串。

发现有人高压触电，其他人不但不能接触，而且还不能靠近高压电气设备或线路。对于高压触电事故，可采用口诀中介绍的方法让触电者快速脱离电源。触电者脱离带电导线后也应迅速带至 8~10 m 以外，并立即开始急救。

操作口诀

高压触电打电话，供电部门来停电。

安全措施未做好，应离八至十米远。

穿绝缘靴戴手套，绝缘工具拉开关。

邻近架空高压线，抛掷一根短路线。

线路短路并接地，保护动作就断电。

伤者脱离电源后，立即带到安全点。

针对症状施急救，直到来了医务员。

（3）脱离电源后的急救操作。触电者脱离电源后，应根据具体情况展开急救，见表 2-4。越短时间内开展急救，被救活的概率就越大。

表 2-4　触电者脱离电源后的急救措施

序号	症状	急救措施
1	神志清醒，呼吸心跳均自主者	就地平卧，严密观察，暂时不要站立或走动，防止继发休克或心衰
2	呼吸停止，心跳存在者	将伤者就地平卧，解松衣扣，通畅气道，立即进行口对口人工呼吸
3	心跳停止，呼吸存在者	立即采取胸外心脏按压法实施急救
4	呼吸、心跳均停止者	现场抢救最好能两人分别施行口对口人工呼吸及胸外心脏按压，以 2∶15 的比例进行，即人工呼吸 2 次，心脏按压 15 次。 单人徒手心肺复苏操作，考试实际操作时，要求口对口人工呼吸与胸外心脏按压法交替使用（10∶150），从判断颈动脉开始到最后一次吹气，总时间不超过 130 s

【特别提醒】

触电伤员如意识丧失，应在 10 s 内，用看、听、试等方法，迅速判定伤员的呼吸、心跳情况。触电者是否死亡，要由医生下结论。

现场抢救中，不要随意移动伤员。移动伤员或将其送医院，除应使伤员平躺在担架上并在背部垫以平硬阔木板外，应继续抢救，心跳、呼吸停止者要继续人工呼吸和胸外心脏按压，在医院医务人员未接替前救治不能中止。

如果触电者有皮肤灼伤，可用净水冲洗拭干，再用纱布或手帕等包扎好，以防感染。

【试题选解 7】 有人触电时，应立即（　　　）。

A. 切断电源　　　　　　B. 紧急抢救　　　　　　C. 报告上级

解： 发现有人触电时，应设法立即切断电源，然后实施紧急抢救，并立即拨打急救电话 120，所以正确答案应为 A。

■ 2.3.3　防火防爆知识

1. 电气火灾与爆炸的原因及条件

电气火灾与爆炸的原因很多，设备缺陷、安装不当等是重要原因。电流产生的热量和电路产生的火花或电弧是直接原因。

发生电气火灾和爆炸要具备三个条件：一是要有易燃易爆物质和环境；二是要有引燃条件；三是要有氧气（空气）。

2. 电气火灾的扑救

（1）切断电源。当发生电气火灾时，若现场尚未停电，则首先应想办法切断电源，这是防止扩大火灾范围和避免触电事故的重要措施。切断电源时应该注意以下几点。

1）切断电源时必须使用可靠的绝缘工具，以防操作过程中发生触电事故。

2）切断电源的地点选择要适当，以免影响灭火工作。

3）剪断导线时，非同相的导线应在不同的部位剪断，以免造成人为短路。

4）如果导线带有负荷，应先尽可能消除负荷，再切断电源。

（2）防止触电。为了防止灭火过程中发生触电事故，带电灭火时应注意与带电体保持必要的安全距离。不得使用水、泡沫灭火器灭火。应该使用干黄沙和二氧化碳灭火器、干粉灭火器灭火。防止身体、手、足或者使用的消防灭火器等直接与有电部分接触或有电部分过于接近造成触电事故。带电灭火时，还应该戴绝缘橡胶手套。

（3）充油设备的灭火。扑灭充油设备内部火灾时，应该注意以下几点。

1）充油设备外部着火时，可用二氧化碳、1211、干粉等灭火器灭火；如果火势较大，则应立即切断电源，用水灭火。

2）如果是充油设备内部起火，则应立即切断电源，灭火时使用喷雾水枪，必要时可用沙子、泥土等灭火。外泄的油火，可用泡沫灭火器熄灭。

3）发电机、电动机等旋转电机着火时，为防止轴和轴承变形，可令其慢慢转动，用喷雾水枪灭火，并帮助其冷却，也可用二氧化碳灭火器、1211 灭火器、蒸汽等灭火。

【特别提醒】

情况危急或受条件限制必须带电灭火时应注意：二氧化碳、1211、干粉等灭火器所使用的灭火剂都是不导电的，可用来带电灭火。使用二氧化碳灭火器时，应保证通风良好，并且要适当远离火区，并注意防止喷出的二氧化碳沾染皮肤。带电灭火时，应注意灭火器本体、喷嘴及人体与带电体保持一定的距离。

3. 电气防爆

电气防爆是将设备在正常运行时产生电弧、火花的部件放在隔爆外壳内，或采取浇封型、充沙型、充油型或正压型等其他防爆形式以达到防爆目的。

爆炸性气体环境中安装的电气设备主要有隔爆型电气设备、增安型电气设备、本质安全型电气设备、正压型电气设备、浇封型电气设备、充油型电气设备、充沙型电气设备、"n"型电气设备等。

【试题选解 8】　干粉灭火器从出厂日期算起，达到 5 年的年限应报废。（　　）

解：按照规定，干粉灭火器报废年限为 10 年，所以该题目的观点是错误的，应填写×。

【试题选解9】 下列哪种灭火器不适用于扑灭电气火灾？（　　）

A. 二氧化碳灭火器　　　　　　　B. 干粉灭火器　　　　　　　C. 泡沫灭火器

解：由于是电气火灾，只能使用二氧化碳灭火器或干粉灭火器。因为电气火灾是由电路短路引起的，是带电的，使用水基材料的泡沫灭火器里面的水会导电，将威胁人身安全，手持灭火器的人员会触电，所以选择 C。

2.4　安全用电实操训练（考试）

本节介绍的实操训练考试的试题适用于维修电工初级（五级）考试和特种作业人员操作证考试，试题题目来源于国家题库。

■ 2.4.1　触电事故现场的应急处理

触电类型及方式

考试方式：口述。

考试时间：10 min。

1. 安全操作步骤

（1）低压触电时脱离电源方法及注意事项。

1）发现有人低压触电，应立即寻找最近的电源开关，进行紧急断电，若不能断开关，则应采用绝缘的方法切断电源。

较大型机台触电时，使触电人脱离电源的步骤及方法见表 2-5。

表 2-5　较大型机台触电时使触电人脱离电源的步骤及方法

步骤	操 作 方 法
1	关掉漏电机台的负荷开关（停车按钮）后拉刀开关，尽快切断电源
2	现场情况不能立即切断电源时，救护人员可用不导电物体（如干燥木棒、手套、干燥衣服等）拨开（拉开）触电人，使其脱离电源
3	如果触电人衣服干燥且不是紧裹在身上，可以拉他的衣服，但注意不得触及其皮肤
4	救护人员注意自身安全，尽量站在干燥木板、绝缘垫上或穿绝缘鞋进行抢救。一般应单手操作

小型设备或电动触电时，使触电人脱离电源的步骤及方法见表 2-6。

2）在触电人脱离电源的同时，救护人员除应防止自身触电，还应防止触电人脱离电源后发生二次伤害。

3）让触电人在通风暖和的处所静卧休息，根据触电人的身体特征，做好急救前的准备工作。

表 2-6　小型设备或电动工具触电时使触电人脱离电源的步骤及方法

步骤	操 作 方 法
1	能及时拔下插头或拉下开关的，应尽快切断电源
2	现场情况不能立即切断电源时，救护人员可用不导电物体（如干燥木棒、手套、干燥衣服等）拨开（拉开）触电人或漏电设备，使其脱离电源。一般应单手操作

续表

步骤	操 作 方 法
3	触电人已抽筋紧握带电体时，直接扳开他的手是危险的，此时可用干燥的木柄锄头或绝缘胶钳等绝缘工具剪断电线，但要注意只能一根一根地剪
4	如果电源通过触电人入地形成回路，可用干燥木板插垫在触电人身下或脚下以切断电流回路

脱高低压方法

4）如果触电人触电后已出现外伤，则处理外伤时不应影响抢救工作。

5）夜间有人触电，急救时应解决临时照明问题。

（2）高压触电时脱离电源方法及注意事项。

1）发现有人高压触电，应立即通知上级有关供电部门，进行紧急断电；若不能断电，则应采用绝缘的方法挑开电线，设法使其尽快脱离电源。

2）在触电人脱离电源的同时，救护人员除应防止自身触电，还应防止触电人脱离电源后发生二次伤害。

3）根据触电人的身体特征，应派人严密观察，确定是否请医生前来或送往医院诊察。

4）让触电人在通风暖和的处所静卧休息，根据触电人的身体特征，做好急救前的准备工作；夜间有人触电，急救时应解决临时照明问题。

5）如果触电人触电后已出现外伤，则处理外伤时不应影响抢救工作。

2. 考试评分标准

触电事故现场的应急处理评分标准见表 2-7。

表 2-7　触电事故现场的应急处理评分标准

序号	考试项目	考试内容	配分	评分标准
1	触电事故现场应急处理	低压触电的断电应急程序	50	口述低压触电脱离电源方法不完整扣 5~25 分，口述注意事项不合适或不完整扣 5~25 分
		高压触电的断电应急程序	50	口述高压触电脱离电源方法不完整扣 5~25 分，口述注意事项不合适或不完整扣 5~25 分
2	否定项	否定项说明	扣除该题分数	口述高低压触电脱离电源方法不正确，终止整个实操项目考试
合　　计				100

3. 注意事项

（1）救护人员不得采用金属和其他潮湿的物品作为救护工具。

（2）未采取绝缘措施前，救护人员不得直接触及触电人的皮肤和潮湿的衣服。

脱离高压方法

（3）在拉拽触电人脱离电源的过程中，救护人员应用单手操作，这样对救护人员比较安全。

（4）当触电人位于高位时，应采取措施预防触电人在脱离电源后坠地摔伤或摔死。

■ 2.4.2 单人徒手心肺复苏

考试方式：采用心肺复苏模拟人操作。

考试时间：3 min。

考试要求：①考生应在黄黑警戒线内实施单人徒手心肺复苏操作；②掌握单人徒手心肺复苏操作要领，并能正确进行相应的操作；③在考评员同意后，考试才能开始。当考试设备出现按压不到位也能计正确数或吹不进气等故障时，在不能立即排除故障的情况下，本项目的考试终止，其后果由考点负责。

1. 安全操作步骤

（1）判断意识：拍患者肩部，大声呼叫患者。

（2）呼救：环顾四周，请人协助救助，解衣扣、松腰带，摆体位。

（3）判断颈动脉搏动：手法正确（单侧触摸，时间不少于 5 s）。

（4）定位：确定心脏部位可采用以下 3 种方法。

单人徒手
心肺复苏

方法一：在胸骨与肋骨的交会点——俗称"心口窝"往上横二指，左一指。

方法二：两乳横线中心左一指。

方法三：又称同身掌法，即救护人正对触电人，右手平伸，中指对准触电人脖下锁骨相交点，下按一掌即可。

（5）胸外按压：按压速率每分钟至少 100 次，按压幅度至少 5 cm（每个循环按压 30 次，时间为 15~18 s）。胸外按压姿势如图 2-5 所示。

图 2-5　胸外按压姿势

（6）畅通气道：摘掉假牙，清理口腔。

（7）打开气道：常用仰头抬颏法、托颌法，标准为下颌角与耳垂的连线与地面垂直。

（8）吹气：吹气时看到胸廓起伏，吹气毕，立即离开口部，松开鼻腔，视患者胸廓下降后，再吹气（每个循环吹气 2 次）。

（9）完成 5 次循环后，判断有无自主呼吸、心跳，观察双侧瞳孔。检查后口述：患者瞳孔缩小、颈动脉出现搏动、自主呼吸恢复，颜面、口唇、甲床（轻按压）色泽转红润。心肺复苏成功。

（10）整理：安置触电人，整理服装，摆好体位，整理用物。

【特别提醒】

心肺复苏的 3 项基本措施即畅通气道、口对口（鼻）人工呼吸、胸外按压（人工循环）。单人徒手心肺复苏考试的整体质量判定有效指征：有效吹气 10 次，有效按压 150 次，并判定效果（从判断颈动脉搏动开始到最后一次吹气，总时间不超过 130 s）。

2. 触电急救安全注意事项

（1）使触电人脱离电源后，若其呼吸停止，心脏不跳动，如果没有其他致命的外伤，只能认为是假死，必须立即就地进行抢救。

（2）救护工作应持续进行，不能轻易中断，即使在送往医院的过程中，也不能中断抢救。若心肺复苏成功，则应严密观察，等待救援或接受高级生命支持。

（3）救护人员应着装整齐。

3. 考试评分标准

单人徒手心肺复苏操作评分标准见表 2-8。

表 2-8　单人徒手心肺复苏操作评分标准

序号	考试项目	考试内容	配分	评分标准
1	判断意识	拍患者肩部，大声呼叫患者	1	一项未做到的，扣 0.5 分
2	呼救	环顾四周评估现场环境，请人协助救助	1	不评估现场环境安全的，扣 0.5 分；未速打 120 救护的，扣 0.5 分
3	放置体位	患者应仰卧于硬板上或地上，摆体位，解衣扣、松腰带	2	未速将患者放置于硬板上的，扣 0.5 分；未速摆体位或体位不正确的，扣 0.5 分；未解衣扣、松腰带的，扣 1 分
4	判断颈动脉搏动	手法正确（单侧触摸，时间 5~10 s）	2	不找甲状软骨的，扣 0.5 分；位置不对的，扣 0.5 分；判断时间小于 5 s 或大于 10 s 的，扣 1 分
5	定位	胸骨中下 1/3 处，一手掌根部放于按压部位，另一手平行重叠于该手背上，手指并拢向上翘起，双臂位于患者胸骨的正上方，双肘关节伸直，利用上身重量垂直下压	2	按压部位不正确的，扣 0.5 分；一手未平行重叠于另一手背上的，扣 0.5 分；未用掌根按压胸壁的，手指不离开胸壁的，扣 0.5 分；按压时身体不垂直的，扣 0.5 分
6	胸外按压	按压频率应保持在 100~120 次/min，按压幅度为 5~6 cm（成人）（每个循环按压 30 次，时间 15~18 s）	3	按压频率时快时慢，未保持在 100~120 次/min 的，扣 1 分；按压为冲击式猛压的，扣 0.5 分；每次按压手掌离开胸壁的，扣 0.5 分；每个循环按压（30 次）后，再继续按压的，扣 0.5 分；按压与放开时间比例不等导致胸廓不回弹的，扣 1 分
7	清理呼吸道	清理口腔异物，摘掉假牙	1	头未偏向一侧的，扣 0.5 分；不清理口腔、摘掉假牙的，扣 0.5 分
8	打开气道	常用仰头抬颏法、托颌法，标准为下颌角与耳垂的连线和地面垂直	1	未打开气道的，扣 0.5 分；过度后仰或程度不够的，均扣 0.5 分

续表

序号	考试项目	考试内容	配分	评分标准
9	吹气	吹气时看到胸廓起伏，吹气毕，立即离开口部，松开鼻腔，视患者胸廓下降后，再吹气（每个循环吹气2次）	3	吹气时未捏鼻孔的，扣1分；两次吹气间不松鼻孔的，扣0.5分；每个循环吹气（2次）后，再继续吹气的，扣0.5分；吹气与放开时间比例不等的，扣1分
10	判断	5次循环完成后判断自主心跳和呼吸，观察双侧瞳孔	1	未观察呼吸心跳的，扣0.5分，未观察双侧瞳孔的，扣0.5分
11	整体质量判定有效指征	完成5次循环（即有效吹气10次，有效按压150次）后，判定效果（从按压开始到最后一次吹气，总时间不超过160 s）	2	操作不熟练、手法错误的，扣1分；超过总时间的，扣1分
12	整理	安置患者，整理服装，摆好体位，整理用物	1	一项不符合要求的，扣0.5分
13	否定项	限时3 min	扣除该题分数	在规定的时间内，模拟人未施救成功，该题记为0分
合　计				20

2.4.3　灭火器的选择和使用

考试方式：采用模拟仿真设备操作。

考试时间：2 min。

考试要求：①掌握在灭火过程中的安全操作步骤；②熟悉灭火器的操作要领，并能对灭火器进行正确的操作；③实操开考前，考试点应将完好的模拟仿真考试设备准备到位，在考评员同意后，考试才能开考。当出现灭火考核系统不能正常工作或某个灭火器不能正常使用等故障时，在不能立即排除故障的情况下，本项目的考试终止，其后果由考点负责。

1. 安全操作步骤

（1）准备工作：检查灭火器的压力、铅封、出厂合格证、有效期、瓶体、喷管。

（2）火情判断：根据火情，选择合适灭火器迅速赶赴火场，正确判断风向。

灭火器
选择与使用

（3）灭火操作：站在火源上风口，离火源3~5 m距离迅速拉下安全环；手握喷嘴对准着火点，压下手柄，侧身对准火源根部由近及远扫射灭火；在干粉将喷完前（3 s）迅速撤离火场，若火未熄灭，则应更换灭火器继续进行灭火操作。

（4）检查确认：检查灭火效果；确认火源熄灭；将使用过的灭火器放到指定位置；注明已使用；报告灭火情况。

（5）清点工具，清理现场。

2. 评分标准

灭火器使用评分标准见表2-9。

3. 灭火器模拟灭火操作

（1）考生输入准考证、身份证号码，确认后即可进入灭火器模拟考试系

灭火器模拟灭火

统。进入火灾场景后系统弹出火灾诱因提示；考生根据火灾诱因正确选择灭火器。灭火器对应着火类型见表 2-10。

表 2-9　灭火器使用评分标准

序号	考试项目	考试内容	配分	评分标准
1	准备工作	检查灭火器压力、铅封、出厂合格证、有效期、瓶体、喷管	2	未检查灭火器的，扣 2 分；压力、铅封、瓶体、喷管、有效期、出厂合格证漏检查一项并未述明的，扣 0.5 分
2	火情判断	根据火情选择合适的灭火器（灭火前可以重新选择灭火器），准确判断风向	5	灭火器选择错误一次的，扣 5 分；风向判断错误的，扣 3 分
3	灭火操作	根据火源的风向，确定灭火者所处的位置；在离火源安全距离处能迅速拉下安全环	5	灭火时所站立的位置不正确的，扣 4 分；灭火距离不对的，扣 3 分；未迅速拉下安全环的，扣 2 分
		手握喷嘴对准着火点，压下手柄，侧身对准火源根部由近及远扫射灭火；火未熄灭应继续更换操作	4	对准火源根部扫射时，考生站姿不正确的，扣 2 分；未由近及远灭火的，扣 2 分；火未熄灭就停止操作的，扣 4 分
4	检查确认	将使用过的灭火器放到指定位置；注明已使用	3	灭火器未还原的，扣 1 分；未放到指定位置的，扣 1 分；未注明已使用的，扣 1 分
		报告灭火情况	1	未报告灭火情况的，扣 1 分
5	否定项	限时 2 min	扣除该题分数	在规定的时间内，未按规定灭火或灭火未成功的，该题记为 0 分
	合　计			20

表 2-10　灭火器对应着火类型

灭火器选择	着 火 类 型
干粉灭火器、水基泡沫灭火器	木材、纸箱、窗帘、垃圾桶、衣服等
二氧化碳灭火器	电动机
二氧化碳灭火器、干粉灭火器、水基泡沫灭火器	汽油桶
二氧化碳灭火器、干粉灭火器	电箱

（2）灭火器外观检查，如图 2-6 所示，检查灭火器内的填充物是否在标准位置，检验日期有效期时间［图 2-6（b）中的日期为 2009 年，不合格］；灭火器的部件是否损坏［图 2-6（c）喷管瘪坏］。系统自动给出的 3 个灭火器中，只有一个符合条件的要求（选错灭火器，考试得 0 分）。如果选择时前两个都是有问题的（错的），一般来说，第三个是正确的（可以选择）。

（3）选择灭火位置。灭火器与火源的有效距离为 3~5 m（图 2-7 所示的距离为 3.86 m，合格）。

（4）根据提示，拿起实物灭火器灭火，先拔下安全栓，通过手中的灭火器来控制屏幕中的灭火器。将手中的灭火器的准星对准起火点的根部，将灭火器喷头对准"火点根部"开始灭火。

（a）填充物检查　　　　　　（b）检验日期检查　　　　　　（c）部件检查

图 2-6　灭火器外观检查

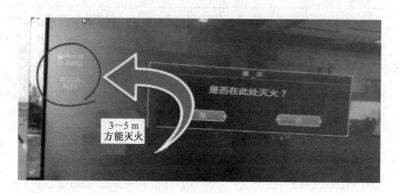

图 2-7　选择灭火位置

为了保证感应器能够感应到喷头，应缓慢移动喷头位置，直到红色箭头变为绿色为止。此时，保持站在原位不动，按着压嘴，一般等 30 s 左右火就会熄灭了，如图 2-8 所示。

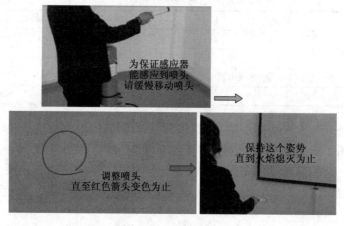

图 2-8　灭火过程

（5）灭火完毕，将保险安全栓插回原位，点提交成绩，考试完毕，如图 2-9 所示。

4. 注意事项

（1）一定要正确选择灭火器的类型，并且要按照步骤检查所选择的灭火器是否能够使用。

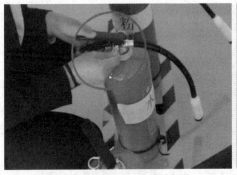

（a）保险栓插回原位　　　　　　　　　　　（b）提交成绩

图 2-9　考试完毕

（2）在灭火过程中，要注意观察大屏幕上的提示及信息。

【练习题】

一、选择题

1. 在值班期间需要移开或越过遮栏时（　　　）。

A. 必须有领导在场　　　　　B. 必须先停电　　　　　C. 必须有监护人在场

2. 值班人员巡视高压设备（　　　）。

A. 一般由两人进行

B. 值班员可以干其他工作

C. 若发现问题可以随时处理

3. 倒闸操作票执行后，必须（　　　）。

A. 保存至交接班　　　　　B. 保存三个月　　　　　C. 长时间保存

4. 接受倒闸操作命令时（　　　）。

A. 要有监护人和操作人在场，由监护人接受

B. 只要监护人在场，操作人也可以接受

C. 可由变电站（所）长接受

5. 戴绝缘手套进行操作时，应将外衣袖口（　　　）。

A. 装入绝缘手套中　　　　　B. 卷上去　　　　　C. 套在手套外面

6. 某线路开关停电检修，线路侧旁路运行，这时应该在该开关操作手把上悬挂"（　　　）"的标示牌。

A. 在此工作　　　　　B. 禁止合闸　　　　　C. 禁止攀登，高压危险

7. 有人触电应立即（　　　）。

A. 切断电源　　　　　　　　　　B. 紧急抢救

C. 拉开触电人　　　　　　　　　D. 报告上级

8. 占全部触电事故 70% 以上的触电方式是（　　　）。

A. 单相触电　　　　　　　　　　B. 两相触电

C. 间接触电　　　　　　　　　　D. 弧光触电

9.《安全生产法》规定的安全生产方针是（　　　）。

A. 安全第一，预防为主，综合治理　　　　B. 防消结合，预防为主

C. 安全第一，生产第二

10. （　　）是保证电气作业安全的组织措施。

A. 工作许可制度　　　　　　B. 停电　　　　　　C. 悬挂接地线

11. "禁止攀登，高压危险！"的标志牌应制作为（　　）。

A. 白底红字　　　　　　　　B. 红底白字　　　　　　C. 白底红边黑字

12. 一些资料表明，心跳呼吸停止，在（　　）min 内进行抢救，约 80% 可以救活。

A. 1　　　　　　　　　　　　B. 2　　　　　　　　　　C. 3

13. 如果触电者心跳停止，有呼吸，则应立即对触电者施行（　　）急救。

A. 仰卧压胸法　　　　　　　B. 胸外心脏按压法　　C. 俯卧压背法

14. 电气火灾发生时，应先切断电源再扑救，但不知道或不清楚开关在何处时，应剪断电线，剪切时要（　　）。

A. 几根线迅速同时剪断　　　　B. 不同相线在不同位置剪断

C. 在同一位置一根一根剪断

15. 保护线（接地或接零线）的颜色按标准应采用（　　）。

A. 蓝色　　　　　　　　　　B. 红色　　　　　　　　C. 黄绿双色

16. 当 10 kV 高压控制系统发生电气火灾时，如果电源无法切断，必须带电灭火，则可选用的灭火器是（　　）。

A. 干粉灭火器，喷嘴和机体距带电体应不小于 0.4 m

B. 雾化水枪，戴绝缘手套，穿绝缘靴，水枪头接地，水枪头距带电体 4.5 m 以上

C. 二氧化碳灭火器，喷嘴距带电体不小于 0.6 m

17. 带电灭火时不得使用（　　）灭火器。

A. 干粉　　　　　　　B. 二氧化碳　　　　　C. 泡沫　　　　　　D. 1211

18. 电流从左手到双脚引起心室颤动效应，一般认为通电时间与电流的乘积大于（　　）mA·s 时就有生命危险。

A. 16　　　　　　　　　　　B. 30　　　　　　　　　C. 50

19. 人体直接接触带电设备或线路中的一相时，电流通过人体流入大地，这种触电现象称为（　　）触电。

A. 单相　　　　　　　　　　B. 两相　　　　　　　　C. 三相

20. 特种作业人员在操作证有效期内，连续从事本工种 10 年以上，无违法行为，经考核发证机关同意，操作证复审时间可延长至（　　）年。

A. 6　　　　　　　　　　　　B. 4　　　　　　　　　　C. 10

二、判断题

1. 对于仅是单一的操作、事故处理操作、拉开接地刀闸和拆除仅有的一组接地线的操作，可不必填写操作票，但应记入操作记录本。　　　　　　　　　　　　　　（　　）

2. 运行电气设备操作必须由两人执行，由工级较低的人担任监护，工级较高者进行操作。　　　　　　　　　　　　　　　　　　　　　　　　　　　　　　（　　）

3. 变配电所操作中，接挂或拆卸地线、验电及装拆电压互感器回路的熔断器等项目可不

填写操作票。 （　）

4. 抢救触电伤员中，用兴奋呼吸中枢的可拉明、洛贝林或使心脏复跳的肾上腺素等强心针剂可代替手工呼吸和胸外心脏按压两种急救措施。 （　）

5. 电伤是电流通过人体内部，破坏人的心脏、肺部及神经系统，直至危及人的生命。

（　）

6. 低压配电装置背面通道宽度一般不应小于 1 m，有困难时可减为 0.5 m。 （　）

7. 所谓绝缘防护，是指绝缘材料把带电体封闭或隔离起来，借以隔离带电体或不同电位的导体，使电气设备及线路能正常工作，防止人身触电。 （　）

8. 在带电维修线路时，应站在绝缘垫上。 （　）

9. 电工特种作业人员应当具备高中或相当于高中以上文化程度。 （　）

10. 电气设备的重复接地装置可以与独立避雷针的接地装置连接起来。 （　）

11. 跨步触电是人体遭受电击中的一种，其规律是离接地点越近，跨步电压越高，危险性也就越大。 （　）

12. 做口对口（鼻）人工呼吸时，每次吹气时间约 2 s，换气（触电者自行吸气）时间约 3 s。 （　）

13. 当电气火灾发生时，如果无法切断电源，就只能带电灭火，并选择干粉或者二氧化碳灭火器，尽量少用水基式灭火器。 （　）

14. 因为 36 V 是安全电压，所以在任何情况下，人体触及该电路都不致遇到危险。

（　）

15. 重复接地与工作接地在电气上是相连接的。 （　）

16. 保护接零的安全原理是将设备漏电时外壳对地电压限制在安全范围内。 （　）

17. 胸外心脏按压法的正确按压点应当是心窝处。 （　）

18. 电击是电流直接作用于人体的伤害。 （　）

第3章

电工工具仪器仪表

3.1 常用电工工具使用与维护

3.1.1 通用电工工具

1. 通用电工工具的使用及注意事项

通用电工工具是指专业电工经常都会用到的一些常备工具，包括试电笔、电工刀、螺丝刀、钢丝钳、斜口钳、剥线钳、尖嘴钳、活络扳手、手锤等，通用电工工具的使用注意事项见表3-1。

常用电工工具使用

表 3-1 通用电工工具的使用注意事项

名称	图 示	操作口诀	使用及注意事项
试电笔		低压设备有无电，使用电笔来验电。 确认电笔完好性，通过试测来判断。 手触笔尾金属点，千万别碰接电端。 笔身破裂莫使用，电阻不可随意换。 避光测量便观察，刀杆较长加套管。 测量电压有范围，氖泡发光为有电。 使用电笔有禁忌，不可接触高压电	试电笔是用来测试导线、开关、插座等电器及电气设备是否带电的工具。 使用时，用手指握住试电笔身，食指触及笔身的金属体（尾部），试电笔的小窗口朝向自己的眼睛，以便观察。试电笔测电压的范围为 60~500 V，严禁测高压电。 目前广泛使用电子（数字）试电笔。电子试电笔使用方法同发光管式。读数时最高显示数为被测值
钢丝钳		电工用钳种类多，应用场合要掌握。 钳子绝缘很重要，方便带电好操作。 剪断较粗金属丝，钢丝钳子可操作。 弯绞线头旋螺母，铡切钢丝都能做。 尖嘴用来夹小件，电线成形也能做。 使用尖嘴钳注意，避免嘴坏绝缘脱。 斜口钳可剪导线，钳口朝下剪线妥。 专用工具剥线钳，导线绝缘自动剥	钢丝钳是用来钳夹、剪切电工器材（如导线）的常用工具，规格有150 mm、175 mm、200 mm 这3种，均带有橡胶绝缘导管，可适用于500 V 以下的带电作业。 钢丝钳由钳头和钳柄两部分组成，钳头由钳口、齿口、刀口和铡口四部分组成。钳口用来弯曲或钳夹导线线头；齿口用来紧固或起松螺母；刀口用来剪切导线或剖削软导线绝缘层；铡口用来铡切电线线芯等较硬金属。 使用时注意：①钢丝钳不能当作敲打工具；②要注意保护好钳柄的绝缘管，以免碰伤而造成触电事故

续表

名称	图　　示	操作口诀	使用及注意事项
尖嘴钳			尖嘴钳的钳头部分较细长，能在较狭小的地方工作，如灯座、开关内的线头固定等。常用规格有 130 mm、160 mm、180 mm 3 种。 使用时的注意事项与钢丝钳基本相同，特别要注意保护钳头部分，钳夹物体不可过大，用力时切忌过猛
斜口钳		电工用钳种类多，应用场合要掌握。 钳子绝缘很重要，方便带电好操作。 剪断较粗金属丝，钢丝钳子可操作。 弯铰线头旋螺母，铡切钢丝都能做。 尖嘴用来夹小件，电线成形也能做。 使用尖嘴钳注意，避免嘴坏绝缘脱。 斜口钳可剪导线，钳口朝下剪线妥。 专用工具剥线钳，导线绝缘自动剥。	斜口钳又名断线钳，专用于剪断较粗的金属丝、线材及电线电缆等。常用规格有 130 mm、160 mm、180 mm 和 200 mm 4 种。 使用时的注意事项与钢丝钳的使用注意事项基本相同
剥线钳			剥线钳是用于剥除小直径导线绝缘层的专用工具，它的手柄是绝缘的，耐压强度为 500 V。其规格有 140 mm（适用于铝、铜线，直径为 0.6 mm、1.2 mm 和 1.7 mm）和 160 mm（适用于铝、铜线，直径为 0.6 mm、1.2 mm、1.7 mm 和 2.2 mm）。 将要剥除的绝缘长度用标尺定好后，即可把导线放入相应的刃口中（比导线直径稍大），用手将钳柄一握，导线的绝缘层即被割破而自动弹出。 注意不同线径的导线要放在剥线钳不同直径的刃口上
螺丝刀		起子又称螺丝刀，拆装螺钉少不了。 刀口形状有多种，一字、十字不可少。 根据螺钉选刀口，刀口、钉槽吻合好。 规格大小要适宜，塑料、木柄随意挑。 操作起子有技巧，刀口对准螺丝槽。 右手旋动起子柄，左扶螺钉不偏刀。 小刀拧小螺丝时，右手操作有奥妙。 大刀不易旋螺钉，双手操作螺丝刀。 小钉不易用手抓，刀口上磁抓得牢。 为了防止人触电，金属部分塑料套。 螺丝固定导线时，顺时方向才可靠。	螺丝刀是用来旋紧或起松螺丝的工具，常见有一字形和十字形螺丝刀。规格有 75 mm、100 mm、125 mm、150 mm 4 种。 使用时注意：①根据螺钉大小及规格选用相应尺寸的螺丝刀，否则容易损坏螺钉与螺丝；②带电操作时不能使用穿心螺丝刀；③螺丝刀不能当凿子用；④螺丝刀手柄要保持干燥清洁，以免带电操作时发生漏电

续表

名称	图　示	操作口诀	使用及注意事项
电工刀		电工刀柄不绝缘，带电导线不能削。 剥削导线绝缘层，刀口应向外使用。 刀片长度三规格，功能一般分两种。 单用刀与多功能，后者可锯、锥、扩孔。 使用刀时应注意，防伤线芯要牢记。 刀刃圆角抵线芯，可把刀刃微翘起。 切剥导线绝缘层，电工刀要倾斜入。 接近线芯停用力，推转一周刀快移。 刀刃锋利好切剥，锋利伤线也容易。 使用完毕保管好，刀身折入刀柄内	电工刀在电工安装维修中用于切削导线的绝缘层、电缆绝缘、木槽板等，规格有大号、小号之分；大号刀片长 112 mm，小号刀片长 88 mm。 刀口要朝外进行操作；削割电线包皮时，刀口要放平一点，以免割伤线芯；使用后要及时把刀身折入刀柄内，以免刀刃受损或危及人身安全、割破皮肤
活络扳手		使用扳手应注意，大小螺母握手异。 呆唇在上活唇下，不能反向用力气。 扳大螺母手靠后，扳动起来省力气。 扳小螺母手靠唇，扳口大小可调制。 夹持螺母分上下，莫把扳手当锤使。 生锈螺母滴点油，拧不动时莫乱施	活络扳手是电工用来拧紧或拆卸六角螺丝（母）、螺栓的工具，常用的活络扳手有 150×20（6 英寸，1 英寸 = 2.54 cm）、200×25（8 英寸）、250×30（10 英寸）和 300×36（12 英寸）4 种。 使用时注意：①不能当锤子用；②要根据螺母、螺栓的大小选用相应规格的活络扳手；③活络扳手的开口调节应以既能夹住螺母又能方便地取下扳手、转换角度为宜
手锤		握锤方法有两种，紧握锤和松握锤。 手锤敲击各工件，注意平行接触面	手锤是在安装或维修时用来锤击水泥钉或其他物件的专用工具。 手锤的握法有紧握和松握两种。挥锤的方法有腕挥、肘挥和臂挥 3 种。一般用右手握在木柄的尾部，锤击时应对准工件，用力要均匀，落锤点一定要准确

2. 通用电工工具的维护与保养常识

使用者对通用电工工具的最基本要求是安全、绝缘良好、活动部分应灵活。基于这一最基本要求，大家平时要注意维护和保养好电工工具，下面予以简单说明。

（1）常用电工工具要保持清洁、干燥。

（2）在使用电工钳之前，必须确保绝缘手柄的绝缘性能良好，以保证带电作业时的人身安全。若工具的绝缘套管有损坏，则应及时更换，不得勉强使用。

（3）对钢丝钳、尖嘴钳、剥线钳等工具的活动部分要经常加油，防止生锈。

（4）电工刀使用完毕，要及时把刀身折入刀柄内，以免刀口受损或危及人身安全。

（5）手锤的木柄不能有松动，以免锤击时影响落锤点或锤头脱落。

【试题选解 1】 使用剥线钳时应选用比导线直径（　　）的刃口。

A. 稍大　　　　　　　　　B. 相同　　　　　　　　　C. 较大

解： 为了不损伤线芯，使用剥线钳时应选用比导线直径稍大一点的刃口，所以正确答案为 A。

【试题选解 2】 螺丝刀的规格以柄部外面的杆身长度和（　　　）表示。

A. 厚度　　　　　　　　　B. 半径　　　　　　　　　C. 直径

解： 螺丝刀的规格，一般先标杆的直径再标杆的长度（单位都是 mm）。例如，6×100 就是杆的直径为 6 mm，长度为 100 mm。所以正确答案为 C。

3.1.2　常用安装工具

1. 冲击电钻和电锤的使用及注意事项

电工常用的电动工具主要有冲击电钻和电锤，其使用方法见表 3-2。

电锤的使用

表 3-2　冲击电钻和电锤的使用方法

名称	图示	操作口诀	使用及注意事项
冲击电钻		冲击电钻有两用，既可钻孔又能冲。冲击钻头为专用，钻头匹配方便冲。作业前试运行，空载运转半分钟。提高效率减磨损，进给压力应适中。深孔钻头多进退，排除钻屑孔中空	在装钻头时要注意钻头与钻夹保持在同一轴线，以防钻头在转动时来回摆动。在使用过程中，钻头应垂直于被钻物体，用力要均匀，当被钻物体卡住钻头时，应立即停止钻孔，检查钻头是否卡得过松，重新紧固钻头后再使用。钻头在钻金属孔过程中，若温度过高，很可能引起钻头退火，为此，钻孔时要适量加些润滑油
电锤		电锤钻孔能力强，开槽穿墙做奉献。双手握紧锤把手，钻头垂直作业面。做好准备再通电，用力适度最关键。钻到钢筋应退出，还要留意墙中线	电锤使用前应先通电空转一会儿，检查转动部分是否灵活，待检查电锤无故障时方能使用；工作时应先将钻头顶在工作面上，然后再启动开关，尽可能避免空打孔；在钻孔过程中，发现电锤不转时应立即松开开关，检查出原因后再启动电锤。用电锤在墙上钻孔时，应先了解墙内有无电源线，以免钻破电线发生触电。在混凝土中钻孔时，应注意避开钢筋

2. 手动电动工具的使用及注意事项

使用手电钻、电锤等手动电动工具时，应注意以下几点。

（1）使用前首先要检查电源线的绝缘是否良好，如果导线有破损，则可用电工绝缘胶布包缠好。电动工具最好是使用三芯橡皮软线作为电源线，并将电动工具的外壳可靠接地。

（2）检查电动工具的额定电压与电源电压是否一致，开关是否灵活可靠。

（3）电动工具接入电源后，要用电笔测试外壳是否带电，如不带电方能使用。操作过程中若需接触电动工具的金属外壳，则应戴绝缘手套，穿电工绝缘鞋，并站在绝缘板上。

（4）拆装手电钻的钻头时要用专用钥匙，切勿用螺丝刀和手锤敲击电钻夹头。

（5）装钻头时要注意，钻头与钻夹应保持同一轴线，以防钻头在转动时来回摆动。

（6）在使用过程中，如果发现声音异常，则应立即停止钻孔，如果因连续工作时间过长，电动工具发烫，则要立即停止工作，让其自然冷却，切勿用水淋浇。

（7）钻孔完毕，应将导线绕在手动电动工具上，并放置在干燥处以备下次使用。

【试题选解3】 手持式电动工具接线可以随意加长。（　　　）

解：为了确保使用安全，规定手持式电动工具的软电缆或软线不得任意接长或拆换。所以题目中的观点是错误的。

■3.1.3 常用登高工具

1. 室内登高工具的使用

电工室内作业时使用的登高工具，主要有人字梯和木凳，见表3-3。

表3-3 室内登高工具的使用

名称	图示	使用及注意事项
人字梯		用来登高作业的梯子由木料、竹料或铝合金制成。常用的梯子有直梯和人字梯。直梯一般用于户外登高作业，人字梯一般用于户内登高作业。 （1）人字梯两脚中间应加装拉绳或拉链，以限制其开脚度，防止自动滑开。 （2）使用前应把梯子完全打开，将两梯中间的连接横条放平，保证梯子四脚完全接触地面（因场地限制不能完全打开除外）。 （3）搬梯时用单掌托起与肩同高的梯子，手肘贴肩，保持梯子与身体平行，另一只手扶住梯子以防摆动，不允许横向搬梯或将梯子放在地上拖行。 （4）作业人员在梯子上正确的站立姿势是：一只脚踏在踏板上，另一条腿跨入踏板上部第三格的空当中，脚钩着下一格踏板。严禁人骑在人字梯上工作。 （5）人字梯放好后，要检查四只脚是否都平稳着地
木凳		在客厅安装大型灯具时，有时需要两个人同时操作，并且其中一个人的位置需要移动，使用人字梯不是很方便；如果操作者使用人字梯，协助者站在木凳上就方便了许多。 人应立在木凳的中央部分，不能站在两端，否则由于重心不平衡，木凳容易翻倒

2. 电线杆登高工具的使用

电工高空作业必须要借助于专用的登高工具，包括脚扣、登高板、保险绳、腰绳、安全腰带等，见表 3-4。

脚扣登杆

表 3-4　电线杆登高工具的使用

名称	图示	使用说明
脚扣		脚扣是利用杠杆的作用，借助人体自身质量，使另一侧紧扣在电线杆上，产生较大的摩擦力，进而使人易于攀登；当人抬脚时，因脚上承受的重力减小，扣则自动松开。 　　脚扣主要由弧形扣环、脚套组成。脚扣分两种：一种在扣环上制有铁齿，以咬入木杆内，供登木杆用；另一种在扣环上裹有防滑橡胶套，以增加攀登时的摩擦，防止打滑，供登水泥杆用
登高板		登高板又称升降板、蹬板，主要由板、绳、铁钩三部分组成。在使用登高板前，要检查其外观有无裂纹、腐蚀，并经人体冲击试验合格后方能使用
保险绳、腰绳、安全腰带		（1）保险绳的作用是防止操作者失足时坠地摔伤。其一端应可靠地系结在腰带上，另一端则用保险钩钩挂在牢固的横担或抱箍上。 　　（2）腰绳的作用是固定人体下部，以扩大上身的活动幅度。使用时，应将其一端系结在电杆的横担或抱箍下方，另一端应系结在臀部上端，而不是腰间。 　　（3）安全腰带有两根带子，小的系在腰部偏下做束紧用，大的系在电杆或其他牢固的构件上起防止坠落的作用

【试题选解 4】　关于脚扣的使用，错误的说法是（　　）。

A. 水泥杆脚扣可用于木杆登高　　　　　　B. 水泥杆脚扣可用于水泥杆登高

C. 木杆脚扣可用于木杆登高　　　　　　　D. 木杆脚扣可用于水泥杆登高

解：脚扣用于攀登电力杆塔，是电工最常用的登高工具之一。关于脚扣的使用，错误的说法是木杆脚扣可用于水泥杆登高。所以此题答案应为 D。

【试题选解 5】　关于人字梯的使用，下列不正确的使用方法是（　　）。

A. 采用骑马站立姿势　　　　　　　　　　B. 中间绑扎两道防滑拉绳

C. 应该站立在一侧　　　　　　　　　　　D. 人字梯的四脚尽量在同一平面上

解：使用人字梯时，在人字梯上工作的人不能站在梯子的最高两级，不能跨梯工作，人要始终面向梯子。采用骑马站立姿势的说法是不正确的，所以正确答案应为 A。

▍3.1.4 安全防护用具

1. 安全防护用具的种类

一些特殊工种在作业时需要一些安全用品保护。电工安全防护用具分为绝缘安全用具和一般防护安全用具两大类。

电工绝缘安全用具包括绝缘杆、绝缘夹钳、绝缘台、绝缘手套、绝缘鞋、绝缘垫和验电器等；一般防护安全用具包括携带型接地线、临时遮栏、标志牌、防护眼镜和登高安全用具等。

2. 高压验电器的使用

用于测试电压高于 500 V 的电气设备。使用时，要戴上绝缘手套，手握部位不得超过保护环；逐渐靠近被测体，看氖管是否发光，若氖管一直不亮，则说明被测对象不带电；在使用高压验电器测试时，至少应该有一个人在现场监护。

测试时要防止发生相间或对地短路事故；人体与带电体应保持足够的安全距离，10 kV 高压的安全距离为 0.7 m 以上。

高压验电器应定期做耐压试验，一般每 6 个月一次。

3. 携带型接地线的使用

携带型接地线是临时用短路接地的安全用具，携带型接地线的接地部分和分别接各相的部分都使用多股软铜线，接地的多股制线的截面积应不小于 25 mm²。其使用方法如下。

（1）装设或拆除接地线时，应使用绝缘棒和绝缘手套，一人操作，一人监护。

（2）装设接地线时，应在验明导电体确无电压后，先装接地端，后装导体端；拆除时，先拆导体端，后拆接地端。

（3）带有电容设备或电缆线路装设接地线时，应先放电后再装接地线。

4. 临时遮栏和标示牌的使用

临时遮栏的高度不低于 1.7 m，下部边缘离地面不大于 100 mm，可由干燥木材、橡胶或其他坚韧绝缘材料制成。在部分停电工作与未停电设备之间的安全距离小于规定值（10 kV 及以下小于 0.7 m）时，应装设遮栏。遮栏与带电部分应满足：10 kV 及以下不得小于 0.35 m；20~35 kV 不得小于 0.6 m；60 kV 及以上不得小于 1.5 m。在临时遮栏上应悬挂"止步，高压危险！"的标示牌。临时遮栏应装设牢固，无法设置遮栏时，可酌情设置绝缘隔板、绝缘罩、绝缘缆绳等。

【试题选解 6】 拆装接地线的顺序，正确的说法是（　　）。

A. 先装导体端，后装接地端　　　　　　B. 先装远处，后装近处
C. 拆时先拆接地端，后拆导体端　　　　D. 拆时先拆导体端，后拆接地端

解：拆装接地线的顺序，正确的说法是拆时先拆导体端，后拆接地端。所以正确答案应为 D。

【试题选解 7】 高压验电器应定期做耐压试验，其试验周期为（　　）。

A. 3 个月　　　　　B. 6 个月　　　　　C. 8 个月　　　　　D. 1 年

解：高压验电器应定期做耐压试验，其试验周期为 6 个月。所以正确答案应为 B。

3.2　常用电工仪表的使用与维护

■ 3.2.1　万用表

指针式万用表简介

1. 指针式万用表的使用

指针式万用表的种类很多，其基本原理及使用方法大同小异，下面以 MF47 型万用表为例介绍其结构及使用方法，见表 3-5。

表 3-5　MF47 型万用表的结构及使用方法

关键词	示意图	说明
外部结构	提把　刻度线　指针　晶体管插孔　正表笔插孔　负表笔插孔　表头　反光镜　机械调零旋钮　欧姆挡调零旋钮　挡位选择开关　2 500 V插孔　5 A插孔	MF47 型万用表由提把、表头、量程挡位选择开关、欧姆挡调零旋钮、表笔插孔和晶体管插孔等组成
标度盘	电阻刻度线　反光镜　晶体管β值刻度线　电平刻度线　电压电流刻度线　10 V电压刻度线　电容刻度线　电感刻度线	标度盘上共有 7 条刻度线，从上往下依次是电阻刻度线、电压电流刻度线、10 V 电压刻度线、晶体管 β 值刻度线、电容刻度线、电平刻度线和电感刻度线。在标度盘上还装有反光镜，用于消除视觉误差
量程挡位	交流电压量程挡　直流电压量程挡　挡位选择开关　电阻量程挡位　晶体管测量挡位　电流量程挡位	只需转动一下挡位选择开关旋钮即可选择各个量程挡位，使用方便

关键词	示　意　图	说　明
电池仓		打开背面的电池盒盖，右边是低压电池仓，装入一节 1.5 V 的 2 号电池；左边是高压电池仓，装入一节 15 V 的层叠电池。 注意：有的厂家生产的 MF47 型万用表的 R ×10 kΩ 挡使用的是 9 V 层叠电池
测量电阻		测量电阻时，将挡位选择开关置于适当的 "Ω" 挡。测量前，左手将两表笔短接，用右手调节面板右上角的欧姆挡调零旋钮，使表针准确指向 "0Ω" 刻度线。值得注意的是，每次转换电阻挡后，均应重新进行欧姆调零操作
测量交流电压	 （a）AC电压挡位　　（b）测量220 V交流电压	测量 1000 V 以下交流电压时，挡位选择开关置于所需的交流电压挡。测量 1000~2500 V 的交流电压时，将挡位选择开关置于 "交流 1000 V" 挡，正表笔插入 "交直流 2500 V" 专用插孔
测量直流电压	 （a）DC电压挡　　（b）测量电池电压	测量 1000 V 以下直流电压时，挡位选择开关置于所需的直流电压挡。测量 1000~2500 V 的直流电压时，将挡位选择开关置于 "直流 1000 V" 挡，正表笔插入 "交直流 2500 V" 专用插孔
测量直流电流	 （a）测量小于500 mA的电流　　（b）测量500 mA～5 A的电流	测量 500 mA 以下直流电流时，将挡位选择开关置于所需的 "mA" 挡。测量 500 mA~5 A 的直流电流时，将挡位选择开关置于 "500 mA" 挡，正表笔插入 "5 A" 插孔

续表

关键词	示　意　图	说明
机械调零		机械调零是指在使用前，检查指针是否指在机械零位，如果指针不指在左边"0 V"刻度线，用螺丝刀调节表盖正中的调零器，让指针指示对准"0 V"刻度线。简单地说，机械调零就是让指针左边对齐零位
测量完毕		MF47 型万用表测量完毕，应将挡位转换开关拨到交流 1000 V 挡，水平放置于凉爽干燥的环境，避免震动。长时间不用要取出电池，并用纸盒包装好后放置于安全的地方

2. 数字万用表的使用

（1）外形结构。数字万用表的型号很多，外形设计差异较大。从面板上看，数字万用表主要由电源开关、液晶显示器、功能开关旋钮和测试插孔等组成，数字万用表各个组成部分的功能见表 3-6。图 3-1 所示为两款数字万用表的外部 数字万用表简介结构。

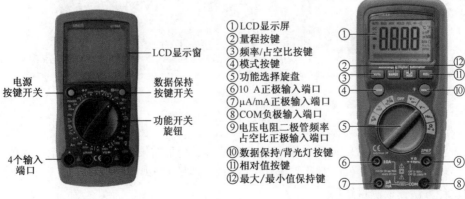

① LCD 显示屏
② 量程按键
③ 频率/占空比按键
④ 模式按键
⑤ 功能选择旋盘
⑥ 10 A 正极输入端口
⑦ μA/mA 正极输入端口
⑧ COM 负极输入端口
⑨ 电压电阻二极管频率占空比正极输入端口
⑩ 数据保持/背光灯按键
⑪ 相对值按键
⑫ 最大/最小值保持键

LCD 显示窗
电源按键开关
数据保持按键开关
功能开关旋钮
4 个输入端口

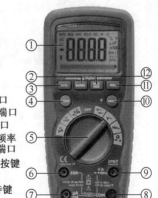

图 3-1　两款数字万用表的外部结构

表3-6　数字万用表各个组成部分的功能

结构	功能说明
液晶显示器	液晶显示器直接以数字形式显示测量结果。普及型数字万用表多为3½位（三位半）仪表（如DT9205A型），其最高位只能显示"1"或"0"（0也可消隐，即不显示），故称半位，其余3位是整位，可显示0~9全部数字。三位半数字万用表最大显示值为1999。 数字万用表位数越多，它的灵敏度越高。如4½（四位半）仪表，最大显示值为±19999
功能开关旋钮	功能开关旋钮位于万用表的中间，用来测量时选择测量项目和量程。由于最大显示数为±1999，不到满度2000，所以量程挡的首位数几乎都是2，如200 Ω、2 kΩ、2 V等。 数字万用表的量程比指针式表的量程多一些。例如DT9205A型万用表，电阻量程从200 Ω至200 MΩ有7挡。除了直流电压、电流和交流电压及h_{FE}挡外，还增加了指针式表少见的交流电流和电容量等测试挡
测试插孔	表笔插孔有4个。标有"COM"字样的为公共插孔，通常插入黑表笔。标有"V/Ω"字样插孔应插入红表笔，用于测量电阻值和交直流电压值。 测量交直流电流有两个插孔，分别为"A"和"10 A"，供不同量程选用，使用时也应插入红表笔
电源开关	用来开启及关闭表内电源
表笔	与指针式万用表一样，配置有红色和黑色两支表笔

（2）使用前的检查。在使用数字万用表前，应进行一些必要的检查。经检查合格后，数字万用表才能使用。

1）检查数字万用表的外壳和表笔有无损伤。如果有损伤，则应及时修复。

2）使用前应检查电池电源是否正常。若显示屏出现低电压符号，则应及时更换电池。

3）打开万用表的电源（将ON/OFF开关置于ON位置），将量程转换开关置于电阻挡，将两支表笔短接，显示屏应显示"0.00"；将两支表笔开路，显示屏应显示"1"。以上两个显示都正常时，表明该表可以正常使用，否则将不能使用，如图3-2所示。

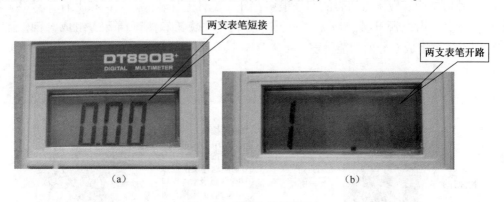

图3-2　万用表好坏检查

（3）测量结果的读取。使用数字万用表测量时，测量结果的读取方法有以下两种。

第一种方法：在测量的同时，直接在液晶屏幕上读取测得的数值、单位。在多数情况下，都采用这种方法读取测量结果。

例如在测量电阻时，量程转换开关在200 Ω位置时，屏幕读数是150，即150 Ω；同理，量程转换开关在 200 kΩ 位置时，屏幕读数是 185，则表示 185 kΩ；依次类推。

图 3-3 所示为测量某交流电压时显示屏的显示情况。可以看到，显示测量值 "216"，数值的上方为单位 V，即所测量的电压值为 216 V；在显示屏的下方可以看到表笔插孔指示为 VΩ 和 COM，即红表笔插接在 VΩ 表笔插孔上，黑表笔插接在 COM 表笔插孔上。

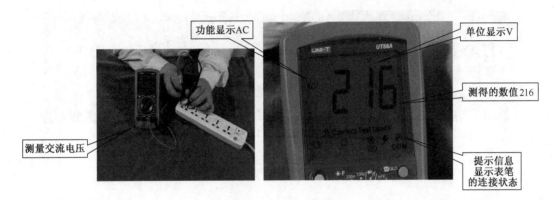

图 3-3　测量某交流电压时显示屏的显示情况

第二种方法：在测量过程中，按下数值保持开关 "HOLD"，使数值保持在液晶显示屏上，待测量完毕后再读取数值。

采用这种方法读取测量结果，要求万用表必须具有数值保持功能，否则，不能采用这种方法。

【试题选解 8】　用万用表 100 V 挡测量电压，指针指示值为 400 V，该万用表满刻度值为 500 V，则被测电压实际值为（　　）V。

A. 500　　　　　　　B. 400　　　　　　　C. 100　　　　　　　D. 80

解： 指针式万用表电压挡对应的是一组线性刻度。读数值＝标示值+小格值×倍制值。所以正确答案为 D。

【试题选解 9】　万用表的欧姆调零旋钮应当在（　　）将指针调整至零位。

A. 测量电压或电流前　　　　　　　　B. 测量电压或电流后
C. 换挡后测量电阻前　　　　　　　　D. 测量电阻后

解： 万用表的欧姆调零是指欧姆挡测电阻之前，把两支表笔直接接触，调整 "欧姆调零旋钮"，使指针指向 "0 Ω" 的过程，该操作应在换挡后测量电阻前进行，所以正确答案为 C。

3.2.2　绝缘电阻表

绝缘电阻表俗称兆欧表或者摇表，主要用来检查电气设备、家用电器或电气线路对地及相间的绝缘电阻，以保证这些设备、电器和线路工作在正常状态，避免发生触电伤亡及设备损坏等事故。

兆欧表的使用

1. 准备工作

（1）将被测设备脱离电源，并进行放电，再把设备清扫干净（双回线，双母线，当一路带电时,不得测量另一路的绝缘电阻)。

(2)测量前应对绝缘电阻表进行校验,即做一次开路试验(测量线开路,摇动手柄,指针应指于"∞"处)和一次短路试验(测量线直接短接一下,摇动手柄,指针应指于"0"处),两测量线不准相互交缠,如图3-4所示。

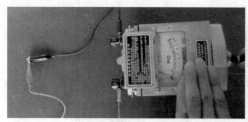 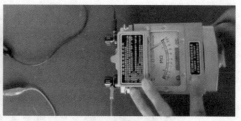

(a)短路试验　　　　　　　　　　　　　(b)开路试验

图3-4　绝缘电阻表校验

2. 接线

绝缘电阻表上有3个接线柱,一个为线接线柱,其标号为L;一个为地接线柱,其标号为E;另一个为保护或屏蔽接线柱,其标号为G。在测量时,L端与被测设备和大地绝缘的导体部分相接,E端与被测设备的外壳或其他导体部分相接。一般在测量时只用L和E两个接线柱,但当被测设备表面漏电严重、对测量结果影响较大而又不易消除时,如空气太潮湿、绝缘材料的表面受到侵蚀而又不能擦干净时就必须连接G端钮。

(1)测量电动机绕组绝缘电阻时,将E、L端分别接于被测的两相绕组上,如图3-5所示。

(2)测量低压线路时,将E端接地线,L端接到被测线路上,如图3-6所示。

 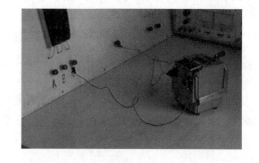

图3-5　测量电动机绕组绝缘的接线　　　　　图3-6　测量低压线路绝缘的接线

(3)测量电缆的对地绝缘电阻或被测设备的漏电流较严重时,G端接屏蔽层或外壳,L端接线芯,E端接外皮。G端接屏蔽层或外壳的作用是消除被测对象表面漏电造成的测量误差。

(4)测量家用电器的绝缘电阻时,L端接被测家用电器的电源插头,E端接该家用电器的金属外壳,如图3-7所示。

3. 测试

线路接好后，在测试时，绝缘电阻表要保持水平位置，用左手按住表身，右手摇动发电机手柄，如图 3-8（a）所示。右手按顺时针方向转动发电机手柄，摇的速度应由慢而快，当转速达到 120 r/min 左右时，保持匀速转动，1 min 后读数，并且要边摇边读数，不能停下来读数，如图 3-8（b）所示。

特别注意：在测量过程中，如果表针已经指向"0"，说明被测对象有短路现象，此时不可继续摇动发电机摇柄，以防损坏绝缘电阻表。

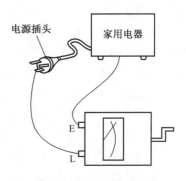

图 3-7 测量家用电器绝缘的接线

（a）操作手势   （b）读数

图 3-8 测试方法

4. 拆除测试线

测量完毕，待绝缘电阻表停止转动和被测物接地放电后，才能拆除测试线，如图 3-9 所示。

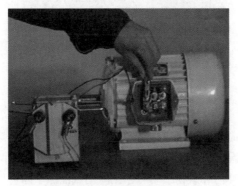

图 3-9 拆除测试线

【试题选解 10】 兆欧表有 L、E 和 G 三个端钮。其中，G 端钮的测试线在测电缆时应（   ）。

A. 做机械调零　　　　B. 做接地保护　　　C. 接被测线芯的绝缘　　　D. 接被测导体

解： 测量电缆的对地绝缘电阻时，G 端接屏蔽层或外壳绝缘层的作用是消除被测对象表面漏电造成的测量误差，所以正确答案为 C。

【试题选解 11】 做兆欧表的开路和短路试验时，转动摇柄的正确做法是（　　）。

A. 缓慢摇动加速至 120 r/min，指针稳定后缓慢减速至停止

B. 缓慢摇动加速至 120 r/min，指针稳定后快速减速至停止

C. 快速摇动加速至 120 r/min，指针稳定后缓慢减速至停止

D. 快速摇动加速至 120 r/min，指针稳定后快速减速至停止

解： 做兆欧表的开路和短路试验时，为防止损坏兆欧表，应缓慢摇动加速至 120 r/min，指针稳定后缓慢减速至停止，所以正确答案为 A。

■ 3.2.3　钳形电流表

钳形电流表的使用

钳形电流表简称钳形表，其最大的优点是能在不断电的情况下直接测量交流电流。钳形表用于对电气设备的检修，检测非常方便。钳形电流表的缺点是测量精度比较低。

1. 操作准备

（1）机械调零。指针式钳形表测量前，应检查表针在静止时是否指在机械零位，若不指在刻度线左边的 "0" 位上，应进行机械调零。钳形表机械调零的方法与指针式万用表相同，如图 3-10 所示。

让表针
指向 "0" 位

用螺丝刀
来回调节

机械调零

图 3-10　钳形表机械调零的方法

（2）检查钳口。测量前，检查钳口的工作包括两个方面。

一是检查钳口的开合情况，要求钳口开合自如（图 3-11），钳口两个结合面应保证接触良好。

二是检查钳口上是否有油污和杂物，若有，则应用汽油擦干净；如果有锈迹，则应轻轻擦去。

2. 量程选择

（1）测量前，应根据负载电流的大小先估计被测电流的数值，选择合适的量程。

（2）先选用较大量程进行测量，然后再根据被测电流的大小减小量程，让示数超过刻度

图 3-11　检查钳口的开合情况

的 1/2，以获得较准确的读数，如图 3-12 所示。

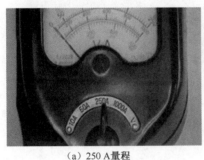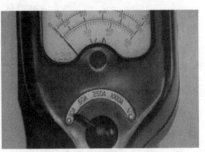

（a）250 A量程　　　　　　　　（b）10 A量程

图 3-12　按照从大到小顺序选择量程

以上两种方法均可采用，对于初学者，建议采用第二种方法选择量程。值得注意的是，转换量程时，必须将钳口打开，在钳形表不带电的情况下才能转换量程开关。

3. 测量

在进行测量时，用手捏紧扳手使钳口张开，被测载流导线应放在钳口中心位置，以减少测量误差。然后，松开扳手，使钳口（铁芯）闭合，表头即有指示。

4. 使用钳形表注意事项

（1）测量时，每次只能钳入一根导线（相线、零线均可）。对于双绞线，要将它分开一段，然后钳入其中的一根导线进行测量，如图 3-13 所示。

（2）测量低压母线电流时，测量前应将相邻各相导线用绝缘板隔离，以防钳口张开时，可能引起的相间短路。

（3）测量 5 A 以下的电流时，如果钳形电流表的量程较大，在条件许可时，可把导线在钳口上多绕几圈（图 3-14），然后测量并读数。此时，线路中的实际电流值为所读数值除以穿过钳口内侧的导线匝数。

（4）测量完毕，将选择量程开关拨到最大量程挡位上，以免下次使用时，不小心造成钳形表损坏。

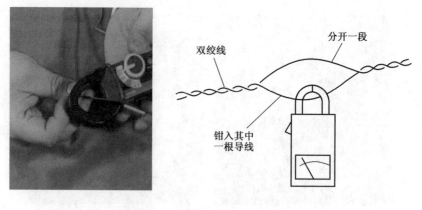

双绞线

分开一段

钳入其中
一根导线

图 3-13　每次只能钳入一根导线

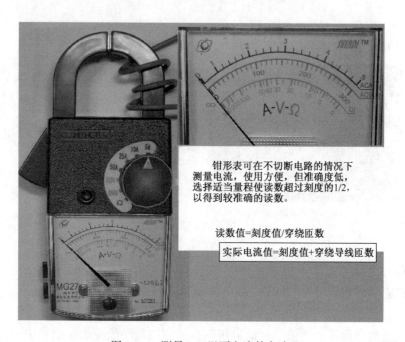

钳形表可在不切断电路的情况下
测量电流，使用方便，但准确度低，
选择适当量程使读数超过刻度的1/2，
以得到较准确的读数。

读数值=刻度值/穿绕匝数

实际电流值=刻度值÷穿绕导线匝数

图 3-14　测量 5 A 以下电流的方法

【试题选解 12】　用钳形电流表 10 A 挡测量小电流，将被测电线在钳口内穿过 4 次，如指示值 8 A，则电线内的实际电流为（　　）A。

A. 10　　　　　　　　B. 8　　　　　　　　C. 2.5　　　　　　　　D. 2

解：钳形电流表的量程较大，测量小电流时，可把导线在钳口上多绕几圈然后测量并读数。此时，线路中的实际电流值为所读数值除以穿过钳口内侧的导线匝数，指示值 8 A，绕 4 圈，则实际电流为 2 A，所以正确答案为 D。

■ 3.2.4　电流表

1. 使用方法及注意事项

（1）电流表要与用电器串联在电路中，电流要从"+"接线柱流入，从"-"接线柱流出。否则指针反转，容易把针打弯。

（2）选择合适量程的电流表。可以先试触一下，若指针摆动不明显，则换小量程的表。若指针摆动角度大，则换大量程的表。一般指针在表盘中间 1/3 左右，读数比较合适。

（3）测量交流大电流，要用电流互感器将一次侧的大电流转换成为二次侧 5 A 的小电流，然后再进行测量。转换量程时，要先切断电源。

【特别提醒】

选择电流表时要求其内阻小为好。不允许不经过用电器而把电流表连到电源的两极上。

2. 扩大电流表量程的方法

在电流表的两端上并联一只适当的电阻就可以增大电流表量程。并联的电阻阻值越小，电流表量程越大，但不能超过 I_g。

【试题选解 13】　应当按工作电流的（　　）倍左右选取电流表的量程。

A. 1　　　　　　　　B. 1.5　　　　　　　　C. 2　　　　　　　　D. 2.5

解：测量电流时，应当按工作电流的 1.5 倍左右选取电流表的量程，所以正确答案是 B。

▌3.2.5　电压表

1. 使用方法及注意事项

（1）电压表必须与被测用电器并联，让电流从电压表的"+"接线柱流入，从"-"接线柱流出。

（2）所测电压不能超过电压表的量程，若不能估测被测电压的大小，可用试触法来试一下。

（3）交流电压表不可用于测直流电压，直流电压表不可用于测交流电压，否则不仅测量不准确，还有可能烧表。

（4）测量 600 V 以上的交流电压，应先通过电压互感器将一次侧的高电压变换为二次侧的 100 V 电压，再接入电压表进行测量。转换量程时，要先切断电源。

2. 扩大电压表量程的方法

扩大电压表量程的方法是根据串联电阻分压的原理，在测量机构上串联一只分压电阻。

【试题选解 14】　应用磁电系电压表测量直流高电压，可以（　　）扩大量程。

A. 并联电阻　　　　　　　　　　　　　B. 串联分压电阻

C. 应用电压互感器　　　　　　　　　　D. 调整反作用弹簧

解：根据串联电阻分压的原理，在测量机构上串联一只分压电阻即可扩大电压表量程，所以正确答案是 B。

▌3.2.6　电能表

1. 电能表选型

在中性点非有效接地的高压线路中，应选用经互感器接入的三相三线 3×100 V 的有功、无功电能表，接地电流较大者应安装经互感器接入的三相四线 3×57.5/100 V 的有功、无功电能表。

在三相三线制低压线路中，应选用三相三线 3×100 V 的有功、无功电能表，当照明负荷占总负荷的 15% 及以上时，为减少线路附加误差，应采用三相四线 3×220/380 V 的有功、无功电能表。在三相四线制低压线路中，应选用三相四线 3×220/380 V 的有功、无功电能表。

负荷电流为 50 A 及以下时，宜采用直接接入式电能表；负荷电流为 50 A 以上时，宜采用经电流互感器接入的接线方式。

2. 电能表接线

（1）单相电能表的接线。电源相线接单相电能表第一个接线孔，零线接第三个接线孔，负荷线接第二、四个接线孔，如图 3-15 所示。

（2）三相电能表的接线。三相电能表有三相三线制和三相四线制电能表两种，它们按接线方法不同，可划分为直接式和间接式两种。常用直接式三相电能表的规格有 10 A、20 A、30 A、50 A、75 A 和 100 A 等多种，一般用于电流较小的电路上。间接式三相电能表常用的规格是 5 A，与电流互感器连接后，用于电流较大的电路上。

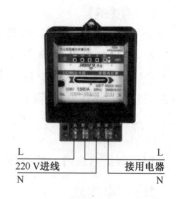

图 3-15　单相电能表的接线

3. 电能表安装要求

（1）电流互感器应装在电能表的上方。

（2）电能表总线必须采用铜芯塑料硬线，中间不准有接头，自总熔丝盒至电能表之间沿线敷设长度不宜超过 10 m。

（3）电能表总线必须明线敷设，采用线管安装时，线管也必须明装，在进入电能表时，一般以"左进右出"原则接线。

（4）电能表必须垂直于地面安装，倾斜度不得大于 1°。表的中心离地面高度应在 1.4~1.8 m。

4. 电能表读数

对直接接入电路的电能表，以及与所标明的互感器配套使用的电能表，都可以直接从电能表上读取被测电能。当电能表上标有"10×kW·h"或"100×kW·h"字时，应将读数乘以 10 或 100，才是被测电能的实际值。

【试题选解 15】 电能表属于（　　）式测量仪表。

A. 指针　　　　　　B. 累积　　　　　　C. 比较　　　　　　D. 平衡电桥

解：电能表是用来测量一段时间内用电器消耗电能多少的仪表，所以正确答案是 B。

■ 3.2.7　功率表

功率表也叫瓦特表，是一种测量电功率的仪器。电功率包括有功功率、无功功率和视在功率。未作特殊说明时，功率表一般是指测量有功功率的仪表。

1. 接线原则

在功率表两个线圈对应于电流流进的端钮上，都注有称为发电机端的"＊"标志。功率表在接线时，应使电流或电压线圈带"＊"标志的端钮接到电源同极性的端子上，以保证两线圈的电流方向都从发电机端流入。这就是功率表接线的"发电机端守则"。

2. 正确接线

功率表的接线方式有电压线圈前接法和电压线圈后接法两种。

电压线圈不论前接还是后接，功率表都能正偏。对于某些负载来说，测量的结果相差较小，这时两种接法采用哪种均可。但对于那些电阻（或阻抗）过大或过小的负载来说，两种接法所得结果相差较大，有时甚至出现与理论相矛盾的结果。

3. 正确读数

便携式功率表被测功率等于分格常数乘以指针偏转格数，计算公式为

$$P = Ca$$

式中：a 为指针偏转格数；C 为分格常数，W/格，$C = U_N I_N / a_m$。

【特别提醒】

如果功率表内附有分格常数表，则可通过查表得到不同电压、电流量程时的分格常数 C。

【试题选解 16】　关于功率表，以下说法正确的是（　　　）。

A. 功率表在使用时，功率不允许超过量程范围

B. 电压线圈前接法适用于低电压、大电流负载

C. 功率表的读数是电压有效值、电流有效值（它们的正方向都是从"＊"端指向另一端）及两者相位差的余弦的乘积

D. 功率表的读数是电压有效值、电流有效值的乘积

解：选项 A 中应该是量程允许超过测量范围，选项 B 讲的接线方法是错误的，选项 D 讲的读数方法是错误的，只有选项 C 叙述的读数方法是正确的，功率表的读数是电压有效值、电流有效值及两者相位差的余弦的乘积，所以正确答案为 C。

＊3.2.8　有功功率表

1. 有功功率表的测量

在三相交流电路中，用单相功率表可以组成一表法、两表法或三表法来测量三相负载的有功功率。

（1）一表法。当三相负载对称时，都可以用一只功率表来测它的有功功率，如图 3-16 所示。此时，仪表的读数就是一相的有功功率，再将功率表读数乘以 3 就是三相总有功功率，即 $P = 3P_1$。

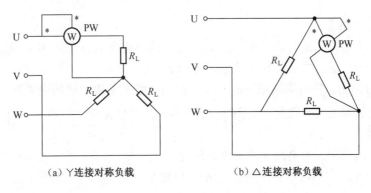

(a) Y 连接对称负载　　　　　(b) △ 连接对称负载

图 3-16　一表法测三相对称负载有功功率

（2）两表法。不管电压是否对称，负载是否平衡，负载是三角形接法还是星形接法，都可采用两表法测量三相三线制电路的有功功率，如图 3-17 所示。

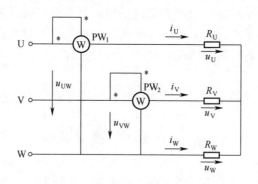

图 3-17　两表法测量三相三线制电路的有功功率

两只功率表的电流线圈应串接在不同的两相线上，并将其"＊"端接到电源侧，使通过电流线圈的电流为三相电路的线电流。两只功率表电压线圈的"＊"端应接到各自电流线圈所在的相上，而另一端共同接到没有电流线圈的第三相上，使加在电压回路的电压是电源线电压。此时，两个功率表都将显示出一个读数，把两个功率表的读数加起来就是三相总功率。

（3）三表法。三相四线制不对称负载的有功功率测量，把 3 只功率表分别接在 3 个相的相电压和相电流回路上，如图 3-18 所示。把三表读数相加，就是三相负载的总有功功率。

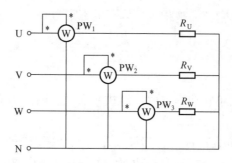

图 3-18　三表法测三相四线制不对称负载的有功功率

2. 无功功率的测量

有功功率表不但能测量有功功率，如果改变它的接线方式，还能用来测量无功功率。常见的方法有一表跨相法、两表跨相法和三表跨相法。

（1）一表跨相法。将电流线圈串入任意一相，注意发电机端接向电源侧。电压线圈支路跨接到没接电流线圈的其余两相，如图 3-19 所示。三相总无功功率 $Q = \sqrt{3} Q_1$，式中，Q_1 为一只功率表的读数。

一表跨相法适用于三相电路完全对称的情况。

（2）两表跨相法。用两只功率表或二元三相功率表按如图 3-20 所示连接，三相总无功功率 $Q = \sqrt{3}(Q_1 + Q_2)/2$。

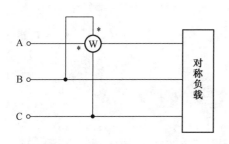

图 3-19　一表跨相法测量无功功率

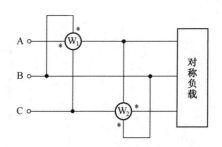

图 3-20　两表跨相法测量无功功率

两表跨相法适用于三相电路对称的情况，但由于供电系统电源电压不对称的情况是难免的，而两表跨相法在此情况下测量的误差较小，因此该方法仍然适用。

（3）三表跨相法。其接线原理如图 3-21 所示，三表跨相法可用于电源电压对称而负载不对称时三相电路无功功率的测量。三相总无功功率 $Q = (Q_1 + Q_2 + Q_3)/\sqrt{3}$。

【试题选解 17】　用两表法测量三相三线制交流电路的有功功率时，若负载功率因数低于 0.5，则必有一个功率表的读数是负值。（　　）

图 3-21　三表跨相法的接线原理

解：功率因数是指交流电路有功功率对视在功率的比值。用户电器设备在一定电压和功率下，该值越高效益越好，发电设备越能充分利用。若负载功率因数为 0.5，即 $\cos\varphi = 0.5$，则 $\varphi = 60°$。那就是电流滞后电压 60°，如果电压的相角为 0°，则电流相位 φ 为 -60°，所以该题目中的观点是正确的。

*3.2.9　单臂电桥

1. 基本结构及原理

直流单臂电桥又称惠斯通电桥，是一种可以精确测量电阻的仪器。惠斯通电桥是由 4 个电阻组成的电桥电路，这 4 个电阻分别叫作电桥的桥臂。G 为检流计，用来检查它所在的支路有无电流。电桥平衡时，检流计 G 所在支路电流为零。平衡时，4 个臂的阻值满足一个简单的关系，利用这一关系就可测量电阻。便携式 QJ23 型直流单臂电桥如图 3-22 所示。

单臂电桥测量

2. 使用步骤

（1）先打开检流计锁扣，再调节指零仪，使指针位于零点。

（2）将被测电阻接到标有 "R_x" 的两个接线柱之间，根据被测电阻 R_x 的近似值（可先用万用表测得），选择合适的倍率，以便让比较臂的 4 个电阻都用上，使测量结果为四位有效数字，提高读数精度。例如，$R_x \approx 8\ \Omega$，则可选择倍率 0.001，若电桥平衡时比较臂读数为 8211 Ω，则被测电阻 R_x 为

$$R_x = 倍率 \times 比较臂的读数 = 0.001 \times 8211 = 8.211\ (\Omega)$$

如果选择倍率为 1，则比较臂的前 3 个电阻都无法用上，只能测得 $R_x = 1 \times 8 = 8$（Ω），读

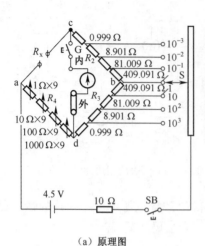

(a) 原理图

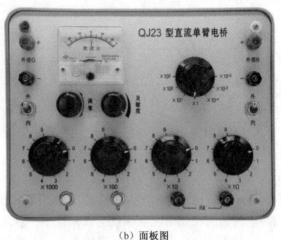

(b) 面板图

图 3-22 便携式 QJ23 型直流单臂电桥

数误差大，失去用电桥进行精确测量的意义。

（3）测量时，应先按电源支路开关 B 按钮，再按检流计 G 按钮。若检流计指针向 "+" 偏转，表示应加大比较臂电阻；若指针向 "-" 偏转，则应减少比较臂电阻。反复调节比较臂电阻，使指针趋于零位，电桥即达到平衡。

调节开始时，电桥离平衡状态较远，流过检流计的电流可能很大，使指针剧烈偏转，故先不要将检流计按钮按死，要调节一次比较臂电阻，然后按一下 G 按钮，当电桥基本平衡时，才可锁住 G 按钮。

（4）测量结束后，应先松开 G 按钮，再松开 B 按钮。否则，在测量具有较大电感的电阻时，因断开电源而产生的电动势会作用到检流计回路，使检流计损坏。

（5）电桥不用时，应将检流计锁扣锁住，以免搬运时震坏悬丝。

【试题选解 18】 直流单臂电桥又称为惠斯通电桥，是专门用来测量小电阻的比较仪表。（　　）

解： 直流单臂电桥主要是用来测量中等阻值（$10 \sim 10^5$ Ω）电阻；测量低阻（$10 \sim 10^{-5}$ Ω）用直流双臂电桥（又称凯尔文电桥），测量高阻（$10^6 \sim 10^{12}$ Ω）则用专门的高阻电桥或冲击法等测量方法。所以，题目中的观点是错误的。

【试题选解 19】 用直流单臂电桥测量电感线圈的直流电阻时，应（　　）。

A. 先按下电源按钮，再按下检流计按钮　　B. 先按下检流计按钮，再按下电源按钮

C. 同时按下电源按钮和检流计按钮　　D. 无须考虑先后顺序

解： 由于直流单臂电桥测量电感线圈的直流电阻时，电感线圈容易产生自感电动势。测量时，应先按下电源按钮，然后再按下检流计按钮；测量完毕，先松开检流计按钮，再松开电源按钮，防止自感电动势损坏检流计，所以正确答案为 A。

■*3.2.10　接地电阻测量仪

1. 作用

接地电阻测量仪是一种电阻测量装置，用于电力、邮电、铁路、通信、矿山等部门测量

各种装置的接地电阻以及测量低电阻的导体电阻值；还可以测量土壤电阻率及地电压。

2. 使用步骤

（1）将两个接地探针沿接地体辐射方向分别插入距接地体 20 m、40 m 的地下，插入深度为 400 mm。

（2）将接地电阻测量仪平放于接地体附近，并进行接线（图 3-23），接线方法如下。

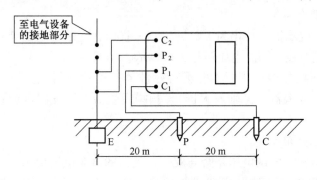

图 3-23　接地电阻测量仪的接线

1）用最短的专用导线将接地体与接地测量仪的接线端"P_2"（三端钮的测量仪）或与"C_2"短接后的公共端（四端钮的测量仪）相连。

2）用最长的专用导线将距接地体 40 m 的测量探针（电流探针）与测量仪的接线钮"C_1"相连。

3）用余下的长度居中的专用导线将距接地体 20 m 的测量探针（电位探针）与测量仪的接线端"P_1"相连。

（3）将测量仪水平放置后，检查检流计的指针是否指向中心线，否则调节"零位调整器"使测量仪指针指向中心线。

（4）将"倍率标度"（或称粗调旋钮）置于最大倍数，并慢慢地转动发电机转柄（指针开始偏移），同时旋动"测量标度盘"（或称细调旋钮）使检流计指针指向中心线。

（5）当检流计的指针接近于平衡时（指针近于中心线）加快摇动转柄，使其转速达到 120 r/min 以上，同时调整"测量标度盘"，使指针指向中心线。

（6）当"测量标度盘"的读数过小（小于1）不易读准确时，说明倍率标度倍数过大。此时应将"倍率标度"置于较小的倍数，重新调整"测量标度盘"使指针指向中心线上并读出准确读数。

（7）计算测量结果，即

$$R_{地} = "倍率标度"读数 \times "测量标度盘"读数$$

【特别提醒】

测量完毕，将接地探针拔出，一定要将其表面影响导电能力的污垢及锈渍清理干净，防止生锈。

【试题选解 20】　接地电阻测量仪输出的电压是（　　）电压。

A. 直流　　　　　　B. 工频　　　　　　C. 频率 90~115 Hz　　　　　D. 冲击

解：接地装置工频接地电阻的数值，等于接地装置的对地电压与通过接地装置流入地中的电流的比值。为了避免电流接地极与电压接地极的相互干扰，必须在接地体中通过流入地中的频率为 100 Hz 左右的电流，所以正确答案为 C。

■*3.2.11　双踪示波器

1. 双踪示波器简介

双踪示波器是将电压信号转化为可见的光信号投影在显示屏上的装置，具有两路输入端，可同时接入两路电压信号进行显示。

示波器面板

示波器的规格和型号很多，但不管哪种示波器都由示波管、竖直放大器（Y 轴放大器）、水平放大器（X 轴放大器）、扫描发生器、触发同步和直流电源等部分组成。

2. 双踪示波器的使用

（1）使用前，应检查电网电压是否与双踪示波器的电源电压要求一致。检查旋钮、开关、电源线有无问题，示波器的电源线应选用三芯插头线，机壳应良好接地，防止机壳带电引发事故。

（2）使用示波器时，辉度不宜调得过亮，不能让光点长期停留在一点。若暂不观测波形，应将辉度调暗。

（3）调聚焦时应注意采用光点聚焦而不要用扫描线聚焦，这样才能使电子束在 X、Y 方向都能很好地聚拢。

（4）输入电压幅度不能超过示波器允许的最大输入电压。

（5）注意信号连接线的使用。当被测信号为几百千赫以下信号时，可用一般导线连接；当信号幅度较小时，应当用屏蔽线连接，以防干扰；测量脉冲信号和高频信号时，必须用高频同轴电缆连接。

（6）要合理使用探头。在测量低频高压电路时，应选用电阻分压器探头；在测量高频脉冲电路时，应选用低电容探头，并注意调节微调电容，以保证高频补偿良好。探头和示波器应配套使用，一般不能互换，否则会导致误差增加或高频补偿不当。

（7）定量观测应在示波器屏幕的中心区域进行，以减少测量误差。

（8）对于 X 轴扫描带有扩展的示波器，若利用双踪示波器本身的扫描频率能正常测试，则应尽量少用扩展功能，因为利用扩展功能要增大亮度，有损示波器的寿命。

（9）示波器不能在强磁场或电场中使用，以免测量时受干扰。

【特别提醒】

新手在使用双踪示波器前必须认真阅读示波器说明书，熟悉双踪示波器面板上各个按钮的工作及使用方法，才能在测量过程中正确、熟练使用双踪示波器。

【试题选解 21】　用普通示波器观测一波形，若荧光屏显示由左向右不断移动的不稳定波形，则应当调整（　　）旋钮。

A. X 位移　　　　　B. 扫描范围　　　　　C. 整步增幅　　　　　D. 同步选择

解：用示波器观测一波形时，若荧光屏显示由左向右不断移动的不稳定波形，此时应当慢慢调整整步增幅旋钮，使波形稳定下来，以便观察，所以正确答案为 C。

【试题选解 22】　示波器通电后，预热（　　　）min 后才能正常工作。

A. 1　　　　　　　　　B. 5　　　　　　　　　C. 30　　　　　　　　　D. 60

解：预热是为了让示波器的灯丝有个加热过程，能够产生足够的热电子，这样示波器才能正常工作。一般来说，开机预热时间为 5 min 左右即可，所以正确答案为 B。

＊3.2.12　频率计

1. 频率计简介

频率计又称为频率计数器，是一种专门对被测信号频率进行测量的电子测量仪器。在传统的电子测量仪器中，示波器在进行频率测量时测量精度较低，误差较大。频谱仪可以准确地测量频率并显示被测信号的频谱，但测量速度较慢，无法实时快速地跟踪捕捉到被测信号频率的变化。正是由于频率计能够快速准确地捕捉到被测信号频率的变化，因此，频率计拥有非常广泛的应用范围。

频率计面板

常用的频率计有电动系频率计、铁磁式频率计和数字式频率计。数字式频率计除用作频率测量外，还可以测量与之有关的多种参量，如周期、频率比，还可以用于电压测量以及计数等，有的还有数据处理功能、统计分析功能、时域分析功能等。

频率计的设置

NFC-1000C-1 型多功能计数器的面板功能如图 3-24 所示，面板功能见表 3-7。

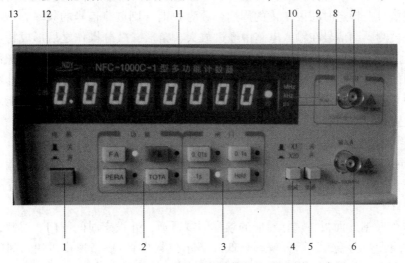

图 3-24　NFC-1000C-1 型多功能计数器的面板功能示意图

表 3-7　NFC-1000C-1 型多功能计数器面板功能

序号	名称	主要功能
1	电源开关	接通电源（按下是接通，弹出是断开）
2	功能选择键	选择不同的测量方式，f_A：输入接至 A 通道；f_B：输入接至 B 通道；PERA：测量周期；TOTA：计数开始
3	闸门时间键	选择闸门时间，有 4 种闸门时间（0.01 s、0.1 s、1 s 和 HOLD 保持），不同的闸门时间将得到不同的分辨率

序号	名称	主要功能
4	衰减键	衰减 A 通道的输入信号，按下是衰减 20 倍
5	低通滤波器	对输入信号进行滤波，提高低频段测量的准确性和稳定性；提高抗干扰性能
6	A 通道输入端	用于频率为 1 Hz~100 MHz 的信号输入。当信号幅度大于 300 mV 时，应按下"衰减开关 ATT"；当信号频率低于 100 kHz 时，应按下低通滤波器进行测量
7	B 通道输入端	用于频率大于 100 MHz 的信号输入
8	μs 指示灯	指示进入周期测量，测量周期时灯亮，不测时灯灭
9	kHz 指示灯	被测信号频率小于 1 MHz 时，自动点亮
10	MHz 指示灯	被测信号频率等于或大于 1 MHz 时，自动点亮
11	数据显示窗口	显示测量结果。最大显示 8 位数字
12	溢出指示	显示超过 8 位数时灯亮
13	闸门指示	灯亮表示机器正在测量，灯灭表示测量结束

2. 组成及工作原理

频率计主要由 4 个部分构成：时基（T）电路、输入电路、计数显示电路以及控制电路。

当被测信号在特定时间段 T 内的周期个数为 N 时，则被测信号的频率 $f=N/T$。在一个测量周期中，被测周期信号在输入电路中经过放大、整形、微分操作之后形成特定周期的窄脉冲，送到主门的一个输入端。主门的另外一个输入端为时基电路产生的闸门脉冲。在闸门脉冲开启主门的期间，特定周期的窄脉冲才能通过主门，从而进入计数器进行计数，计数器的显示电路用来显示被测信号的频率值，内部控制电路则用来完成各种测量功能之间的切换并实现测量设置。

3. 频率计使用步骤

（1）选择正确的端口。一般的频率计有 2 个或 3 个信号输入端口，每个端口周围都标明对应输入信号的频率范围，同时需要注意输入端口上标明的输入信号限制，输入过大的信号将损坏频率计。

（2）操作频率计面板，选择对应的频率测试通道，并设定时间闸门。通常，入门级频率计的闸门时间设置越短，显示分辨率越低（显示位数少），刷新速度越快。闸门时间设置越长，显示分辨率越高（显示位数多），刷新速度越慢。实际设定的原则是在满足显示分辨率的前提下，尽量选快一些的时间闸门。

（3）正确连接测试电缆。对于测量电器线路板上测试点的频率，除了使用直通的探针，还可以使用 1：10 的示波器探头。在输出信号满足测量的前提下，尽量使用示波器探头 1：10 挡，这样对工作中的电路影响比较小。对于测量一些频率很低的信号，建议打开有些频率计上提供的低通滤波器功能，防止外界高频信号对测量的干扰。

（4）注意测量方法和时机。使用频率计测量频率应该在频率计和被测设备都处于比较稳定的状态后才能进行。频率计和被测电器都需要经过充分的预热后才能进行测量。一般频率计和被测电器最好在开机半小时以后再进行测量（或按照产品说明书中的规定进行测量）。

【特别提醒】

频率计在进行测量前，一般应进行"自校"检查，以确认仪器是否能够正常工作。使用时要注意附件没有强干扰源，避免频率计受到强烈的振动。

【试题选解 23】　频率计使用结束后，下列正确的操作方法是（　　　）。

A. 先关断仪器的电源

B. 先拆除仪器之间的连线

C. 先将仪器的按键和旋钮都重置到初始状态

D. 先将低通滤波器键置于"开"位置

解：频率计使用结束后，应先关断仪器的电源，然后拆除仪器之间的连线，最后将仪器的按键和旋钮都重置到初始状态，所以正确答案为 A。

* 3.3　仪器仪表维护测量误差

■ 3.3.1　仪器仪表的维护、使用与测量方法

1. 仪器仪表的维护

仪器仪表的种类很多，在本章相关内容中已有介绍，为了保证测量结果的准确、可靠，这里特别强调几点。

（1）仪器仪表长期不用，要拔掉电源插头，存放在干燥通风处，但不要放在强磁场周围。

（2）保持仪器各部分外表面清洁，定期用布条蘸清洗液擦洗。

（3）仪器仪表要轻拿轻放。

（4）指针式仪表的指针需要做零位调整。

（5）做好仪器仪表运行记录，特别是出现故障的时机和现象，以便维修查询。

2. 仪器仪表的使用

为了避免由于测量方法不完善而引起测量的误差，必须注意正确使用仪表，主要应注意以下几点。

（1）按测量对象的性质选择仪表类型。首先看被测量的是直流还是交流，以便选用直流仪表或交流仪表。如果测量交流量，还要注意是正弦波还是非正弦波；测量时还要区分被测量的究竟是平均值、有效值、瞬时值还是最大值，对于交流量还要注意频率。

（2）按测量对象的实际需要，选择仪表等级。根据工程性质，只要使测量结果的误差在工程实际允许范围内即可。例如，在常用的标准和部分精密测量中，可用准确度 0.1~0.2 级的仪表；在实验测量中，可用 0.5~1.5 级的仪表；在实际生产中，可用 1.0~5.0 级的仪表。

（3）按测量对象和测量线路的电阻大小选择仪表内阻。对测量电压的电压表，内阻越大越好，要求电压表内阻值要大于被测对象 100 倍较好。对测量电流的电流表，内阻越小越好，常要求电流表内阻值小于被测对象的 1%。

（4）按测量对象选择仪表的允许额定值。不要用大量程的仪表去测量小量值，避免读数

不准。当然，更不可用小量程仪表去测量大电量，以免损坏仪表。因此，在选用仪表时，必须认真观察仪表和设备允许承受的额定电压、额定电流和额定功率。

（5）注意仪表的规定使用条件。使用时要注意仪表的使用要求，如环境温度及湿度、防磁、摆放位置、耐压等要求。

3. 仪器仪表的测量方法

（1）直接测量法。直接测量法就是直接从仪器仪表的刻度线上读出或显示器上显示出测量结果的方法，如测量电阻器的电阻时，可以从万用表的刻度线上直接读出结果。例如，用频率计测量频率，用电流表串入电路中测量电流，都属于直接测量。直接测量法直观迅速。

（2）间接测量法。用直接测量的量与被测量之间的函数关系（公式、曲线、表格）得到被测量的值的测量方式称为间接测量。例如，测量已知电阻两端的电压，电阻消耗的功率，可以用公式 $P = U^2/R$（U 是电阻两端的电压，R 是电阻的阻值）求出。

（3）组合测量法。在被测量与多个未知量有关时，可通过改变测量条件进行多次测量，根据被测量与未知量之间的函数关系组成方程组，求出有关未知量的数值。

【试题选解24】 为使电压表接入被测电路后不影响原有的工作状态，对电压表内阻要求（ ）。

A. 尽量大　　　　　　B. 尽量小　　　　　　C. 中等阻值　　　　　　D. 修理后调整校验

解：不同电压表内阻是不同的，通常达几十千欧。根据电压表的特点和要求，电压表与电源并联在一起，为使电压表接入被测电路后不影响原有的工作状态，对电压表内阻要求是它的内阻越大，结果越准确，所以正确答案应为 A。

3.3.2 测量误差

1. 测量误差产生的原因

测量误差就是指测量结果与被测量的真值之间的偏差。例如，在电压测量中，真实电压为 5 V，测得的电压为 5.3 V，则误差 = 5.3 V - 5 V = 0.3 V。

测量误差是各种因素的偏差的综合。其来源较复杂，见表 3-8。

表 3-8　测量误差的来源

名称	定义	举例
仪器误差	仪器（仪表）本身及附件引起的误差	指针式仪表刻度的误差； 数字式仪表的量化误差； 仪表内电路的零点漂移
使用方法误差（操作误差）	测量过程中，使用方法不恰当而造成的误差	规定垂直安放的仪器水平放置； 接线太长或未考虑阻抗匹配； 未按操作规程进行预热、调节、校准等
人身误差	由于人的感觉器官和运动器官不完善所产生的误差	测试人员在读取仪表的指示数时，总是读得偏高或偏低
环境误差	由外界环境的变化而产生的误差	温度、湿度、电磁场、机械振动、噪声、光照、放射性等变化

2. 测量误差的分类

从测量误差产生的原因及特征角度看，误差分为系统误差、随机误差和粗大误差 3 类，见表 3-9。

表 3-9　测量误差的类型、意义和产生原因

名称	意　义	产生原因
系统误差	在相同条件下重复测量同一量时，误差的大小和符号保持不变或按照一定的规律变化的误差	仪器误差、使用方法误差、人身误差、环境误差等
随机误差	在相同条件下重复测量同一量时，误差的大小和符号无规律地变化的误差	仪器内部器件和零部件产生的噪声、温度及电源电压的不稳定。电磁干扰、测量人员感觉器官的无规律变化等因素
粗大误差（过失误差、疏失误差）	在一定条件下测量结果明显偏离实际值所对应的误差	测量者对仪器不了解、粗心，导致读数不正确或突发事故等

3. 测量误差的有关计算

测量误差的表示方法有两种：绝对误差和相对误差。

（1）绝对误差。测量值 X 与其真值 A_0 的差，称为绝对误差，用 ΔX 表示，即

$$\Delta X = X - A_0$$

由于真值无法测得，故常用高一级别标准仪器的测量值 A 代替真值 A_0，则绝对误差表达式为

$$\Delta X = X - A$$

当 $X > A$ 时，绝对误差是正值，反之为负值。

（2）相对误差。

1）实际相对误差（r_A）。用绝对误差 ΔX 与被测量的实际值 A 的百分比来表示实际相对误差，即

$$r_A = \Delta X/A \times 100\%$$

2）示值相对误差（r_X）。用绝对误差 ΔX 与仪器给出值 X 的百分比来表示示值相对误差，即

$$r_X = \Delta X/X \times 100\%$$

3）满度相对误差（r_m）。用绝对误差 ΔX 与仪器的满刻度值 X_m 的百分比来表示满度相对误差，即

$$r_m = \Delta X/ X_m \times 100\%$$

电工仪表的准确度等级分为 0.1、0.2、0.5、1.0、1.5、2.5 和 5.0 共 7 个级别，由满度相对误差（r_m）决定。例如，准确度为 0.5 级的电表，意味着它的 $|r_m| \leqslant 0.5\%$ 但超过 0.2%。

【特别提醒】

测量结果的准确度一般总是低于仪器（仪表）的准确度。在仪表准确度等级确定后，示值越接近最大量程，示值相对误差就越小。所以测量时应注意选择合适的量程，使指针的偏转位置尽可能处于满度值的 2/3 以上区域。

【试题选解 25】　测量误差可分为基本误差和附加误差。（　　）

解：从测量误差产生的原因及特征角度看，测量误差分为系统误差、随机误差和粗大误

差 3 类，所以题目中的观点是错误的。

【练习题】

一、选择题

1. 尖嘴钳 150 mm 是指（　　）。

A. 其总长度 150 mm　　B. 其绝缘手柄为 150 mm　　C. 其开口为 150 mm

2. 锡焊晶体管等弱电元件应用（　　）W 的电烙铁为宜。

A. 75　　　　　　　　B. 25　　　　　　　　C. 100

3. 以下说法中，不正确的是（　　）。

A. 直流电流表可以用于交流电路测量

B. 电压表内阻越大越好

C. 钳形电流表可做成既能测量交流电流，也能测量直流电流

D. 使用万用表测量电阻，每换一次欧姆挡都要进行欧姆调零

4. 以下说法中，正确的是（　　）。

A. 不可用万用表欧姆挡直接测量微安表、检流计或电池的内阻

B. 兆欧表在使用前，无须先检查摇表是否完好，可直接对被测设备进行绝缘测量

C. 电能表是专门用来测量设备功率的装置

D. 所有电桥均是测量直流电阻的

5. （　　）仪表由固定的永久磁铁、可转动的线圈及转轴、游丝、指针、机械调零机构等组成。

A. 磁电式　　　　　　B. 电磁式　　　　　　C. 感应式

6. 线路和设备的绝缘电阻的测量是用（　　）测量。

A. 万用表的电阻挡　　B. 兆欧表　　　　　　C. 接地摇表

7. 钳形电流表使用时应先用较大量程，然后再视被测电流的大小变换量程。切换量程时应（　　）。

A. 直接转换量程开关　　B. 先退出导线，再转动量程开关　　C. 一边进线一边换挡

8. 按照计数方法，电工仪表主要分为指针式仪表和（　　）式仪表。

A. 电动　　　　　　　B. 比较　　　　　　　C. 数字

9. （　　）仪表可直接用于交、直流测量，且精确度高。

A. 磁电式　　　　　　B. 电磁式　　　　　　C. 电动式

10. （　　）仪表可直接用于交、直流测量，但精确度低。

A. 磁电式　　　　　　B. 电磁式　　　　　　C. 电动式

11. （　　）仪表的灵敏度和精确度较高，多用来制作携带式电压表和电流表。

A. 磁电式　　　　　　B. 电磁式　　　　　　C. 电动式

12. 选择电压表时，其内阻（　　）被测负载的电阻为好。

A. 远小于　　　　　　B. 远大于　　　　　　C. 等于

13. 指针式万用表测量电阻时标度尺最右侧是（　　）。

A. ∞　　　　　　　　B. 0　　　　　　　　C. 不确定

14. 测量电动机线圈对地的绝缘电阻时，摇表的"L""E"两个接线柱应（　　）。

A. "E" 接在电动机的出线端子，"L" 接在电动机的外壳

B. "L" 接在电动机的出线端子，"E" 接在电动机的外壳

C. 随便接，没有规定

15. 钳形电流表是利用（　　　）的原理制造的。

　　A. 电流互感器　　　　　　B. 电压互感器　　　　　　C. 变压器

16. 万用表电压量程 2.5 V，当指针指在（　　　）位置时电压值为 2.5 V。

　　A. 1/2 量程　　　　　　B. 满量程　　　　　　C. 2/3 量程

17. 单相电度表主要由一个转动铝盘和分别绕在不同铁芯上的一个（　　　）和一个电流线圈组成。

　　A. 电压线圈　　　　　　B. 电压互感器　　　　　　C. 电阻

18. 用钳形电流表测量电流时，可以在（　　　）电路的情况下进行。

　　A. 断开　　　　　　B. 短接　　　　　　C. 不断开

19. 有时候用钳形电流表测量电流前，要把钳口开合几次，目的是（　　　）。

　　A. 消除剩余电流　　　B. 消除剩磁　　　C. 消除残余应力

20. 测量接地电阻时，电位探针应接在距接地端（　　　）m 的地方。

　　A. 5　　　　　　B. 20　　　　　　C. 40

21. 采用合理的测量方法可以消除（　　　）误差。

　　A. 系统　　　　　B. 读数　　　　　C. 引用　　　　　D. 疏失

22. 电工指示仪表按准确度分类，分为（　　　）级。

　　A. 4　　　　　　B. 5　　　　　　C. 6　　　　　　D. 7

23. 仪表的标度尺刻度不准造成的误差是（　　　）。

　　A. 基本误差　　　B. 附加误差　　　C. 相对误差　　　D. 引用误差

24. 手摇发电机式兆欧表在使用前，指针指示在标度尺的（　　　）。

　　A. "0" 处　　　　B. "∞" 处　　　　C. 中央处　　　　D. 任意位置

25. 用直流单臂电桥测量一估算值为几欧的电阻时，比例臂应选（　　　）挡。

　　A. R×0.001　　　B. R×1　　　C. R×10　　　D. R×100

26. 电桥使用完毕后，要将检流计锁扣锁上，以防（　　　）。

　　A. 电桥出现误差　　　B. 破坏电桥平衡

　　C. 搬动时振坏检流计　　　D. 电桥的灵敏度降低

27. 使用钳形电流表时，下列操作错误的是（　　　）。

　　A. 测量前先估计被测量的大小

　　B. 测量时导线放在钳口中心

　　C. 测量小电流时，允许将被测导线在钳口多绕几圈

　　D. 测量完毕，可将量程开关置于任意位置

28. 被测电压真值为 100 V，用电压表测试时，指示值为 80 V，则其相对误差为（　　　）。

　　A. 25%　　　　B. -25%　　　　C. 20%　　　　D. -20%

二、判断题

1. 电工钳、电工刀、螺丝刀是常用电工基本工具。　　　　　　　　　　　　　（　　　）

2. 剥线钳是用来剥削小导线头部表面绝缘层的专用工具。　　　　　　（　　）

3. 电工刀的手柄是无绝缘保护的，不能在带电导线或器材上剖切，以免触电。（　　）

4. 一号电工刀比二号电工刀的刀柄长。　　　　　　　　　　　　　　　（　　）

5. 多用螺钉旋具的规格是以它的全长（手柄加旋杆）表示。　　　　　（　　）

6. 锡焊晶体管等弱电元件应用 100 W 的电烙铁。　　　　　　　　　　（　　）

7. Ⅱ类手持电动工具比Ⅰ类工具安全可靠。　　　　　　　　　　　　（　　）

8. Ⅲ类电动工具的工作电压不超过 50 V。　　　　　　　　　　　　　（　　）

9. 接地电阻测试仪就是测量线路的绝缘电阻的仪器。　　　　　　　　（　　）

10. 电流表的内阻越小越好。　　　　　　　　　　　　　　　　　　　（　　）

11. 使用兆欧表前不必切断被测设备的电源。　　　　　　　　　　　　（　　）

12. 万用表使用后，转换开关可置于任意位置。　　　　　　　　　　　（　　）

13. 电压表在测量时，量程要大于等于被测线路电压。　　　　　　　　（　　）

14. 交流钳形电流表可测量交直流电流。　　　　　　　　　　　　　　（　　）

15. 电流的大小用电流表来测量，测量时将其并联在电路中。　　　　　（　　）

16. 电动势的正方向规定为从低电位指向高电位，所以测量时电压表正极应接电源负极，电压表负极应接电源的正极。　　　　　　　　　　　　　　　　　　　（　　）

17. 测量电流时，应把电流表串联在被测电路中。　　　　　　　　　　（　　）

18. 用钳形电流表测量电流时，尽量将导线置于钳口铁芯中间，以减少测量误差。
　　　　　　　　　　　　　　　　　　　　　　　　　　　　　　　（　　）

19. 测量电压时，电压表应与被测电路并联。电压表的内阻远大于被测负载的内阻。
　　　　　　　　　　　　　　　　　　　　　　　　　　　　　　　（　　）

20. 接地电阻表主要由手摇发电机、电流互感器、电位器以及检流计组成。（　　）

21. 测量交流电路的有功电能时，因是交流电，故其电压线圈、电流线圈和各两个端可任意接在线路上。　　　　　　　　　　　　　　　　　　　　　　　（　　）

22. 交流电流表和电压表测量所测得的值都是有效值。　　　　　　　　（　　）

23. 万用表在测量电阻时，指针指在刻度盘中间最准确。　　　　　　　（　　）

24. 用钳形电流表测量电动机空转电流时，不需要挡位变换可直接进行测量。（　　）

25. 通用示波器可在荧光屏上同时显示两个信号波形，使用者可以很方便地进行比较观察。
　　　　　　　　　　　　　　　　　　　　　　　　　　　　　　　（　　）

第4章

电工技术基础知识

4.1 直流电路的基本分析

4.1.1 电路与基本物理量

1. 直流电与交流电

直流电是指大小和方向都不随时间而变化的电流。直流电分正、负，无法利用变压器改变电压。其电流值可以全为正值，也可以全为负值。在直流电流中又可分为两种：稳恒直流和脉动直流。

交流电是指大小和方向都随时间做周期性变化的电流，通常的交流是按正弦规律或余弦规律变化的，电流先由零变到最大，再由最大变到零。

2. 电路

电路是由电气设备和元器件按一定方式连接起来，为电流通提供了路径的总体，也叫电子线路或电气回路，简称网络或回路。换句话说，电路是用导线将电源、用电器、开关等连接起来组成的电的路径。

电路按照传输电压、电流的频率可以分为直流电路和交流电路，按照作用可以分为电力电路和电子电路。

电路由四大部分组成，即电源、负载、控制装置和连接导线，如图4-1所示。

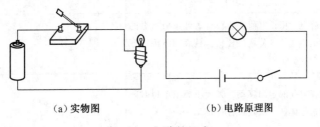

(a) 实物图   (b) 电路原理图

图4-1　电路的组成

电路的3种工作状态如图4-2所示。

（1）有载状态（通路）。有载状态下，电源与负载接通，电路中有电流通过，负载能获

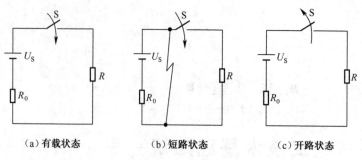

（a）有载状态　　　　　（b）短路状态　　　　（c）开路状态

图 4-2　电路的 3 种工作状态

得一定的电压和电功率。

　　厂家对电气设备的工作电流、电压、功率等都规定了一个数值，该数值称为电气设备的额定值。电气设备工作在额定值时的状态称为额定工作状态。

　　电路有载状态分为 3 种情形：电路的额定工作状态称为满载；小于额定值时称为欠载；超过额定值时称为过载。

　　（2）开路状态（断路）。在开路状态下，电路中没有电流通过。

　　电路发生开路的原因很多，如开关断开、熔体熔断、电气设备与连接导线断开等均可导致电路发生开路。

　　（3）短路状态（捷路）。电路中本不该接通的地方短接在一起的现象称为短路。短路时输出电流很大，如果没有保护措施，电源或负载会被烧毁甚至发生火灾。因此，通常要在电路中安装熔断器或保险丝等保险装置，以避免短路时产生不良后果。

　　【试题选解 1】　关于开路时电路的特点，下列说法正确的是（　　　）。

　　A. 电路中没有电流　　　B. 电路中有电流　　　C. 负载上有电压　　　D. 电阻最小

　　解：电路里有电流的条件是电路必须闭合。电路处于开路状态时，说明电路没有闭合，当然就没有电流了，所以正确答案应为 A。

　　3. 电路的基本物理量

　　电路的基本物理量见表 4-1。

表 4-1　电路的基本物理量

物理量	符号	说　明	定　义　式	单位名称及符号
电动势	E	非静电力把正电荷从负极移送到正极所做的功与被移送的电荷量的比值，是表示电源特征的一个物理量	$E = \dfrac{W}{q}$	伏特，V
电流	I	是指电荷的定向移动，其大小等于单位时间内通过导体任一横截面的电量	$I = \dfrac{q}{t}$	安培，A
电压	U_{ab}	是衡量单位电荷在静电场中由于电势不同所产生的能量差的物理量。其大小等于单位正电荷因受电场力作用从 a 点移动到 b 点所做的功	$U_{ab} = \dfrac{W_{ab}}{q}$	伏特，V

续表

物理量	符号	说明	定 义 式	单位名称及符号
电位	V_a	是衡量电荷在电路中某点所具有能量的物理量。在数值上，电路中某点的电位，等于正电荷在该点所具有的能量与电荷所带电荷量的比	$V = U_{ab}$	伏特，V
电阻	R	导体对电流的阻碍作用就叫导体的电阻	$R = \rho \dfrac{L}{S}$	欧姆，Ω
电能	W	是指电以各种形式做功（即产生能量）的能力，是一段时间内电流所做的功	$W = qU = IUt = I^2Rt = \dfrac{U^2}{R}t$	焦耳，J
电功率	P	是指单位时间内电流所做的功	$P = \dfrac{W}{t} = IU = I^2R = \dfrac{U^2}{R}$	瓦特，W

准确理解电路的物理量，应注意以下 4 个问题。

（1）部分物理量的方向。

1）电流的方向：习惯上，规定正电荷定向移动的方向为电流的方向。在金属导体中，电流的方向与自由电子定向移动的方向相反。为了计算简便，常常先假设一个电流方向，称为参考方向，用箭头在电路图中标明。如果计算结果为正值，则表明电流的实际方向与参考方向一致；如果计算结果为负值，则表明电流的实际方向与参考方向相反。

2）电压的方向：规定为从高电位（正极）指向低电位（负极）的方向。在分析电路时，往往难以确定电压的实际方向。此时，可先假定电压的参考方向，再根据计算所得值的正负来确定电压的实际方向。

3）电动势的方向：规定为在电源内部由负极指向正极。对于闭合电路来说，在电源内部的电路中，电流的方向是从电源负极指向正极；在电源外部的电路中，电流方向是从电源的正极指向负极。

（2）电压和电位的关系。

1）电位是电场中某点与参考点之间的电压。电压则是电场中某两点间的电位之差。

2）电位值是相对的，它的大小与参考点有关；电压值是绝对的、固定的，它的大小和参考点的选择无关。

3）电压和电位的单位都是伏特。

（3）电压和电动势的关系。

电压和电动势的单位都是伏特，但它们是两个不同的物理量。电压是衡量电场力做功本领的物理量，其方向为由高电位指向低电位，电压存在于电源内、外部电路；而电动势是衡量电源力做功本领的物理量，其方向为在电源内部由负极指向正极，且仅存在于电源内部。

（4）对电功率的理解。

1）当负载电阻一定时，由 $P = I^2R = U^2/R$ 可知，电功率与电流的平方或电压的平方成正比。

2）当流过负载的电流一定时，由 $P = I^2R$ 可知，电功率与电阻值成正比。

3）当加在负载两端的电压一定时，由 $P = U^2/R$ 可知，电功率与阻值成反比。

【试题选解2】 某电阻元件上的铭牌上标有"500 Ω∕5 W",求允许通过的最大电流和允许加在两端的最大电压是多少?

【分析】 据公式 $P = U^2/R = I^2R$,可求出允许通过的最大电流;再据公式 $U = \sqrt{PR}$ 求出允许加在两端的最大电压。

解: 电阻允许通过的最大电流

$$I = \sqrt{\frac{P}{R}} = \sqrt{\frac{5}{500}} = 0.1(\text{A})。$$

电阻允许加在两端最大电压

$$U = \sqrt{PR} = \sqrt{5 \times 500} = 50(\text{V})。$$

【试题选解3】 导线的电阻值与（　　　）。

A. 其两端所加的电压成正比　　　　　B. 流过的电流成反比

C. 所加电压和流过的电流无关　　　　D. 导线的截面积成正比

解: 因为导线中的电阻是材料本身的属性,与加在它上面的电压和通过它的电流无关,所以正确答案为 C。

4.1.2 欧姆定律

1. 部分电路欧姆定律

流过导体的电流 I 与导体两端的电压 U 成正比,与这段导体的电阻值成反比,即

部分电路
欧姆定律

$$I = \frac{U}{R} \text{ 或 } U = IR$$

欧姆定律揭示了电路中电流、电压和电阻三者之间的关系。它是电路的基本定律之一,应用非常广泛。

2. 全电路欧姆定律

闭合电路的电流与电源电动势成正比,与整个电路的电阻（内电阻和外电阻之和）成反比,即

全电路欧姆定律

$$I = \frac{E}{R + r} \text{ 或 } E = IR + Ir$$

端电压随外电路电阻的变化规律有以下两条。

（1）R 增大时,因为 $I = \dfrac{E}{R + r}$,所以 I 将减小,Ir 将减小,而 $U=E-Ir$,所以 U 将增大。

特例:电路开路时,$R=\infty$,$I=0$,$U=E$。因此把电压表接到电源两端,测得的电压近似等于电源电动势（因为电压表内阻很大）。换言之,在开路（断路）时,端电压等于电源电动势,电流为零。

（2）R 减小时,因为 $I = \dfrac{E}{R + r}$,所以 I 将增大,Ir 将增大,而 $U=E-Ir$,所以 U 将减小。

特例:电路短路时,$R=0$,$I=E/r$,电流将很大,$U=0$。换言之,在短路时,端电压为零,电路中的电流最大。因此,不允许用电流表直接接到电源两端测电流（因为电流表的内

阻很小，这样做容易烧坏电流表和电源）；同时，要求电路中必须设置保护装置，以免烧坏电源和造成火灾等事故。

【试题选解 4】　如图 4-3 所示，当单刀双掷开关 S 合到位置 1 时，外电路的电阻 $R_1 = 14\ \Omega$，测得电流表读数 $I_1 = 0.2\ \text{A}$；当开关 S 合到位置 2 时，外电路的电阻 $R_2 = 9\ \Omega$，测得电流表读数 $I_2 = 0.3\ \text{A}$，试求电源的电动势 E 及其内阻 r。

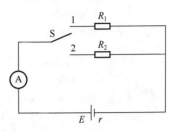

图 4-3　试题选解 4 图

解：根据闭合电路的欧姆定律，列出联立方程组为

$$\begin{cases} E = R_1 I_1 + r I_1 & \text{（当 S 合到位置 1 时）} \\ E = R_2 I_2 + r I_2 & \text{（当 S 合到位置 2 时）} \end{cases}$$

代入数据得

$$\begin{cases} E = 14 \times 0.2 + 0.2r \\ E = 9 \times 0.3 + 0.3r \end{cases}$$

解得

$$r = 1(\Omega),\ E = 3(\text{V})$$

【特别提醒】

本例题给出了一种测量直流电源电动势 E 和内阻 r 的方法。

【试题选解 5】　部分电路欧姆定律是反映电路中（　　　）。

A. 电流、电压、电阻三者关系的定律　　　　B. 电流、电动势、电位三者关系的定律

C. 电流、电动势、电导三者关系的定律　　　D. 电流、电动势、电抗三者关系的定律

解：部分电路是指不包含电源的电路，部分电路欧姆定律指出：电流与电路两端的电压成正比，与电路的电阻成反比。所以，正确答案为 A。

4.1.3　电阻的串联和并联

1. 电阻串、并联电路的特点及应用

电阻串、并联电路的特点及应用见表 4-2。

表 4-2　电阻串、并联电路的特点及应用

项　目	串联	并联
电流	电流处处相等，即 $I_1 = I_2 = \cdots = I_n$	总电流等于各支路电流之和，即 $I = I_1 + I_2 + \cdots + I_n$
电压	两端的总电压等于各个电阻两端电压之和，即 $U = U_1 + U_2 + \cdots + U_n$	总电压等于各分电压，即 $U = U_1 = U_2 = \cdots = U_n$
电阻	总电阻等于各电阻之和，即 $R = R_1 + R_2 + \cdots + R_n$	总电阻的倒数等于各个并联电阻倒数之和，即 $\dfrac{1}{R} = \dfrac{1}{R_1} + \dfrac{1}{R_2} + \cdots + \dfrac{1}{R_n}$
电阻与分压	各个电阻两端上分配的电压与其阻值成正比，即 $U_1 : U_2 : U_3 : \cdots : U_n = R_1 : R_2 : R_3 : \cdots : R_n$	各个支路电阻上的电压相等

续表

项 目	串联	并联
电阻与分流	不分流	各支路电流与电阻值成反比，即 $I_1 : I_2 : \cdots : I_n = \dfrac{1}{R_1} : \dfrac{1}{R_2} : \cdots : \dfrac{1}{R_n}$
功率分配	各个电阻分配的功率与其阻值成正比，即 $P_1 : P_2 : P_3 : \cdots : P_n = R_1 : R_2 : R_3 : \cdots : R_n$	各电阻分配的功率与阻值成反比，即 $R_1 P_1 = R_2 P_2 = \cdots = R_n P_n$
应用举例	（1）用于分压：为获取所需电压，常利用电阻串联电路的分压原理制成分压器； （2）用于限流：在电路中串联一个电阻，限制流过负载的电流； （3）用于扩大伏特表的量程：利用串联电路的分压作用可完成伏特表的改装，即将电流表与一个分压电阻串联，便把电流表改装成了伏特表	（1）组成等电压多支路供电网络，如 220 V 照明电路； （2）分流与扩大电流表量程：运用并联电路的分流作用可对安培表进行扩大量程的改装，即将电流表与一个分流电阻并联，便把电流表改装成较大量程的安培表

【特别提醒】

（1）若有两个电阻串联，则分压公式为

$$U_1 = \frac{R_1}{R_1 + R_2} U$$

$$U_2 = \frac{R_2}{R_1 + R_2} U$$

电阻串联

（2）若有两个电阻串联，则功率分配公式为

$$\frac{P_1}{P_2} = \frac{R_1}{R_2}$$

（3）若只有两个电阻并联，则

$$R = \frac{R_1 R_2}{R_1 + R_2}$$

若 3 个电阻并联，则

电阻并联

$$R = \frac{R_1 R_2 R_3}{R_1 R_2 + R_1 R_3 + R_2 R_3}$$

（4）若只有两个电阻并联，则分流公式为

$$I_1 = \frac{R_1}{R_1 + R_2} I$$

$$I_2 = \frac{R_2}{R_1 + R_2} I$$

2. 求解电阻混联电路

求解电阻混联电路等效电阻的步骤如下。

（1）整理电路，使之连接关系明朗化。整理出各电阻串、并联连接线的等

电阻混联电路

效电路图。

（2）简化支路，即根据电阻串联的特点求出各支路的等效电阻。

（3）合并支路，即根据电阻并联的特点进一步简化电路，如图 4-4 所示。

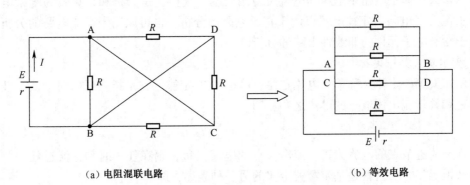

（a）电阻混联电路　　　　　　　（b）等效电路

图 4-4　电阻混联电路及其等效电路

【试题选解 6】　如图 4-5（a）所示，已知 $R = 10\ \Omega$，求电路 AB 间的等效电阻 R_{AB}，若在 AB 间加 110 V 的电压，则电路的总电流是多少？

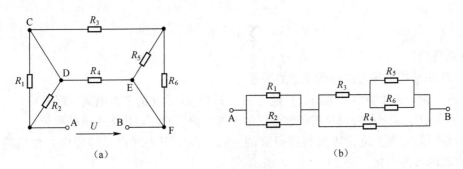

（a）　　　　　　　　　　　（b）

图 4-5　试题选解 6 图

【分析】　C 点和 D 点，B 点、E 点和 F 点间都由短路线连接，则 C 点和 D 点是一个点，B 点和 E 点、F 点是一个点。

解：AB 间的等效电阻

$$R_{AB} = R_1 \mathbin{/\mkern-5mu/} R_2 + (R_3 + R_5 \mathbin{/\mkern-5mu/} R_6) \mathbin{/\mkern-5mu/} R_4 = \frac{10}{2} + \left(10 + \frac{10}{2}\right) \mathbin{/\mkern-5mu/} 10 = 5 + 6 = 11(\Omega)$$

电路中电流为

$$I = \frac{U}{R} = \frac{110}{11} = 10(\text{A})$$

【试题选解 7】　电阻 $R_1 = 300\ \Omega$，$R_2 = 200\ \Omega$，并联后的总电阻为（　　　）Ω。

A. 150　　　　　B. 300　　　　　C. 500　　　　　D. 120

解：由两只电阻并联的等效公式 $R = \dfrac{R_1 R_2}{R_1 + R_2}$ 得计算结果，总电阻为 120 Ω，所以正确答案为 D。

4.1.4　基尔霍夫定律

基尔霍夫定律是电路中电压和电流所遵循的基本规律，是分析和计算较为复杂电路的基础。基尔霍夫（电路）定律既可以用于直流电路的分析，也可以用于交流电路的分析，还有可以用于含有电子元件的非线性电路的分析。

1. 基尔霍夫第一定律

基尔霍夫第一定律又称节点电流定律，简称 KCL 定律。它是指在任何时刻流入任一节点的电流之和等于流出该节点的电流之和，即

$$\sum I_入 = \sum I_出$$

若规定流进节点的电流为正，流出节点的电流为负，则在任一时刻，流过任一节点的电流代数和恒等于零，这就是基尔霍夫定律的另一种表述，即

$$\sum I = 0$$

2. 基尔霍夫第二定律

基尔霍夫第二定律也称回路电压定律，简称 KVL 定律，它确定了一个闭合回路中各部分电压间的关系。在任何时刻，沿着电路中的任一回路绕行方向，回路中各段电压的代数和恒等于 0，即

$$\sum U = 0$$

【特别提醒】

（1）使用节点电流定律必须注意的问题。

1）对于含有 n 个节点的电路，只能列出 $(n-1)$ 个独立的节点电流方程。

2）列节点电流方程时，只需考虑电流的参考方向，然后再代入电流的数值。

为分析电路方便，通常需要在所研究的一段电路中事先选定（即假定）电流流动的方向，即电流的参考方向，通常用"→"表示。

电流的实际方向根据数值的正、负来判断。当 $I > 0$ 时，表明电流的实际方向与所标定的参考方向一致；当 $I < 0$ 时，则表明电流的实际方向与所标定的参考方向相反。

（2）列回路电压方程应特别注意的问题。

1）任意标出各支路电流的参考方向。

2）任意标出回路的绕行方向，既可沿着顺时针方向绕行，也可沿着逆时针方向绕行，一般沿着顺时针方向绕行。

3）确定电阻压降的符号。如果回路的绕行方向与电阻上的电流方向一致（即顺着电流的方向），电阻上的电压降应取正值，反之取负值。

4）确定电源电动势的符号。在绕行过程中，如果从电源正极绕向负极，该电源的电动势应取正值，反之取负值，即在绕行过程中，沿途"遇正取正，遇负取负"。

【试题选解8】　如图 4-6 所示电路中，已知 $E_1 = 18$ V，$E_2 = 28$ V，$R_1 = 1\ \Omega$，$R_2 = 2\ \Omega$，$R_3 = 10\ \Omega$，求各支路电流。

【分析】　该电路有 3 条支路、2 个节点、2 个网孔和 3 个回路。应用支路电流法，列 1 个

节点电流方程和 2 个网孔（回路）电压方程，即可求出各支路电流。

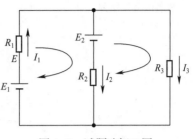

图 4-6　试题选解 8 图

解：设各支路电流方向和回路绕行方向如图 4-6 所示，根据题意列出节点电流方程和回路电压方程。

$$I_1 = I_2 + I_3$$
$$-E_1 + I_1R_1 + E_2 + I_2R_2 = 0$$
$$-R_2I_2 - E_2 + R_3I_3 = 0$$

代入已知数据整理得

$$I_1 - I_2 - I_3 = 0$$
$$I_1 + 2I_2 = -10$$
$$-I_2 + 5I_3 = 14$$

解得

$$I_1 = -2（A）\quad I_2 = -4（A）\quad I_3 = 2（A）$$

电流 I_1 与 I_2 均为负值，表明电流的实际方向与图 4-6 中所假设的参考方向相反；I_3 为正值，表明电流的实际方向与图 4-6 中所假设的参考方向相同。

【试题选解 9】　基尔霍夫第二定律即回路电压定律，是指沿电路中任一闭合回路绕行一周，各段电压的代数和恒等于（　　　）。

A. 1　　　　　B. 0　　　　　C. 电源电压　　　　　D. ∞

解：基尔霍夫第二定律即回路电压定律，是指沿电路中任一闭合回路绕行一周，各段电压的代数和恒等于 0，所以正确答案为 B。

4.2　磁路的基本分析

■ 4.2.1　电流的磁场

1. 磁感线

（1）磁感线上某点的切线方向与该点的磁场方向相同，如图 4-7（a）所示。

（2）磁感线的疏密表示磁场的强弱，如图 4-7（b）所示。

（3）匀强磁场的磁感线是一些分布均匀的平行直线。

磁感线有以下几个特点。

（1）磁感线在磁体外面的方向都是由 N 极指向 S 极，而磁体内部却是由 S 极指向 N 极，形成一个闭合回路。

（2）磁感线互不相交，即磁场中任一点的磁场方向是唯一的。

（3）磁场越强，磁感线越密。

（4）当存在导磁材料时，磁感线主要趋向从导磁材料中通过。

电磁感应中的定则应用

2. 电流的磁场

直线电流及通电螺线管周围电流的方向和磁场方向可用右手螺旋定则来确

定，如图 4-8 所示。

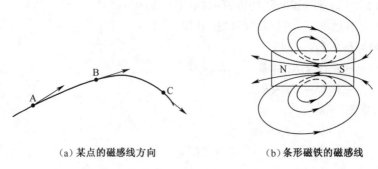

(a) 某点的磁感线方向   (b) 条形磁铁的磁感线

图 4-7 磁感线

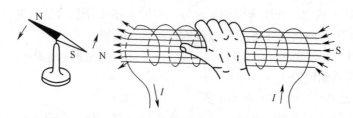

图 4-8 右手螺旋定则确定直流电流及通电螺线管周围电流的方向和磁场方向

通电直导体和通电螺线管的磁场都是用右手螺旋定则判断的。

（1）通电直导体中，大拇指指向电流方向，四指弯屈的方向是磁感线环绕的方向。

（2）通电螺线管中，四指指向电流方向，大拇指指的是螺线管中磁感线的 N 极方向。

■ 4.2.2 磁场的基本物理量

1. 磁场物理量的分析

磁感应强度、磁通、磁导率和磁场强度是描述磁场的 4 个基本物理量，见

磁场基本物理量

表 4-3。

表 4-3 磁场的基本物理量

物理量	符号	表达式	说　明
磁感应强度	B	$B = \dfrac{F}{IL}$	它是描述磁场力效应的物理量，表示磁场中任意一点磁场的强弱和方向
磁通	Φ	$\Phi = BS$	磁感应强度和与其垂直的某一截面积的乘积，称为通过该面积的磁通
磁导率	μ	$\mu = \mu_r\mu_0$	用来衡量物质导磁能力
磁场强度	H	$H = \dfrac{B}{\mu}$	它是磁场中某点的磁感应强度与磁介质磁导率的比值

【特别提醒】

$B = \dfrac{F}{IL}$ 成立的条件是导线 L 与磁感应强度 B 的方向垂直，$\dfrac{F}{IL}$ 的比值为一恒量，所以不能说 B 与 F 成正比，也不能说 B 与 I 和 L 的乘积成反比。

2. 相对磁导率与物质的分类

为便于对各种物质的导磁性能进行比较，以真空磁导率为基准，将其他物质的磁导率与真空磁导率比较，其比值叫作相对磁导率 μ_r。根据相对磁导率的大小，可将物质分为 3 类。

(1) $\mu_r < 1$ 的物质叫作反磁性物质，如氢气、铜、石墨、银、锌等。

(2) $\mu_r > 1$ 的物质叫作顺磁性物质，如空气、锡、铝、铅等。

(3) $\mu_r \gg 1$ 的物质叫作铁磁性物质，如铁、钢、镍、钴等。

【试题选解 10】　在一个匀强磁场中，垂直磁场方向放置一根直导线，导线长为 0.8 m，导线中的电流为 15 A，导线在磁场中受到的力为 20 N，匀强磁场的磁感应强度 B 的大小为(　　)。

解： 由于导线与磁感应强度垂直，直接运用磁感应强度公式即可求得磁感应强度。

根据磁感应强度公式，得

$$B = \frac{F}{IL} = \frac{20\ \text{N}}{15\ \text{A} \times 0.8\ \text{m}} = 1.67\ \text{T}$$

【试题选解 11】　磁导率是一个用来表示媒质磁性能的物理量，对于不同的物质就有不同的磁导率。(　　)

解： 磁导率是用来衡量物质导磁能力的物理量，磁导率 μ 等于磁介质中磁感应强度 B 与磁场强度 H 之比，故不同的物质有不同的磁导率。所以，题目中的观点是正确的。

▌4.2.3　磁场对载流导体的作用

在匀强磁场中，垂直于磁场方向的一段通电导体所受磁场力的大小，可由磁感应强度的定义式 $B = \dfrac{F}{IL}$ 推出，即 $F = BIL$。如果在匀强磁场中，电流方向与磁场方向成一夹角 θ，则磁场对通电导体的作用力为

$$F = BIL\sin\theta$$

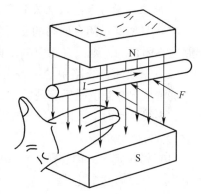

图 4-9　左手定则

其作用力的方向可用左手定则判定。方法是：伸出左手，让拇指跟其他四指垂直，并与手掌在一个平面内，让磁感线穿入手心，四指指向电流方向，大拇指所指的方向即为通电直导线在磁场中所受力的方向，如图 4-9 所示。

由左手定则可知：$F \perp B$，$F \perp I$，即 F 垂直于 B 和 I 所决定的平面。

【试题选解 12】　电工实验证明，两根平行长直导线通以相同方向的电流时，它们相互吸引。(　　)

解： 如图 4-10 所示，设电流方向都向上。通电导线 b 受到的力 F 来自通电导线 a 产生的

磁场的作用。根据右手螺旋定则可知，通电导线 a 在导线 b 处的磁场方向 B_1 是垂直于纸面向外的，再应用左手定则，可以判定 F_1 的方向是指向导线 a。用同样的方法，可以判定通电导线 a 所受的力 F_2 是指向导线 b。

由此可见，两根平行直导线通以同向电流时，相互吸引。

如果两平行直导线通以反向电流，则相互排斥。所以题目中的观点是正确的。

【试题选解 13】 如图 4-11 所示，通电直导体受到的电磁力为（　　　）。

A. 向左　　　　B. 向右　　　　C. 向上　　　　D. 向下

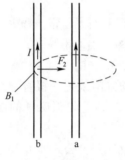
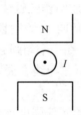

图 4-10　试题选解 12 图　　　　　图 4-11　试题选解 13 图

解：可以根据左手定则判定通电直导体受到的电磁力的方向。伸开左手，让四指与大拇指在同一平面内且互相垂直，让磁感线垂直穿过手掌心，四指指向导体的电流方向，则大拇指所指的方向就是受力方向。可判断出正确答案为 B。

4.2.4　电磁感应现象与楞次定律

1. 感应电动势和感应电流的条件

（1）只要穿过闭合回路的磁通量发生变化，回路中便产生感应电动势和感应电流。如果回路是不闭合的，则只有感应电动势而无感应电流。

（2）只要闭合线路中的一部分导体在磁场中做切割磁感线运动，回路里就产生感应电流。这种情况只是电磁感应现象中的一种特殊情况。因为闭合线路的一部分导体在磁场中做切割磁感线运动时，实际上线路中的磁通量必然发生变化。

*2. 楞次定律

（1）楞次定律的内容是，线圈中感应电动势的方向总是企图使它所产生的感应电流的磁场阻碍原有磁通的变化。

（2）用楞次定律判定感应电流方向的具体步骤如下。

1）确定原磁通的方向。

2）判定穿过回路的原磁通的变化情况：是增加还是减少。

3）根据楞次定律确定感应电流的磁场方向。

4）根据右手螺旋法则，由感应电流磁场的方向确定感应电流的方向。

【特别提醒】

楞次定律是判断感应电流方向的普遍规律。它不但适用于闭合线路中的一部分导体在磁场中做切割磁感线运动所产生的感应电流方向的判定，与右手定则所判定的结果相同，而且适用于穿过闭合回路中的磁通发生变化时产生感应电流的方向判定。

3. 感应电流方向的判定

右手定则：伸开右手，将手掌伸平，让拇指和其余四指垂直，掌心对着磁感线的方向，大拇指指向导体切割磁感线的运动方向，则四指所指的就是感应电流方向，如图 4-12 所示。

【特别提醒】

右手定则适用于闭合线路中的部分导体在磁场中做切割磁感线运动，产生感应电流的方向的判定。

【试题选解 14】　如图 4-13 所示，当磁铁插入线圈中，线圈中的感应电动势（　　　）。

A. 由 A 指向 B，且 A 点电位高于 B 点电位

B. 由 B 指向 A，且 A 点电位高于 B 点电位

C. 由 A 指向 B，且 B 点电位高于 A 点电位

D. 由 B 指向 A，且 B 点电位高于 A 点电位

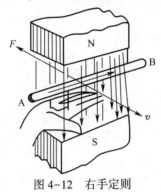

图 4-12　右手定则

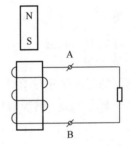

图 4-13　试题选解 14 图

解：当磁铁插入时，根据右手定则可判断出感应电流的方向为上正下负，则电动势在电源内部由 B 指向 A，且 A 点电位高于 B 点电位，所以正确答案为 B。

4.3　交流电路的基本分析

4.3.1　正弦交流电及其电参量

1. 正弦交流电的特点

如图 4-14 所示，正弦交流电有以下 3 个特点。

（1）瞬时性：在一个周期内，不同时刻的瞬时值是不相同的。

（2）周期性：每隔一个相同的时间间隔，变化规律是相同的。

（3）规律性：按正弦函数规律变化。

交流电可以通过变压器变换电压，在远距离输电时，通过升高电压以减少线路损耗，获得最佳经济效果。而当使用时，又可以通过降压变压器把高压变为低压，这既有利于安全，又能降低对设备的绝缘要求。此外，交流电动机与直流电动机比较，则具有造价低廉、维护

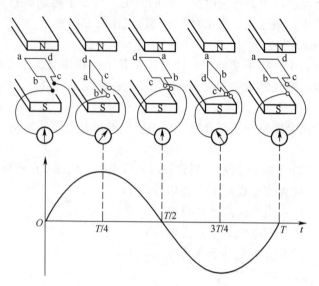

图 4-14 正弦交流电的特点

简便等优点，所以交流电获得了广泛的应用。

2. 正弦交流电的解析式

大小及方向均随时间按正弦规律做周期性变化的电流、电压、电动势叫作正弦交流电流、电压、电动势，在某一时刻 t 的瞬时值可用解析式（三角函数式）来表示，即

$$i_{(t)} = I_m \sin(\omega t + \varphi_{i0})$$
$$u_{(t)} = U_m \sin(\omega t + \varphi_{u0})$$
$$e_{(t)} = E_m \sin(\omega t + \varphi_{e0})$$

式中：I_m、U_m、E_m 分别为交流电流（A）、电压（V）、电动势（V）的振幅（也叫峰值或最大值）；ω 为交流电的角频率，rad/s，它表征正弦交流电流每秒内变化的电角度；φ_{i0}、φ_{u0}、φ_{e0} 分别为电流、电压、电动势的初相位或初相，rad 或（°），它表示初始时刻（$t=0$ 时）正弦交流电所处的电角度。

振幅、角频率、初相这 3 个参数叫作正弦交流电的三要素。任何正弦量都具备这 3 个要素。

3. 正弦交流电的基本物理量

表征正弦交流电的基本物理量又称为电参量，见表 4-4。

正弦交流电的

基本物理量

表 4-4　正弦交流电的基本物理量

物理量	概　念	符　号　表　示
瞬时值	随时间变化的电流、电压、电动势和功率在任一瞬间的数值	分别用 i、u、e、p 表示。例如电动势表示为 $e = E_m \sin\omega t$
最大值	正弦交流电在一个周期内所能达到的最大数值，也称幅值、峰值、振幅等	分别用 E_m、U_m、I_m 表示

物理量	概　念	符号表示
有效值	正弦交流电的有效值是根据电流的热效应规定的。也就是让交流电与直流电分别通过阻值相同的电阻，如果在相同的时间内，它们所产生的热量相等，就把直流电的数值定义为交流电的有效值	分别用 E、U、I 表示
平均值	正弦交流电在半个周期内，在同一方向通过导体横截面的电流与半个周期时间之比值	分别用 I_{PJ}、U_{PJ}、E_{PJ} 表示
周期	交流电完成一次周期性变化（或发电机的转子旋转一周）所用的时间	用 T 表示，单位是秒（s）
频率	交流电在单位时间内（1 s）完成周期性变化的次数（或发电机在 1 s 内旋转的圈数）	用 f 表示，单位是赫兹（Hz）。频率常用单位还有千赫（kHz）和兆赫（MHz），它们的关系为 1 kHz = 10^3 Hz；1 MHz = 10^6 Hz
角频率	交流电在 1 s 内电角度的变化量（即发电机转子在 1 s 内所转过的几何角度）	用 ω 表示，单位是弧度每秒（rad/s）
相位	表示正弦交流电在某一时刻所处状态的物理量。相位不仅决定正弦交流电的瞬时值的大小和方向，而且能反映正弦交流电的变化趋势	在正弦交流电的三角函数式中，"$\omega t + \varphi$" 就是正弦交流电的相位。单位为度（°）或弧度（rad）
初相位	表示正弦交流电起始时刻的状态的物理量。正弦交流电在 $t = 0$ 时的相位（或发电机的转子在没有转动之前，其线圈平面与中性面的夹角）叫初相位，简称初相	用 φ_0 表示。初相位的大小和时间起点的选择有关，初相位的绝对值用小于 π 的角表示
相位差	两个同频率正弦交流电，在任一瞬间的相位之差就是相位差	用符号 $\Delta\varphi$ 表示

【试题选解 15】　正弦电动势 e_1 和 e_2 的波形如图 4-15 所示，试求 e_1、e_2 的频率、角频率和相位差，并写出其瞬时值表达式。

【分析】　（1）看波形最大幅度与纵轴的交点，即为最大值 40 V，即 E_m = 40 V。

（2）在波形图上一个完整波形在横坐标的时间，即为周期 T，从波形上可知，e_1 的周期 T_1 = 11 ms - （-9 ms） = 20 ms，e_2 的周期 T_2 = 13 ms - （-7 ms） = 20 ms，知道周期 T 后，再用公式 $f = \dfrac{1}{T}$ 和 $\omega = 2\pi f$，求出 f 和 ω。

（3）从图形过零增加点与横轴的交

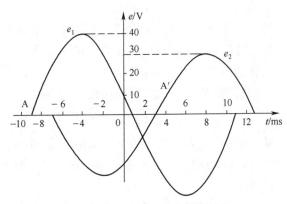

图 4-15　试题选解 15 图

点时刻，可求出波形的初相位。e_1 过零增加点 A 在纵轴左侧，时间为 $t_1 = 9$ ms，所以 $\varphi_{01} = \dfrac{9}{20} \times 360° = 162°$，因在纵轴左侧，所以符号取正。$e_2$ 过零增加点 A′ 在纵轴右侧，时间为 $t_2 = 3$ ms，所以 $\varphi_{02} = \dfrac{3}{20} \times 360° = 54°$，因在纵轴右侧，所以符号取负。故 $\varphi_{01} = 162°$，$\varphi_{02} = -54°$。

解：（1）从波形图可知，e_1 和 e_2 的周期为 20 ms，即 $T = T_1 = T_2 = 0.02$ s，于是频率：

$$f = \frac{1}{T} = \frac{1}{0.02} = 50(\text{Hz})$$

角频率：

$$\omega = 2\pi f = 6.28 \times 50 = 314(\text{rad/s})$$

（2）e_1 和 e_2 的初相位可从波形图上求得。e_1 曲线上的零点（A 点）处在纵坐标的左侧，它与坐标原点之间的时间间隔 $t_1 = 9$ ms。e_2 曲线的零点（A′点）在纵坐标的右侧，它与坐标原点之间的时间间隔 $t_2 = -3$ ms。

所以，e_1 的初相：

$$\varphi_{01} = \frac{t_1}{T} \times 360° = \frac{9 \times 10^{-3}}{0.02} \times 360° = 162°$$

e_2 的初相：

$$\varphi_{02} = \frac{t_2}{T} \times 360° = \frac{-3 \times 10^{-3}}{0.02} \times 360° = -54°$$

e_1 和 e_2 的相位差：

$$\Delta\varphi = \varphi_{01} - \varphi_{02} = 162° - (-54°) = 216°$$

（3）e_1 的瞬时值表达式：

$$e_1 = 40\sin(314t + 162°)$$

e_2 的瞬时值表达式：

$$e_2 = 30\sin(314t - 54°)$$

【试题选解 16】 交流电的三要素是指最大值、频率和（　　）。

A. 相位　　　　　B. 角度　　　　　C. 初相位　　　　　D. 电压

解：在理论上，通过最大值、频率（或角频率、周期）、初相位即可确切表述正弦交流电在某一时刻的状态，所以最大值、频率（或角频率、周期）、初相位称为交流电的三要素，故正确答案为 C。

【试题选解 17】 正弦交流电的最大值等于有效值的（　　）倍。

A. $\sqrt{2}$　　　　　B. 2　　　　　C. 1/2　　　　　D. 1

解：正弦交流电的有效值是最大值的 0.707 倍，即 $\sqrt{2}$ 倍，所以正确答案为 A。

【试题选解 18】 正弦交流电路变化一个周期中出现的最大瞬时值，称为最大值，也称为幅值或峰值。（　　）

解：正弦交流电在一个周期内所能达到的最大瞬时值，也就是交流电波形的峰值，称为最大值，也称幅值、峰值、振幅，所以题目中的观点是正确的。

4.3.2　单一参数交流电路的特点

单一参数的单相交流电路包括纯电阻电路、纯电感电路和纯电容电路 3 种。单一参数单相交流电路的比较见表 4-5。

表 4-5　单一参数单相交流电路的比较

特性名称	纯电阻电路	纯电容电路	纯电感电路
阻抗	阻抗 $R = U/I$	容抗 $X_C = \dfrac{1}{\omega C} = \dfrac{1}{2\pi fC}$	感抗 $X_L = \omega L = 2\pi fL$
直流特性	通直流但有阻碍作用	隔直流（相当于开路）	通直流（相当于短路）
交流特性	通交流但有阻碍作用	通高频、阻低频	通低频、阻高频
电流电压数量关系	$I = U_R/I_R$	$I = \dfrac{U_C}{X_C}$	$I = \dfrac{U_L}{X_L}$
电流电压相位关系	u 超前于 i 90°	u 滞后于 i 90°	u 超前于 i 90°
有功功率	$P = I^2R$	$P = 0$	$P = 0$
无功功率	0	$Q_C = U_CI = I^2X_C = \dfrac{U_C^2}{X_C}$	$Q_L = UI = I^2X_L = \dfrac{U_L^2}{X_L}$
满足欧姆定律的参数	最大值、有效值、瞬时值	最大值、有效值	最大值、有效值

【试题选解 19】　已知在 $u = 220\sqrt{2}\sin(134t + 30°)$ V 的电源上，接有 $R = 10\ \Omega$ 的电阻，则流过电流的瞬时值表达式为（　　　）。

A. $i = 220\sqrt{2}\sin(314t + 30°)$ A
B. $i = 22\sqrt{2}\sin(314t + 30°)$ A
C. $i = 2.2\sqrt{2}\sin(314t + 30°)$ A
D. $i = 22\sin(314t + 30°)$ A

解：　$I = U/R = 220/10$ A $= 22$ A

则 $i = 22\sqrt{2}\sin(314t + 30°)$ A

所以正确答案应为 B。

4.3.3　三相交流电路

1. 三相交流电的表达式

发电机定子上有 3 组线圈，由于 3 组线圈的几何尺寸和匝数都相等，所以 3 个电动势 e_1、e_2、e_3 的振幅相同，频率相同，彼此间相位相差 $\dfrac{2\pi}{3}$。若把 e_1 的初相位规定为零，则三相电动势的瞬时值表达式为

$$\left.\begin{array}{l} e_1 = E_m\sin\omega t \\[2mm] e_2 = E_m\sin\left(\omega t - \dfrac{2\pi}{3}\right) \\[2mm] e_3 = E_m\sin\left(\omega t + \dfrac{2\pi}{3}\right) \end{array}\right\}$$

2. 三相交流电源的波形图

如图4-16所示为三相交流电源的波形图。从图中可以看出，E_1 超前 E_2 $\frac{2\pi}{3}$ 达到最大值，E_2 又超前 E_3 $\frac{2\pi}{3}$ 达最大值。习惯上三相交流电源的相序为 L_1、L_2、L_3。

三相电源的连接

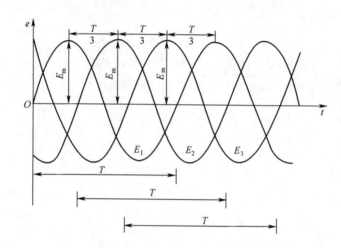

图4-16　三相交流电源的波形图

3. 三相四线制电源

产生三相电动势的每个线圈称为一相，它的首端引出线称为相线（俗称火线）。3个线圈有3个末端，接在一起用一根线引出，该线称为中性线（俗称零线）。这种连接方式的供电系统称为三相四线制供电系统，如图4-17所示，用符号"Y"表示。

三相四线制电源输出有两种电压，即相电压和线电压，各相线与中线之间的电压称为相电压，分别用 U_1、U_2、U_3 表示其有效值。相线与相线之间的电压称为线电压，分别用 U_{12}、U_{23}、U_{31} 表示有效值。

一般情况下，用 U_L 表示线电压，U_φ 表示相电压，则线电压 U_L 和相电压 U_φ 之间的关系式为

$$U_L = \sqrt{3}\,U_\varphi$$

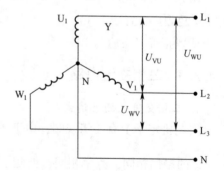

图4-17　三相四线制供电系统

4. 三相交流电的特点

（1）对称三相电动势有效值相等，频率相同，各相之间的相位差为 $\frac{2\pi}{3}$。

（2）三相四线制电源的相电压、线电压都是中心对称的。

（3）线电压是相电压的 $\sqrt{3}$ 倍，线电压相位超前相电压相位 $\frac{\pi}{6}$，即

$$U_{L} = \sqrt{3}\, U_{\varphi}$$

$$\varphi_{L} - \varphi_{\varphi} = \frac{\pi}{6}$$

5. 三相负载的星形接法

把 U 相、V 相、W 相负载的 3 个末端连接在一起接到电源中线上，各相的首端分别与 3 根相线相连，这种连接方式称为三相负载的星形接法，符号为"Y"。其原理图和实际电路图如图 4-18 所示。

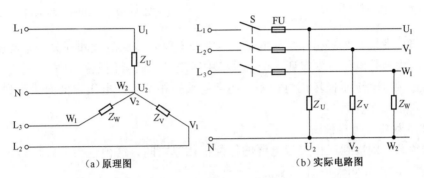

（a）原理图　　　　　　　　　　（b）实际电路图

图 4-18　三相负载的星形接法的原理图和实际电路图

（1）三相对称负载的星形接法——三相三线制电路。当三相负载对称时，中线电流为零，即中线里没有电流，去掉中线也不影响三相电路的正常工作。去掉中线后，成为三相三线制电路，如图 4-19 所示。常见的三相电动机、三相变压器、三相电炉等都是三相对称负载，因此可以采用三相三线制电路供电。

在对称负载的星形连接中，负载两端的电压叫作相电压，用 $U_{Y\varphi}$ 表示。当不考虑输电线电阻时，负载的相电压 $U_{Y\varphi}$ 等于电源的相电压 U_{φ}；负载的线电压 U_{YL} 等于电源的线电压 U_{L}。所以，负载线电压 U_{YL} 与相电压 $U_{Y\varphi}$ 的关系为

$$U_{YL} = U_{L}$$

$$U_{Y\varphi} = U_{\varphi}$$

$$U_{L} = \sqrt{3}\, U_{\varphi}$$

由于电源和负载都对称，因此流过每相负载的电流大小（相电流）是相等的，即

$$I_{Y\varphi} = I_{U\varphi} = I_{V\varphi} = I_{W\varphi} = \frac{U_{Y\varphi}}{Z_{\varphi}}$$

各相电流之间的相位差为 $\frac{2\pi}{3}$，因此只需计算出一相的电流就可以了。

（2）三相不对称负载的星形接法——三相四线制电路。当三相负载不对称时，为使每相负载都能够获得相同的相电压，必须采用三相四线制供电，如图 4-20 所示。这时，中线电流不为零，中线的作用显得十分重要。中线能使三相电路成为 3 个互不影响的独立回路，无论负载有无变化，负载均承受相同的相电压。

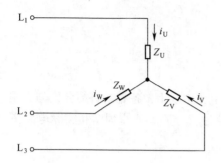

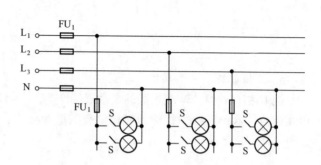

图 4-19 三相三线制电路

图 4-20 三相四线制电路

为防止事故发生，在三相四线制中规定，中线不要安装保险丝和开关。通常还要把中线接地，使它与大地等电位，以保证安全。一旦中线断开，就会使电路中某一相负载两端的电压升高并超过额定电压而损坏用电设备，还会使某一相负载的电压降低而达不到额定电压，使电器不能正常工作。

6. 三相负载的三角形接法

把三相负载分别接到三相交流电源的每两根相线之间，这种连接方式称为三角形接法。用符号"△"表示，如图 4-21 所示。

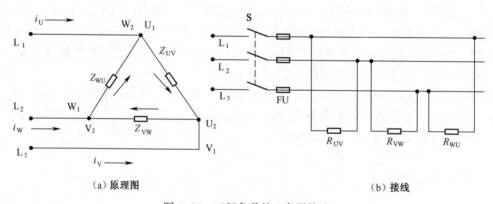

（a）原理图　　　　　　　　　　　　　　　　　（b）接线

图 4-21　三相负载的三角形接法

当对称负载做三角形连接时，线电流为相电流的 $\sqrt{3}$ 倍，即

$$I_{\triangle L} = \sqrt{3} I_{\triangle \varphi}$$

7. 相序

三相电源中每一相电压经过同一值（如正的最大值）的先后次序称为相序。（高压三相分别由 A、B、C 表示；与之相对应的低压三相分别用 U、V、W 表示；中性线用 N 表示。

三个电动势的相序为 U、V、W、U 叫正相序，若为 U、W、V、U，称为逆相序。

母线的相序排列（观察者从设备正面所见）原则如下。

从左到右排列时，左侧为 A 相，中间为 B 相，右侧为 C 相。从上到下排列时，上侧为 A 相，中间为 B 相，下侧为 C 相。从远至近排列时，远为 A 相，中间为 B 相，近为 C 相。

涂色：A——黄色，B——绿色，C——红色，中性线不接地紫色，正极——褚色，负极——蓝色，接地线——黑色。

*8. 三相交流电路的功率

三相负载的有功功率等于各相功率之和，即

$$P = P_1 + P_2 + P_3$$

在对称三相电路中，不论负载是星形连接还是三角形连接，由于各相负载相同，各相电压大小相等，各相电流也相等，所以三相功率：

$$P = 3U_\mathrm{P}I_\mathrm{P}\cos\varphi = \sqrt{3}\,U_\mathrm{L}I_\mathrm{L}\cos\varphi$$

式中，φ 为对称负载的阻抗角，也是负载相电压与相电流之间的相位差。

三相电路的视在功率：

$$S = 3U_\mathrm{P}I_\mathrm{P} = \sqrt{3}\,U_\mathrm{L}I_\mathrm{L}$$

三相电路的无功功率：

$$Q = 3U_\mathrm{P}I_\mathrm{P}\sin\varphi = \sqrt{3}\,U_\mathrm{L}I_\mathrm{L}\sin\varphi$$

三相电路的功率因数：

$$\lambda = \frac{P}{S} = \cos\varphi$$

【特别提醒】

在实际应用中，对负载究竟选用星形连接还是三角形连接，应根据负载的额定电压和电源电压的数值而定，务必使每相负载所承受的电压等于额定电压。例如，对线电压 380 V 的三相电源来说，当负载额定电压为 220 V 时，负载应连接成星形；当负载额定电压为 380 V 时，则负载应连接成三角形。

【试题选解 20】　在我国三相四线制电源中，任意两根相线之间的电压为（　　）。

A. 相电压，有效值为 380 V　　　　　　B. 线电压，有效值为 220 V

C. 线电压，有效值为 380 V　　　　　　D. 相电压，有效值为 220 V

解：三相四线制电源可输送两种电压，即相电压和线电压。各相线与中性线之间的电压称为相电压，相线与相线之间的电压称为线电压，所以正确答案为 C。

【试题选解 21】　以下属于正相序的是（　　）。

A. U、V、W　　　　　　　　　　　　B. V、U、W

C. U、W、V　　　　　　　　　　　　D. W、V、U

解：三相电源中每一相电压经过同一值（如正的最大值）的先后次序称为相序。一般三相电源线的顺序排列 U、V、W 为正相序，改变任何一个的位置，都为负相序，所以正确答案为 A。

【试题选解 22】　已知 $i_1 = 10\sin(314t + 90°)$ A，$i_2 = 10\sin(628t + 30°)$A，则（　　）。

A. i_1 超前 i_2 60°　　　　　　　　　B. i_1 滞后 i_2 60°

C. 相位差无法判断　　　　　　　　　　D. 同相

解：由于两个解析式的角频率不相同，无法判断，所以正确答案为 C。

【试题选解 23】　三相负载星形连接时，无论负载是否对称，线电流必定等于相电流。（　　）

解：三相负载星形连接时，其输入线电流和负载的相电流之间没有分流，根据 KCL 定律，输入电流等于输出电流，即线电流等于相电流。所以题目中的观点是正确的。

4.4 电 工 材 料

常用电工材料有导电材料、绝缘材料和磁性材料等。正确选择和使用电工材料，对安全生产和合理利用资源具有十分重要的作用。

■ 4.4.1 导电材料

1. 常用金属材料的导电性

导电材料大部分是金属，其特点是导电性能好，有一定的机械强度，不易氧化和腐蚀，容易加工和焊接。

在金属中，导电性最佳的是银，其次是铜，其后是铝。由于银的价格比较高，因此只是在一些特殊的场合才使用，一般将铜和铝用作主要的导电金属材料。

2. 熔体材料

熔体是熔断器的主要部件，当通过熔断器中熔体的电流超过熔断值时，经一定时间后（超过电流值越大，熔断时间越短）自动熔断，起保护作用。

常用的熔体材料有纯金属熔体材料和合金熔体材料两大类。熔体材料的保护作用见表4-6。

表4-6 熔体材料的保护作用

保护情形	保护说明
短路保护	一旦电路出现短路情况，熔体尽快熔断，时间越短越好，如保护可控硅元件的快速熔断器（其熔体常用银丝）
过载与短路保护兼顾	对电动机的保护，出现过载电流时，不要求立即熔断而是要经一定时间后才烧断熔体。 短路电流出现时，经较短时间（瞬间）熔断，此处用慢速熔体，如铅锡合金、部分焊有锡的银线（或铜线）等延时熔断器
限温保护	"温断器"用于保护设备不超过规定温度，如保护电炉、电镀槽等不超过规定温度。常用的低熔点合金熔体材料主要成分是铋（Bi）、铅（Pb）、锡（Sn）、镉（Cd）等

3. 电刷

电刷是用于电动机的换向器或集电环上传导电流的滑动接触体。

常用电刷可分为石墨型电刷（S 系列）、电化石墨型电刷（D 系列）和金属石墨型电刷（J 系列）3 类。

4. 绝缘导线与电缆

（1）导线（电缆）的结构。电缆是在单根或多根绞合而相互绝缘的芯线外面再包上金属壳层或绝缘护套而组成的，绝缘导线和电缆一般由导线芯、绝缘层和护套层构成。电力电缆的结构如图4-22所示。

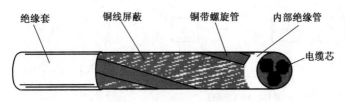

绝缘套　铜线屏蔽　铜带螺旋管　内部绝缘管

电缆芯

图 4-22　电力电缆的结构

电力电缆

图 4-23　导线芯

1）导线芯。导线芯按使用要求分，有硬型、软型和特软型（用于移动式导线和电缆芯线）。按导线的线芯数量分，有单芯、双芯、三芯和四芯等，如图 4-23 所示。

2）绝缘层。绝缘层一般由包裹在导线芯外的一层橡皮、塑料或抽纸等绝缘物构成，其主要作用在于防止漏电和放电。

3）护套层。电线电缆绝缘层或导体外面包裹的物质称为护套层。它主要起机械保护和防潮的作用，材料有金属和非金属两种。

在一般情况下，绝缘导线用纤维编织物、塑料等做护套层。固定敷设的电缆多采用金属护套保护层，如铅套、铝套和金属纺织套等。

为了增强电缆的抗拉强度及保护电缆不受机械损伤，有的电缆在护套外面还加有钢带铠装、镀锌扁钢丝或镀锌圆钢丝铠装等保护层。

（2）导线的种类及用途。绝缘导线的种类很多，常用绝缘导线的种类及用途见表 4-7。

表 4-7　常用绝缘导线的种类及用途

型 号	名 称	主 要 用 途
BX	铜芯橡皮线	固定敷设用
BLX	铝芯橡皮线	
BV	铜芯聚氯乙烯塑料线	
BLV	铝芯聚氯乙烯塑料线	
BVV	铜芯聚氯乙烯绝缘、护套线	
BLVV	铝芯聚氯乙烯绝缘、护套线	
RVS	铜芯聚氯乙烯型软线	灯头和移动电器设备的引线
RVB	铜芯聚氯乙烯平行软线	
LJ、LGJ	裸铝绞线	架空线路
AV、AVR、AVV	塑料绝缘安装	电气设备安装
KVV、KXV	控制电缆	室内敷设
YQ、YZ、YC	通用电缆	连接移动电器

（3）导线的型号。绝缘导线的型号一般由 4 个部分组成，如图 4-24 所示，绝缘导线型号的含义见表 4-8。例如，"RV-1.0"表示标称截面 1.0 mm² 的铜芯聚氯乙烯塑料软导线。

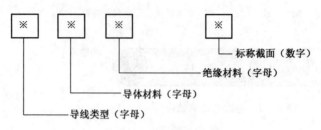

图 4-24　绝缘导线的型号

表 4-8　绝缘导线型号的含义

类　型	导体材料	绝缘材料	标称截面
B：布线用导线	L：铝芯 （无）：铜芯	X：橡胶 V：聚氯乙烯塑料	单位：mm²
R：软导线			
A：安装用导线			

5. 裸导线和漆包线

（1）裸导线。裸导线的导体直接裸露在外，没有任何绝缘层和保护层。

按照产品的形状和结构不同，常用的裸导线分为裸单线、裸软线、型线（裸扁线、裸铜带）、裸绞线 4 种。

一般来说，裸绞线用于架空电力线路；型线用于变压器和配电柜，裸软线用于电动机电刷、蓄电池等。

裸导线也可以直接使用，如电子元器件的连接线。

常用导线的允许载流量可通过查阅电工手册获得。500 V 护套线（BW、BLW）在空气中敷设、长期连续负荷的允许载流量见表 4-9。

表 4-9　500 V 护套线（BW、BLW）在空气中敷设、长期连续负荷的允许载流量

截面积/ mm²	一芯		二芯		三芯	
	铝芯	铜芯	铝芯	铜芯	铝芯	铜芯
1.0	—	19	—	15	—	11
1.5	—	24	—	19	—	14
2.5	25	32	20	26	16	20
4.0	34	42	26	36	22	26
6.0	43	55	33	49	25	32
10.0	59	75	51	65	40	52

（2）漆包线。漆包线是在裸铜丝的外表涂覆一层绝缘漆而成，漆膜就是漆包线的绝缘层。漆包线主要用于绕制变压器、电动机、继电器、其他电器及仪表的线圈绕组。

【试题选解 24】　有一移动式机械，内有一台 3 kW 的电动机，应该如何选配电缆？

解：一般来说，电缆线的面积与功率的对应关系为 1 mm² 对应 2 kW；功率与电流的对应

关系为 1 kW 对应 2 A；电缆线的线损为每 100 m 下降 10 V；如果考虑用铝芯线代替铜芯线，它们之间的转换关系为 1 铝芯线对应 1.8 铜芯线。

根据经验公式估计，380 V/220 V 异步电动机工作电流为

$$I = 2 \times 千瓦数$$

即

$$2 \times 3 = 6\ A$$

在实际使用时，应该适当留点裕量。查手册得知，可选用 0.5 mm² 的 YQW 型通用橡胶套电缆。因为这种导线的电压等级为交流 500 V 及以下，三芯，长期连续载流量为 9 A。

总之，电压等级、长期连续载流量、长时工作允许温度是选用电线电缆时的 3 个重要参数。

【试题选解 25】 移动式电动工具用的电源线，应选用的导线类型是（　　　）。

A. 绝缘软线　　　　　B. 裸铜软编织线　　　　　C. 绝缘电线　　　　　D. 地埋线

解：移动式电动工具用的电源线，单相电源线必须使用三芯软橡胶电缆，三相电源线必须使用四芯软橡胶电缆；接线时，缆线护套应穿进设备的接线盒内并予以固定。所以正确答案应为 A。

【试题选解 26】 制造电动机、电器的线圈应选用的导线类型是（　　　）。

A. 电气设备用电线电缆　B. 裸铜软编织线　　　　　C. 电磁线　　　　　D. 橡套电缆

解：制造电动机、电器的线圈应选用的导线类型为电磁线。所以正确答案应为 C。

【试题选解 27】 下列材料不能作为导线使用的是（　　　）。

A. 铜绞线　　　　　　B. 钢绞线　　　　　　　C. 铝绞线

解：钢绞线是由多根钢丝绞合构成的钢铁制品，不能作为导线使用，通常用作承力索、拉线、加强芯等，也可以作为架空输电的地线、公路两边的阻拦索，所以正确答案应为 B。

【试题选解 28】 下列材料中，导电性能最好的是（　　　）。

A. 铜　　　　　　　　B. 铝　　　　　　　　　C. 铁

解：在金属的导电性方面，银（Ag）、铜（Cu）、金（Au）、铝（Al）、钠（Na）、钼（Mo）、钨（W）、锌（Zn）、镍（Ni）、铁（Fe）、铂（Pt）、锡（Sn）、铅（Pb）从前往后导电率依次下降。导电性最好的是银，但一般很少用，价格较贵。一般好一点的线路用铜，最常用的是铝，所以正确答案应为 A。

4.4.2　绝缘材料

具有高电阻率、能够隔离相邻导体或防止导体间发生接触的材料称为绝缘材料，又称电介质。绝缘材料的作用是在电气设备中把电位不同的带电部分隔离开来。良好的绝缘性能是保证设备和线路正常运行的必要条件，也是防止触电事故的重要措施。绝缘材料往往还起着其他作用，如散热冷却、机械支撑和固定、储能、灭弧、防潮、防霉及保护导体等。

绝缘材料

1. 绝缘材料的种类及型号

（1）绝缘材料的分类。

1）绝缘材料按物质形态可分为气体绝缘材料、液体绝缘材料和固体绝缘材料 3 种类型。

气体绝缘材料，有空气、氮气、氢气等；液体绝缘材料，有电容油、变压器油、开关油等；固体绝缘材料，有电容器纸、聚苯乙烯、云母、陶瓷、玻璃等。

2）绝缘材料按其用途可分为介质材料、装置材料、浸渍材料和涂敷材料等类型。

介质材料，有陶瓷、玻璃、塑料膜、云母、电容纸等；装置材料，有装置陶瓷、酚醛树脂等。

3）绝缘材料按其来源可分为天然绝缘材料、人工合成绝缘材料。

4）根据化学性质不同，绝缘材料可分为无机绝缘材料、有机绝缘材料和混合绝缘材料。常用绝缘材料的类型及主要作用见表 4-10。

表 4-10　常用绝缘材料的类型及主要作用

类　　型	材　　料	主　要　作　用
无机绝缘材料	云母、石棉、大理石、瓷器、玻璃、硫黄等	电动机、电器的绕组绝缘，用作开关的底板和绝缘子等
有机绝缘材料	虫胶、树脂、橡胶、棉纱、纸、麻、人造丝等	制造绝缘漆，还可以作为绕组导线的被覆绝缘物
混合绝缘材料	由无机绝缘材料和有机绝缘材料经过加工制成的各种成型绝缘材料	制造电器的底座、外壳等

（2）绝缘材料产品型号的含义。绝缘材料的产品型号一般用 4 位数表示，如图 4-25 所示。

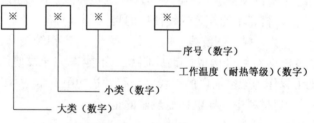

图 4-25　绝缘材料的产品型号

选用绝缘材料时，必须根据设备的最高允许温度，选用相应等级的绝缘材料。绝缘材料中表示工作温度的数字代号的含义见表 4-11。

表 4-11　绝缘材料中表示工作温度的数字代号的含义

数字代号	耐热等级	最高允许工作温度/℃	相当于该耐热等级的绝缘材料简述
0	Y	90	用未浸渍过的棉纱、丝及纸等材料或其混合物组成的绝缘结构
1	A	105	用浸渍过的或浸在液体电介质（如变压器油）中的棉纱、丝及纸等材料或其混合物组成的绝缘结构
2	E	120	用合成有机薄膜、合成有机瓷器等材料的混合物组成的绝缘结构
3	B	130	用合适的树脂黏合或浸渍、涂覆后的云母、玻璃纤维、石棉等，以及其他无机材料、合适的有机材料或其混合物组成的绝缘结构
4	F	155	用合适的树脂黏合或浸渍、涂覆后的云母、玻璃纤维、石棉等，以及其他无机材料、合适的有机材料或其混合物组成的绝缘结构

续表

数字代号	耐热等级	最高允许工作温度/℃	相当于该耐热等级的绝缘材料简述
5	H	180	用合适的树脂（如有机硅树脂）黏合或浸渍、涂覆后的云母、玻璃纤维、石棉等材料或其混合物组成的绝缘结构
6	C	>180	用合适的树脂黏合或浸渍、涂覆后的云母、玻璃纤维，以及未经浸渍处理的云母、陶瓷、石英等材料或其混合物组成的绝缘结构

2. 常用绝缘材料的绝缘耐压强度

（1）绝缘材料的击穿电压。绝缘体两端所加的电压越高，材料内电荷受到的电场力就越大，越容易发生电离碰撞，造成绝缘体击穿。使绝缘体击穿的最低电压叫作该绝缘体的击穿电压。

（2）绝缘材料的绝缘强度。使 1 cm 厚的绝缘材料击穿时，需要加上的电压千伏数叫作绝缘材料的绝缘耐压强度，简称绝缘强度。

（3）绝缘材料的额定电压。由于绝缘材料都有一定的绝缘强度，各种电气设备、各种安全用具（电工钳、验电笔、绝缘手套、绝缘棒等）及各种电工材料，制造厂都规定有一定的允许使用电压，称为额定电压。在使用时，绝缘材料所承受的电压不得超过它的额定电压值，以免发生事故。

3. 绝缘黏带

绝缘黏带也叫绝缘胶带或绝缘胶布，是在常温下稍加压力即能自黏成型的带状绝缘材料。绝缘黏带常用于包扎电缆端头、导线接头、电气设备接线连接处，以及电动机或变压器等的线圈绕组绝缘等。

绝缘黏带可分为薄膜黏带、织物黏带、无底材黏带 3 大类。

4. 绝缘漆管

绝缘漆管又叫绝缘套管，一般由棉、涤纶、玻璃等纤维管经浸润绝缘漆后烘干制成，主要用于电线端头及变压器、电动机、低压电器等电气设备引出线的护套绝缘。绝缘套管呈管状，可以直接套在需要绝缘的导线或细长型引线端上，使用很方便。

5. 绝缘板

绝缘板通常是以纸、布或玻璃布做底材，浸以不同的胶黏剂，经加热压制而成。常用的胶黏剂有酚醛树脂、三聚氰胺树脂、环氧酚醛树脂、有机硅树脂、聚酰亚胺树脂等。

绝缘板具有良好的电气性能和机械性能，具有耐热、耐油、耐霉、耐电弧、防电晕等特点，主要用作线圈支架，电动机槽楔，各种电器的垫块、垫条等。

【特别提醒】

绝缘材料只有在其绝缘强度范围内才具有良好的绝缘作用。若电压或场强超过绝缘强度，则会使材料发生电击穿。由于热、电、光、氧等多因素作用会导致材料绝缘性能丧失，即绝缘材料的老化。受环境影响是主要的老化形式。因此，工程上对工作环境恶劣而又要求耐久使用的材料均需采取防老化措施。有的绝缘材料（如石棉）长期接触后会对人体健康有害，在加工制作时要注意劳动保护。

4.4.3 磁性材料

一切物质都具有磁性，磁性是物质的基本属性之一。常用的电工磁性材料有软磁材料和硬磁材料。

磁性材料

1. 软磁材料

软磁材料也称导磁材料，主要特点是磁导率高、剩磁弱。常用软磁材料的主要特点及应用范围见表4-12。

表4-12 常用软磁材料的主要特点及应用范围

品 种	主 要 特 点	应 用 范 围
电工纯铁	含碳量在0.04%以下，饱和磁感应强度高，冷加工性好。但电阻率低，铁损高，有磁时效现象	一般用于直流磁场
硅钢片	铁中加入0.5%~4.5%的硅，就是硅钢。它和电工纯铁相比，电阻率增高，铁损降低，磁时效基本消除，但导热系数降低，硬度提高，脆性增大	电动机、变压器、继电器、互感器、开关等产品的铁芯。常用硅钢片如图4-26所示
铁镍合金	与其他软磁材料相比，在弱磁场下，磁导率高，矫顽力低，但对应力比较敏感	频率在1 MHz以下弱磁场中工作的器件
软磁铁氧体	它是一种烧结体，电阻率非常高，但饱和磁感应强度低，温度稳定性也较差	高频或较高频率范围内的电磁元件
铁铝合金	与铁镍合金相比，电阻率高，比重小，但磁导率低，随着含铝量的增加，硬度和脆性增大，塑性变差	弱磁场和中等磁场下工作的器件

图4-26 常用硅钢片

2. 硬磁材料

硬磁材料又称永磁材料或恒磁材料。

硬磁材料的特点是经强磁场饱和磁化后，具有较高的剩磁和矫顽力，当将磁化磁场去掉以后，在较长时间内仍能保持强而稳定的磁性。因而，硬磁材料适合制造永久磁铁，被广泛应用在磁电系测量仪表、扬声器、永磁发电机及通信装置中。

【特别提醒】

磁性材料可制造电力技术中的各种电动机、变压器，电子技术中的各种磁性元件和微波电子管，通信技术中的滤波器和增感器，国防技术中的磁性水雷、电磁炮，以及各种家用电器等。磁性材料还可作为记忆元件、微波元件等，可用于记录语言、音乐、图像信息的磁带，计算机的磁性存储设备，乘客乘车的凭证和票价结算的磁性卡等。

【试题选解 29】　工频交流强磁场下应选用（　　）作为电磁器件的铁芯。

A. 铁镍合金　　　　　B. 铁铝合金　　　　　C. 硅钢片　　　　　D. 铁氧体磁性材料

解：硅钢片是最常用的软磁材料，主要应用于交流磁场下电磁器件的铁芯，所以正确答案应为 C。

4.5　电容器与电感器

4.5.1　电容器

1. 电容器的结构与符号

电容器的基本结构十分简单，它由两块平行金属极板以及极板之间的绝缘电介质组成。图 4-27（a）所示为在两块金属极板上引出电极，中间的绝缘介质为空气，所构成的平板电容器。图 4-27（b）所示为在两片金属箔上引出电极，中间是一层纸介质作为绝缘介质所构成的纸介电容器。

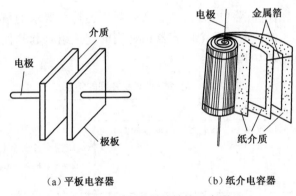

（a）平板电容器　　　　　　（b）纸介电容器

图 4-27　电容器的结构示意图

电容器的文字符号为 C。由于电容器的种类很多，因此其图形符号比较多。常用电容器的图形符号见表 4-13。

表 4-13　常用电容器的图形符号

名称	无极性电容器	电解电容器	半可变电容器	可变电容器	双联可变电容器
图形符号					

【特别提醒】

电容器的绝缘介质不同，其电容量也不同。

2. 电容

电容器因其储存电能的特性而得名。当在电容器两个极板上加上直流电压 U 后，极板上

就有等量电荷储存 Q，其储存电荷能力的大小称为电容量，简称电容。电荷与电容量、电压的关系为

$$C = \frac{Q}{U}$$

式中：Q 为极板上所带电荷量，C；U 为极板间的电压，V；C 为电容量，F。

电容器的单位有法拉（F）、毫法（mF）、微法（μF）、纳法（nF）和皮法（pF）（皮法又称微微法），其换算关系为

$$1\ F = 10^3\ mF \qquad\qquad 1\ mF = 10^3\ \mu F$$
$$1\ \mu F = 10^3\ nF \qquad\qquad 1\ nF = 10^3\ pF$$

电容量的大小取决于电容器本身的形状、极板的正对面积、极板的距离和绝缘介质的种类。

3. 电容器的特性与参数

电容器具有隔直流、通交流的特性。

电容器最主要的参数有标称容量、允许偏差和额定工作电压，这些参数一般直接标注在电容器的外壳上。

4. 电容器串联与并联

在使用电容器时，往往会遇到电容器不合适或耐压不符合要求的情况，为满足电路的电容值和耐压值，可将几个电容器做适当的连接组合起来使用。电容器串联和并联的特点见表4-14。

电容器
的连接

表 4-14　电容器串联和并联的特点

特　点	串　联	并　联
总电容量	总电容量的倒数等于各个电容器的电容的倒数之和，即 $$\frac{1}{C} = \frac{1}{C_1} + \frac{1}{C_2} + \frac{1}{C_3}$$	总电容等于每个电容器的电容之和，即 $$C = C_1 + C_2 + C_3$$
电量关系	每只电容器所带电量相等，即 $$Q = Q_1 = Q_2 = Q_3$$	总电量等于每个电容器所带电量之和，即 $$Q = Q_1 + Q_2 + Q_3$$ 电荷量的分配与电容器的容量成正比，即 $$Q_1 : Q_2 : Q_3 = C_1 : C_2 : C_3$$
电压关系	总电压等于各分电压之和，即 $$U = U_1 + U_2 + U_3 = Q\left(\frac{1}{C_1} + \frac{1}{C_2} + \frac{1}{C_3}\right)$$ 各个电容器两端的电压分配与其电容成反比，即 $$U_1 : U_2 : U_3 = \frac{1}{C_1} : \frac{1}{C_2} : \frac{1}{C_3}$$	每个电容器上电压相等，且为所连接电路的电源电压，即 $$U = U_1 = U_2 = U_3$$

5. 容抗

电容对交流电的阻碍作用叫作容抗，用字母 X_C 表示。实验证明，容抗和电容、频率成反比，其计算公式为

$$X_C = \frac{1}{\omega C} = \frac{1}{2\pi f C}$$

容抗的单位为 Ω。

6. 用万用表检测电容器质量好坏

指针式万用表用 R×1 k 挡 或 R×10 k 挡，将表笔分别接上电容的两极。这时万用表指针瞬间有摆动，然后回到零位，证明此电容器是好的。据指针向右摆动幅度的大小，可估测出电容的容量。如果接上表笔后，指针不动，可以判定此电容是坏的。

某些数字万用表具有测量电容的功能，其量程分为 2000 pF、20 nF、200 nF、2 μF 和 20 μF 这 5 挡。测量时将已放电的电容两引脚直接插入表板上的 Cx 插孔，选取适当的量程后就可直接读出容量大小。

【特别提醒】

对于刚从线路上拆下来的电容器，一定要在测量前对电容器进行放电，以防电容器中的残存电压向仪表放电，使仪表损坏。对于工作电压较高、容量较大的电容器，应对电容器进行足够的放电，放电时操作人员应做防护措施，以防发生触电事故。

【试题选解 30】　电容器的电容量是不会随带电荷量的多少而变化的。（　　）

解：电容是电容器固有的特性，其大小仅与自身因素（如结构、几何尺寸等）相关，而与两极板间的电压高低、所带电荷量的多少无关，所以题目中的观点是正确的。

【试题选解 31】　电容器并联电路的特点是（　　）。

A. 并联电路的等效电容量等于各个电容器的容量之和

B. 每个电容两端的电流相等

C. 并联电路的总电量等于最大电容器的电量

D. 电容器上的电压与电容量成正比

解：根据电容器并联电路的特点，并联电路的等效电容量等于各个电容器的容量之和，所以正确答案为 A。

4.5.2　电感器

1. 电感

电感器是能够把电能转化为磁能而存储起来的元件。

当电流通过线圈后，在线圈中形成感应磁场，感应磁场又会产生感应电流来抵制通过线圈中的电流。这种电流与线圈的相互作用关系称为电的感抗，也就是电感，单位是"亨利"（H）。

电感是描述由于线圈电流变化，在本线圈中或在另一线圈中引起感应电动势效应的电路参数。电感是自感和互感的总称。提供电感的器件称为电感器。

由于线圈中电流的变化而在线圈本身引起感应电动势的现象称为自感现象。空心线圈的电感 L 是一个常数，即 $L = \frac{\psi}{I}$，其大小与线圈的尺寸、几何形状、匝数等因数有关，与通电电流大小无关。线圈的自感系数 L 是线圈的本身属性，它反映线圈产生自感电动势和储存磁场能量的能力。

2. 感抗

交流电可以通过线圈，但是线圈的电感对交流电有阻碍作用，这个阻碍叫作感抗。实验证明，感抗和电感、频率成正比。如果感抗用 X_L 表示，电感用 L 表示，频率用 f 表示，那么其计算公式为

$$X_L = 2\pi fL = \omega L$$

感抗的单位为 Ω。电感具有通直流，阻交流；通低频，阻高频的特性。

*3. 互感现象

相邻的两个线圈，当一个线圈中的电流发生变化时引起另一个线圈的磁通变化，这种现象叫作互感现象。

自感和互感

两个线圈互感系数的大小完全取决于两个线圈的结构、尺寸、匝数及它们之间的相对位置，与线圈的电流无关，它反映两个线圈间产生互感磁通和互感电动势的能力。

利用互感现象原理可以制成变压器、感应圈等。但是互感在某些情况下也会带来不利的影响，在这种情况下我们应该设法减少互感的耦合。

4. 用万用表检测电感器质量好坏

电感的直流电阻值通常很小，匝数多、线径细的线圈阻值能够达到几十欧；有抽头的线圈，各引脚之间的阻值均很小，仅有几欧左右。

利用万用表 R×1 挡测线圈的直流电阻，若阻值无穷大，则说明线圈（或与引出线间）已经开路损坏；若阻值比正常值小很多，则说明有局部短路；若阻值为零，则说明线圈完全短路。

【试题选解 32】 空心线圈被插入铁芯后（　　）。

A. L 将大大增强　　　B. L 将大大减弱　　　C. L 基本不变　　　D. 不能确定

解： 铁芯线圈的电感量比空心线圈的电感量大得多，所以正确答案为 A。

【练习题】

一、填空题

1. 正弦交流电的有效值等于最大值的_____倍；平均值等于最大值的_____倍。

2. 正弦交流电路中的三种电功率是_____功率、_____功率和_____功率。

3. 在三相四线制供电系统中，线电压为相电压的_____倍，线电压在相位上对应相电压_____。

4. 三相电源做△连接时，线电压为相电压的_____倍。

5. 在电工产品中，用量最多的导电金属是_____，特殊场合也采用银、金、铂等贵重金属。

6. 磁性材料可按其特性与应用情况分为两类：软磁材料和_____材料。

7. 如果电流的_____和_____均不随时间变化，就称为直流。

8. 某点的电位就是该点到_____的电压。

二、选择题

1. 两只额定电压相同的电阻，串联接在电路中，则阻值较大的电阻（　　）。

A. 发热量较大　　　　　　B. 发热量较小　　　　　　C. 没有明显差别

2. 电动势的方向是（　　）。

A. 从负极指向正极　　　　B. 从正极指向负极　　　　C. 与电压方向相同

3. 将一根导线均匀拉长为原长的 2 倍，则它的阻值为原阻值的（　　）倍。

A. 1　　　　　　　　　　B. 2　　　　　　　　　　C. 4

4. 如故障接地电流为 5 A，接地电阻为 4 Ω，则对地故障电压为（　　）V。

A. 1. 25　　　　　　　B. 4　　　　　　　　C. 5　　　　　　　　D. 20

5. 在一个闭合回路中，电流强度与电源电动势成正比，与电路中内电阻和外电阻之和成反比，这一定律称为（　　）。

A. 全电路欧姆定律　　　　　B. 全电路电流定律　　　　　C. 部分电路欧姆定律

6. 串联电路中各电阻两端电压的关系是（　　）。

A. 各电阻两端电压相等

B. 阻值越小两端电压越高

C. 阻值越大两端电压越高

7. 3 个阻值相等的电阻串联时的总电阻是并联时总电阻的（　　）倍。

A. 6　　　　　　　　　　B. 9　　　　　　　　　　C. 3

8. 在均匀磁场中，通过某一平面的磁通量为最大时，这个平面就和磁力线（　　）。

A. 平行　　　　　　　　B. 垂直　　　　　　　　C. 斜交

9. 载流导体在磁场中将会受到（　　）的作用。

A. 电磁力　　　　　　　B. 磁通　　　　　　　　C. 电动势

10. 电磁力的大小与导体的有效长度成（　　）。

A. 正比　　　　　　　　B. 反比　　　　　　　　C. 不变

11. 感应电流的方向总是使感应电流的磁场阻碍引起感应电流的磁通的变化，这一定律称为（　　）。

A. 法拉第定律　　　　　B. 特斯拉定律　　　　　C. 楞次定律

12. 通电线圈产生的磁场方向不但与电流方向有关，而且与线圈（　　）有关。

A. 长度　　　　　　　　B. 绕向　　　　　　　　C. 体积

13. 安培定则也叫（　　）。

A. 左手定则　　　　　　B. 右手定则　　　　　　C. 右手螺旋法则

14. 确定正弦量的三要素为（　　）。

A. 相位、初相位、相位差

B. 最大值、频率、初相位

C. 周期、频率、角频率

15. 三相对称负载接成星形时，三相总电流等于（　　）。

A. 零　　　　　　　　　B. 其中两相电流的和　　　C. 其中一相电流

16. 交流 10 kV 母线电压是指交流三相三线制的（　　）。

A. 线电压　　　　　　　B. 相电压　　　　　　　C. 线路电压

17. 交流电路中电流比电压滞后 90°，该电路属于（　　）电路。

A. 纯电阻　　　　　　　B. 纯电感　　　　　　　C. 纯电容

18. 交流电的三要素是指最大值、频率及（　　）。

A. 相位　　　　　　　　B. 角度　　　　　　　　C. 初相位

19. A 灯泡为 220 V、40 W，B 灯泡为 36 V、60 W，在额定电压下工作时（　　）。

A. A 灯亮　　　　　　　　B. A 灯取用电流大　　　　　C. B 灯亮

20. 电阻器的规格为 10 kΩ，0.25 W，它的（　　）。

A. 额定电流为 0.25A　　　B. 额定电流为 5 mA　　　　C. 额定电压为 2.5 V

21. 金属导体的电阻值随着温度的升高而（　　）。

A. 增大　　　　　　　　　B. 减小　　　　　　　　　　C. 变弱

22. 正弦交流电路的视在功率是表征该电路的（　　）。

A. 电压有效值与电流有效值乘积

B. 平均功率

C. 瞬时功率最大值

23. 串联电路的总电容与各分电容的关系是（　　）。

A. 总电容>分电容　　　　B. 总电容＝分电容

C. 总电容<分电容　　　　D. 无关

24. 并联电路的总电容与各分电容的关系是（　　）。

A. 总电容>分电容　　　　B. 总电容＝分电容

C. 总电容<分电容　　　　D. 无关

25. 纯电感电路的感抗与电路的频率（　　）。

A. 成反比　　　　　　　　B. 成反比或成正比

C. 成正比　　　　　　　　D. 无关

26. 纯电容电路的容抗是（　　）。

A. $1/\omega C$　　　　　　　　　B. ωC

C. $U/\omega C$　　　　　　　　　D. $I\omega C$

三、判断题

1. 电阻并联时阻值小的电阻分得的电流大。　　　　　　　　　　　　（　　）

2. 电阻并联时等效电阻小于电阻值最小的电阻。　　　　　　　　　　（　　）

3. 正弦交流电的三要素是最大值、周期、角频率。　　　　　　　　　（　　）

4. 只要三相负载是三角形连接，则线电压等于相电压。　　　　　　　（　　）

5. 并联电路中各支路上的电流不一定相等。　　　　　　　　　　　　（　　）

6. 基尔霍夫第一定律是节点电流定律，是用来证明电路上各电流之间关系的定律。

（　　）

7. 电缆保护层的作用是保护电缆。　　　　　　　　　　　　　　　　（　　）

8. 绝缘油具有良好的抗氧化性能、电气性能和润滑性能。　　　　　　（　　）

9. 电缆的保护层是保护电缆缆芯导体的。　　　　　　　　　　　　　（　　）

10. 电感元件的正弦交流电路中，消耗的有功功率等于零。　　　　　（　　）

11. 正弦交流电路的频率越高，阻抗越大；频率越低，阻抗越小。　　（　　）

12. 正弦量的三要素是指最大值、角频率和相位。　　　　　　　　　（　　）

13. 电感的特点是通直阻交，电容的特点是隔直通交。　　　　　　　（　　）

14. 基尔霍夫定律适用于直流电路，同样适用于交流电路的计算。　　（　　）

15. 三相不对称负载星形连接时，为了使各相电压保持对称，必须采用三相四线制供电。（   ）

16. 由欧姆定律可知，导体电阻的大小与两端电压成正比，与流过导体的电流成反比。（   ）

17. 某点电位高低与参考点有关，两点之间的电压就是两点的电位差。因此，电压也与参考点有关。（   ）

18. 两电容器并联的等效电容大于其中任一电容器的电容。（   ）

19. 电感线圈在直流电路中相当于短路。（   ）

20. 容抗与频率的关系是频率越高，容抗越大。（   ）

21. 感抗与频率的关系是频率越高，感抗越大。（   ）

22. 星形接法是将各相负载或电源的尾端连接在一起的接法。（   ）

23. 三相电路中，相电压就是相与相之间的电压。（   ）

24. 三相负载星形连接时，无论负载是否对称，线电流必定等于相电流。（   ）

25. 三相负载三角形连接时，线电流是指电源相线上的电流。（   ）

26. 两个频率相同的正弦交流电的初相位之差，称为相位差，当相位差为零时，称为同相。（   ）

第5章

电子技术基础知识

5.1 晶体二极管电路基础知识

■ 5.1.1 晶体二极管

1. 二极管的结构及符号

晶体二极管简称二极管，其内部有一个 PN 结，在 PN 结两端各引出一根引线，然后用外壳封装起来。P 区引出的引线称为阳极（正极），N 区引出的引线叫作阴极（负极）。二极管具有单向导电性，它的结构及电路符号如图 5-1 所示。

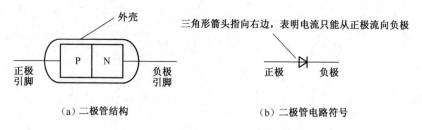

（a）二极管结构   （b）二极管电路符号

图 5-1 二极管的结构及电路符号

2. 二极管的种类

半导体二极管的种类很多。按材料，二极管可分为硅管和锗管；按内部结构，二极管可分为点接触型、面接触型和平面型；按用途，二极管又可分为普通管、整流管、检波管、开关管及各种特殊功能的二极管。

以下介绍几种常用的具有特殊功能的二极管。

（1）硅稳压管：一种利用反向击穿特性来实现稳压的二极管。

（2）发光二极管：在半导体中掺入特殊的杂质，当它导通时，会发出各种颜色的光。常用作显示器件，也可制成照明灯具。

（3）光电二极管：也称作光敏二极管，是将光线的强弱转变成电信号大小的常用器件，可用于对光的测量。

（4）变容二极管：通过改变反向偏置电压来实现对结电容的调节。相当于一个可调电容。

以上几种常用的具有特殊功能的二极管的图形符号如图 5-2 所示。

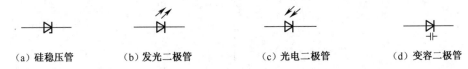

　（a）硅稳压管　　　（b）发光二极管　　　（c）光电二极管　　　（d）变容二极管

图 5-2　几种常用的具有特殊功能的二极管的图形符号

3. 二极管的主要参数

不同用途的二极管，其参数是不一样的。以整流二极管为例，其主要参数有 3 个。

（1）最大整流电流 I_{FM}：二极管长时间使用时，允许流过二极管的最大正向平均电流值。

（2）最高反向工作电压 U_{RM}：二极管长期运行时，允许承受的最高反向电压。一般取反向击穿电压值的 1/2 或 1/3。

（3）最大反向电流 I_{RM}：二极管加上最高反向工作电压时的反向电流值。

上述参数都与温度有关。因此，只有在规定的散热条件下，二极管才能在长期运行中保证参数稳定，使二极管能正常工作。

4. 二极管的特点

在电路中，二极管常用于整流、开关、检波、限幅、钳位、保护和隔离等场合。常用二极管的特点见表 5-1。

表 5-1　常用二极管的特点

名　称	特　点	名　称	特　点
整流二极管	利用 PN 结的单向导电性，把交流电变成脉动的直流电	开关二极管	利用二极管的单向导电性，在电路中对电流进行控制，可以起到接通或关断的作用
检波二极管	把调制在高频电磁波上的低频信号检测出来	发光二极管	一种半导体发光器件，在电子电器中常用作指示装置
变容二极管	结电容随着加到管子上的反向电压的大小而变化，利用这个特性取代可变电容器	稳压二极管	它是一种齐纳二极管，利用二极管反向击穿时，其两端的电压固定在某一数值，而基本上不随电流的大小变化

5. 二极管的伏安特性

二极管的关键部分是 PN 结，PN 结具有单向导电性，这也是二极管的主要特性。

二极管伏安特性

二极管的导电性能是由加在二极管两端的电压和流过二极管的电流决定的。加在二极管两端的电压 U 与流过二极管的电流 I 之间的关系，称为二极管的伏安特性。

若以电压为横坐标，电流为纵坐标，用作图法把电压、电流的对应值用平滑的曲线连接起来，就构成二极管的伏安特性曲线，如图 5-3 所示（图中虚线为锗管的伏安特性曲线，实线为硅管的伏安特性曲线）。

二极管的导电性能还与温度有关。温度升高时，二极管正向特性曲线向左移动，正向压

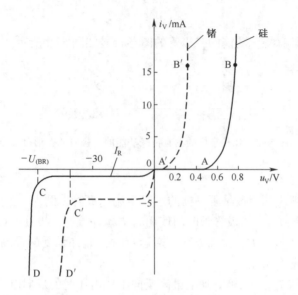

图 5-3 二极管伏安特性曲线

降减小；反向特性曲线向下移动，反向电流增大。

从二极管的伏安特性曲线可以看出，二极管的电压与电流变化不是线性关系，其内阻不是一个常数，二极管是非线性器件。这也是二极管的一个重要特性。

6. 用万用表检测二极管

（1）极性判定。将万用表拨到 R×1 k 电阻挡，用万用表的红、黑表笔分别接触二极管的两个引脚，测其正反向电阻。其中，测得阻值最小的那一次的黑表笔接触的就是二极管的正极，红表笔接触的就是二极管的负极，只需两次完成，如图 5-4 所示。

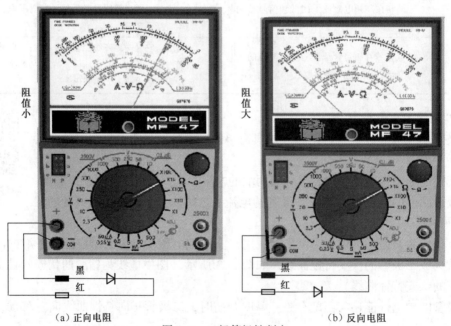

（a）正向电阻 （b）反向电阻

图 5-4 二极管极性判定

（2）质量好坏的检测。在正常情况下，二极管的反向电阻比正向电阻大几百倍。选择万用表的 R×1 k 挡分别测出正、反向电阻，对照表 5-2 即可判断二极管质量的好坏。

表 5-2　用 R×1 k 挡检查二极管电阻值分析

正向电阻	反向电阻	二极管 PN 结质量好坏
100 Ω 至几百欧	几十千欧至几百千欧	好
0	0	短路损坏
∞	∞	开路损坏
正、反向电阻比较接近		管子失效

【特别提醒】

用数字万用表的二极管挡（"▶⊢"挡），通过测量二极管的正、反电压降来判断出正、负极性。正常的二极管，在测量其正向电压降时，硅二极管正向导通压降为 0.5~0.8 V，锗二极管正向导通压降为 0.15~0.3 V；测量反向电压降时，表的读数显示为溢出符号"1"。在测量正向电压降时，红表笔接的是二极管的正极，黑表笔接的是二极管的负极。若两次测量的显示一次为"1"字样，另一次为零点几的数字，那么此二极管就是一个正常的二极管；若两次显示都相同，那么此二极管已经损坏。

【试题选解 1】 下列说法正确的是（　　）。

A. 硅管的死区电压为 0.5 V，锗管的死区电压为 0.2 V

B. 硅管的死区电压为 0.2 V，锗管的死区电压为 0.5 V

C. 锗管的死区电压为 0.7 V，硅管的死区电压为 0.2 V

D. 锗管的死区电压为 0.2~0.3 V，硅管的死区电压为 0.6~0.7 V

解：硅管在电路中的导通电压为 0.5~0.7 V；锗管在电路中的导通电压为 0.2~0.3 V，所以正确答案为 A。

【试题选解 2】 二极管负极电压为 3.7 V，正极电压为 3 V，表明该二极管工作在（　　）状态。

A. 导通　　　　B. 截止　　　　C. 不确定　　　　D. 击穿

解：二极管导通需给正极加高电位，负极加低电位，反之截止，所以正确答案为 B。

5.1.2　二极管整流电路

1. 单相整流电路的类型

利用二极管的单向导电性可实现整流。根据输出电压的波形，单相整流电路可分为半波整流与全波整流两类，桥式整流为常见的全波整流。二极管单相整流电路性能比较见表 5-3。

半波整流电路

全波整流电路

表5-3　二极管单相整流电路性能比较

比较项目	半波整流电路	全波整流电路	桥式全波整流电路
电路结构			
整流电压波形			
负载电压平均值 U_0	$U_0 = 0.45U_2$	$U_0 = 0.9U_2$	$U_0 = 0.9U_2$
负载电流平均值 I_0	$I_0 = 0.45U_2/R_L$	$I_0 = 0.9U_2/R_L$	$I_0 = 0.9U_2/R_L$
通过每支整流二极管的平均电流 I_V	$I_V = 0.45U_2/R_L$	$I_V = 0.9U_2/R_L$	$I_V = 0.9U_2/R_L$
整流管承受的最高反向电压 U_{RM}	$U_{RM} = 2\sqrt{2}\,U_2$	$U_{RM} = 2\sqrt{2}\,U_2$	$U_{RM} = 2\sqrt{2}\,U_2$
优缺点	电路简单，输出整流电压波动大，整流效率低	电路较复杂，输出电压波动小，整流效率高，但二极管承受反压高	电路较复杂，输出电压波动小，整流效率高，输出电压高
适用范围	输出电流不大，对直流稳定度要求不高的场合	输出电流较大，对直流稳定度要求较高的场合	输出电流较大，对直流稳定度要求较高的场合

【试题选解3】　在单向桥式整流电路中，若变压器次级电压的有效值 $U_2 = 10$ V，则输出电压 U_0 为（　　）V。

A. 4.5　　　　　B. 9　　　　　C. 10　　　　　D. 12

解：根据单向桥式整流电路的负载电压平均值公式 $U_0 = 0.9U_2$，代入已知条件 $U_0 = 0.9 \times 10$ V = 9 V，所以正确答案为 B。

*2. 常用滤波电路

常用滤波电路有电容滤波、电感滤波和复式滤波（RC π 型滤波、LC π 型滤波）电路，这几种电路的性能比较见表5-4。

表5-4　常用滤波电路的性能比较

比较项目		电容滤波	电感滤波	RC π型滤波	LC π型滤波
电路结构					
负载电压	半波	较高（$U_0 = U_2$）	低（$U_0 = 0.45U_2$）	较高（$U_0 = U_2$）	较高（$U_0 = U_2$）
	全波	高（$U_0 = 1.2U_2$）	较高（$U_0 = 0.9U_2$）	高（$U_0 = 1.2U_2$）	高（$U_0 = 1.2U_2$）
输出电流		较小	大	小	较小

比较项目	电容滤波	电感滤波	RC π型滤波	LC π型滤波
负载能力	差	好	差	较好
滤波效果	较好	较差	较好	好
对整流管的冲击电流	大	小	大	较大
主要特点	负载电流小时，滤波效果较好，对整流管的冲击电流大，负载能力差	输出直流电流大，负载能力好，通电瞬间对整流管无冲击电流	负载电流小时，滤波效果好，有降压限流作用；有直流电压损耗，负载能力差	负载电流较大，滤波效果好，直流电压损耗小，负载能力较强，但电感体积大、笨重、成本高
适用范围	负载较轻，对直流稳定度要求不高的场合	负载较重，对直流稳定度要求不高的场合	负载较轻，对直流稳定度要求较高的场合	负载电流较大，对直流稳定度要求较高的场合

【试题选解 4】　电容滤波效果是由电容器容抗大小决定的。（　　）

解：电容滤波效果与电容器的容量大小有关。理论上好像是滤波电容越大效果越好，但实际应用电路中并非如此。一般来说，本着够用就好的原则来选择容量大小。所以题目中的观点是错误的。

5.2　晶体三极管电路基础知识

5.2.1　晶体三极管

1. 三极管的结构及符号

晶体三极管简称三极管，在一块半导体的基片上通过一定的工艺制作出两个 PN 结就构成了三层半导体，从三层半导体上各引出一根引线就是晶体管的 3 个电极，再封装在管壳里就制成了晶体三极管。3 个电极分别称为发射极 E、基极 B、集电极 C，对应的每层半导体分别称为发射区、基区和集电区，发射区和基区交界的 PN 结称为发射结，集电区和基区交界的 PN 结称为集电结。三极管可分为 NPN 型和 PNP 型两类，它们的结构及符号如图 5-5 所示。

晶体管的结构特点如下。

（1）发射区的掺杂浓度远大于基区的掺杂浓度。

（2）基区非常薄，约几微米到几十微米。

（3）集电区掺杂浓度小，集电结的面积比发射结的面积大。

2. 三极管的种类

（1）按内部 3 个区的半导体类型分，有 NPN 型三极管和 PNP 型三极管。

（2）按工作频率分，有低频管（f_α<3 MHz）和高频管（f_α≥3 MHz）。

（3）按功率分，有小功率管（P_C<1 W）和大功率管（P_C≥1 W）。

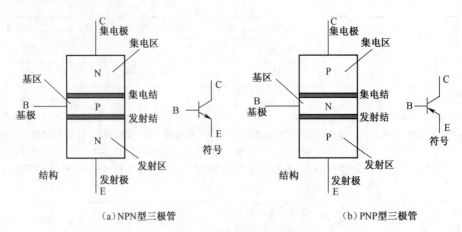

（a）NPN型三极管　　　　　　　　　　　（b）PNP型三极管

图5-5　三极管的结构及符号

（4）按用途分，有普通三极管和开关管等。

（5）按半导体材料分，有锗三极管和硅三极管等。

3. 三极管的主要技术参数

（1）交流电流放大系数。交流电流放大系数包括共发射极电流放大系数 β 和共基极电流放大系数，它是表明晶体管放大能力的重要参数。

（2）集电极最大允许电流（I_{CM}）。集电极最大允许电流是指三极管的电流放大系数明显下降时的集电极电流。

（3）集-射极间反向击穿电压（$U_{(BR)CEO}$）。集-射极间反向击穿电压是指三极管基极开路时，集电极和发射极之间允许加的最高反向电压。

（4）集电极最大允许耗散功率（P_{CM}）。集电极最大允许耗散功率是指三极管参数变化不超过规定允许值时的最大集电极耗散功率。

除上述参数之外还有表明热稳定性、频率特性等性能的参数。

4. 三极管的特性曲线

（1）输入特性曲线。输入特性曲线是指三极管在 U_{CE} 保持不变的前提下，基极电流 I_B 和发射结压降 U_{BE} 之间的关系。

由于发射结是一个 PN 结，具有二极管的属性，所以三极管的输入特性与二极管的伏安特性非常相似。一般来说，硅管的阈值电压约为 0.5 V，当发射结充分导通时，U_{BE} 约为 0.7 V；锗管的阈值电压约为 0.2 V，当发射结充分导通时，U_{BE} 约为 0.3 V。

（2）输出特性曲线。输出特性曲线是指三极管在输入电流 I_B 保持不变的前提下，集电极电流 I_C 和 U_{CE} 之间的关系，如图5-6所示。由图5-6可见，当 I_B 不变时，I_C 不随 U_{CE} 的变化而变化；当 I_B 改变时，I_C 和 U_{CE} 的关系是一组平行的曲线族，它有截止、放大、饱和 3 个工作区。

5. 用指针式万用表检测晶体三极管

（1）判断基极。将万用表置于 R×1 k 挡，用表笔量 3 个引脚，其中一个引脚到另外两个引脚都导通的就是基极。

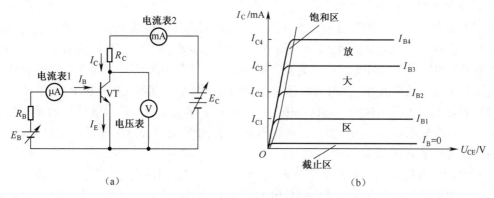

图 5-6　三极管输出特性曲线

（2）判断管型。如果导通时基极接的是红表笔，则为 NPN 型，反之则是 PNP 型。

（3）判断集电极。对 NPN 型管子，将红表笔接一未知极，在未知极和基极之间接一10 kΩ电阻，黑表笔接另一未知极，测得电阻较小时，红表笔接触的就是集电极；对 PNP 型管子，将黑表笔接一未知极，在未知极和基极之间接一 10 kΩ 电阻，红表笔接另一未知极，测得电阻较小时，黑表笔接触的就是集电极。也可以用手捏住基极与另一个电极，利用人体电阻代替基极与集电极相接的电阻，则同样可以判断集电极和发射极，如图 5-7 所示。

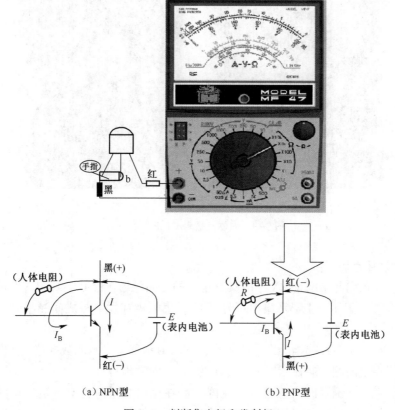

（a）NPN型　　　　　　　　（b）PNP型

图 5-7　判断集电极和发射极

6. 用数字万用表检测晶体三极管

（1）判定基极。将万用表置于二极管挡，红表笔固定任意接某个引脚，用黑表笔依次接触另外两个引脚，如果两次显示值均小于 1 V 或都显示溢出符号"1"，则红表笔所接的引脚就是基极 B。如果在两次测试中，一次显示值小于 1 V，另一次显示溢出符号"1"，则表明红表笔接的引脚不是基极 B，此时应改换其他引脚重新测量，直到找出基极 B 为止。

（2）判定管型。按上述操作确认基极之后，将红表笔接基极，用黑表笔先后接触其他两个引脚。如果都显示 0.500~0.800 V，则被测管属于 NPN 型；若两次都显示溢出符号"1"，则表明被测管属于 PNP 型。

（3）判定集电极 C 与发射极 E（兼测 h_{FE} 值）。使用 h_{FE} 挡来进行判断。在确定了三极管的基极和管型后，将三极管的基极按照基极的位置和管型插入测量孔中，其他两个引脚插入余下的 3 个测量孔中的任意两个，观察显示屏上数据的大小，之后取出三极管的集电极和发射极，交换位置再测量一下，观察显示屏数值的大小。以所测的数值最大的一次为准，就是三极管的电流放大系数 β，相对应插孔的电极即是三极管的集电极和发射极，如图 5-8 所示。

图 5-8 晶体三极管 C、E 的判定

（4）质量好坏判定。

1）正常。在正向测量两个 PN 结时具有正常的正向导通压降 0.1~0.7 V，反向测量时两个 PN 结反向截止，显示屏上显示溢出符号"1"。集电极和发射极之间测量时显示溢出符号"1"。

2）击穿。在测量时蜂鸣挡会发出蜂鸣声，同时显示屏上显示的数据接近于零。

3）开路。在正向测量时显示屏上会显示为"1"的溢出符号。

4）漏电。在正向测量时有正常的结压降，而在反向测量时也有一定的压降值显示。一般为零点几伏到几伏之间，反向压降值越小，说明漏电越严重。

5.2.2　三极管的电流放大作用

为三极管的各极提供工作电压的电路叫偏置电路，它由电源和电阻构成。三极管的基本偏置电路如图 5-9 所示。

三极管的电流放大作用

三极管是一个电流控制元件，其实质是通过基极的小电流来控制集电极大电流的变化。要使三极管具有电流放大作用，外加电源的极性应使发射结处于正向偏置状态，而集电结处于反向偏置状态。

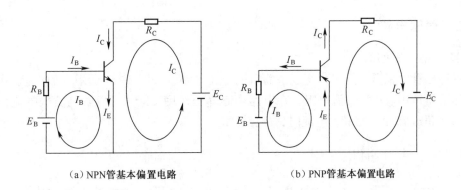

（a）NPN管基本偏置电路　　　　　　　（b）PNP管基本偏置电路

图 5-9　三极管的基本偏置电路

【特别提醒】

要使三极管处于放大状态，其基极电流必须大于零且小于饱和电流。

【试题选解 5】　有人在维修时不慎将三极管的基极和集电极短路一下，这样将会造成三极管（　　）。

A. 烧毁　　　　B. 性能变差　　　　C. 无影响

解：由三极管的工作原理可知，这样将会烧毁三极管。因为一旦三极管的基极和集电极短路，将会有很高的电压直接加在发射结上，由于基-射极之间的电阻很小，就有很大的电流流过发射结，从而烧毁三极管，所以正确答案是 A。

【试题选解 6】　三极管工作在饱和状态时，是指（　　）。

A. 集电结反偏，发射结正偏　　　　B. 集电结正偏，发射结正偏

C. 集电结反偏，发射结反偏　　　　D. 集电结正偏，发射结反偏

解：所谓饱和，是指集电极电流随着基极电流的增大而增大，当集电极电流增大到一定程度时，再增加基极电流，集电极电流不再随着增加了。而三极管如果工作在饱和状态，那么就是集电结和发射结"双结"正偏，这是现象或因果关系，所以正确答案是 B。

【试题选解 7】　如图 5-10 所示，工作在放大状态的三极管是（　　）。

解：要使三极管处于放大状态，必须使发射结处于正向偏置，集电结处于反向偏置状态。根据放大状态时 NPN 型三极管 $U_C > U_B > U_E$，PNP 型三极管 $U_E > U_B > U_C$，且硅管要达到管压降 0.7 V 的要求进行判定，只有 B 图中满足发射结正偏，集电结反偏，所以正确答案是 B。

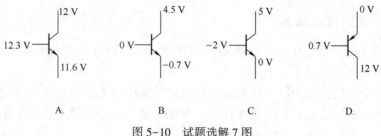

A.　　　　B.　　　　C.　　　　D.

图 5-10　试题选解 7 图

5.2.3　稳压电路

1. 稳压管稳压电路

利用稳压管的稳压特性可以组成最简单的稳压电路，如图 5-11 所示。VD 为稳压管，在电路中起稳压作用。R 为限流电阻，在电路中起降压作用，同时可以限制负载电流，当流过负载的电流超过 R 允许的最大电流时，R 会烧断。

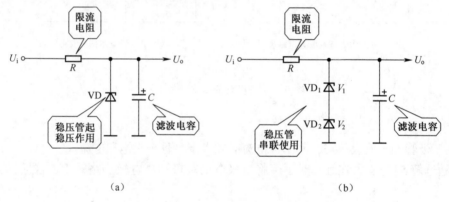

（a）　　　　　　　　　　　　　　　（b）

图 5-11　稳压管稳压电路

2. 串联型基本稳压电路

串联型基本稳压电路的基本结构如图 5-12 所示，三极管 VT 为调整管。由于调整管与负载串联，因此这种电路称为串联稳压电路。

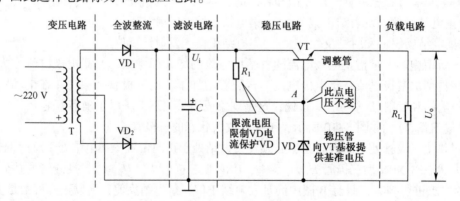

图 5-12　串联型基本稳压电路的基本结构

稳压管 VD 为调整管提供的基极电压，称为基准电压。

电路的稳压过程是

$$U_i\uparrow \rightarrow U_o\uparrow \rightarrow U_{BE}\uparrow \rightarrow I_B \rightarrow VT 导通程度减弱 \rightarrow U_{CE}\uparrow \rightarrow U_o\downarrow$$

*3. 三端稳压电路

三端稳压电路是以三端稳压器为核心构成的，三端稳压器是一种集成式稳压电路，它将稳压电路中的所有元件集成在一起，形成一个稳压集成块，它对外只引出 3 个引脚，即输入脚、接地脚和输出脚，如图 5-13（a）所示。

使用三端稳压器后，可使稳压电路变得十分简洁，如图 5-13（b）所示，它只需在输入端和输出端上分别加一个滤波电容就可以了。为了获得更大的输出电流，提高带负载能力，还可将三端稳压器并联使用，如图 5-13（c）所示。表 5-5 为常用集成稳压器的应用情况。

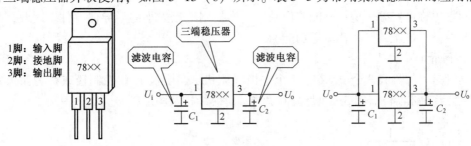

（a）三端稳压器外形　　　（b）三端稳压电路　　　（c）三端稳压器并联使用

图 5-13　三端稳压器外形、使用与三端稳压电路

表 5-5　常用集成稳压器的应用情况

集成稳压器		引脚功能	输出电压/ V	应用电路
固定式	CW78×× 正压	CW78×× 输地输 入　出	电压挡级：5、6、9、12、15、18、24	CW78×× U_i C_1 0.33 μF C_2 0.1 μF U_o
	CW79×× 负压	CW79×× 地输输 入出	电压挡级：−5、−6、−9、−12、−15、−18、−24	CW79×× U_i C_1 0.33 μF C_2 0.1 μF U_o
可调式	CW317 正压	CW317 调输输 整出入	调整范围：1.2~37	CW317 240 Ω R_1 U_i C_1 0.1 μF R_P C_2 10 μF U_o
	CW337 负压	CW337 调输输 整入出	调整范围：−1.2~−37	CW337 240 Ω R_1 U_i C_1 0.1 μF R_P C_2 10 μF C_3 1 μF U_o

【试题选解8】 三端集成稳压器 CW7812 的输出电压是（　　）V。

A. 12 　　　　　 B. −12 　　　　　 C. −78 　　　　　 D. 78

解： CW7812 是正电压输出三端集成稳压器，后两位表示输出电压的值，其电压值为 12 V，所以正确答案是 A。

*5.3　晶闸管电路基础知识

5.3.1　晶闸管

晶闸管也称可控硅，是一种能够像闸门一样控制电流大小的半导体器件。因此，晶闸管具有开关控制、电压调整和整流等功能。

1. 晶闸管的结构及符号

晶闸管是一种具有 3 个 PN 结、3 个电极（阳极 A、阴极 K 和控制极或称为门极 G）的 PNPN 四层半导体器件。图 5-14 是晶闸管内部管芯结构及图形符号。

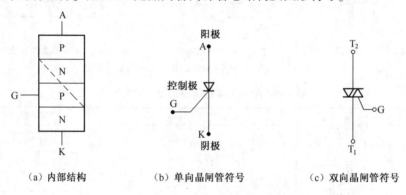

（a）内部结构　　　　　（b）单向晶闸管符号　　　　　（c）双向晶闸管符号

图 5-14　晶闸管内部管芯结构及图形符号

晶闸管具有 3 个引脚。单向晶闸管的 3 个引脚分别是阳极 A、阴极 K 和控制极 G，使用中应注意识别，不要弄错。双向晶闸管的 3 个引脚分别是控制极 G、主电极 T_1 和主电极 T_2。由于双向晶闸管的两个主电极 T_1 和 T_2 是对称的，因此使用中可以任意互换。

晶闸管的文字符号为"VS"，晶闸管的外形有螺旋形、平板形和塑封形，如图 5-15 所示。螺旋形的螺旋一端是阳极，螺纹用于固定散热器，细引线所在的电极是控制极，余下的那个电极就是阴极。平板形的上、下两面金属体是阳极和阴极，凹面用于嵌入各自的散热片，中间的引出电极是控制极。

2. 晶闸管的工作原理

晶闸管具有可控制的单向导电性，即不但具有一般二极管单向导电的整流作用，而且可以对导通电流进行控制，就好像闸门一样，起到控制电流有无和大小的作用。一旦晶闸管导通，控制电压即使取消，也不会影响其正向导通的工作状态。晶体闸流管的这一特点是由其特殊的结构所决定的。晶闸管的导电特性如下。

（a）螺旋形　　　　　　（b）平板形　　　　　（c）塑封形

图 5-15　晶闸管的外形

（1）晶闸管的导通条件是：一定的正向阳极电压和一定的正向触发电压。

（2）晶闸管导通后，控制极失去了作用。

（3）晶闸管的阻断条件是：必须使其阳极电压为零、为负或阳极电压减小到一定程度，使流过晶闸管的电流小于维持电流，晶闸管才自行关断。

3. 用万用表检测晶闸管

（1）电极判定。万用表选电阻 R×1 k 挡，用红、黑两表笔分别测任意两引脚间正反向电阻直至找出读数为数十欧姆的一对引脚，此时黑表笔的引脚为控制极 G，红表笔的引脚为阴极 K，另一空脚为阳极 A。

（2）质量好坏判定。

1）用万用表 R×1 k 挡测量普通晶闸管阳极 A 与阴极 K 之间的正、反向电阻。正常时均应为无穷大（∞）；若测得 A、K 之间的正、反向电阻值为零或阻值均较小，则说明晶闸管内部击穿短路或漏电。

2）测量控制极 G 与阴极 K 之间的正、反向电阻值。若两次测量的电阻值均很大或均很小，则说明该晶闸管 G、K 极之间开路或短路。若正、反电阻值均相等或接近，则说明该晶闸管已失效，其 G、K 极间 PN 结已失去单向导电作用。

3）测量阳极 A 与控制极 G 之间的正、反向电阻。正常时两个阻值均应为几百千欧或无穷大，若正、反向电阻值不一样（有类似二极管的单向导电），则是 G、A 极之间反向串联的两个 PN 结中的一个已击穿短路。

5.3.2　晶闸管典型应用电路

晶闸管具有以小电流控制大电流、以低电压控制高电压的作用，具有体积小、质量轻、功耗低、效率高、开关速度快等优点，在整流、无触点开关、可控整流、直流逆变、调压、调光和调速等方面得到广泛的应用。

1. 整流电路

以单向晶闸管为核心构成的整流电路如图 5-16 所示。控制电路产生的矩形触发脉冲加到两个单向晶闸管 VS_1、VS_2 的 G 极。

当触发脉冲为高电平时，VS_1、VS_2 导通，对变压器 T 输出的交流电压进行整流；当触发脉冲为低电平时，VS_1、VS_2 在交流电过零时截止。

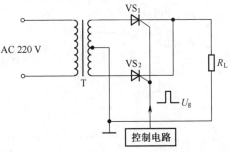

图 5-16　以单向晶闸管为核心构成的整流电路

这样，在触发脉冲的作用下 VS$_1$、VS$_2$ 就可以完成整流工作。另外，通过控制 VS$_1$、VS$_2$ 的导通时间，就可以改变输出电压的大小。

2. 调速（调压）电路

以双向晶闸管 VS 为核心构成的典型电动机调速电路如图 5-17 所示。

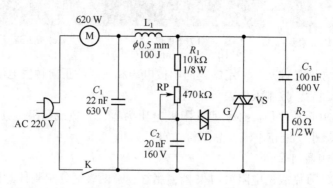

图 5-17 以双向晶闸管 VS 为核心构成的典型电动机调速电路

接通电源开关 K 后，220 V 市电电压通过电动机 M 的绕组加到 C$_1$ 两端，经 C$_1$、L$_1$ 滤波后，不仅通过 R$_1$、RP 和 C$_2$ 产生触发电压，而且加到双向晶闸管 VS 的 T$_1$ 极。调整 RP 使 RP、R$_1$、C$_2$ 构成的充电回路开始工作，为 C$_2$ 充电。当 C$_2$ 的充电电压达到双向触发二极管 VD 的转折电压后，VD 导通，为 VS 的 T$_1$ 极提供触发电压，使 VS 导通，接通 M 的供电回路，M 开始旋转。

调整 RP 改变 C$_2$ 的充电速度后，可改变 VS 的导通角大小，也就改变电动机 M 供电电压的大小。电动机 M 两端电压增大后，电动机旋转速度加快，反之减慢。这样，通过调整 RP 就可以改变电动机转速。

3. 无触点开关

晶闸管最主要的用途是做无触点开关。图 5-18（a）所示为报警器控制电路，单向晶闸管 VS 就是一个直流无触点开关。平时 VS 阻断，报警器不报警。当探头检测到异常情况时，输出一正脉冲至 VS 的控制极 G，晶闸管 VS 导通使报警器报警，直至有关人员到场并切断开关 S 才停止报警。

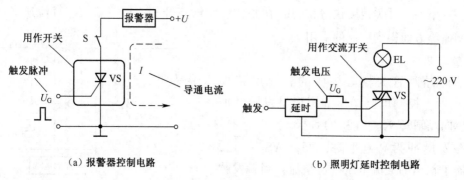

（a）报警器控制电路   （b）照明灯延时控制电路

图 5-18 无触点开关电路

图 5-18（b）所示为照明灯延时控制电路，双向晶闸管 VS 就是一个交流无触点开关。延时电路被触发后照明灯随即点亮，但触发信号消失后照明灯并不立即熄灭。延时电路输出到 VS 控制极的 U 电压会延续一段时间，保持 VS 导通，直到全延时结束后照明灯才熄灭。这里有一点需要特别强调，就是在交流回路中，交流电压在每一周期内都会有两次过零点，这时晶闸管会关断。

【试题选解 9】　晶闸管具有（　　）性。

A. 单向导电　　　　B. 可控的单向导电　　　C. 电流放大　　　　D. 负阻效应

解：晶闸管不但具有一般二极管单向导电的整流作用，而且可以对导通电流进行控制，起到控制电流有无和大小的作用，所以正确答案是 B。

【试题选解 10】　晶闸管整流电路输出电压改变是通过调节（　　）实现的。

A. 控制导通角　　　　　　　　　　　B. 触发电压大小

C. 阳极电压大小　　　　　　　　　　D. 触发电流大小

解：一旦晶闸管导通，控制电压即使取消，也不会影响其正向导通的工作状态。晶闸管导通的角度称为导通角，调节控制导通角，就可以改变输出电压的大小，所以正确答案为 A。

*5.4　数字电路基础

数字电路处理的电信号在时间上或数量上是不连续变化的。本节重点介绍数制、数制间的转换、8421BCD 码和门电路。复习时的重点和难点是不同数制的转换和常用门电路的逻辑功能。

5.4.1　数制

一种数制所具有的数码个数称为该数制的基数，在该数制的数中，每位数码"1"所代表的实际数值称为"权"。权的大小是以基数为底，以数位的序号为指数的整数次幂。

1. 十进制数（D）

一共 10 个数码（0，1，2，3，4，5，6，7，8，9），计数原则是"逢十进一"。从个位起，各位的权分别为 10^0、10^1、10^2、10^3、…、10^{n-1}。

2. 二进制数（B）

只有 0 和 1 两个数码，计数原则是"逢二进一"。从个位起，各位的权分别为 2^0、2^1、2^2、…、2^{n-1}。

二进制是数字电路最常用的数制，其运算规则为

$$0+0=0 \qquad\qquad 0\times0=0$$
$$0+1=1 \qquad\qquad 0\times1=0$$
$$1+1=1 \qquad\qquad 1\times1=1$$

3. 十六进制数（H）

一共 16 个数码（0，1，2，3，4，5，6，7，8，9，A，B，C，D，E，F），计数原则是"逢十六进一"。从个位起，各位的权分别为 16^0、16^1、16^2、…、16^{n-1}。

■5.4.2 数制间的转换

1. 十进制转化为二进制

采用"除 2 取余法",首次余数为最低位,最末次余数为最高位。

【试题选解 11】 $(53)_{10} = ($ 　　$)_2$

解:

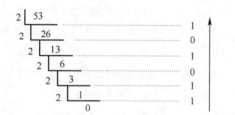

取余数时,要从下往上取

所以 $(53)_{10} = (110\ 101)_2$

2. 二进制转化为十进制

采用"乘权相加法",关系式为

$$(N)_D = a_{n-1} \times 2^{n-1} + a_{n-2} \times 2^{n-2} + \cdots + a_1 \times 2^1 + a_0 \times 2^0$$

【试题选解 12】 $(10\ 010\ 110)_2 = ($ 　　$)_{10}$

解:$(10\ 010\ 110)_2 = 1 \times 2^7 + 0 \times 2^6 + 0 \times 2^5 + 1 \times 2^4 + 0 \times 2^3 + 1 \times 2^2 + 1 \times 2^1 + 0 \times 2^0 = (150)_{10}$

■5.4.3 8421BCD 码

数字电路进行处理的是二进制数据,而人们习惯于使用十进制,所以就产生了用 4 位二进制数表示十进制数的计数方法,即二–十进制代码,也称 BCD 码。最常用的 BCD 码是8421 码。

8421BCD 码就是把通常的十进制的每一位数用 4 位二进制码来表示。由于代码中从左到右每一位的 1 分别表示 8、4、2、1,所以把这种代码叫作 8421 代码。也就是用二进制数的0000~1001 来分别表示十进制数的 0~9,它是一种有权码,各位的权从左到右分别为 8、4、2、1。若 8421 码各位分别为 A_3、A_2、A_1、A_0,则它所代表的十进制数的值为

$$N = 8A_3 + 4A_2 + 2A_1 + 1A_0$$

【特别提醒】

8421BCD 码既具有二进制数的形式,又具有十进制数的特点。

【试题选解 13】 求十进制数 251 的 8421BCD。

解:251 的 8421(BCD)数据表示为 001 001 010 001。

■5.4.4 门电路

通常,把反映"条件"和"结果"之间的关系称为逻辑关系。如果以电路的输入信号反映"条件",以输出信号反映"结果",此时电路输入、输出之间也就存在确定的逻辑关系。数字电路就是实现特定逻辑关系的电路,因此,又称为逻辑电路。逻辑电路的基本单元是逻辑门,它们反映了基本的逻辑关系。

门电路是一种开关电路，它是数字电路基本组成之一，主要由工作于开关状态的二极管、三极管及其他元件构成。门电路可以实现因果关系。

常用的逻辑关系及逻辑功能见表 5-6。

表 5-6 常用的逻辑关系及逻辑功能

逻辑关系	逻辑符号	表达式	逻辑功能
与门	A &—Y, B	$Y = A \cdot B = AB$	有 0 出 0 全 1 出 1
或门	A ≥1—Y, B	$Y = A + B$	有 1 出 1 全 0 出 0
非门	A —○—Y	$Y = \overline{A}$	有 1 出 0 有 0 出 1
与非门	A, B &—○—Y, C	$Y = \overline{ABC}$	有 0 出 1 全 1 出 0
或非门	A, B ≥1—○—Y, C	$Y = \overline{A + B + C}$	有 1 出 0 全 0 出 1
与或非门	A, B, C, D & ≥1—○—Y	$Y = \overline{AB + CD}$	全 1 或其中 1 组全为 1 出 0，全 0 出 1

最基本的逻辑关系可以归结为与、或、非 3 种。

利用图 5-19（a）、（b）、（c）所示的开关和灯泡的关系，可以分别说明与、或、非 3 种逻辑关系。

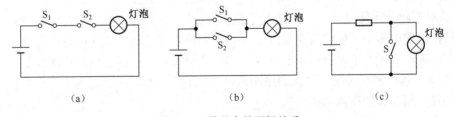

(a)   (b)   (c)

图 5-19 最基本的逻辑关系

【练习题】

一、选择题

1. 半导体二极管有（ ）个 PN 结。

A. 1   B. 2   C. 3   D. 4

2. 由分立元件组成的单相桥式整流电路要用到（ ）只二极管。

A. 1   B. 2   C. 3   D. 4

3. 三极管的基极用字母 （　　） 表示。

A. E 　　 B. B 　　　 C. C 　　　 D. G

4. 晶闸管有 （　　） 个 PN 结。

A. 1 　　 B. 2 　　　 C. 3 　　　 D. 4

5. 晶闸管的 3 个电极是 （　　）。

A. 基极、发射极、集电极 　　 B. 基极、阳极、阴极

C. 控制极、阳极、阴极 　　　 D. 控制极、发射极、集电极

6. 三极管放大的实质是 （　　）。

A. 将小能量换成大能量

B. 将小电压放大成大电压

C. 用较小的电流控制较大的电流

D. 将小电流放大成大电流

7. 三极管是一种 （　　） 的半导体器件。

A. 电压控制型 　　　　　　 B. 电流控制型

C. 功率控制型 　　　　　　 D. 电压电流双重控制型

8. 关于三极管内部结构，下列说法错误的是 （　　）。

A. 发射区的掺杂浓度很高，远高于基区和集电区，目的是增强载流子发射能力

B. 基区很薄，有利于发射区注入基区的载流子顺利越过基区到达集电区

C. 集电区面积很大，有利于增强载流子的接收能力

D. 发射区和集电区为同类型的掺杂半导体，C、E 极只有在特殊情况下才能对调使用

9. 二极管有两个主要参数 （　　）。

A. I_{OM}　U_{RM} 　　　　　　 B. I_{CM}　U_{RM}

C. I_{OM}　U_{OM} 　　　　　　 D. I_{CM}　U_{OM}

10. 稳压二极管正常工作的范围是 （　　）。

A. 反向击穿区 　　 B. 正向导通区 　　 C. 反向截止区 　　　 D. 死区

11. 晶闸管硬开通是在 （　　） 情况下发生的。

A. 阳极反向电压小于反向击穿电压 　　 B. 阳极正向电压小于正向转折电压

C. 阳极正向电压大于正向转折电压 　　 D. 阳极加正压，控制极加反压

12. 欲使导通晶闸管关断，错误的做法是 （　　）。

A. 阳极、阴极间加反向电压

B. 撤去控制极电压

C. 将阳极、阴极间正压减小至小于维持电压

D. 减小阴极电流，使其小于维持电流

13. 二极管两端加上正向电压时 （　　）。

A. 一定导通 　　　　　　 B. 超过死区电压才导通

C. 超过 0.3 V 才导通 　　 D. 超过 0.7 V 才导通

14. 三极管的开关特性是 （　　）。

A. 截止相当于开关接通 　　 B. 放大相当于开关接通

C. 饱和相当于开关接通　　　　　　　　　D. 截止相当于开关断开，饱和相当于开关接通

15. 5 位二进制数能表示十进制数的最大值是（　　）。

A. 16　　　　　　B. 64　　　　　　C. 47　　　　　　D. 31

16. 成语"万事俱备，只欠东风"说的是（　　）。

A. 或关系　　　　　　　　　　　　　　　B. 与关系

C. 与非关系　　　　　　　　　　　　　　D. 或非关系

17. 二进制数（1100110）$_2$转换成十进制数是（　　）。

A. （66）$_{16}$　　　　　　　　　　　　B. （66）$_{10}$

C. （102）$_{16}$　　　　　　　　　　　D. （102）$_{10}$

18. 十进制数 91 转换成二进制数是（　　）。

A. （10010001）$_2$　　　　　　　　　B. （1011011）$_2$

C. （1011011）$_{10}$　　　　　　　　D. （10010001）$_{10}$

19. 与门逻辑关系可表述为（　　）。

A. 有 0 出 1，全 1 出 0　　　　　　　　B. 有 1 出 1，全 0 出 1

C. 有 0 出 0，全 1 出 1　　　　　　　　D. 有 1 出 0，全 0 出 1

二、判断题

1. 基极电流等于零时，三极管截止。　　　　　　　　　　　　　　　　　　（　　）

2. 在放大电路中，三极管是用集电极电流控制基极电流大小的电子元件。　　（　　）

3. 锗管的基极与发射极之间的正向压降比硅管的正向压降大。　　　　　　　（　　）

4. 二极管有导通和截止两种工作状态。　　　　　　　　　　　　　　　　　（　　）

5. 锗二极管的死区电压为 0.5 V。　　　　　　　　　　　　　　　　　　　（　　）

6. 某硅二极管的正极电位为 3.7 V，负极电位为 3 V，表明该二极管工作于击穿状态。

（　　）

7. 将 PN 结的 P 区接电源负极，N 区接电源正极，称为给 PN 结正向偏置。　（　　）

8. 如下图所示，银白色环表示二极管的负极。　　　　　　　　　　　　　　（　　）

银白色环

9. 三极管的结构特点为：基区掺杂浓度大，发射区很薄。　　　　　　　　　（　　）

10. 三极管各电极上的电流分配应满足 $I_E = I_B + I_C$ 的关系。　　　　　　　（　　）

11. 三极管只要加上正偏电压就能起放大作用。　　　　　　　　　　　　　（　　）

12. 三极管由两个 PN 结构成，所以可选用两个二极管来构成一个三极管。　（　　）

13. 三极管发射区的掺杂浓度大于基区和集电区的掺杂浓度。　　　　　　　（　　）

14. 要使三极管具有放大作用，其条件是基结反向偏置，集电结正向偏置。　（　　）

15. 给晶闸管加上正向阳极电压它就会导通。　　　　　　　　　　　　　　（　　）

16. 普通晶闸管外部有 3 个电极，分别是基极、发射极和集电极。　　　　　（　　）

17. 用万用表 R×1 k 挡测量二极管时，红表笔接一只脚，黑表笔接另一只脚测得的电阻值约为几百欧，反向测量时电阻值很大，则该二极管是好的。　　　　　　　　（　　）

18. 单相桥式整流电路其整流二极管承受的最大反向电压为变压器二次电压的 $2\sqrt{2}$ 倍。

                                                                          ( )

19. 单相全波整流中，通过整流二极管中的平均电流等于负载中流过的平均电流。

  ( )

20. 在整流电路中，负载上获得的脉动直流电压常用平均值来说明它的大小。 ( )

21. 带有电容滤波的单相桥式整流电路，其输出电压的平均值与所带负载无关。( )

22. 稳压二极管按材料可分为硅管和锗管。 ( )

23. 在硅稳压二极管的简单并联型稳压电路中，稳压二极管应工作在反向击穿区，并且与负载电阻串联。 ( )

24. 二极管正向电阻比反向电阻大。 ( )

25. 晶体三极管的放大作用体现在 $\Delta I_c = \beta \Delta I_b$。 ( )

26. 二进制码 11011010 表示的十进制数为 218。 ( )

第6章

电 工 识 图

6.1 常用电气符号

6.1.1 电气图形符号

在电气图中，用来表示设备或概念的图形、标记或字符的符号，称为电气图形符号。

1. 电气图形符号的组成

电气图形符号通常由一般符号、符号要素、限定符号、方框符号和组合符号等组成，见表6-1。

表6-1 电气图形符号的组成

序号	组成部分	说　　明
1	一般符号	用来表示一类产品和此类产品特征的一种通常很简单的符号
2	符号要素	具有确定意义的简单图形，不能单独使用，必须同其他图形组合后才能构成一个设备或概念的图形符号
3	限定符号	用来提供附加信息的一种加在其他符号上的符号，通常不能单独使用
4	方框符号	用来表示元件、设备等的组合及其功能的一种简单图形符号。既不给出元件、设备的细节，也不考虑所有连接
5	组合符号	通过以上已规定的符号进行适当组合所派生出来的、表示某些特定装置或概念的符号

实际用于电气图中的图形符号的构成形式有以下3种：一般符号+限定符号（图6-1），符号要素+一般符号（图6-2）；符号要素+一般符号+限定符号（图6-3）。

电气图形符号的种类很多，初学者应熟悉工作中最常用的一些图形符号。

2. 电气图形符号的绘制与使用

（1）电气图形符号均是在电气设备或元件无电压、无外力作用时的常态下绘出的。

（2）有些器件的图形符号有几种形式，尽可能采用"优选形"，但在同一张电气图样中只能选择用一种图形形式。

（3）图形符号的大小和图线的宽度可根据需要缩小和放大，方位可按90°或45°的角度逆时针旋转或镜像放置，但文字和指示方向不能倒置。

（4）图形符号中的文字符号、物理量符号，应视为图形符号的组成部分。

（a）开关一般符号（b）接触器功能符号 （c）断路器功能符号 （d）隔离开关功能符号（e）负荷开关功能符号

（f）接触器图形符号 （g）断路器图形符号 （h）隔离开关图形符号 （i）负荷开关图形符号

图 6-1　一般符号+限定符号组合举例

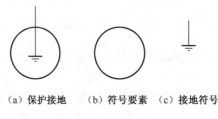

（a）保护接地 （b）符号要素 （c）接地符号

图 6-2　符号要素+一般符号组合举例

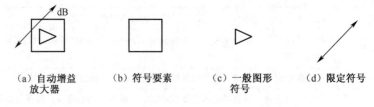

（a）自动增益　　（b）符号要素　　（c）一般图形　　（d）限定符号
　　放大器　　　　　　　　　　　　　符号

图 6-3　符号要素+一般符号+限定符号组合举例

【试题选解 1】　以下叙述正确的是（　　）。

A. 符号要素和限定符号都可以单独使用

B. 符号要素可以单独使用，但限定符号不能单独使用

C. 符号要素不能单独使用，但限定符号可以单独使用

D. 符号要素和限定符号均不能单独使用

解：根据规定，实际电气图中符号要素和限定符号均不能单独使用，所以正确答案为 D。

■ 6.1.2　文字符号

电气文字符号是用来表示电气设备、装置和元器件的名称、功能、状态和特征的字母代码和功能字母代码。电气文字符号包括基本文字符号和辅助文字符号。

1. 基本文字符号

基本文字符号用来表示电气设备、装置和元件以及线路的基本名称、特性，分为单字母符号和双字母符号。例如，电流互感器的单字母符号为 T，双字母符号为 TA 或 CT。

双字母符号是由一个表示种类的单字母符号与另一字母组成，其组合形式应以单字母符号在前、另一字母在后的次序列出。例如，F 表示保护器件类，FU 表示熔断器，FR 表示具有延时动作的限流保护器件等。

2. 辅助文字符号

辅助文字符号用来表示电气设备、装置和元器件及线路的功能、状态和特征，通常由英文单词的前几个字母构成。例如，SYN 表示同步，L 表示限制，RD 表示红色，F 表示快速。

3. 电气文字符号的正确应用

（1）在编制电气图及电气技术文件时，应优先选用基本文字符号、辅助文字符号以及它们的组合。而在基本文字符号中，应优先选用单字母符号。

（2）辅助文字符号可单独使用，也可将首位字母放在表示项目种类的单字母符号后面，组成双字母符号。例如，SP 表示压力传感器。

（3）文字符号可作为限定符号与其他图形符号组合使用，以派生出新的图形符号，如图6-4 所示。

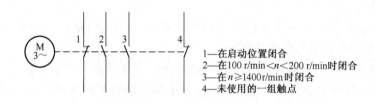

1—在启动位置闭合
2—在100 r/min<n<200 r/min时闭合
3—在$n \geqslant$1400r/min 时闭合
4—未使用的一组触点

图 6-4　文字符号与图形符号组合使用

（4）一些具有特殊用途的接线端子、导线等，通常采用专用的文字符号进行标识。

电动机控制电路中最常用的图形符号见表 6-2。

表 6-2　电动机控制电路中最常用的图形符号

名称	图形符号	文字符号	名称	图形符号	文字符号
动合触点		SQ	欠电压继电器线圈	$U<$	FV
动断触点		SQ	过电流继电器线圈	$I>$	FA
复合触点		SQ	继电延时线圈		SJ
启动按钮		SB	通电延时线圈		SJ
停止按钮		SB	三相鼠笼式异步电动机	M 3~	M

续表

名称	图形符号	文字符号	名称	图形符号	文字符号
复合按钮		SB	三相绕线式异步电动机		M
接触器线圈		KM	串励直流电动机		M

【试题选解 2】 双字母符号是由一个表示种类的单字母符号与一个表示功能的字母组成，如（　）表示断路器。

A. QA   B. QS   C. QF   D. QM

解：断路器的双字母符号是 QF，所以正确答案为 C。

▌6.1.3　回路标号

在电路图中，我们把为表示回路种类、特征而标注的文字符号和数字标号统称回路标号，也称为回路线号。回路标号的作用是便于安装接线，以及线路有故障时方便查找故障点进行检修。

1. 回路标号的原则

（1）一般回路标号由 3 位或 3 位以下的数字组成（在特殊情况下，允许由 4 位数字组成）。主回路标号则由文字与数字共同组成。

（2）在回路连在一点上的所有导线（包括与接触器连接的可拆卸线段），必须标以相同的回路标号；由电气设备的线圈、绕组、触点或电阻、电容等隔开的线段，要视为不同的线段，应标以不同的回路标号；由其他设备引入本系统中的联锁回路，也可按原引入设备的回路特征进行标号。

2. 回路标号的注意事项

（1）数字标号应用阿拉伯数字，文字标号应用汉语拼音字母。与数字标号并列的字母用大写印刷体，脚注字母用小写印刷体。

（2）在沿水平方向绘制的回路中，标号一般以从左至右的顺次进行。标号一般位于导线的上方。

（3）在沿垂直方向绘制的回路中，标号一般以从上至下的顺序进行。

（4）当控制回路支路较多时，为便于修改电路，在把第一条支路的线号标完后，第二条支路可不接着上面的线号数往下标，而从"11"开始依次递增。若第一条支路的线号已经标到"10"以上，则第二条支路可以从"21"开始，依次类推。

（5）电路图和接线图上相应的线号应始终保持一致。

▌6.1.4　项目代号

项目代号是用来识别图、表图、表格中和设备上的项目种类，并提供项目的层次关系、种类、实际位置等信息的一种特定的代码，是电气技术领域中极为重要的代号。由于项目代号是以一个系统、成套装置或设备的依次分解为基础来编定的，建立了图形符号与实物间一一对应的关系，因此可以用来识别、查找各种图形符号所表示的电气元件、装置和设备以及它们的隶属关系、安装位置。

1. 项目代号的组成

项目代号由高层代号、位置代号、种类代号、端子代号，根据不同场合的需要组合而成，它们分别用不同的前缀符号来识别。前缀符号后面跟字符代码，字符代码可由字母、数字或字母加数字构成，其意义没有统一的规定（种类代号的字符代码除外），通常可以在设计文件中找到说明。大写字母和小写字母具有相同的意义（端子标记例外），但优先采用大写字母。一个完整的项目代号包括 4 个代号段，其名称及前缀符号见表 6-3。

表 6-3　项目代号段名称及前缀符号

分段	名称	前缀符号	分段	名称	前缀符号
第一段	高层代号	=	第三段	种类代号	-
第二段	位置代号	+	第四段	端子代号	:

2. 项目代号的应用

在电气图中做标注时，有时并不需要将项目代号中的 4 个代号段全部标注出来。通常可针对项目，按分层说明、适当组合、符合规范、就近标注、有利看图的原则，有目的地进行选注。也就是可以根据项目本身的情况标注单一的代号段或几个代号段的组合。

经常使用而又较为简单的图，可以只采用某一个代号段。

【试题选解 3】　接线表应与（　　）相配合。

A. 电路图　　　　B. 逻辑图　　　　C. 功能图　　　　D. 接线图

解：接线图就是各元件与元件之间是怎么相连的表达图形。接线表比接线图要直接得多，接线表是用来直接指导接线的，不懂原理也能接线。在实际应用中，接线表应与电路图、位置图配合使用，所以正确答案为 A。

6.2　电　气　图

■6.2.1　电气图的种类

电气图是表示电气系统、装置和设备各组成部分的相互关系及其连接关系，用于说明其功能、用途、工作原理、安装和使用信息的一种图，这种图通常称为简图或略图。

电气图大致可分为概略类型的图和详细类型的图。

1. 概略类型的图

概略类型的图主要用来表明系统的规模、整体方案、组成情况及主要特性等，常见的有系统图、框图、功能图、功能表图、等效电路图、逻辑图等。

系统图与框图是采用符号或带注释的框来概略表示系统、分系统、成套装置或设备等基本组成的主要特征以及功能关系的电气用图。

2. 详细类型的图

详细类型的图是将概略图进行具体化，是将设计思想变为可实现和便于实施的文件，详细图分两个层次，首先是电路图，其次是接线文件。

（1）电路图是一种根据国家或有关部门制定的标准，用规定的图形符号绘制的较简明的电路，用来表示系统、装置的电气作用原理，可作为分析电路特性用图。电路图又习惯称为"原理图"或"电原理图"。它不仅能详细表示电路的原理与组成，而且更能详尽地表达各元件和器件的组成，便于了解其作用和原理，分析和计算电路特征。它不能反映电路的实际位置，只能反映电路的功能和原理。

（2）接线图、接线表是电气设备之间用导线相互连接的真实反映，它所连接电气设备的安装位置、外形和线路路径与实际情况一致，便于安装和接线及排除故障。

接线图与电路图、位置图结合在一起，是产品制造、检验和维修必不可少的技术文件。

【试题选解4】 根据表达信息的内容，电气图分为（　　）种。

A. 1　　　　B. 2　　　　C. 3　　　　D. 4

解：根据表达信息的内容，电气图分为概略类型的图和详细类型的图两种。所以正确答案为 B。

6.2.2 电气制图的一般规则

1. 图纸幅面

边框线围成的图面称为图纸幅面，幅面尺寸可分为 A0～A4 五类。其中，A0～A2 类图纸一般不得加长；A3、A4 类图纸可根据需要，沿短边加长。

2. 图幅分区

图幅分区的方法是将图纸相互垂直的两边各自加以等分。分区的数目视图的复杂程度而定，但每边必须为偶数。每一分区的长度一般为 25～75 mm。

编号时，在图的边框处，竖边方向用大写拉丁字母，横边方向用阿拉伯数字，编号的顺序从标题栏相对的左上角开始。

3. 图线

电气图中的图线主要有粗实线、细实线、波浪线、双折线、虚线、细点画线、粗点画线、双点画线，其代号依次为 A、B、C、D、F、G、J、K。

通常只选用两种宽度的图线，粗线的宽度为细线的两倍。

4. 箭头和指引线

在电气图中，表示信号传输或表示非电过程中的介质流向时需要用箭头。电气图中有开口箭头、实心箭头和普通箭头 3 种形状的箭头，如图 6-5 所示。

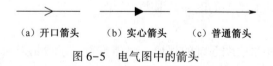

（a）开口箭头　　　（b）实心箭头　　　（c）普通箭头

图 6-5　电气图中的箭头

指引线用来指示注释的对象，它为细实线，并在其末端加注标记。指引线末端伸入轮廓线内时，末端画一个小圆点。指引线末端指在轮廓线上时，末端用普通箭头指在轮廓线上。

指引线末端指在电气连接线上时，末端用一短斜线示出。

5. 连接线

在电气图上，各种图形符号间的相互连线称为连接线。连接线用于电路图时有单线表示法和多线表示法；用于接线图及其他图时有连续线表示法和中断线表示法。

当采用带点画线框绘制时，其连接线接到该框内图形符号上；当采用方框符号或带注释的实线框时，则连接线接到框的轮廓线上。

6. 围框

当需要在图上显示出图的某一部分，如功能单元、结构单元、项目组时，可用点画线围框表示。例如，在图上含有安装在别处而功能与本图相关的部分，这部分可用点画线围框表示。

7. 比例

需要按照比例绘制的图一般是电气平面布置一类用于安装布线的简图。常用图纸比例有 1∶1、1∶10、1∶20、1∶50、1∶100、1∶200、1∶500 等。

同一张图纸中，不宜出现 3 种以上的比例。

【试题选解 5】　在电气图中，为突出或区分某些重要的电路，连接线可采用不同宽度的图线表示，一般而言，电源主电路、主信号电路等采用粗实线表示。（　　）

解：连接线的使用方法为电线连接线用细实线，机械连接线用虚线，电源电路和主信号电路的连接线用粗实线。所以题目中的观点是正确的。

6.3　识读电气图

6.3.1　电气图识读的步骤、途径与方法

1. 电气图识读的基本步骤

（1）详看图纸说明。拿到图纸后，首先要仔细阅读图纸的主标题栏和有关说明，如图纸目录、技术说明、电气元件明细表、施工说明书等，结合已有的电工知识，对该电气图的类型、性质、作用有一个明确的认识，从整体上理解图纸的概况和所要表述的重点。

（2）看概略图和框图。由于概略图和框图只是概略表示系统或分系统的基本组成、相互关系及其主要特征，因此紧接着就要详细看电路图，才能弄清它们的工作原理。概略图和框图多采用单线图，只有某些 380/220 V 低压配电系统概略图才部分地采用多线图表示。

（3）电路图与接线图对照起来看。接线图和电路图互相对照看，可帮助看清楚接线图。读接线图时，要根据端子标志、回路标号从电源端顺次查下去，弄清楚线路走向和电路的连接方法，弄清每条支路是怎样通过各个电气元件构成闭合回路的。

【特别提醒】

对于复杂的电气图，首先是粗读，然后是细读，最后是精读。粗读可比细读"粗"点。这里的"粗"不是"粗糙"的"粗"，而是相对不侧重在细节上。

2. 电工识图的基本途径

电工识图的基本途径就是要做到 5 个结合，即结合电工基础知识识图、结合电气元件的

结构和工作原理识图、结合典型电路识图、结合电气图绘制的特点识图和结合其他专业技术图识图。

3. 电工识图的常用方法

电工识图的常用方法主要有化整为零法、比较分析法、指标估算法、检修识图法和综合分析法。

■ 6.3.2　常用电气图识读

1. 电路图

电路图是电气图的核心，也是内容最丰富、最难读懂的电气图纸，是看图的重点和难点。

电器照明
识图基础

（1）看有哪些图形符号和文字符号，了解电路图各组成部分的作用，分清主电路和辅助电路、交流回路和直流回路。

（2）按照先看主电路、再看辅助电路的顺序进行看图。

1）看主电路时，通常要从下往上看，即先从用电设备开始，经控制电气元件，顺次往电源端看。通过看主电路，要弄清负载是怎样取得电源的，电源线都经过哪些电气元件到达负载和为什么要通过这些电气元件。

2）看辅助电路时，则自上而下、从左至右看，即先看主电源，再顺次看各条支路，分析各条支路电气元件的工作情况及其对主电路的控制关系，注意电气与机械机构的连接关系。通过看辅助电路，则应弄清辅助电路的构成、各电气元件之间的相互联系和控制关系及其动作情况等。

（3）综合分析，全面掌握电路图。将辅助电路和主电路综合起来，分析它们之间的相互关系，弄清楚整个电路的工作原理和来龙去脉。

2. 电气元件布置图

电气元件布置图的设计依据是部件原理图、组件的划分情况等。设计电气元件布置图时，应遵循以下原则。

（1）同一组件中电气元件的布置应注意将体积大和较重的电气元件安装在电气板的下面，而发热元件应安装在电气控制柜的上部或后部，但热继电器宜放在其下部，因为热继电器的出线端直接与电动机相连便于出线，而其进线端与接触器直接相连接，便于接线并使走线最短，且易于散热。

（2）强电和弱电分开并注意屏蔽，防止外界干扰。

（3）需要经常维护、检修、调整的电气元件安装位置不宜过高或过低，人力操作开关及需经常监视的仪表的安装位置应符合人体工程学原理。

（4）电气元件的布置应考虑安全间隙，并做到整齐、美观、对称，外形尺寸与结构类似的电器可安放在一起，以利加工、安装和配线。若采用行线槽配线方式，则应适当加大各排电器间距，以利布线和维护。

（5）各电气元件的位置确定以后，便可绘制电气布置图。电气布置图是根据电气元件的外形轮廓绘制的，即以其轴线为准，标出各元件的间距尺寸。每个电气元件的安装尺寸及其公差范围，应按产品说明书的标准标注，以保证安装板的加工质量和各电器的顺利安装。大型电气柜中的电气元件，宜安装在两个安装横梁之间，这样，可减轻柜体质量、节约材料，另外便于安装，所以设计时应计算纵向安装尺寸。

（6）在电气布置图设计中，还要根据本部件进出线的数量、采用导线规格及出线位置等，选择进出线方式及接线端子排、连接器或接插件，并按一定顺序标上进出线的接线号。

3. 接线图

接线图是接线类图的总称，单元接线图、互连接线图、端子接线图和电缆图等都属于接线图。这样分类，只是表示它们连接的对象不同而已。

接线图的特点是图中只表示电气元件的安装地点和实际尺寸、位置和配线方式等，但不能直观地表示出电路的原理和电气元件间的控制关系。

4. 电气平面图

电气平面图主要用于表示某一电气工程中电气设备、装置和线路的平面布置。从某种意义上讲，电气平面图是位置图和接线图相互组合的一种图。在电气平面图上，一般需要标注设备的编号、型号、规格、安装和敷设方式等。

识读照明
平面图

电气平面图包括外电总电气平面图和各专业电气平面图。

（1）外电总电气平面图是以建筑总平面图为基础，绘出变电所、架空线路、地下电力电缆等的具体位置并注明有关施工方法的图纸。在有些外电总电气平面图中还注明了建筑物的面积、电气负荷分类、电气设备容量等。

（2）专业电气平面图有动力电气平面图、照明电气平面图、变电所电气平面图、防雷与接地平面图等。专业电气平面图在建筑平面图的基础上绘制。由于电气平面图缩小的比例较大，因此不能表现电气设备的具体位置，只能反映电气设备之间的相对位置关系。

【试题选解6】　识读控制电路图的一般方法是什么？

解：先识读主电路，再识读辅助电路，并用辅助电路的回路去研究主电路的控制程序。阅读和分析电气控制电路图的方法主要有两种，即查线读图法（直接读图法或跟踪追击法）和控制过程读图法。

【练习题】

一、选择题

1. 接触器用（　　）符号表示。

A. KH　　　　　B. FR　　　　　C. FU　　　　　D. KM

2. 熔断器用（　　）符号表示。

A. KH　　　　　B. FR　　　　　C. FU　　　　　D. KM

3. 三相异步电动机控制线路中的符号 QF 表示（　　）。

A. 空气开关　　B. 接触器　　　C. 按钮　　　　D. 热继电器

4. 三相异步电动机控制线路中的符号 SB 表示（　　）。

A. 空气开关　　B. 接触器　　　C. 按钮　　　　D. 热继电器

5. 图形符号一般由符号要素、一般符号和（　　）组成。

A. 数字　　　　B. 文字　　　　C. 限定符号　　D. 简图

6. 接线图以粗实线画（　　），以细实线画辅助回路。

A. 辅助回路　　B. 主回路　　　C. 控制回路　　D. 照明回路

7. 识图的基本步骤：看图样说明，看电气原理图，看（　　）。

A. 主回路接线图　　　　　　　B. 辅助回路接线图

C. 回路标号　　　　　　　　　D. 安装线路图

8. 主电路要垂直电源电路画在原理图的（　　）。

A. 上方　　　　B. 下方　　　　C. 左侧　　　　D. 右侧

9. 在原理图中，对有直接接电联系的交叉导线接点，要用（　　）表示。

A. 小黑圆点　　B. 小圆圈　　C. "X"号　　D. 红点

10. 在原理图中，各电器的触头位置都按电路未通电或电器（　　）作用时的常态位置画出。

A. 不受外力　　B. 受外力　　C. 手动　　D. 受合外力

二、判断题

1. 电气图中开关、触点的符号水平形式布置时，应下开上闭。　　　　（　　）

2. 电气图中开关、触点的符号垂直形式布置时，应右开左闭。　　　　（　　）

3. 字母 I、O 可以作为文字符号。　　　　　　　　　　　　　　　（　　）

4. PE 一般表示保护接地，E 表示接零。　　　　　　　　　　　　（　　）

5. KM 一般表示热继电器，KH 一般表示接触器。　　　　　　　　（　　）

6. 归总式原理图能反映端子编号及回路编号。　　　　　　　　　　（　　）

7. 对直流回路编号，正极性回路一般变为偶数，负极性回路一般变为奇数。（　　）

8. 在展开式原理图中，属于同一元件的线圈、接点，采用相同的文字符号表示。（　　）

9. 在原理图中，回路标号不能表示出来，所以还要有展开图和安装图。（　　）

第7章

变配电设备及运行知识

7.1 变 压 器

7.1.1 变压器基础知识

变压器是利用电磁感应作用把一种电压的交流电能转变成频率相同的另一种电压的交流电能的静止电气设备。在电力系统中，变压器是一个重要设备，它对电能的经济传输、灵活分配和安全使用具有重要意义。此外，变压器在电能测试、控制和特殊用电设备上也应用广泛。

认识变压器

1. 变压器的种类及用途

变压器的种类及用途见表7-1。

表7-1 变压器的种类及用途

分类方法	种 类	用 途
按相数分	单相变压器	用于单相负荷和三相变压器组
	三相变压器	用于三相系统的升、降电压
按冷却方式分	干式变压器	依靠空气对流进行自然冷却或增加风机冷却，多用于小容量变压器
	油浸式变压器	依靠油作为冷却介质，如油浸自冷、油浸风冷、油浸水冷、强迫油循环等
按用途分	电力变压器	用于输配电系统的升、降电压
	仪用变压器	用于测量仪表和继电保护装置，如电压互感器、电流互感器
	试验变压器	能产生高压，对电气设备进行高压试验
	特种变压器	如电炉变压器、整流变压器、调整变压器、电容式变压器、移相变压器等

2. 变压器的功能

变压器的功能主要有电压变换、电流变换、阻抗变换、隔离、稳压（磁饱和变压器）等。

■ 7.1.2 电力变压器

1. 电力变压器的基本结构

电力变压器大部分为油浸式。油浸式三相电力变压器主要由铁芯、绕组、油箱（油箱本体、油枕、油门闸阀等附件）、冷却装置（包括散热器、风扇、油泵等）、保护装置（包括防爆阀、气体继电器、测温元件、呼吸器等）、出线装置（包括绝缘套管等）组成，如图 7-1 所示。

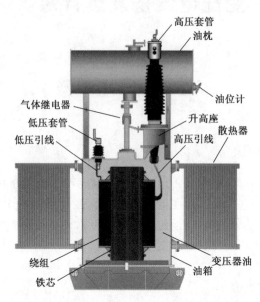

图 7-1　油浸式三相电力变压器的主要结构

2. 变压器的常用参数

（1）额定容量 S_N：是指变压器在铭牌规定条件下，以额定电压、额定电流连续运行时所输送的单相或三相总视在功率。

（2）容量比：是指变压器各侧额定容量之间的比值。

（3）额定电压 U_N：是指变压器长时间运行，设计条件所规定的电压值（线电压）。

（4）电压比（变比）：是指变压器各侧额定电压之间的比值。

（5）额定电流 I_N：是指变压器在额定容量、额定电压下运行时通过的线电流。

（6）相数：单相或三相。

（7）连接组别：表明变压器两侧线电压的相位关系。

（8）空载损耗（铁损）P_o：是指变压器一个绕组加上额定电压，其余绕组开路时，变压器所消耗的功率。变压器的空载电流很小，它所产生的铜损可忽略不计，所以空载损耗可认为是变压器的铁损。铁损包括励磁损耗和涡流损耗。空载损耗一般与温度无关，而与运行电压的高低有关，当变压器接有负荷后，变压器的实际铁芯损耗小于此值。

（9）空载电流 $I_o\%$：是指变压器在额定电压下空载运行时，一次侧通过的电流。其不是指刚合闸瞬间的励磁涌流峰值，而是指合闸后的稳态电流。空载电流常用其与额定电流比值的百分数表示，即 $I_o\% = (I_o/I_N) \times 100\%$。

（10）负荷损耗 P_k（短路损耗或铜损）：是指变压器当一侧加电压而另一侧短接，使电流为额定电流时（对三绕组变压器，第三个绕组应开路），变压器从电源吸取的有功功率。按规定，负荷损耗是折算到参考温度（75℃）下的数值。因测量时实为短路状态，所以又称为短路损耗。短路状态下，使短路电流达额定值的电压很低，表明铁芯中的磁通量很少，铁损很小，可忽略不计，故可认为短路损耗就是变压组（绕组）中的损耗。

（11）百分比阻抗（短路电压）：是指变压器二次绕组短路，使一次侧电压逐渐升高，当二次绕组的短路电流达到额定值时，一次侧电压与额定电压的比值（百分数）。变压器的容量与短路电压的关系是：变压器容量越大，其短路电压越大。

（12）额定频率：变压器设计所依据的运行频率，单位为赫兹（Hz），我国规定为 50 Hz。

（13）额定温升 T_N：是指变压器的绕组或上层油面的温度与变压器外围空气的温度之差，称为绕组或上层油面的温升。根据国家标准的规定，当变压器安装地点的海拔高度不超过 1000 m 时，绕组温升的限值为 65 ℃，上层油面温升的限值为 55 ℃。

3. 电力变压器的连接组标号

三相变压器的电路系统是由三相绕组连接组成的。不同的连接方式，以及绕组的绕向、标记不同，会影响到原、副边线电动势的相位，根据变压器原、副边线电动势的相位关系，把变压器绕组的不同连接和标号分成不同的组合，称为连接组。连接组标号由字符和数字两部分组成，大写字母表示一次侧（或原边）的接线方式，小写字母表示二次侧（或副边）的接线方式。Y（或 y）为星形接线，D（或 d）为三角形接线。数字采用时钟表示法，用来表示一、二次侧线电压的相位关系，一次侧线电压相量作为分针，固定指在时钟 12 点的位置，二次侧的线电压相量作为时针。

国家规定，三相双绕组电力变压器的连接组只有 Yyn0、Yd11、YNd11、YNy0 和 Yy0 这 5 种。其中，Yyn0 是最常见的，可用于三相四线制配电系统中的供电。

4. 电力变压器的运行维护

（1）防止变压器过载运行：长期过载运行，会引起线圈发热，使绝缘逐渐老化，造成匝间短路、相间短路或对地短路及油的分解。

（2）保证绝缘油质量：变压器绝缘油在储存、运输或运行维护中，若油质量差或杂质、水分过多，会降低绝缘强度。当绝缘强度降低到一定值时，变压器就会短路而引起电火花、电弧或出现危险温度。因此，运行中变压器应定期化验油质，不合格的油应及时更换。

（3）防止变压器铁芯绝缘老化损坏：铁芯绝缘老化或夹紧螺栓套管损坏，使铁芯产生很大的涡流，引起铁芯长期发热造成绝缘老化。

（4）防止检修不慎破坏绝缘：变压器检修吊芯时，注意保护线圈或绝缘套管，如果发现有擦破损伤，应及时处理。

（5）保证导线接触良好：线圈内部接头接触不良；线圈之间的连接点，引至高、低压侧套管的接点以及分接开关上各支点接触不良，会产生局部过热，破坏绝缘，发生短路或断路。此时所产生的高温电弧会使绝缘油分解，产生大量气体，变压器内压力增加。当压力超过瓦斯断电器保护定值而不跳闸时，会发生爆炸。

（6）防止电击：电力变压器的电源一般通过架空线而来，而架空线很容易遭受雷击，变压器会因击穿绝缘而烧毁。

（7）短路保护要可靠：变压器线圈或负载发生短路，变压器将承受相当大的短路电流，如果保护系统失灵或保护定值过大，就有可能烧毁变压器。为此，必须安装可靠的短路保护装置。

（8）保持良好的接地：对于采用保护接零的低压系统，变压器低压侧中性点要直接接地。当三相负载不平衡时，零线上会出现电流。当这一电流过大而接触电阻又较大时，接地点就会出现高温，引燃周围的可燃物质。

（9）防止超温：变压器运行时应监视温度的变化。如果变压器线圈导线是 A 级绝缘，其绝缘体以纸和棉纱为主，温度的高低对绝缘和使用寿命的影响很大，温度每升高 8℃，绝缘寿命要减少 50%左右。变压器在正常温度（90℃）下运行，寿命约 20 年；若温度升至 105℃，则寿命为 7 年；若温度升至 120℃，寿命仅为 2 年。所以变压器运行时，一定要保持良好的通风和冷却，必要时可采取强制通风，以达到降低变压器温升的目的。

5. 变压器并列运行的条件

变压器并列运行就是将两台或以上变压器的一次绕组并联在同一电压的母线上，二次绕组并联在另一电压的母线上运行。其必须满足 3 个条件。

（1）变比相同（一般允许有 0.5%的偏差）。

（2）接线组别相同。

（3）阻抗电压百分比相同（一般允许有 10%的偏差）。

另外，变压器的容量比不能超过 3：1。

【试题选解 1】 变压器连接组"YNd11"的含义是什么？

解：Y 表示星形，N 表示带中性线，d 表示二次侧为三角形接线。其中 11 表示：当一次侧线电压相量作为分针指在时钟 12 点的位置时，二次侧的线电压相量在时钟的 11 点位置。也就是说，二次侧的线电压 U_{ab} 滞后一次侧线电压 U_{AB} 30°（或超前 30°）。

【试题选解 2】 户内安装的油浸式变压器容量在（   ）kVA 及以上，应装设瓦斯保护。

解：一般 800 kVA 以上的油浸变压器不论装设在户内还是户外都应安装瓦斯保护。320 kVA以上的安装在车间内的变压器也应装设瓦斯保护。油浸式变压器容量在 800 kVA 及以上，应装设瓦斯保护。

7.1.3 电流互感器

1. 电流互感器的用途、结构和原理

电流互感器是依据电磁感应原理将一次侧大电流转换成二次侧小电流来测量的仪器，用来进行保护、测量等。例如，变比为 400/5 的电流互感器，可以把实际为 400 A 的电流转变为 5 A 的电流。

电流互感器

电流互感器是由闭合的铁芯和绕组组成。它的一次侧绕组匝数很少，串在需要测量的测量仪表和保护回路的线路中。

电流互感器的工作原理如图 7-2 所示，被测电流的绕组（匝数为 N_1），称为一次绕组（或原边绕组、初级绕组）；接测量仪表的绕组（匝数为 N_2）称为二次绕组（或副边绕组、次级绕组）。电流互感器一次绕组电流 I_1 与二次绕组电流 I_2 的比值，称为实际电流比 K。电流互感器在额定电流下工作时的电流比称为电流互感器额定电流比，用 K_n 表示。

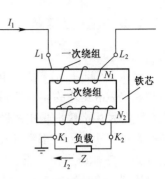

$$K_n = I_{1n}/I_{2n}$$

2. 电流互感器的分类

（1）按用途不同，电流互感器可分为测量用电流互感器（或电流互感器的测量绕组）和保护用电流互感器（或电流互感器的保护绕组）。

（2）按绝缘介质不同，电流互感器可分为干式电流互感器、浇注式电流互感器、油浸式电流互感器和气体绝缘电流互感器。

图 7-2　电流互感器的工作原理

（3）按安装方式不同，电流互感器可分为贯穿式电流互感器、支柱式电流互感器、套管式电流互感器和母线式电流互感器。

（4）按原理不同，电流互感器可分为电磁式电流互感器和电子式电流互感器。

3. 电流互感器的型号

电流互感器型号举例如图 7-3 所示，左起，第一个字母：L——电流互感器。第二个字母：A——穿墙式；Z——支柱式；M——母线式；D——单匝贯穿式；V——结构倒置式；J——零序接地检测用；W——抗污秽；R——绕组裸露式。第三个字母：Z——环氧树脂浇注绝缘式；C——瓷绝缘；Q——气体绝缘介质；W——与微机保护专用。第四个字母：B——带保护级；C——差动保护；D——D 级；Q——加强型；J——加强型 ZG。第五个数字：电压等级、产品序号。

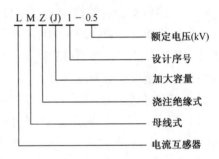

图 7-3　电流互感器型号举例

4. 电流互感器的选用

（1）额定电压：电流互感器额定电压应大于装设点线路额定电压。

（2）变比：根据一次负载计算电流 I_C 选择电流互感器变比。

电流互感器一次侧额定电流标准比，如 20、30、40、50、75、100、150、$2×a/C$ 等，二次侧额定电流通常为 1 A 或 5 A。其中，$2×a/C$ 表示同一台产品有两种电流比，通过改变产品的连接片接线方式实现，当串联时，电流比为 a/C，并联时电流比为 $2×a/C$。

一般情况下，计量用电流互感器变流比的选择应使其一次额定电流 I_{1n} 不小于线路中的负载电流（即计算 I_C）。如线路中负载计算电流为 350 A，则电流互感器的变流比应选择 400/5。保护用的电流互感器为保证其准确度要求，可以将变流比选得大一些。

（3）准确级选择的原则：计费计量用的电流互感器其准确级不低于 0.5 级；用于监视各进出线回路中负载电流大小的电流表应选用 1.0~3.0 级电流互感器。

（4）额定容量：电流互感器二次额定容量要大于实际二次负载，实际二次负载应为二次额定容量的 25%~100%。

7.1.4 电压互感器

1. 电压互感器的用途、结构和原理

电压互感器是用来变换电压的仪器。电压互感器变换电压的目的，主要是给测量仪表和继电保护装置供电，用来测量线路的电压、功率和电能，或者用来在线路发生故障时保护线路中的贵重设备、电动机和变压器，因此电压互感器的容量很小，一般都只有几伏安、几十伏安，最大也不超过 1000 VA。

电压互感器

如图 7-4 所示，电压互感器实际上是一种小型的降压变压器，主要由铁芯、一次绕组、二次绕组、接线端子和绝缘支持物等构成，一次绕组并接于电力系统一次回路中，其二次绕组并联接入测量仪表、继电保护装置或自动装置的电压线圈，即负载为多个元件时，负载并联后接入二次绕组，且标准额定电压为 100 V。由于电压互感器是把高电压变成低电压，所以它的主绕组的匝数较多，而次绕组的匝数较少。

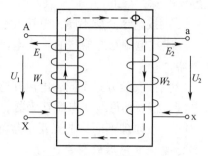

图 7-4 电压互感器原理图

电压互感器本身的阻抗很小，一旦副边发生短路，电流将急剧增长而烧毁线圈。为此，电压互感器的一次绕组接有熔断器，二次绕组可靠接地，以免一次绕组、二次绕组绝缘损毁时，二次绕组出现对地高电位而造成人身和设备事故。

2. 电压互感器的分类

（1）按安装地点，电压互感器可分为户内式和户外式。35 kV 及以下多制成户内式；35 kV 以上则制成户外式。

（2）按相数，电压互感器可分为单相和三相式。35 kV 及以上不能制成三相式。

（3）按绕组数目，电压互感器可分为双绕组和三绕组电压互感器。三绕组电压互感器除一次侧和基本二次侧外，还有一组辅助二次侧，供接地保护用。

（4）按绝缘方式，电压互感器可分为干式、浇注式、油浸式和充气式。

（5）按工作原理，电压互感器可分为电磁式电压互感器和电子式电压互感器。

3. 电压互感器的型号

电压互感器型号由 4 部分组成，各部分字母、符号的含义如下：

第一个字母：J——电压互感器；

第二个字母：D——单相；S——三相；

第三个字母：J——油浸；Z——浇注；

第四个字母：数字——电压等级（kV）。

4. 电压互感器使用注意事项

（1）电压互感器的接线应保证其正确性，一次绕组和被测电路并联，二次绕组应和所接的测量仪表、继电保护装置或自动装置的电压线圈并联，同时要注意极性的正确性。

（2）接在电压互感器二次侧负载的容量应合适，接在电压互感器二次侧的负载不应超过

其额定容量，否则，会使互感器的误差增大，难以达到测量的准确性。

（3）电压互感器二次侧不允许短路；二次绕组必须有一点接地。

【试题选解 3】　电流互感器可以将电力系统的一次电流按一定的变比变化成二次较小电流，供给测量表计和继电器。（　　）

解：电流互感器是依据电磁感应原理将一次侧大电流转换成二次侧小电流来测量的仪器，用来进行保护、测量等。所以题目中的观点是正确的。

【试题选解 4】　电压互感器的绝缘方式中，浇注式用 Z 表示。（　　）

解：电压互感器型号中，用 J 表示油浸式，用 Z 表示浇注式。所以题目中的观点是正确的。

【试题选解 5】　电流互感器能与电压互感器二次侧互相连接。（　　）

解：电流互感器不能与电压互感器二次侧互相连接，以免造成电流互感器近似开路，出现高压的危险。所以题目中的观点是错误的。

▌*7.1.5　变压器常见故障的判断

1. 过电流故障的判断

变压器的过电流保护是指变压器流过超过其额定电流时，过电流保护装置就会动作，切断电流，保护变压器。

变压器过电流保护的作用：防止变压器保护区的外部故障引起的过电流和作为变压器主保护的后备保护。过电流保护应安装在变压器的电源侧，这样当变压器发生内部故障时，它就可作为变压器的后备保护将变压器各侧的断路器跳开（当主保护拒动时）。

对于三绕组变压器过电流保护的特点，可以概括为以下两点：外部故障时，仅断开故障侧断路器，对另两侧的运行无影响；内部故障时，可以起到后备保护作用。

判断变压器的过电流故障主要依据变压器过电流保护装置的动作情况。

变压器各侧的过电流保护均按躲过变压器额定负载整定，但不作为短路保护的一级参与选择性配合，其动作时间应大于所有出线保护的最长时间。

单侧电源两个电压等级的变压器电源侧的过电流保护作为保护变压器安全的最后一级跳闸保护，同时做无电源侧母线和出线故障的后备保护。

多侧电源变压器主电源侧的过电流保护作为保护变压器安全的最后一级跳闸保护，同时作为其他侧母线和出线故障的后备保护，电流定值按躲过本侧负载电流整定，动作时间应大于各侧出线保护最长动作时间，动作后跳变压器各侧断路器。

2. 过载故障的判断

变压器都有自己固定的容量，当用电负载超过该容量时即过载。在一般情况下，变压器长期过载运行是不被允许的。变压器过载运行会使温度升高。决定变压器使用寿命的主要因素是绝缘的老化程度，而温度对绝缘老化起着决定性作用。在不损害绕组绝缘和不降低寿命的前提下变压器可在正常运行的高峰负载时和冬季时过载运行。其允许过载的数值要根据变压器的负载曲线、周围冷却介质的温度，以及过载前变压器已经带了多少负载来确定。

3. 接地故障的判断

变压器的接地是一项重要的保护措施，起到保护设备和人员的重要作用，一旦失去作用将给设备运行和电网供电以及人身安全带来重大安全隐患，所以要按规定对变压器进行定期检查。

变压器的单相接地保护装置可启动零序电流继电器，对变压器起到保护作用。在中性点直接接地的电力系统中，变压器中性点的接地是由系统运行方式的需要而安排的，若变压器接地不良，在发生接地故障或电气过电压时，可能因中性点电压过高造成设备损坏，也可能因系统零序阻抗的改变，影响零序保护的正确动作。

（1）变压器接地不良主要的危害。

1）一旦变压器发生漏电将会使变压器外壳带电，对人身安全造成危害。

2）对于零线接地运行的变压器如果接地不良，将会影响用电设备的正常运行。

3）如果接地不良还将影响变压器保护装置的正常动作。

（2）导致变压器接地不良的原因。

1）变压器本身接地螺栓松动、生锈等。

2）接地母线连接不良。

3）接地极锈蚀、断裂，整个接地系统失效。

4）接地线材选择界面不够或为非标线材。

5）潜油泵轴承磨损产生的金属粉末，如果不清理就会形成桥路，造成铁轭与箱底多点接地。

4. 闪烁故障的判断

（1）变压器套管闪络故障。

变压器套管表面脏污，绝缘电阻降低，其后果是容易发生闪络，造成跳闸。同时，闪络也会损坏套管表面。套管脏污吸收水分后，不仅引起表面闪络，还可能因泄漏电流增加，使绝缘套管发热并造成瓷质损坏，甚至击穿；套管胶垫密封失效，可能导致进水使绝缘击穿，下部密封不良使套管渗油，导致油面下降。

套管密封失效的原因主要有两个方面：一是螺栓紧固力不够；二是超周期运行或胶垫存在质量问题如胶垫老化等，套管本身结构不合理，且存在缺陷。

（2）变配电所信号灯闪烁故障。

变配电所信号灯闪烁故障的原因可能是：断路器拒绝合闸；断路器与控制开关的位置错位。

在信号收发正常时闪烁，不亮说明未有信号收发或装置有问题，一直亮则可能收发的信号不正常。故障灯正常时不会亮。

【试题选解6】 变电所信号灯闪烁故障是由于（　　　）原因造成的。

A. 断路器拒合　　　　B. 控制回路故障　　　　C. 信号母线故障　　　　D. 灯泡故障

解：变配电所信号灯出现闪烁故障，通常是由于断路器拒绝合闸引起的，所以正确答案为 A。

5. 异常声音故障的判断

变压器运行发生异音的原因可能是：过载；内部接触不良放电打火；个别零件松动；系统有接地或短路；大动力启动，负载变化较大（如电弧炉等）；铁磁谐振。

正常运行的变压器发生持续均匀的"嗡嗡"声。这是因为交流电流经过变压器绕组时，在铁芯中产生周期性变化的交变磁通，随着磁通的变化，引起铁芯的振动而发出均匀的"嗡嗡"声。如果声音不均匀或有其他异常声音出现，均属不正常运行声。声音的变化可以在一定程度上反映变压器内部或外部的异常情况。

（1）变压器发出均匀较沉重的"嗡嗡"声，无杂音，可能是变压器负载增加引起的。"嗡嗡"声大或比平时尖锐，但响声均匀，可能是由于电源电压过高所造成的。应根据具体情况酌情处理。

（2）变压器发出短时的"哇哇"声，时间短，很快恢复，可能是变压器受到大电流冲击引起的，如系统故障、大动力设备启动、负载突变等，应结合系统参数变化（如电压表、电流表数据）来判定。

（3）变压器发出"嘶嘶"的声音，在夜间或阴雨天气下，可看到变压器套管附近有色的电晕，则可能是由于瓷件污秽严重等原因使套管表面发生电晕放电，此时应加强监视，等待时机处理。

（4）变压器发出"吱吱"或"噼啪"的声音，可能内部发生放电，应注意声音的发展及变化，对变压器进行停电处理。若变压器内部有不均匀且响声较大的放电爆裂声，表明内部故障严重，应立即将变压器停用检查。

（5）若变压器的"嗡嗡"声大而嘈杂，声音中有时会出现"叮当"等有规律的撞击声，可能是由于铁芯紧固螺栓等内部结构松动受到振动而引起的，应减少负载并加强监视，必要时停电检查，并进行相应处理。

（6）若变压器发出尖细的忽强忽弱的"哼哼"声，可能是由于铁磁谐振造成的，可结合系统有无故障、电压表有无谐振变化等进行判定。

（7）若变压器的声音夹杂有"咕噜咕噜"的沸腾声，同时变压器温度急剧上升，油位升高，则可能是变压器内部发生短路故障，或分接开关因接触不良引起严重过热，这时应立即停用变压器进行检查处理。

引起变压器发出异常声音的原因较多，而且比较复杂。为准确判断故障和异常，在发现变压器有异常声音的同时，还要注意检查变压器有无其他异常、有关表计的指示情况以及保护动作的情况等。

【试题选解 7】　若变压器带有可控硅整流器或带电弧炉等非线性负载，由于有高次谐波产生，变压器声音也会变化。（　　）

解： 非线性负载产生的高次谐波可能导致变压器设备中铁芯饱和，使其产生的噪声加大，铁芯突然发烫，对整个设备的运行安全构成严重威胁。所以题目中的观点是正确的。

6. 过热故障的判断

变压器过热是指局部过热，又称热点，它和变压器正常运行下的发热有所区别。变压器正常运行时，温度的热源来自绕组和铁芯，即所谓铜损和铁损。在正常负载和冷却条件下，变压器油温较平时高出 10 ℃ 以上，负载不变但温度上升，就可以认为变压器内部产生了过热故障。

（1）变压器过热故障的种类。

按其形成的部位不同，有内部过热故障和外部过热故障。内部过热故障主要发生在绕组、铁芯、油箱、夹件、有载分接开关以及引线等部件上；外部过热故障主要发生在套管、冷却装置和其他外部组件上。

按变压器过热故障的性质来分，主要有以发热异常为主的发热型过热故障和以散热异常为主的散热型过热故障。

（2）铁芯过热故障。

1）铁芯夹件绝缘、垫脚绝缘等受潮、损坏或油箱底部沉积有污泥，使绝缘电阻下降，引起铁芯与相邻构件短路，从而形成环流引起变压器局部过热。

2）铁芯垫片上不规整或不整齐的毛刺、翘曲与相邻夹件、垫脚搭接构成短路，而形成环流导致局部过热。

3）铁芯和构件存在的质量问题使铁芯接缝气隙太大，在铁芯结合部产生磁通或谐波磁通而引起局部磁通畸变和铁芯局部过饱和，从而导致铁芯局部过热。

（3）绕组过热故障。

1）对于由带有统包绝缘的换位导线绕制的变压器，在长期运行中会逐渐出现统包绝缘膨胀、段间油道堵塞和油流不畅等问题，这会使匝绝缘得不到及时冷却而逐渐老化，最终变脆脱落，造成局部露铜，形成匝间短路，导致变压器烧损事故。

2）由于变压器绕组的主磁通和漏磁通沿着绕组的径向方向上的风量变化复杂，引起涡流损耗分布不均匀，并在绕组端部达到最大，在大容量变压器中，由于漏磁密度高，形成的杂散损耗很大，从而导致过热。

3）由于绕组的换位不合理，漏磁场在绕组各并联导体上的感应电势不同，在各并联导体上产生环流，环流和工作电流在一部分导体中叠加而引起过热。

（4）分接开关过热故障。

对于调压比较频繁、负载电流较大的调压变压器而言，在其进行频繁调压时，触头极容易磨损或腐蚀而使其接触性能降低，接触电阻变大，导致触头热量积聚而发热，而发热又反过来加剧了触头的氧化和腐蚀，如此恶性循环，最终必然会导致变压器损坏事故。

7. 瓦斯故障的判断

瓦斯就是气体，油浸变压器在油箱和油枕之间装有瓦斯继电器，当发生内部故障时，电弧使油箱内油汽分解膨胀，往外涌动的油流冲动瓦斯继电器挡板，瓦斯继电器动作，重瓦斯接点闭合，将断路器跳闸。

瓦斯保护的范围是变压器内部多相短路；匝间短路，匝间与铁芯或外皮短路；铁芯故障（发热烧损）；油面下降或漏油；分接开关接触不良或导线焊接不良。

（1）变压器轻瓦斯保护动作的原因。

1）变压器内部有轻微故障产生的气体。

2）变压器内部进入空气。

3）外部发生穿越性短路故障。

4）直流多点接地，二次回路短路。

5）油温降低或漏油使油面降低。

（2）变压器重瓦斯保护动作的原因。

1）变压器内部严重故障。

2）二次回路故障。

【试题选解 8】　轻瓦斯动作的原因是（　　）。

A. 变压器内部发生严重故障　　　　　B. 瓦斯回路有故障

C. 近区发生穿越性短路故障　　　　　D. 变压器内部进入空气

解：变压器轻瓦斯动作的原因是内部有轻微故障、变压器内部存在空气、二次回路故障等，所以正确答案为 D。

*7.2　变配电所运行知识

7.2.1　变配电所的电气设备

变配电所由高压配电室、变压器室、低压配电室组成，有的还有值班室和电容器室。变配电所的主要电气设备有电力变压器、高压电器、高压电容器等。电力变压器的结构见 7.1.2 小节。

1. 高压配电电器的种类

控制电器按其工作电压的高低，以交流 1200 V、直流 1500 V 为界，可划分为高压控制电器和低压控制电器两大类。

变配电所使用的高压电器器件比较多，按用途和功能可分为开关电器、限制电器、变换电器和组合电器，其基本情况简介见表 7-2。

表 7-2　高压电器基本情况简介

电器名称		简　介
高压开关电器	高压断路器	又称高压开关，能接通、分断承载线路正常电流，也能在规定的异常电路条件下（如短路）和一定时间内接通、分断承载电流的机械式开关电器。机械式开关电器是用可分触头接通和分断电路的电器的总称
	高压隔离开关	用于将带电的高压电工设备与电源隔离，一般只具有分合空载电路的能力，当在分断状态时，触头具有明显可见的断开位置，以保证检修时的安全
	高压熔断器	俗称高压保险丝，用于开断过载或短路状态下的电路
	高压负荷开关	用于接通或断开空载、正常负载和过载下的电路，通常与高压熔断器配合使用
	接地开关	用于将高压线路人为地造成对地短路。通常装在降压变压器的高压侧，当用电端发生故障，但故障电流不很大，不足以使送电端的断路器动作时，接地短路器能自动合闸，造成人为接地扩大故障电流，使送电端断路器动作而分闸，切断故障电流
	接触器	手动操作除外，只有一个休止位置，能关合、承载及开断正常电流及规定的过载电流的开断和关合装置
	重合器	能够按照预定的顺序，在导电回路中进行开断和重合操作，并在其后自动复位、分闸闭锁或合闸闭锁的自具（不需外加能源）控制保护功能的开关设备
	线路分段器	一种能够自动判断线路故障和记忆线路故障电流开断的次数，并在达到整定的次数后在无电压或无电流下自动分闸的开关设备

续表

电器名称		简　介
限制电器	电抗器	依靠线圈的感抗起阻碍电流变化作用的电器。电抗器可按用途、有无铁芯和绝缘结构进行分类。

电抗器分类表：

分类方法	种类	说　明
按用途分	限流电抗器	串联在电力电路中，用来限制短路电流的数值
	并联电抗器	一般接在超高压输电线的末端和地之间，用来防止输电线由于距离很长而引起的工频电压过分升高，还涉及系统稳定、无功平衡、潜供电流、调相电压、自励磁及非全相运行下的谐振状态等方面
	消弧电抗器	又称消弧线圈，接在三相变压器的中性点和地之间，用于在三相电网的一相接地时供给电感性电流，来补偿流过接地点的电容性电流，使电弧不易持续起燃，从而消除由于电弧多次重燃引起的过电压
按有无铁芯分	空芯式电抗器	线圈中无铁芯，其磁通全部经空气闭合
	铁芯式电抗器	其磁通全部或大部分经铁芯闭合。铁芯式电抗器工作在铁芯饱和状态时，其电感值大大减小，利用这一特性制成的电抗器叫作饱和式电抗器
按有无铁芯分	干式电抗器	其线圈敞露在空气中，以纸板、木材、层压绝缘板、水泥等固体绝缘材料作为对地绝缘和匝间绝缘
	油浸式电抗器	其线圈装在油箱中，以纸、纸板和变压器油作为对地绝缘和匝间绝缘

电器名称		简　介
	避雷器	一种能释放雷电或兼能释放电力系统操作过电压能量，保护电工设备免受瞬时过电压危害，又能截断续流，不致引起系统接地短路的电器装置。 避雷器通常接于带电导线和地之间，与被保护设备并联。当过电压值达到规定的动作电压时，避雷器立即动作，流过电荷，限制过电压幅值，保护设备绝缘；当电压值正常后，避雷器又迅速恢复原状，以保证系统正常供电
变换电器		又称互感器。按比例变换电压或电流的设备。分为电压互感器和电流互感器两大类。 互感器的功能是：将高电压或大电流按比例变换成标准低电压（100 V）或标准小电流（5 A 或 1 A，均指额定值），以便实现测量仪表、保护设备和自动控制设备的标准化、小型化。 此外，互感器还可用于隔离开高电压系统，以保证人身和设备的安全
组合电器		将两种或两种以上的电器，按接线要求组成一个整体而各电器仍保持原性能的装置。组合电器结构紧凑，外形及安装尺寸小，使用方便，且各电器的性能可更好地协调配合

2. 高压配电电器的基本构造

（1）高压断路器。高压断路器又称高压开关，在高压线路中具有控制和保护的双重作用。高压断路器的主要结构大体分为导流部分、灭弧部分、绝缘部分和操作机构部分。

高压断路器

高压断路器的类型见表 7-3。

表 7-3　高压断路器的类型

分类方法	种　　类
按灭弧装置分	油断路器、真空断路器、六氟化硫断路器
按使用场合分	户内安装式断路器、户外安装式断路器、柱（杆）上断路器

油断路器是采用绝缘油液为散热灭弧介质的高压断路器，又分多油断路器和少油断路器。户内一般使用少油断路器和柱（杆）上断路器，图 7-5 所示为 SN10-10 少油断路器的结构。

高压隔离开关

（2）高压隔离开关。高压隔离开关需与高压断路器配套使用，用来隔离电源或电路。高压隔离开关没有灭弧装置，不能带负载进行操作，只能开断很小的电流，如长度很短的母线空载电流、容量不大的变压器空载电流等；在双母线电路中，可以用高压隔离开关将运行中的电路从一条母线切换到另一条母线上。

高压隔离开关的结构如图 7-6 所示。

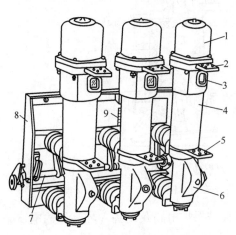

图 7-5　SN10-10 少油断路器的结构
1—铝帽；2—上接线端子；3—油标；4—绝缘筒；
5—下接线端子；6—基座；7—主轴；
8—框架；9—断路弹簧

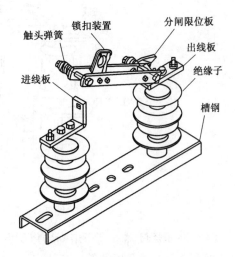

图 7-6　高压隔离开关的结构

1）按安装地点，高压隔离开关可分为户内式和户外式。户外式隔离开关常作为供电线路与用户分开的第一断路隔离开关；户内式隔离开关往往与高压断路器串联连接，配套使用，以保证停电的可靠性。

2）按绝缘支柱数目，高压隔离开关可分为单柱式、双柱式和三柱式。

3）按极数，高压隔离开关可分为单极和三极两种。

室内配电装置一般采用户内式三极的高压隔离开关。

（3）高压负荷开关。高压负荷开关是一种功能介于高压断路器和高压隔离开关之间的高压电器。高压负荷开关常与高压熔断器串联配合使用，用于控制电力变压器。高压负荷开关只能在正常工作情况下关合与开断各种负载电路，但不能开断短路电流。

　　高压负荷开关的种类较多，主要有固体产气式、压气式、压缩空气式、SF$_6$式、油浸式、真空式高压负荷开关6种。

　　高压负荷开关的工作原理与断路器相似。一般装有简单的灭弧装置，但其结构比较简单。图7-7所示为压气式高压负荷开关的结构，其工作过程是：分闸时，在分闸弹簧的作用下，主轴顺时针旋转，一方面通过曲柄滑块机构使活塞向上移动，将气体压缩；另一方面通过两套四连杆机构组成的传动系统，使主闸刀先打开，然后推动灭弧闸刀使弧触头打开，汽缸中的压缩空气通过喷口吹灭电弧。合闸时，通过主轴及传动系统，使主闸刀和灭弧闸刀同时顺时针旋转，弧触头先闭合；主轴继续转动，使主触头随后闭合。在合闸过程中，分闸弹簧同时储能。由于负荷开关不能开断短路电流，故常与限流式高压熔断器组合在一起使用，利用限流熔断器的限流功能，不仅完成开断电路的任务，并且可显著减轻短路电流所引起的热和电动力的作用。

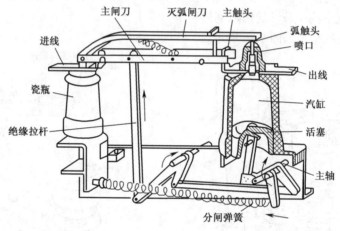

图7-7　压气式高压负荷开关的结构

　　（4）高压熔断器。高压熔断器俗称保险，串联在被保护电路及设备（如高压输电线路、电力变压器、电压互感器等电气设备）中，主要用来进行短路保护，但有的也具有过载保护功能。根据安装条件不同，高压熔断器可分为户内管式高压熔断器和户外跌落式高压熔断器。

　　户内管式高压熔断器一般采用有填料的熔断管，通常为一次性使用。户内管式高压熔断器的基本结构如图7-8所示。

　　户外跌落式高压熔断器主要由绝缘瓷套管、熔管、上下触头等组成，如图7-9所示。熔体由铜银合金制成，焊在编织导线上，并穿在熔管内。正常工作时，熔体使熔管上的活动关节锁紧，故熔管能在上触头的压力下处于合闸状态。

　　当线路中电流超过一定的限度或出现短

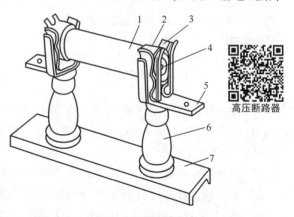

图7-8　户内管式高压熔断器的基本结构
1—瓷熔管；2—金属管帽；3—弹性触座；
4—熔断指示器；5—接线端子；
6—瓷绝缘子；7—底座

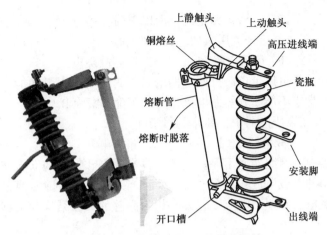

图 7-9　户外跌落式高压熔断器的结构

路故障时，熔断器能够自动开断电路。电路开断后，熔断器必须人工更换部件后才能再次使用。

（5）高压避雷器。高压避雷器是一种能释放雷电或兼能释放电力系统操作过电压能量，保护电工设备免受瞬时过电压危害，又能截断续流，不致引起系统接地短路的电器装置。

变配电所使用的高压避雷器一般为阀型避雷器或氧化锌避雷器。高压避雷器的基本结构如图 7-10 所示，避雷器一般并联接于导线和地之间，并连在被保护设备或设施上。在正常时处于不通状态，出现雷击过电压时，击穿放电。当过电压值达到规定值的动作电压时，避雷器立即动作，切断过电压负载，将过电压限制在一定水平，保护设备绝缘，使电网能够正常供电。当过电压终止后，迅速恢复不通状态，恢复正常工作。

3. 一次接线和二次接线

（1）变配电所中用于生产、输送和分配电能的设备、装置和线路，称为一次设备和一次接线，也称为电气主接线或者一次系统。

（2）对一次设备进行调节、测量和监视，用于监视测量表计、控制操作信号、继电保护和自动装置的设备和线路，称为二次设备和二次接线。

避雷器

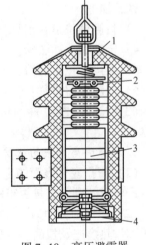

图 7-10　高压避雷器
的基本结构
1—瓷裙；2—火花间隙；
3—阀片电阻；4—接地螺钉

【试题选解 9】　能分、合负载电流，不能分、合短路电流的电器是（　　）。

A. 高压断路器　　　B. 高压隔离开关　　　C. 高压负荷开关　　　D. 高压熔断器

解： 高压负荷开关和高压隔离开关都可以形成明显断开点，大部分断路器不具有隔离功能，也有少数断路器具有隔离功能。高压负荷开关可以带负荷分断电路，有自灭弧功能，但它的开断容量很小也很有限。高压隔离开关一般是不能带负载分断的，结构上没有灭弧罩，也有能分断负荷的隔离开关，只是结构上与负荷开关不同，相对来说简单一些。高压负荷开关能分、合负载电流，不能分、合短路电流，所以正确答案为 C。

【试题选解 10】 高压负荷开关用来切、合的电路为（　　）。

A. 空载电路　　　　　B. 负载电路　　　　　C. 短路故障电路　　　　　D. 以上都可以

解：高压负荷开关是可以带负载分断电路的，因为它有自灭弧功能，能通断一定的负载电流和过载电流，但是它不能断开短路电流，所以正确答案为 B。

【试题选解 11】 在高压电器中，断路器属于（　　）。

A. 开关电器　　　　　B. 保护电器　　　　　C. 量测电器　　　　　D. 组合电器

解：在高压电器中，断路器属于保护电器，具有控制和保护的双重作用。其不仅可以切断或闭合高压电路中的空载电流和负载电流，而且当系统发生故障时通过继电器保护装置的作用，自动切断过载电流和短路电流，它具有相当完善的灭弧结构和足够的断流能力。所以正确答案为 B。

■ 7.2.2　高压电气设备的维护

1. 高压断路器的维护

（1）清洁维护。高压油断路器的进、出线套管应定期清扫，保持清洁，以免漏电。

（2）油箱及绝缘油检查。

1）经常检查油箱有无渗漏现象，有无变形；连接导线有无放电现象和异常过热现象。

2）绝缘油必须保持干净，要经常注意表面的油色。如发现油色发黑，或出现胶质状，应更换新油。

3）目测油位是否正常，当环境温度为 20 ℃时，应保持在油位计的 1/2 处。

4）定期做油样试验，每年做耐压试验一次和简化试验一次。

5）在运行正常的情况下，一般 3~4 年更换一次新油。

6）油断路器经过若干次（一般为 4~5 次）满容量跳闸后，必须进行解体维护。

（3）检查通断位置的指示灯泡是否良好；若发现红绿灯指示不良，则应立即更换或维修。

2. 高压隔离开关的维护

（1）清扫瓷件表面的尘土，检查瓷件表面是否掉釉、破损，有无裂纹和闪络痕迹，绝缘子的铁、瓷结合部位是否牢固。若破损严重，则应进行更换。

（2）用汽油擦净刀片、触点或触指上的油污，检查接触表面是否清洁，有无机械损伤、氧化和过热痕迹及扭曲、变形等现象。

（3）检查触点或刀片上的附件是否齐全，有无损坏。

（4）检查连接隔离开关和母线、断路器的引线是否牢固，有无过热现象。

（5）检查软连接部件有无折损、断股等现象。

（6）检查并清扫操作机构和传动部分，并加入适量的润滑油脂。

（7）检查传动部分与带电部分的距离是否符合要求；定位器和制动装置是否牢固，动作是否正确。

（8）检查隔离开关的底座是否良好，接地是否可靠。

3. 高压负荷开关的维护

（1）定期检查灭弧腔。经多次操作后，高压负荷开关灭弧腔将逐渐损伤，使灭弧能力降低，甚至不能灭弧，造成接地或相间短路事故。因此，必须定期停电检查灭弧腔的完好情况，及时清除损伤、漏电等不良现象。

（2）检查隔离开关的张开角。高压负荷开关完全分闸时，隔离开关的张开角应大于58°，以起到隔离开关的作用。合闸时，负荷开关主触头的接触应良好，接触点应无发热现象。

（3）传动装置。高压负荷开关必须垂直安装，分闸加速弹簧不可拆除；高压负荷开关的绝缘子和操作连杆表面应无积尘、外伤、裂纹、缺损或闪络痕迹。

4. 跌落式熔断器的运行维护

（1）日常运行维护管理。

1）熔断器的每次操作需仔细认真，不可粗心大意，特别是合闸操作，必须使动、静触头接触良好。

2）熔管内必须使用标准熔体，禁止用铜丝、铝丝代替熔体，更不准用铜丝、铝丝及铁丝将触头绑扎住使用。

3）熔体熔断后应更换新的同规格熔体，不可将熔断后的熔体连接起来再装入熔管继续使用。

4）应定期对熔断器进行巡视，每月不少于一次夜间巡视，查看有无放电火花和接触不良现象，有放电，会伴有"嘶嘶"的响声，要尽早安排处理。

（2）停电检修时的检查。

1）静、动触头接触是否吻合、紧密完好，有无烧伤痕迹。

2）熔断器转动部位是否灵活，有无锈蚀、转动不灵等异常，零部件是否损坏、弹簧有无锈蚀。

3）熔体本身是否受到损伤，经长期通电后有无发热伸长过多变得松弛无力。

4）熔管经多次动作管内产气用消弧管是否烧伤及日晒雨淋后是否损伤变形、长度是否缩短。

5）清扫绝缘子并检查有无损伤、裂纹或放电痕迹，拆开上、下引线后，用 2500 V 摇表测试绝缘电阻应大于 300 MΩ。

6）检查熔断器上下连接引线有无松动、放电、过热现象。

5. 电流互感器的运行维护

（1）经常性检查电流互感器是否存在过热现象，检查接线端子是否存在变色情况，检查端子箱是否有杂物存在。

（2）及时检查油位计是否存在漏油，确保油位达到使用标准，而且没有出现渗油现象，全面清洁瓷质部分，防止产生放电和破裂现象。

（3）定期对电流互感器的绝缘情况进行检验，同时检查充油的电流互感器的油质状况，根据实际情况进行放油。

（4）电流表的三相指示是否在允许范围之类，电流互感器有无过载运行。

（5）二次绕组有无开路，接地线是否良好，有无松动和断裂现象。接头有无过热及打火现象，螺栓有无松动，有无异常气味。

（6）要确保电流互感器的运行温度在 50 ℃以下。

（7）修好以后的电流互感器，需要及时进行试验，检查达到要求后才能够继续使用。

6. 电压互感器的运行维护

（1）电压互感器在运行时二次侧不能短路，保证电压互感器二次侧一点可靠接地。

（2）电压互感器允许的最高运行电压及时间，应遵守有关标准规定。一般在大接地电流系统中，允许在 1.5 倍额定电压下运行 30 s，在小接地电流系统中，允许在 1.9 倍额定电压下运行 8 h。

（3）电容式电压互感器退出运行后，为保证人身安全，需经放电并且高低压端子短路后方可接触。

（4）在运行中，若需要在电压互感器本体工作，此时不仅需要把一次侧断开，而且还要求其二次侧有明显的断开点，以防由于某种原因使二次绕组与其他交流电压回路连接，在一次侧感应出高电压，危及设备和人身安全。

（5）新装电压互感器以及电压互感器大修后，或其二次回路变动后，投入运行前应定相。所谓定相，是指将该电压互感器与相位正确的另一个电压互感器的一次侧接在同一电源上，测定它们的二次侧电压相位是否相同。如果高压侧相位正确，而低压侧相位错误，则会造成严重后果。例如，会引起非同期并列；在倒母线操作时，若两母线上的电压互感器二次侧相位不一致，将造成两互感器短路并列，因此必须定相。在 10 kV 及以上的系统中，除了电压互感器的基本二次绕组需要定相外，开口三角形绕组也要定相，以免相位错误引起零序保护误动或拒动。

（6）检查电压互感器内部声音是否正常，有无放电、剧烈电磁振动声等异音。若听见内部有"噼啪""吱吱"的放电声或很大的噪声，则需停用电压互感器。

（7）检查电压互感器有无焦臭等异味，是否有冒烟、着火等现象。若有，则需停用电压互感器。

（8）对油浸式电压互感器，检查其油位、油色是否正常，有无渗、漏油现象。如果有硅胶，则检查硅胶是否受潮变色，变色超过 1/2 应更换，发现受潮，及时干燥处理。若渗、漏油现象不太严重，且油位在能正常运行的允许范围内，则可选择合适的时间处理；若严重漏油或油位已低至不能保证正常运行，则应停用电压互感器。

（9）对电容式电压互感器，检查分压电容器低压端子是否与载波装置连接或直接接地，电磁单元各部分是否正常，有无渗、漏油等现象，阻尼器是否正常。

（10）对浇注式电压互感器，检查其外绝缘有无粉蚀、龟裂、放电等现象，是否受潮。

（11）对 SF_6 气体绝缘电压互感器，检查气体压力或密度是否在规定值之内，各处的密封是否良好，防爆膜是否正常，补气信号动作是否正常。若发现压力降低到规定值而没有补气，则应及时补气。若因气体严重泄漏等原因使压力降到很低，则应停用。

7. 电容器的运行维护

（1）正常情况下，电容器组的投入或退出运行应根据系统无功负载电流或负载功率因数以及电压情况来决定。一般情况下，功率因数低于 0.9 时应投入电容器，功率因数超过 0.95 且有超前趋势时，应退出电容器。当电压偏低时投入电容器组。

（2）当电容器母线电压超过电容器额定电压的 1.1 倍，或电容器电流超过其额定电流的 1.3 倍，或电容器室的环境温度超过 40 ℃ 及电容器外壳温度超过 60 ℃ 时，应将其退出运行。

（3）电容器发生下列情况之一时，应立即退出运行：电容器爆炸；电容器喷油或起火；

瓷套管发生严重放电、闪络；接点严重过热或熔化；电容器内部或放电装置有严重异常响声；电容器外壳发生膨胀变形。

8. 电力变压器的运行维护

（1）防止变压器过载运行。如果长期过载运行，会引起线圈发热，使绝缘逐渐老化，造成匝间短路、相间短路或对地短路及油的分解。

（2）保证绝缘油质量。变压器绝缘油在储存、运输或运行维护中，若油质量差或杂质、水分过多，会降低绝缘强度。当绝缘强度降低到一定值时，变压器就会短路而引起电火花、电弧或出现危险温度。因此，运行中变压器应定期化验油质，不合格的油应及时更换。

（3）防止变压器铁芯绝缘老化损坏。铁芯绝缘老化或夹紧螺栓套管损坏，会使铁芯产生很大的涡流，引起铁芯长期发热造成绝缘老化。

（4）保证导线接触良好。线圈内部接头接触不良；线圈之间的连接点，引至高、低压侧套管的接点以及分接开关上各支点接触不良，会产生局部过热，破坏绝缘，发生短路或断路。此时所产生的高温电弧会使绝缘油分解，产生大量气体，变压器内压力增加。当压力超过瓦斯断电器保护定值而不跳闸时，会发生爆炸。

（5）防止电击。电力变压器的电源一般通过架空线而来，而架空线很容易遭受雷击，变压器会因击穿绝缘而烧毁。

（6）短路保护要可靠。变压器线圈或负载发生短路，变压器将承受相当大的短路电流，如果保护系统失灵或保护定值过大，就有可能烧毁变压器。为此，必须安装可靠的短路保护装置。

（7）保持良好的接地。对于采用保护接零的低压系统，变压器低压侧中性点要直接接地。当三相负载不平衡时，零线上会出现电流。当这一电流过大而接触电阻又较大时，接地点就会出现高温，引燃周围的可燃物质。

（8）防止超温。变压器运行时应监视温度的变化。变压器运行时，一定要保持良好的通风和冷却，必要时可采取强制通风，以达到降低变压器温升的目的。

【试题选解 12】 在断路器的日常维护工作中，应检查合闸电源熔丝是否正常，核对容量是否相符。（   ）

解：断路器日常维护的项目较多，更换断路器的电源熔丝，必须核对容量是否相符，所以题目中的观点是正确的。

【试题选解 13】 电气装置停电维护、测试和检修时，其电源线路上应装有隔离电器。（   ）

解：电气装置停电维护、测试和检修时，为了确保人员及财产安全，应在电源线路上装有隔离电器，所以题目中的观点是正确的。

■ 7.2.3 低压电气设备的维护

1. 低压配电装置

（1）按动作方式，低压配电装置可分为手动电器（如刀开关、按钮开关）和自动电器（如接触器、继电器）。

（2）按用途，低压配电装置可分为低压控制电器（如刀开关、低压断路器）和低压保护电器（如熔断器、热继电器）。

（3）按种类，低压配电装置可分为刀开关、刀形转换开关、熔断器、低压断路器、接触器、继电器、主令电器和自动开关等。

2. 变配电所低压电气设备的维护方法

低压电气维护平时一定要多看多观察，注意听声音和闻味道。听声音就是在操作时断路器的声音一般都是固定不变的，如果声音和平时不一样就得立即停电检修。一般电气元件多是绝缘树脂包裹的，如果有味道说明有元件短路或烧毁了，应立即检查。

（1）更换或者修理各种电器时，其型号、规格、容量、线圈电压及技术指标均要符合图样的要求。

（2）操作机构和复位机构及各种衔铁的动作应灵活可靠，用合过程中不能有卡住或滞缓现象，打开或断电后，可动部分应完全恢复原位。在吸合时，动触头与静触头、可动衔铁与铁芯闭合位置要正，不得有歪斜。吸合后不应有杂音和抖动。

（3）有灭弧罩的电器，在动作过程中，可动部分不得与灭弧罩相擦、相碰，应有适当的间隙，灭弧罩应完整，不得有破损，灭弧线圈的绕向应保证起到灭弧作用。

（4）对转换开关、刀开关及按钮的所有接点，要求接触良好、动作灵敏、准确可靠。接触器的触头表面及铁芯、衔铁接触面应保证平整、清洁、无油污，相互接触严密。有短路环的电器，其短路环应完整、牢固。

（5）接触器有多个主触头，接通时各主触头先后相差距离应在 0.5 mm 之内。若为线接触的触头，其接触长度要大于触头宽度的 75%，动、静触头在接触位置的横向偏移小于 1 mm。

（6）各触头的初压力、终压力、开断距离和超行程均按产品规定进行调整。触头上不能涂润滑油。严重磨损、烧伤的触头应当及时更换。一般要求接触器、继电器的超额行程不小于 1.5 mm，常开触头断开距离不小于 4 mm，常闭触头开断距离不小于 3.5 mm。

（7）线圈的固定要牢靠，可动部分不能碰线圈，绝缘电阻应符合规定。

（8）各相（或两极）带电部分之间的距离及带电部分对外壳的距离应符合规定。

（9）对控制继电器和保护继电器，在输入信号达到图样规定的整定值时，应可靠地动作。

（10）当电源电压低于线圈额定工作电压的 85% 时，交流接触器动铁芯应释放，主触头分断，自动切断主电路，起到欠电压保护作用。

（11）电器的外观清洁、无油、无尘、无损坏，绝缘物无损伤痕迹。

（12）各紧固螺钉、连接螺钉、安装引线应拧紧。

3. 母线及其他设备的维护

普通的母线检修维护必须要断电，避免触电危害，另外在维修、检修过程中，不能破坏到母线槽的结构，注意好人员安全。

（1）判断母线接头处是否发热，应观察母线接头的试温蜡片有无熔化或母线涂漆有无变色现象。对大负载电流的接头可用红外线检测仪器测量接头温度，超过相关规定时，则应减少负载或安排停电处理。

（2）每隔一年或几年要进行一次绝缘子清扫，特别污秽的地区，应增加清扫次数。

（3）配合配电装置的试验和检修工作，检查母线接头、金具的紧固情况与完整性，对状态不良的部件应及时修复。

(4) 配合电气设备的检修，对母线、母线的金具进行清扫，除去支持架的锈斑，更换锈蚀的螺栓及部件。母线要涂漆，以区别相位，如在母线端头、母线转弯处以及母线背面都要涂漆。注意，在母线接头处不允许涂漆。

(5) 检查电缆及其终端头有无漏油和其他异常现象。

(6) 检查接地和接零装置的运行状态是否符合当时的运行要求。停电检修，对应的开关、操作机构处悬挂"有人工作，禁止合闸"之类的警示牌，装设必要的临时接地线。

(7) 检查高低压配电室的通风、照明及安全防火装置是否正常。

(8) 检查配电装置本身和周围有无影响安全运行的异物（如易燃、易爆物品）和异常现象。

【试题选解 14】 接触器维护保养的项目包括（   ）检查。

A. 外观和灭弧罩　　　　　　　　B. 触头和铁芯及线圈

C. 活动部件　　　　　　　　　　D. 含以上三项全部内容

解：接触器维护保养的项目包括外观和灭弧罩、触头和铁芯及线圈、活动部件的检查。所以正确答案为 D。

【试题选解 15】 接触器银及银基合金触点表面在分断电弧所形成的黑色氧化膜的接触电阻很大，应进行锉修。（   ）

解：如果接触器粘连导致触头无法断开，可以先将电路前端的电源断开，再将接触器触头拆卸下来。如果触点表面非常不平整，则可以用锉刀修整毛面。注意不能打磨得太光滑，否则反而会出现接触不良；也不能用砂纸打磨，如果用砂纸打磨，会使砂粒嵌在触头表面，反而使接触电阻过大；修复时，触头上的油污必须清理干净。如果触头实在粘连很严重，无法分开，那么只能更换新的触头。所以题目中的观点是错误的。

【试题选解 16】 母线在绝缘子上的固定方法为（   ）。

A. 用螺栓固定　　　　　　　　　B. 用夹板固定

C. 用卡板固定　　　　　　　　　D. 上述说法均正确

解：母线在绝缘子上的固定方法有用螺栓固定、用夹板固定和用卡板固定 3 种。所以正确答案为 D。

7.2.4 变配电所内值班与车间生产管理

1. 变配电所内值班工作规定

(1) 变配电所内值班工作必须遵循巡视记录制、安全责任制、缺陷报告制、倒闸操作票制、检修工作票制、交接班制、安全用具和消防器材管理制等各项制度和规定。

(2) 高压变配电所内，应配备双人值班，若单人值班，必须经有关部门领导批准，并应符合《电业安全工作规程》第十一章所规定的条件（即电气试验条件）。

(3) 无论电气设备和线路带电与否，值班人员都不得单独移开或越过遮栏进行工作。若有必要移开，则必须有监护人在场，并符合设备不停电时的最小安全距离。

(4) 巡视变配电装置、进出高压室时，必须将门关闭或锁好，防止小动物等进入；雷雨天气需要巡视室外高压设备时，必须穿好绝缘靴和雨衣，不得靠近避雷器和避雷针。

（5）高压电气设备或线路发生接地故障时，电气人员不得接近室内故障点 4 m、室外故障点 8 m 以内，因救人或处理事故需进入上述范围的人员，必须穿绝缘靴、戴绝缘手套。

（6）高压设备或线路停送电时，必须根据电气负责人命令，由操作者填写倒闸操作票，并会同监护人根据模拟图或接线图核对所填写的操作项目、步骤准确无误地进行。

（7）倒闸操作前，应核对需操作的设备或线路名称、编号所在准确位置。操作中应认真执行监护复诵制，必须按操作顺序操作，每操作完一项，在操作票该项字头画"√"，全部操作完成进行复查，严防误操作，严防带负荷拉（合）刀闸。拉（合）刀闸、开关的操作者，均应戴绝缘手套；雨天操作室外设备，还应穿绝缘靴。

2. 倒闸操作

倒闸操作就是将电气设备由一种运行状态转换到另一种运行状态。也就是进行接通或断开断路器、隔离开关、直流操作回路；推入或拉出小车断路器；投入或退出继电保护；给上或取下二次隔离触头；拉开或合上接地开关以及安装和拆除临时接地线等的操作。

（1）倒闸操作的基本要求。

1）倒闸操作应由两人进行，一人操作，一人监护。重要的或复杂的倒闸操作，值班人员操作时，应由值班负责人监护。

2）倒闸操作前，应根据操作票的顺序在模拟板上进行核对性操作。现场实际操作时，应先核对设备名称、编号，并检查断路器或隔离开关的原处于的拉、合位置与操作票所写的是否相符，每操作完一步即应由监护人在操作项目前画"√"。

3）产生疑问时，必须向调度员或电气负责人报告，弄清楚后再进行操作。不准擅自更改操作票。

4）操作电气设备的人员与带电导体应保持规定的安全距离，同时应穿防护工作服和绝缘靴，并根据操作任务采取相应的安全措施。

5）在封闭式配电装置进行操作时，对开关设备每一项操作均应检查其位置指示装置是否正确，发现位置指示有错误或有怀疑时，应立即停止操作，查明原因排除故障后方可继续操作。

6）现场实际操作完成后，操作人与监护人应在操作票上签字，并在操作票上盖"已执行"章，并将操作票保存至少 3 个月。

（2）停送电倒闸操作的顺序要求。

1）送电时应从电源侧逐项向负载侧进行，即先合电源侧的开关设备，后合负载侧的开关设备。

2）停电时应从负载侧逐项向电源侧进行，即先拉负载侧的开关设备，后拉电源侧的开关设备。

【特别提醒】

严禁带负载拉合隔离开关，停电操作应以先分断断路器、后分断隔离开关，先断负载侧隔离开关、后断电源侧隔离开关的顺序进行，送电操作的顺序与此相反。

3）变压器两侧断路器的操作顺序规定如下：停电时，先停负载侧，后停电源侧；送电时顺序相反。

【特别提醒】

变压器并列操作中应先合电源侧断路器，后合负载侧断路器；解列操作顺序相反。双路电源供电的非调度用户，严禁并路倒闸。倒闸操作中，应注意防止通过电压互感器、所用变压器、微机、UPS（不间断电源）等电源的二次侧返送电源到高压侧。

（3）倒闸操作的注意事项。

1）准备执行操作任务时，应明确目的和停送电的范围，充分研究，做好准备。

2）受令。将调度命令逐项记入操作票（记录用）中，然后复诵一遍，如有疑问应立即提出，同时记下下令时间。

3）填票。根据任务和命令，对照倒闸操作模拟图板填写操作票（正式用）步骤，不能凭记忆。确认无误后签字，并记录操作开始时间。

4）核对。实际操作前，按照倒闸操作票的步骤，先在图板上进行核对性表演，如运行状态无误方可进入设备现场进行实际操作。

5）监护。监护人应注意本人和操作人的站位是否合理，应拉、应合要弄清。

6）监护人唱票要认真，编号要念清（即高声唱票）；要有预令和动令。操作人应预先站到即将操作的设备前，等监护人唱票后，手指开关或刀闸的手柄（或编号）认真复诵（即高声复诵）。在监护人确认无误后再发动令（合或拉），即预令、动令要分清。操作中如遇事故或异常现象，应停下操作，先行处理，之后继续进行。

7）检查每一步操作后，监护人和操作人要仔细检查操作质量，观察机构、表计和信号，无误后由监护人在操作票的该项步骤上画"√"。

8）操作完毕后，应向调度员或上级报告，记下操作终了时间，并在操作票上加盖"已执行"章，按照操作票的编号归档保存。

3. 高压跌落开关操作顺序

停电操作时，应先拉中间相，后拉两边相。送电时，则先合两边相，后合中间相。

遇到大风时，要按先拉中间相，再拉背风相，后拉迎风相的顺序进行停电。送电时，则先合迎风相，再合背风相，最后合中间相，这样可以防止风吹电弧造成短路。

【特别提醒】

操作人员在拉、合跌落式熔断器开始或终了时，不得有冲击。必须使用电压等级适合、经过试验合格的绝缘杆，穿绝缘鞋，戴绝缘手套、绝缘帽和护目镜，或站在干燥的木台上，并有人监护，以保人身安全。

4. 有关安全措施

（1）高压验电器的使用。验电前，应对验电器进行自检试验，按动显示盘自检按钮，验电指示器发出间歇振荡声信号，则证明验电器性能完好，即可进行验电。使用时，应特别注意手握部位不得超过护环。当电缆或电容上存在残余电荷电压时，指示器叶片会短时缓慢转几圈，后自行停转，因此它可以准确鉴别设备是否停电。

【特别提醒】

应根据被验电气设备的额定电压使用电压等级合适的验电器。

（2）装设接地线。当验明设备确实无电后，应立即将检修设备接地，并将三相短路。装设接地线必须先接接地端，后接导体端，必须接触牢固。拆除接地线的顺序与装设接地线的顺序相反。

装设和拆除接地线均应使用绝缘棒并戴绝缘手套。

5. 变配电所一般故障的处理

（1）一般原则。在发生事故时，当值人员要迅速正确查明情况并快速做出记录，报告上级调度和有关负责人员，迅速正确地执行调度命令及运行负责人的指示，按照有关规程规定正确处理。

1）迅速限制事故发展，消除事故根源，并解除对人身和设备的威胁。

2）用一切可能的方法坚持设备继续运行，以保持对用户和线路的供电正常。

3）尽快对停电的用户和线路恢复供电。

处理事故过程中，应当与上级调度保持紧密联系，随时执行调度的命令。当事故告一段落时，应迅速向有关领导汇报。事故处理完毕后应详细记录事故情况及处理过程，并保留所有电话录音备查。

（2）变压器事故处理。

1）变压器跳闸后若引起其他变压器超载，则应尽快投入备用变压器或在规定时间内降低负载。

2）根据继电保护的动作情况及外部现象判断故障原因，在未查明原因并消除故障之前，不得送电。

3）当发现变压器运行状态异常，例如，内部有爆裂声、温度不正常且不断上升、油枕或防爆管喷油、油位严重下降、油化验严重超标、套管有严重破损和放电现象等时，应申请停电进行处理。

（3）线路事故处理。

1）线路跳闸，运行人员应立即把详细情况查明，报告上级调度和运行负责人，包括断路器是否重合、线路是否有电压、动作的继电保护及自动装置等。

2）详细检查本所有关线路的一次设备有无明显的故障迹象。

3）如断路器三相跳闸后，线路仍有电压，则要注意防止长线路引起的末端电压升高，必要时申请调度断开对侧断路器。

4）两端跳闸重合不成功的试送电操作，应按调度员的命令执行。试送时应停用重合闸。

（4）电气误操作事故处理。

1）万一发生了错误操作，必须保持冷静，尽快抢救人员和恢复设备的正常运行。

2）错误合上的断路器，应立即将其断开；错误断开的断路器，应按实际情况重新合上或按调度命令合上。

3）带负载误合隔离开关，严禁重新拉开，必须先断开与此隔离开关直接相连的断路器；带负载误拉隔离开关，在相连的断路器断开前，不得重新合上。

4）误合接地刀闸，应立即重新拉开。

（5）所用交、直流电源故障处理。

1）若交、直流电源发生故障全部中断，要尽快投入备用电源，并注意首先恢复重要的负载，以免过大的电流冲击；若在晚上，则要投入必要的事故照明。

2）处理过程中，要注意交、直流电源对设备运行状态的影响，要对设备进行详细检修，恢复一些不能自动恢复的状态。

3）直流接地点的查找必须严格按现场规程进行，不得造成另一点接地或直流短路。

4）迅速查明故障原因并尽快消除。

6. 填写记录

变配电所应填写的记录主要有设备运行记录、设备巡视记录、设备缺陷记录、值班工作日记、值班操作记录、工作票登记、电气试验现场记录、继电保护工作记录、断路器动作记录、蓄电池维护记录、蓄电池测量记录、雷电活动记录、上级文件登记及上级指示记录、事故及异常情况记录、安全情况记录和外来人员出入登记等。

*7. 车间生产管理的基本内容

车间生产管理就是对车间生产活动的管理，包括车间主要产品生产的技术准备、制造、检验，以及为保证生产正常进行所必需的各项辅助生产活动和生产服务工作。这些活动构成了生产系统，因此，生产管理就是对生产系统的管理。

车间生产管理按业务系统分为产品开发管理、生产组织管理、生产计划和生产控制四大部分。车间生产管理的基本内容按其职能划分，包含计划、组织、准备、过程控制四个方面。

（1）计划。计划是指车间的生产计划和生产作业计划，包括产品品种计划、产量计划、质量计划、生产进度计划以及为实现上述计划所制定的技术组织措施计划。

（2）组织。组织是指生产过程组织和劳动过程组织的协调与统一。生产过程组织就是合理组织产品生产过程各阶段、各工序在时间和空间上的衔接和协调。劳动过程组织就是正确处理劳动者之间的关系，以及劳动者与劳动工具、劳动对象的关系。

（3）准备。准备主要是指工艺技术、人员配备、能源和设备、物料及资金等各项准备工作。

（4）过程控制。过程控制是指对生产全过程的控制，即对物流的控制，包括生产进度、产品质量、物料消耗及使用、设备运行情况、库存和资金占用的控制等。要实现物流控制，必须建立和健全各种控制标准，加强信息的收集、分析、处理和反馈系统，以发挥对生产过程的有效控制，从而达到以最小的投入获得最大的产出及最佳经济效益的目的。

【试题选解 17】 车间生产管理的基本内容是（　　）。
A. 计划、组织、准备、过程控制　　　　B. 计划、组织、准备、产品开发
C. 计划、准备、组织、科研　　　　　　D. 计划、组织、准备、科研

解：车间生产管理包括计划、组织、准备、过程控制 4 个方面的基本内容，所以正确答案为 A。

*7.2.5　电力负荷调整

1. 电力负荷调整的意义

（1）提高发电企业及电网设备的利用率，降低生产成本电能损耗。在电力供应出现缺口时，有利于形成有序的用电秩序，使有限的电力资源最大程度地满足社会的需要。

（2）降低社会用电对电网最大负荷的需求，减少发电设备投资；减少企业团体的电力消费支出，降低生产成本，提高效益。

2. 调整电力负荷的方法

调整电力负荷主要是采用降低最大用电负荷，移峰填谷，包括年负荷调整、月负荷调整

和日负荷调整，使用节能电器，推广绿色节能光源，高峰时段适当调高空调温度，实行峰谷差别电价等方法，可以有效降低社会用电对电网最大负荷的需求。

年负荷调整：对一些季节性用电的负荷，将其用电安排在电网年负荷曲线的低谷时段，错开冬夏两季的用电高峰时间，减少电网的最大负荷，从而提高电网负荷率。

月负荷调整：合理安排一个月生产计划，使生产用电负荷均匀。

日负荷调整：将一班制生产企业的生产用电放到后半夜低谷时段，两班制生产企业错开早晚高峰生产，三班制连续生产企业中非连续性设备放在后半夜低谷时段使用，推广使用蓄热蓄冷空调等。

*7.2.6 功率因数调整

1. 功率因数调整的意义

工业上用电设备主要都是电动机，而且用电量都相对较大。电动机是感性负载，感性负载的功率因数都小于1，一般为 0.7~0.85。全国用电规则规定，在 100 kVA 及以上电力用户的功率因数必须在 0.85 以上。

功率因数是电路的有功功率与视在功率的比值，它是电力系统的一个重要的技术数据，是衡量电气设备效率高低的一个系数。功率因数的高低关系到输配电线路、设备的供电能力，也影响到其功率损耗。

(1) 提高功率因数可以提高用电质量，改善设备运行条件，可保证设备在正常条件下工作，有利于安全生产。

(2) 提高功率因数可节约电能，降低生产成本，减少企业的电费开支。例如，当 $\cos\varphi = 0.5$ 时的损耗是 $\cos\varphi = 1$ 时的 4 倍。

(3) 提高功率因数能提高企业用电设备的利用率，充分发挥企业的设备潜力。

(4) 提高功率因数可减少线路的功率损失，提高电网输电效率。

(5) 提高功率因数可以使发电机能做出更多的有功功率。

2. 功率因数的调整方法

提高负载功率因数可分为提高自然功率因数和采用无功人工补偿法两种方法。

(1) 提高自然功率因数。

不需要额外投资，采用降低各用电设备所需的无功功率以改善其功率因数的措施，称为提高自然功率因数的方法，主要有以下方法。

1) 恰当选择电动机容量，减少电动机无功消耗，防止"大马拉小车"。

2) 对平均负荷小于其额定容量40%左右的轻载电动机，可将线圈改为三角形接法（或自动转换）。

3) 避免电动机长时间空载运行。

4) 合理配置变压器，恰当地选择其容量。

5) 调整生产班次，均衡用电负荷，提高用电负荷率。

6) 改善配电线路布局，尽量减少用电设备与电源的距离，避免线路曲折迂回。

(2) 采用无功人工补偿法。

进行无功人工补偿的设备，主要有并联电容器补偿装置或同步补偿机，一般多采用电力电容器补偿装置，即在感性负载上并联电容器。

并联电容器的补偿方法又可分为个别补偿、分组补偿和集中补偿 3 种，目的都是将功率因数稳定为 0.9~1.0。

【特别提醒】

并联的电容器一定要适当。电容器的额定电压与电网运行的电压应相吻合，并应在电容器本身故障的情况下，整组装置安全运行。目前 6 kV、10 kV 电容器一般采用星形接线，低压电容器一般采用三角形接线。

【试题选解 18】 对用电器来说提高功率因数，就是提高用电器的效率。（　　　）

解：提高电路的功率因数，可以节约电能，提高设备的可用功率。电器的效率不随功率因数变换而变化。所以题目中的观点是错误的。

【试题选解 19】 电力系统负载大部分是感性负载，要提高电力系统的功率因数常采用（　　　）。

A. 串联电容补偿　　　　B. 并联电容补偿　　　　C. 串联电感　　　　D. 并联电感

解：提高电力系统的功率因数，一般多采用电力电容器补偿装置，即在感性负载上并联电容器。所以正确答案为 B。

7.3　10 kV 变配电所设备安装与调整

7.3.1　高压变配电设备的安装方法

1. 变压器的安装

（1）安装前的准备及检查。

1）安装前的准备：熟悉图纸资料，注意图纸和产品技术资料提出的详尽施工要求，确定施工方法且进行技术交底；并准备搬运吊装和安装机具及测试器具。

2）变压器的安全性检查：变压器应有产品出厂合格证，随带的技术文件应齐全；应有出厂试验记录；型号规格应和设计相符；备件、附件应完善；干式变压器的局放试验 PC 值及噪声测试 dB（A）值应符合设计及标准要求。

（2）变压器就位安装注意事项。

1）变压器安装的位置，应符合设计图纸的要求；在推入室内时要注意高、低侧方向应与变压器室内的高低压电气设备的装设位置一致，否则变压器推入室内之后再旋转方向就比较困难了。

2）变压器基础导轨应水平，轨距与变压器轮距相吻合。装有气体继电器的变压器，应使其顶盖沿气体继电器气流方向有 1%~1.5% 的升高坡度。防止气泡积聚在变压器油箱与顶盖间，只要在油枕侧的滚轮下用垫铁垫高即可。垫铁高度可由变压器前后轮中心距离乘以 1%~1.5% 求得。调整时使用千斤顶。

3）变压器就位符合要求后，将滚轮用能拆卸的制动装置加以固定；不允许用电焊焊死在轨道上。

4）装接高、低压母线时，母线中心线应与套管中心线相符。母线与变压器套管连接，应用两把扳手，以防止套管中的连接螺栓跟着转动。特别注意不能使套管端部受到额外拉力。

5）变压器的外壳必须接地。如果变压器的接线组别是 Y/Y0，则还应将接地线与变压器低压侧的零线端子相连。变压器基础轨道也应和接地干线连接，并连接牢靠。

6）当需要在变压器顶部工作时，必须用梯子上下，不得攀拉变压器附件；变压器顶部应做好防护措施，严防工具材料跌落，损坏变压器附件。变压器油箱外表面如有油漆剥落，应进行喷漆或补刷。

7）变压器就位安装完毕后，再次进行外观检查；并用 1 kV 兆欧表测量各绕组间及绕组与外壳间的绝缘电阻。

2. 高低压配电柜的安装

配电柜的安装工作最好在土建工作已经结束、室内各种装修工作都已完毕后，再开始进行。

安装时，首先应根据图纸及现场条件确定配电柜的就位次序，一般情况下是以不妨碍其他柜的就位为前提。然后依次将配电柜放到其各自的安装位置上。

配电柜就位后，为使其柜面一致、排列整齐、间隙均匀，必须要对各柜进行调整。调整一般是通过在其下面加垫铁进行。但在同一处所用的垫铁数量不宜超过 3 块。调整时，首先应将各柜调整到大致的水平位置，然后再进行精调。当配电柜较少时，可先精确地调整第一台柜，再以第一台柜为标准逐个调整其余各柜。对多个配电柜进行调整时，可首先调整中间的一个柜，再分别向两侧调整其余各柜。对于两行相对排列的配电柜，常有母线桥联络，应该注意两列柜的位置对应。柜的垂直度、水平度、柜面不平度和柜间接缝的偏差等都应符合要求。

配电柜的调整结束后，即可对其进行固定，固定的方法通常有两种，一种用螺栓固定，另一种用焊接固定。用螺栓固定也有两种形式：一是在基础型钢上开大于螺钉直径的孔，柜用螺栓固定；二是在基础型钢上钻小于固定螺钉直径的孔，然后攻丝，最后用螺钉固定。采用焊接固定时，每个柜的焊缝不应少于 4 处，每处焊缝长 100 mm 左右。为保持柜面美观，焊缝宜在柜体的内侧。焊接时，应把垫于柜下的垫片也焊在基础型钢上。

另外，还必须注意：主控制柜、继电保护柜和自动装置柜等不宜与基础型钢焊死。

安装于震动场所的配电柜，还应对其采取防震措施，通常情况是在柜下加垫 10 mm 左右的弹性垫。成行的配电柜安装好后，应把两头的边屏装上，并将端面封闭，如厂家没有供应边屏，可用 2 mm 厚的铁皮自行制作。

配电柜安装固定完后，就可进行仪表的检修和柜内设备的调试及二次回路接线。

3. 穿墙瓷套管的安装

穿墙瓷套管用于电站和变电所配电装置及高压电器，供导线穿过接地隔板、墙壁或电器设备外壳，支持导电部分使之对地或外壳绝缘。穿墙瓷套管按其使用环境可分为户内和户外穿墙瓷套管。按穿过其中心的导体不同可分为母线穿墙瓷套管、铜导体穿墙瓷套管和铝导体穿墙瓷套管。

（1）安装穿墙套管的孔径应比嵌入部分大 5 mm 以上，混凝土安装板的最大厚度不得超过 50 mm。

（2）额定电流在 1500 A 及以上的穿墙套管直接固定在钢板上时，套管周围不应形成闭合磁路。

（3）穿墙套管垂直安装时，法兰应向上，水平安装时，法兰应在外。

（4）600 A 及以上母线穿墙套管端部的金属夹板（紧固件除外）应采用非磁性材料，其与母线之间有金属相连，接触应稳固，金属夹板厚度不应小于 3 mm，当母线为两片及以上时，母线本身应予固定。

（5）充油套管水平安装时，其储油柜及取油样管路应无渗漏，油位指示清晰，注油和取样阀应装设于巡回监视侧，注入套管内的油必须合格。

（6）套管接地端子及不用的电压抽取端子应可靠接地。

4. 硬母线的安装

硬母线的安装程序为：母线构架安装→支持绝缘子安装→母线平直→测量母线加工草图→下料撤弯→钻孔→母线接触面处理→母线安装和连接→母线刷漆。

硬母线的连接应采用焊接、贯穿螺栓连接或夹板及夹持螺栓搭接；管形和棒形母线应用专用线夹连接，严禁用内螺纹管接头或锡焊连接。

【试题选解 20】 带有气体继电器的变压器，安装时其顶盖沿气体继电器方向的升高坡度为（　）。

A. 1% ~ 5%　　　　 B. 1% ~ 15%　　　　 C. 1% ~ 25%　　　　 D. 1% ~ 30%

解：根据变压器的要求，带有气体继电器的变压器，安装时其顶盖沿气体继电器方向的升高坡度为 1% ~ 5%。所以正确答案为 A。

■ 7.3.2 高压变配电设备的调整

1. 高压隔离开关的调整

（1）合闸调整。合闸时，要求隔离开关的动触点无侧向撞击或卡住。如有，可改变静触点的位置，使动触点刚好进入插口。合闸后动触点插入深度应符合产品的技术规定。一般不能小于静触点长度的 90%，但也不能过大，应使动、静触点底部保持 3 ~ 5 mm 的距离，以防在合闸过程中，冲击固定静触点的绝缘子。

若不能满足要求，则可通过调整操作杆的长度以及操动机构的旋转角度来达到。三相隔离开关的各相刀与固定触点接触的不同期性不应超过 3 mm。若不能满足要求，可调节升降绝缘子的连接螺旋长度，以改变刀刃的位置。

（2）分闸调整。分闸时要注意触头间的净距和刀闸打开角度应符合产品的技术规定。若不能满足要求，可调整操作杆的长度，以改变拉杆在扇形板上的位置。

（3）辅助触头的调整。隔离开关的常开辅助触点在开关合闸行程的 80% ~ 90% 时闭合，常闭辅助触点在开关分闸行程的 75% 时断开。为达此要求，可通过改变耦合盘的角度进行调整。

（4）操动机构手柄位置的调整。合闸时，手柄向上；分闸时，手柄向下。在分闸或合闸位置时，其弹性机械锁销应自动进入手柄的定位孔中。

（5）调整后的操作试验。调整完毕后，将所有螺栓拧紧，将所有开口销脚分开。进行数次分、合闸试验，检查已调整好开关的有关部分是否会变形。合格后，与母线一起进行耐压试验。

2. 高压负荷开关的调整

高压负荷开关初始安装好后，必须进行认真细致反复的调试。调试后要达到：分、合闸过程皆达到三相同期（三相动触头同步动作），先后最大距离差不得大于 3 mm；在合闸位置，动刀片与静触头的接触长度要与动刀片宽度相同（刀片全部切入），且动刀片下底边与静触头底边保持 3 mm 左右的距离，保证不能撞击瓷绝缘，静触头的两个侧边都要与动刀片接触，且保证有一定的夹紧力，不能单边接触（"旁击"）；在分闸位置，动、静触头间要有一定的隔离距离，户内压气式负荷开关不超过（182±3）mm，户外压气式负荷开关不小于 175 mm。

3. 真空断路器的调整

（1）触摸行程的调整。通常触摸行程取触头开距的 15%～40%。触头开距加上触摸行程便是操动机构的总行程。调整时，用专用扳手操作断路器，拔出绝缘子端上的金属销，旋转与灭弧室动导电杆连接头来调整。

（2）分、合闸速度的调整。分、合闸速度用分闸绷簧来调整。分闸绷簧力大，分闸速度快，而合闸速度相应变慢；分闸绷簧力小，分闸速度慢，而合闸速度相应加快。

（3）三相同期性的调整。真空断路器三相分、合闸同期性不得超过 1 ms。其调整办法与触摸行程的调整办法相同，并用三相同步指示器查看。

【特别提醒】

触摸行程的改动便是灭弧触头的磨损量。因而，每次触摸行程调整后，有必要记载调整量，当累计调整量到达触头磨损厚度时，应替换灭弧室。

【试题选解21】 35 kV 以下的高压隔离开关，其三相合闸不同期性不得大于(　　)mm。

A. 1　　　　　B. 2　　　　　C. 3　　　　　D. 4

解： 根据规定，35 kV 以下的高压隔离开关的三相合闸不同期性不得大于 3 mm，所以正确答案为 C。

■ 7.3.3　低压变配电设备的安装与调整

1. 低压配电柜的安装与调整

（1）低压配电柜的安装。低压配电柜安装与前面介绍的高压开关柜类似，其工艺流程如下：配电柜开箱检查→基础钢（支架）安装→搬运就位、固定→内部元件的固定和连接检查、绝缘测试→加电测试→电缆线端子制作、连接→断路器、电缆标识→系统上电试验→成品保护。

（2）低压配电柜的调试。低压配电柜的调试主要分为机械调试和电气调试。

1）机械调试。机械调试主要是对手操部件和抽屉进行调试。检验每个机构是否操作灵活，质量可靠。在检验抽屉时要特别注意，连接与断开位置定位是否可靠尤为重要，因为这将直接影响到低压配电柜能否正常使用。

2）电气调试。电气调试主要包括通电试验、联锁功能试验和绝缘电阻测试。

通电试验：断路器合、分闸是否正常；按钮操作及相关的指示灯是否正常；手动投切是否正常。通电试验要一台一台进行，先进行柜子的调试，然后将抽屉逐一调试。如果是抽屉柜，要一只抽屉一只抽屉调试。

联锁功能试验：通电检查操作机构与门的联锁，抽屉与门的联锁。在合闸（通电）情况下，门是打不开的。只有分闸以后，可以开门。双电源间的机械或电气联锁，在电源正常供电时，备用电源的断路器不能合闸，在主电源切断时，备用电源自动完成互投。

绝缘电阻测试位置：开关柜的主开关在断开位置时，同极的进线和出线之间；开关闭合时不同极的带电部件之间；电路和控制电路之间；各带电元件与柜体金属框架之间。测试时间要达到 1 min，测试电阻必须达到 0.5 MΩ。

2. 负荷开关的安装与调整

（1）负荷开关的安装。

1）负荷开关应垂直安装。用于不切断电流、有灭弧装置或小电流电路等情况下，可水平安装。水平安装时，分闸后可动触头不得自行脱落，其灭弧装置应固定可靠。

2）可动触头与固定触头的接触应良好；大电流的触头或刀片宜涂电力复合脂。

3）双投刀开关在分闸位置时，刀片应可靠固定，不得自行合闸。

4）安装杠杆操动机构时，应调节杠杆长度，使操作到位且灵活；开关辅助触点指示应正确。

5）开关的动触头与两侧连接片距离应调整均匀，合闸后接触面应压紧。刀片与静触头中心线应在同一平面，且刀片不应摆动。

6）刀片与固定触头的接触良好，且操作灵活，大电流的触头或刀片可适量涂中性凡士林油脂。

7）有弹簧消弧触头的刀开关，各相的合闸动作应迅速一致。

8）双投刀开关在合闸位置时，刀片应可靠地固定，不得使刀片有自行合闸的可能。

9）刀开关安装的高度一般以 1.5 m 左右为宜，但最低不应小于 1.2 m。在行人容易触及的地方，刀开关应有防护外罩。

10）转换开关和倒顺开关安装后，其手柄位置指示应与相应的接触片位置相对应；定位机构应可靠；所有的触头在任何接通位置上应接触良好。

11）带熔断器或灭弧装置的负荷开关接线完毕后，检查熔断器应无损伤，灭弧栅应完好，且固定可靠；电弧通道应畅通，灭弧触头各相分闸应一致。

（2）负荷开关的调整。

1）将负荷开关的跳扣往下固定，不让它顶住凸轮，然后缓慢进行分、合闸操作。要求各转动部分灵活、无卡阻现象；检查弧动触头与喷嘴之间有无过分的摩擦。若有，则应调整，使弧动触头能顺利插入喷嘴为止。

2）在分、合闸位置，检查缓冲拐臂是否均敲在缓冲器上。要是未敲在缓冲器上，可调节操作机构中的扇形板的不同连接孔，或调节操作机构与负荷开关间的拉杆长度来达到要求。

3）把负荷开关的跳扣返回，使负荷开关处于合闸位置，检查闸刀的下边缘与主静触头的标志线上边缘是否对齐，否则应调刀闸与绝缘拉杆连接处的六角偏心接头（调节前先取下刀闸与绝缘拉杆间的轴销）。

4）负荷开关的三相弧动触头不同时接触偏差不应大于 2 mm。可按以下方法检查：将负荷开关的 3 个喷嘴用钢直尺同时盖上，然后缓慢合闸，当其中一个弧动触头靠到尺子后，观察另外两个弧动触头与钢直尺的间隙，如大于 2 mm，则在负荷开关返回后，调节六角偏心接头。

5）使负荷开关处于开断位置，用直尺测量负荷开关的刀片至上静触头端面的距离，应符合技术要求。否则，应通过增减负荷开关油缓冲器中的垫片来达到。

3. 低压熔断器的安装与调整

（1）熔断器及熔体的容量应符合设计要求，并核对所保护电气设备的容量与熔体容量是否相匹配；对后备保护、限流、自复、半导体器件保护等有专用功能的熔断器，严禁替代。

（2）熔断器安装位置及相互间距离应便于更换熔体。

（3）有熔断指示器的熔断器，其指示器应装在便于观察一侧。

（4）瓷质熔断器在金属底板上安装时，其底座应垫软封垫。

（5）安装几种规格的熔断器应在底座旁标明规格。

（6）有触及带电部分危险的熔断器应配齐绝缘把手。

（7）带有接线标志的熔断器，电源线应按标志进行接线。

（8）螺旋式熔断器安装时底座严禁松动，电源应接在熔芯引出的端子上。

（9）熔断器应垂直安装，并应能防止电弧飞落在邻近带电部分。

（10）管型熔断器两端的铜帽与熔体压紧，接触应良好。

（11）插入式断路器固定触头的钳口应有足够的压力。

（12）二次回路用的管型熔断器，如固定触头的弹簧片凸出底座侧面时，熔断器间应加绝缘片，防止两相邻熔断器的熔体熔断时造成短路。

4. 低压接触器的安装与调整

（1）衔铁表面应无锈斑、油垢；接触面应平整、清洁；可动部分应灵活、无卡阻；灭弧罩之间应有间隙；灭弧线圈绕向应正确。

（2）触点的接触应紧密，固定主触点的触点杆应固定可靠。

（3）当带有动断触点的接触器与磁力启动器闭合时，应先断开动断触点，后接通主触点；当断开时应先断开主触点，后接通动断触点，且三相主触点的动作应一致，其误差应符合产品技术文件的要求。

（4）接线应正确，在主触点不带电的情况下，启动线圈间断通电时主触点应动作正常，衔铁吸合后应无异常响声。

（5）可逆启动器或接触器的电气联锁装置和机械联锁装置的动作均应正确、可靠。

5. 低压断路器的安装与调整

（1）低压断路器的安装应符合产品技术文件的规定；当无明确规定时，宜垂直安装，其倾斜度不应大于 5°。

（2）低压断路器与熔断器配合使用时，熔断器应安装在电源侧。

（3）低压断路器操动机构的安装应符合下列要求。

1）操作手柄或传动杠杆的开、合位置应正确；操作力不应大于产品的规定值。

2）电动操动机构接线应正确；合闸过程中，断路器不应跳跃；断路器合闸后，限制电动机或电磁铁通电时间的联锁装置应及时动作；电动机或电磁铁通电时间不应超过产品的规定值。

3）断路器辅助触点动作应正确可靠，接触应良好。

4）抽屉式断路器的工作、试验、隔离 3 个位置的定位应明显，并应符合产品技术文件的规定。

5）抽屉式断路器空载时进行抽、拉数次应无卡阻，机械联锁应可靠。

（4）断路器各部分接触应紧密，安装牢靠，无卡阻、损坏现象，尤其是触点系统、灭弧系统应完好。

（5）断路器安装时，要按说明书要求保证其与其他元件间有足够的垂直距离。例如，630 A 以下的断路器与其上方刀开关间的垂直距离不小于 250 mm；630 A 以上的断路器与其上方刀开关间的垂直距离不小于 350 mm，便于运行、维护、检修。

6. 剩余电流动作保护器的安装与调整

（1）按保护器产品标识进行电源侧和负荷侧接线，禁止反接。使用的导线截面积应符合要求。

（2）安装带有短路保护功能的剩余电流动作保护器时，应确保有足够的灭弧距离。

（3）电流型剩余电流动作保护器安装后，除应检查接线无误外，还应通过试验按钮检查其动作性能，并应满足要求。

（4）安装组合式剩余电流动作保护器的空心式零序电流互感器时，主回路导线应并拢绞合在一起穿过互感器，并在两端保持大于 15 cm 距离后分开，防止无故障条件下因磁通不平衡引起误动作。

（5）安装了剩余电流动作保护器装置的低压电网线路的保护接地电阻应符合要求。

（6）总保护采用电流型剩余电流动作保护器时，变压器的中性点必须直接接地。在保护区范围内，电网零线不得有重复接地。零线和相线保持相同的良好绝缘；保护器后的零线和相线在保护器间不得与其他回路共用。

（7）剩余电流动作保护器安装时，电源应朝上垂直于地面，安装场所应无腐蚀气体，无爆炸危险物，防潮、防尘、防振、防阳光直晒，周围空气温度上限不超过 40 ℃，下限不低于-25 ℃。

（8）剩余电流动作保护器安装后应进行如下检验：带负荷拉合 3 次，不得有误动作；用试验按钮试跳 3 次，应正确动作。

【试题选解 22】　安装低压开关及其操作机构时，其操作手柄中心距离地面一般为（　　）mm。

A. 500~800　　　B. 1000~1200　　　C. 1200~1500　　　D. 1500~2000

解：根据低压开关安装的技术要求，安装低压开关及其操作机构时，其操作手柄中心距离地面一般为 1200~1500 mm，所以正确答案为 C。

【试题选解 23】　CS2 型手动操作机构分闸角度的调整，应调整（　　）部件。

A. 支持螺钉　　　B. 摩擦弹簧　　　C. 拉杆　　　D. 牵引杆

解：CS2 手动操作机构是用手力旋动操作手柄使断路器合闸，该机构有特殊装置，在合闸的过程中的任何位置，都能用手力或机构内的脱扣器使其分闸，CS2 手动操作机构不能使断路器重合闸，适用于额定开断电流小的场所。CS2 型手动操作机构分闸角度的调整，可通过调整摩擦弹簧来实现，所以正确答案为 B。

* 7.4 有关装置与设备的试验

7.4.1 交流耐压试验

1. 交流耐压试验的意义

工频交流耐压试验是对电气设备绝缘施加高出它的额定工作电压一定值的工频试验电压，并持续一定的时间（一般为 1 min），观察绝缘是否发生击穿或其他异常情况。交流耐压试验对绝缘的考验是相当严格的，通过这项试验，可以发现很多绝缘缺陷，尤其是对集中性绝缘缺陷的检查更为有效；可以鉴定电气设备的耐电强度，判断电气设备能否继续运行。交流耐压试验是保证电气设备绝缘水平、避免发生绝缘事故的重要手段。

【特别提醒】

交流耐压试验能符合电气设备在运行中承受过电压的情况，往往能比直流耐压试验更为有效地发现绝缘的弱点，尤其是局部缺陷，并能准确考验绝缘强度。

2. 交流耐压试验的仪器和设备

交流耐压试验的主要设备和仪器有试验变压器、调压器、限流电阻、保护间隙等。

（1）试验变压器。按照被试品要求选择合适电压的试验变压器，应注意试验变压器是按短时工作制设计的，一般允许在额定电压、电流下运行 0.5 h，对较高电压等级（250 kV 以上）变压器允许持续时间还要短些。

（2）调压器。调压器的容量一般应与试验变压器相同，5 kVA 及以下采用自耦变压器，大容量采用动圈调压器。

（3）限流电阻。通常用水做电阻，将水装在玻璃管中构成水电阻。

（4）保护间隙。为防止试验电压突然升高采用间隙保护，间隙的放电电压调整在试验电压的 115%~120%。间隙还串接一个限流电阻，其阻值按 1 Ω/V 选择。

3. 交流耐压试验的注意事项

（1）检查。为了防止有缺陷的设备在高电压作用下受到严重的损伤，在进行耐压试验之前，应先查明各项非破坏试验是否都已合格。如果存在疑问，则应查明原因，将缺陷消除后，方可进行交流耐压试验。

（2）确定试验电压值。根据被试设备情况，按照有关标准的规定，恰当地确定交流耐压试验电压值。

（3）选择试验设备及绘出试验接线图。根据被试设备的参数、试验电压的大小和现有试验设备的条件，选择合适的试验方法及试验设备。例如，工频试验变压器的额定电压、电流、容量、各测量仪器的量程都应满足试验的要求。根据试验的要求和选择好的试验设备，正确绘出试验接线图。

（4）现场布置和接线。根据试验现场的情况，对选择好的试验设备进行合适的现场布置，然后按试验接线图进行接线。在进行现场布置和接线时，应注意高压部分对地保持足够的距离，高压部分与试验人员应保持足够的安全距离。高压引线应连接牢靠，并尽可能短，非被试相及设备外壳应可靠接地。接线完毕，应由第二人进行认真全面的检查。例如，各试验设备的容量、量程、位置等是否合适，调压器指示应在零位，所有接线应正确无误等。

（5）调整保护球隙。不接试品均匀缓慢地升压，调整保护球隙距离，使其放电电压为试验电压的 1.1~1.2 倍。重复 3 次，取平均值。然后将电压降到零，断开电源开关。

（6）进行耐压。将高压引线牢靠地接到试品上，接通电源，开始升压进行试验。试验电压的上升速度，在试验电压的 75% 以前可以是任意的；其后应以每秒 2% 的试验电压连续升到试验电压值，开始计时并读取试验电压。时间到后，迅速均匀降压到零（或 1/3 试验电压以下），然后切断电源，放电、挂接地线。

【特别提醒】

试验中如无破坏性放电发生，则认为通过耐压试验。升压必须从零开始，不可冲击合闸。同时在升压和耐压过程中，应密切观察各种仪表的指示有无异常，被试绝缘有无闪络、冒烟、燃烧、焦味、放电声响等现象。若发生这些现象，应迅速均匀地降低电压到零，断开电源开关，将被试物接地，进行分析判断。

（7）耐压后的检查。耐压以后，应紧接着对试品进行绝缘电阻的测试，以了解耐压后的绝缘状况。对有机绝缘，经耐压并断电、接地后，试验人员还应立即用手进行触摸，检查有无发热现象。

【试题选解 24】　电气设备的交流耐压试验是鉴定电气设备（　　）最有效和最直接的方法。

A. 绝缘电阻　　　　　B. 绝缘强度　　　　　C. 绝缘状态　　　　　D. 绝缘情况

解：根据交流耐压试验的意义，电气设备的交流耐压试验是鉴定电气设备绝缘强度最有效和最直接的方法。所以正确答案为 B。

【试题选解 25】　交流耐压试验加标准电压至试验结束的持续时间一般定为（　　）。

A. 1 min　　　　　　B. 2 min　　　　　　C. 5 min　　　　　　D. 特殊规定

解：根据交流耐压试验规定，交流耐压试验加标准电压至试验结束的持续时间一般定为 1 min。所以正确答案为 A。

▍7.4.2　直流耐压试验

1. 直流耐压试验的意义

直流耐压试验是为了检测设备在高压试验下承受的最大电压峰值，属于破坏性试验，试验过程中会对设备产生一定程度的损害。直流耐压试验便于确定设备的使用范围和选择设备的量程。

直流耐压试验与交流耐压试验相比，具有试验设备轻便、对绝缘损伤小和易于发现设备的局部缺陷等优点。与交流耐压试验相比，直流耐压试验的主要缺点是由于交、直流下绝缘内部的电压分布不同，直流耐压试验对绝缘的考验不如交流更接近实际。

直流耐压试验电压较高，对发现绝缘某些局部缺陷具有特殊的作用，可与泄漏电流试验同时进行。

2. 直流耐压试验的注意事项

（1）试验人员进入试验场地必须戴安全帽，高空作业时必须使用安全带。试验现场需设置警示带、围栏，并在警示带或围栏上向外悬挂"止步，高压危险！""禁止入内，高压危险！"等标示牌，并派人看守，被试设备两端不在同一点时，另一端还应设置警示带、围栏、标示牌，派人看守。

（2）试验用的接地线应有可靠的接地点，试验设备及被试品需接地的端子应可靠接地。

（3）试验时用的放电电阻的接地端应可靠接地，应准备好绝缘手套、绝缘鞋。

（4）试验前应将试品与其他设备的连接断开，并留有足够的安全距离；与试品相邻的其他设备应可靠接地。

（5）试验完毕后，切断电源，要对试品进行充分的放电。一般需待试品上的电压降至1/2试验电压以下后，将试品经放电电阻接地放电，最后接地线直接接地放电。对现场组装的带滤波电容或倍压电容的试验装置，要对各级电容器逐节放电。对试品附近的电气设备，有感应静电压的可能时，也应进行放电或试验前进行对地短接。

（6）试验电源必须带漏电保护装置。根据试品的电压及容量要求，选择合适的试验设备及测量仪表。

（7）试验前应擦干净试品表面，排除影响试验结果的各种干扰因素。试品的残余电荷会对试验结果产生很大的影响，试验前要对试品进行充分的放电。根据试品铭牌、出厂技术资料及规程规定，确定试验电压；根据以前的试验报告，确定泄漏电流的大概范围。

（8）试验时加压线尽量采用屏蔽线。

（9）试验前应空升试验设备（不接试品）至试验电压，记录空升时各试验电压点的泄漏电流值。

（10）试验前应根据试验电压设定试验设备输出电压的上限，保护试品不过电压试验。

（11）试验加压速度、停留时间、加压持续时间按各试品要求进行。升压过程中有人监护，并做试验记录。

（12）耐压及泄漏电流测试完毕后，降压至零，切断电源，将试品进行充分放电。最后直接接地放电。

【特别提醒】

交流耐压和直流耐压都是耐压试验，都是鉴定电力设备绝缘强度的方法，但二者有较大的区别。

（1）性质不同：交流耐压是鉴定电力设备绝缘强度最有效和最直接的方法，直流耐压是为检测设备在高压试验下承受的最大电压峰值。

（2）破坏性不同：直流耐压试验由于直流电压下的绝缘基本上不产生介质损耗，所以直流耐压对绝缘的破坏较小。此外，由于直流耐压只需提供很小的漏电流，所以所需的试验设备容量小，携带方便。交流耐压比直流耐压对绝缘的破坏更大，由于试验电流是电容电流，需要大容量的试验设备。

【试题选解 26】 电力电缆进行直流耐压试验时，试验电压的升高速度为每秒（　　）kV。

A. 0.5~0.9　　　　 B. 1~2　　　 C. 2.5~3　　 D. 3~5

解：直流耐压试验时间一般为 5~10 min，根据试验电压的一般标准为 1~2 kV，所以正确答案为 B。

7.4.3 高压电气装置与设备的试验

1. 测量绕组的直流电阻

不论测量变压器绕组，还是电动机绕组的直流电阻，其目的一般都是：检查绕组接头的焊接质量和绕组有无匝间短路；分接开关的各个位置接触是否良好以及分接开关的实际位置与指示位置是否相符；引出线有无断裂；多股导线并绕的绕组是否有断股的情况等。

测量绕组直流电阻可以用电桥法和直流伏安法。

采用电桥法测量电阻时，究竟采用单臂电桥还是双臂电桥，取决于被测绕组的大小和精度要求。绕组电阻小于 1 Ω 时，则采用双臂电桥。因为单臂电桥测得数值中，包括连接线与接线柱的接触电阻，这给低电阻的测量带来了误差。

直流伏安法测量电阻时，测量电源推荐采用蓄电池或其他电压稳定的直流电源。相应于不同的电流值测量电阻 3 次，取 3 次的平均值作为绕组的直流电阻。

2. 测量电压比

变压器的电压比（简称变比），是变压器空载时高压绕组电压 U_1 与低压绕组电压 U_2 的比值，即变比 $k=U_1/U_2$。

变压器的变比试验是验证变压器能否达到规则的电压改换作用。其意图是查看各绕组的匝数、引线安装、分接开关指示方位是不是契合需求；供给变压器能否与其他变压器并排运转。变比相差 1% 的中小型变压器并排运转，会在变压器绕组内发生 10% 额外电流的循环电流，使变压器损耗大大添加。

测量变比的常用办法有双电压表法、变比电桥法及运用专用的变压器变比测验仪测量等。

3. 鉴别连接组标号和极性

当两台或多台变压器并联运行时，需知道一次、二次绕组对应的线电势（或线电压）之间的相位关系，以便确定各台变压器能否并联运行，变压器的连接组标号就是用来表征上述相位差的一种标志。

三相绕组的连接法有星形接法和三角形接法，分别用 Y、D（或 y、d）表示，其中大写字母表示高压侧，小写字母表示低压侧。具体表示时高压绕组的连接法写在左，低压绕组连接法写在右。例如，高压绕组为星形接法，低压绕组为三角形接法时，我们记此三相变压器的连接法为 Yd。此外，有的星形连接法可以引出中线，分别用 N（高压侧）或 n（低压侧）表示。

对于三相绕组，无论采用什么连接法，原、副边线电势的相位差总是 30° 的倍数。因此，采用钟面上 12 个数字来表示这种相位差是很简明的。这种表示法是这样的，把高压边线电势的相量作为钟表上的长针，始终指着 12，而以低压边线电势的相量作为短针，它所指的数字即表示高、低压边线电势相量间的相位差，这个数字称为三相变压器连接组的"标号"。常用的连接组标号有 Yyn0、Yd11、YNd11。

变压器的同一相高、低压绕组都是绕在同一铁芯柱上，并被同一主磁通链绕，当主磁通交变时，在高、低压绕组中感应的电势之间存在一定的极性关系。在任一瞬间，高压绕组的某一端的电位为正时，低压绕组也有一端的电位为正，这两个绕组间同极性的一端称为同名端，记作"·"；反之则为异名端，记作"-"。

变压器同名端的判别方法有观察法、直流法和交流法 3 种。

4. 测量绝缘电阻和吸收比

测量高压设备绝缘电阻和吸收比的常用仪表是绝缘电阻表。绝缘电阻试仪有 3 个接线端钮，分别是"线路"（L）端、"接地"（E）端和"保护环"（G）端，测量绝缘电阻时 L 端接电气设备被测量部位，E 端接地，测量时加有几百伏至几千伏的直流电压，当环境湿度较大时，往往会在两端子之间和绝缘物表面产生泄漏电流，影响测量的结果，所以必须接入保护环消除表面泄漏电流的影响。测量时将 G 端接到被试物需要屏蔽的部位，使表面泄漏电流不通过兆欧表测量机构，由 G 端直接流回兆欧表内部电源负极，避免表面泄漏电流带来的误差。

吸收比是指在同一次试验中，用兆欧表或绝缘电阻测试仪，加直流电压时测得 60 s 时的绝缘电阻值与 15 s 时的绝缘电阻值之比。吸收比为

$$K = R_{60}/R_{15}$$

式中：K 为吸收比；R_{60} 为 60 s 时的绝缘电阻值；R_{15} 为 15 s 时的绝缘电阻值。

吸收比（K）一般能较为灵敏地反映被试设备的绝缘状态，绝缘性能不好，尤其是绝缘受潮，吸收比会变小。而绝缘良好的电气设备，吸收比较大。

【特别提醒】

电力变压器的绝缘电阻受湿度和温度的影响较大。在不同温度下所测量的绝缘电阻的阻值不同，温度越高，绝缘电阻越低。在不同的温度下，绝缘电阻不同。

5. 测量介质损耗角正切值

绝缘介质在交流电压的作用下，介质中流过电流，电介质中的部分电能将转变成热能，这部分能量称为电介质损耗。做介质损耗测试是对设备绝缘状况的有效判断。介质损耗测试的办法是测试介质的损耗角，即介质上所做功产生的热量对介质绝缘的影响。

所谓介质损耗角，就是在交变电场作用下，电介质内流过的电流相量和电压相量之间的夹角（功率因数角 φ）的余角（δ），简称介损角。介质损耗角为功率因数角的余角，其正切值 $\tan\delta$ 又称为介质损耗因数。通常采用西林电桥测量 $\tan\delta$ 的值，其接线方法有正接法和反接法，如图 7-11 所示。$\tan\delta$ 越小，说明设备的绝缘性能越好。

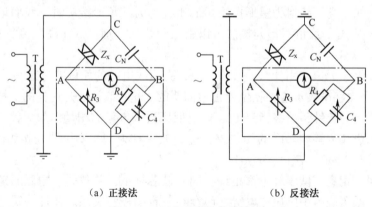

（a）正接法　　　　　　　　　　（b）反接法

图 7-11　西林电桥的接线方法

6. 直流泄漏电流试验

直流泄漏电流试验是用来检查设备的绝缘缺陷的试验。当试验电压加至规定电压值时，保持规定的时间后，如试品无破坏性放电，微安表指针没有突然向增大方向摆动，则可以认为直流耐压试验合格。

直流泄漏电流和直流耐压试验的测量虽然方法一致，但作用不同，直流耐压试验是考验绝缘的耐电强度，其试验电压较高；直流泄漏电流试验是用于检查绝缘状况，试验电压相对较低。

泄漏电流的数值不仅和绝缘的性质、状态有关，而且和绝缘的结构，设备的容量，环境温度、湿度，设备的脏污程度等有关。因此不能仅根据泄漏电流绝对值的大小来泛泛地判断绝缘是否良好，重要的是观察其温度特性、时间特性、电压特性，以及与历年试验结果比较，与同型号设备互相比较，同一设备进行相间比较，以此进行综合判断。

直流泄漏试验方法及操作步骤如下。

（1）试验必须在履行相关安全工作规程所要求的一切手续后进行。根据试品电压等级及对地绝缘状况，并按规定要求确定试验电压值。

（2）根据设备条件和试验电压的大小，选择合适的试验设备和接线，对试品进行放电、清洁。

（3）直流泄漏试验电路有两种，如图 7-12 所示。对试验设备接线完毕后，认真检查接线、仪表量程是否正确；调压器零位、过电流继电器整定是否合适。

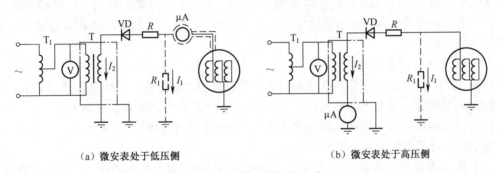

（a）微安表处于低压侧　　　　　　　　　　（b）微安表处于高压侧

图 7-12　直流泄漏试验电路

（4）试验前先进行试验设备的空升试验，测出试品及引线的空升泄漏电流，并记录下来。确定设备无问题后，将试品接入试验回路进行试验。读取泄漏电流时需减去空升泄漏电流。

（5）按照试验电压的 25%、50%、75%、100% 几个挡逐段上升，并相应地读取泄漏电流值，每升压一次，待微安表指示稳定后（即加上电 1 min）读取相应的泄漏电流，画出伏安特性曲线。

（6）试验完毕后，应立即降压，断开电源，将试品通过电阻放电，再直接放电接地。

（7）记录试验温度，并将泄漏电流换算到同一温度下进行比较。

【试题选解 27】　测量 6 kV 变压器的绝缘电阻和吸收比，应用（　　　）V 电压等级的兆欧表。

A. 500　　　　　　B. 1000　　　　　　C. 2500　　　　　　D. 5000

解： 测量变压器绝缘电阻时，一般要测高压线圈对外壳、低压线圈对外壳、高压线圈对低压线圈之间的绝缘电阻，吊芯检修时，还要测量穿芯螺杆对铁芯的绝缘电阻。测量电力变压器绝缘电阻一般选用 2500 V 兆欧表，但测量穿芯螺杆对铁芯的绝缘电阻时，一般选用 1000 V

兆欧表，所以正确答案为 C。

【试题选解 28】 电力电缆进行泄漏电流试验时，应在加压 0.25 倍、0.5 倍、（   ）倍和 1.0 倍的试验电压时，每点停留 1 min 读取泄漏电流。

　A. 0.6　　　　　B. 0.7　　　　　C. 0.75　　　　　D. 0.85

解： 根据规定，高压设备进行泄漏电流试验时，按照试验电压的 25%、50%、75%、100% 几个挡逐段上升，各点停留 1 min 后读取相应的泄漏电流，所以正确答案为 C。

7.4.4　避雷器预防性试验

1. 测量绝缘电阻

发电厂、变电所每年在雷雨季节前，测量金属氧化物避雷器绝缘电阻，对 1 kV 以下电压选用 500 V 绝缘电阻表，绝缘电阻不小于 2 MΩ；对 35 kV 及以下的选用 2500 V 绝缘电阻表，绝缘电阻应不小于 10000 MΩ；对 35 kV 以上的用 5000 V 绝缘电阻表，绝缘电阻不小于 200 MΩ、基座绝缘电阻不低于 5 MΩ。

对阀型避雷器测量绝缘电阻，应使用 2500 V 兆欧表。

绝缘电阻表上的接线端子 L 是接高压端的，E 是接试品的接地端的，G 是接屏蔽端的。如果试品带有放电计数器，则应将放电计数器前端作为接地端。如果试品表面泄漏电流较大，还需接上屏蔽环。

2. 测量电导（泄漏电流）

（1）试验目的。监测金属氧化物避雷器，判断是否出现故障，保障避雷器的安全运行。

（2）试验仪器。泄漏电流测试仪，适用于 110 kV 及以上避雷器交接试验。

（3）测量步骤。按照测试仪器接线方法，正确连接试验接线，一人接，一人检查，接线检查完毕后，进行交流泄漏电流的测试。

（4）影响因素及注意事项。由于是在运行中测量避雷器的泄漏电流，因此应注意保持足够安全距离，监护人应提高警惕。

（5）测量结果的判断。测量运行电压下的全电流、阻性电流或功率损耗，测量值与初始值比较，有明显变化时应加强监测，当阻性电流增加 1 倍时，应停电检查。

3. 测量工频放电电压

避雷器工频放电电压是指对避雷器的绝缘间隙或者绝缘介质施加逐渐升高的 50 Hz 工频电压，直至间隙或者绝缘介质放电击穿，这时的电压就是工频放电电压。测量阀式避雷器的工频放电电压，能够反映其火花间隙结构及特性是否正常、检验其保护性能是否正常。

对每一个避雷器应做 3 次工频放电试验，每次间隔不小于 1 min，并取 3 次放电电压的平均值作为该避雷器的工频放电电压。对运行中的避雷器，一般不要求做工频放电电压试验，但在解体检修后及必要时，应测量工频放电电压。

工频放电试验接线与一般工频耐压试验接线相同。试验电压的波形应为正弦波，为消除高次谐波的影响，必要时在调压器的电源取线电压或在试验变压器低压侧加滤波回路。

对有串联间隙的金属氧化物避雷器，应在被试避雷器下端串联电流表，用来判别间隙是否放电动作。

4. 有关试验标准

（1）测量直流 1 mA 以下的电压及 0.75 倍电压下的泄漏电流。其测量时间：发电厂、变电所每年在雷雨季前。

1 mA 的电压值为试品通过 1 mA 直流时，试品两端的电压值：1 mA 电压值与初始值相比较，变化应不大于±5%，75%"1 mA 电压"下的泄漏电流应不大于 50 μA。

（2）测量运行电压下的泄漏电流。其测量时间：发电厂、变电所每年在雷雨季前。

测量运行电压下的泄漏电流及其有功分量和无功分量，测得值与初始值比较，当有功分量泄漏电流增加到初始值 2 倍时，应缩短监测周期为 3 个月一次。试验时要记录大气条件。

【特别提醒】

若避雷器在母线上，当母线进行耐压试验时必须将其退出。

【试题选解 29】　相关规程中规定氧化锌避雷器的绝缘电阻应不低于（　　）MΩ。

A．2500　　　　　　B．3000　　　　　　C．5000　　　　　　D．10000

解：根据氧化锌避雷器的试验标准，35 kV 及以下电压等级，应采用 2500 V 兆欧表，绝缘电阻不应小于 10000 MΩ。所以正确答案为 D。

▌7.4.5　接地装置预防性试验

1．接地电阻测试要求

（1）交流工作接地，接地电阻不应大于 4 Ω。

（2）安全工作接地，接地电阻不应大于 4 Ω。

（3）直流工作接地，接地电阻应按计算机系统具体要求确定。

（4）防雷保护接地，接地电阻不应大于 10 Ω。

（5）对于屏蔽系统，当采用联合接地时，接地电阻不应大于 1 Ω。

2．测量接地电阻的方法

ZC-8 型接地电阻测量仪适用于测量各种电力系统、电气设备、避雷针等接地装置的电阻值，也可用来测量低电阻导体的电阻值和土壤电阻率。

（1）两点法。将 P_1 和 C_1 端子连接到被测接地电极，P_2 和 C_2 连接到单独的全金属接地点（如水管或建筑钢），如图 7-13 所示。

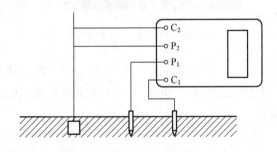

图 7-13　两点法测量接地电阻

两点法条件：必须有已知接地良好的地，如 PEN（保护零线）等，所测量的结果是被测地和已知地的电阻和。

（2）三点法。三点法用于测量已安装接地电极的接地电阻。使用四端子测试仪，沿被测接地极 E（C_2、P_2）和电位探针 P_1 及电流探针 C_1，依直线彼此相距 20 cm，使电位探针处于

E、C 中间位置，按要求将探针插入大地。用专用导线将地阻仪端子 E（C_2、P_2）、P_1、C_1 与探针所在位置对应连接，如图 7-14 所示。

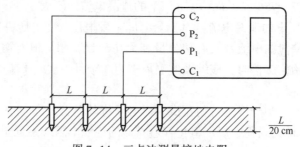

图 7-14　三点法测量接地电阻

（3）夹紧法。夹紧法的独特之处在于它能够在不断开地面系统的情况下测量接地电阻，如图 7-15 所示。

图 7-15　夹紧法测量接地电阻

条件：必须有两个接地棒、一个辅助地和一个探测电极。各个接地电极间的间隔不小于 20 m。原理是在辅助地和被测地之间加上电流，测量被测地和探测电极间的电压降，测量结果包括测量电缆本身的电阻。

适用于：地基接地、建筑工地接地和防雷接地。接线：S 接探测电极，H 接辅助地，E 和 ES 连接后接被测地。

【试题选解 30】　测量接地装置的接地电阻，采用（　　　）。

A. 接地电阻测量仪　　　B. 兆欧表　　　　C. 电桥　　　　D. 欧姆表

解：测量接地电阻的方法有仪表测量法、摇表测量法和万用表测量法。在工程中，一般采用 ZC-8 型接地电阻测量仪来测量接地电阻，因为接地电阻测量仪是测量接地电阻的专用仪表，所以正确答案为 A。

7.4.6　绝缘油试验

1. 凝点

凝点是指油品试样在规定条件下冷却到液面不流动时的最高温度，又称凝固点。

油品没有明确的凝固温度，所谓"凝固"，只是从整体看液面失去了流动性。凝点的高低与油品的化学组成有关。馏分轻则凝点低，馏分重、含蜡高则凝点高。凝固点低，油的对流散热性能好，因此凝固点越低越好。

变压器油的标号表示的是凝点的温度，如 25 号油表示在-25 ℃凝固。

2. 闪点

闪点是油品安全性的指标。油品在特定的标准条件下加热至某一温度，令由其表面逸出的蒸汽刚够与周围的空气形成可燃性混合物，当以标准测试火源与该混合物接触时即会引致瞬时的闪火，此时油品的温度即定义为其闪点。其特点是火焰一闪即灭。油品的闪点越低，引起火灾的危险性越大。

油品的闪点一般不应低于 135 ℃。运行中的变压器油，不能比新油降低 5 ℃。

闪点是在闪点测定仪器中测定的。根据测试仪器的不同，可分开杯试验闪点和闭杯试验闪点。前者是将易燃液体放在一个敞开的容器中加热所测得的闪点；后者是将易燃液体放在一个特定的密闭容器中加热而测得的，闭杯试验闪点一般要比开杯试验闪点低 4~5 ℃。

3. 外观

外观异常的可能原因有油中含有水分、纤维、碳黑及其他固体物。对外观异常的变压器油应采取如下对策：若油模糊不清、浑浊发白，表明油中含有水分，应检查含水量；若发现油中含有碳颗粒，油色发黑，甚至有焦臭味，则可能是变压器内部存在有电弧或局部放电故障，则有必要进行油的色谱分析；若油色发暗，而且油的颜色有明显改变，则应注意油的老化是否加速，可结合油的酸值试验分析，或加强油的运行温度的监控。

4. 水分

水分超极限值根据设备电压等级的不同而不同。330~500 kV、220 kV、110 kV 及以下的设备其水分超极限值依次为大于 15 mg/L、大于 25 mg/L、大于 35 mg/L。水分超出极限值可能原因有二：设备密封不严，由外界空气中的水分侵入；设备超温运行，导致固体绝缘老化或油质劣化较深。水分超出极限值应采取如下对策：更换呼吸器内干燥剂；降低运行温度；采用真空滤油处理。

5. 酸值

油中所含酸性产物会使油的导电性增高，降低油的绝缘性能，在运行温度较高时（如 80 ℃以上）还会促使固体纤维质绝缘材料老化和造成腐蚀，缩短设备使用寿命。由于油中酸值可反映出油质的老化情况，所以加强酸值的监督，对于采取正确的维护措施是很重要的。

酸值超极限值为大于 0.1 mg KOH/g。酸值超出极限值可能原因有四：超负荷运行；抗氧化剂的消耗；补错了油；油被污染。对酸值超出极限值可采取如下对策：调查原因，增加试验次数，测定抗氧剂含量并适当补加，进行油的再生处理，若经济合理，可做换油处理。

6. 介质损耗因数

介质损耗因数对变压器油的老化与污染程度是很敏感的。新油中所含极性杂质少，所以介质损耗因数也甚微小，一般仅有 0.01%～0.1% 数量级；但由于氧化或过热而引起油质老化，或混入其他杂质时，所生成的极性杂质和带电胶体物质逐渐增多，介质损耗因数也就会随之增大，在油的老化产物甚微，用化学方法尚不能察觉时，介质损耗因数就已能明显地分辨出来。因此介质损耗因数的测定是变压器油检验监督的常用手段，具有特殊的意义。

【特别提醒】

变压器油在变压器中起着加强绝缘、散热、防腐和灭弧的作用。由于对变压器油的质量要求很高，严格地讲，不经过耐压试验和简化试验，很难说明变压器油是否合格。

【试题选解 31】 绝缘油水分测定的方法是（　　　）。

A. 蒸发　　　　　B. 滤湿法　　　　C. GB260 石油产品水分测定法　　D. 目测

解： 变压器油的绝缘材料中含水量增加，会引起设备的金属部件腐蚀，直接导致绝缘性能下降并会促使油老化，影响设备运行的可靠性和使用寿命。绝缘油水分测定的方法有耐压试验法，也可以用 GB260 石油产品水分测定法来测定，所以正确答案为 C。

【试题选解 32】 运行中变压器绝缘油的闪点应不比新油的标准降低（　　　）℃。

A. 1　　　　　　B. 2　　　　　　C. 3　　　　　　　D. 5

解： 根据运行中变压器的要求，运行中的变压器绝缘油的闪点不能比新油降低5℃，所以正确答案为 D。

【练习题】

一、选择题

1. 高压断路器的额定电压，一般是指（　　　）。

A. 断路器正常、长期工作的峰值电压　　　　B. 断路器正常、长期工作的相电压

C. 断路器正常、长期工作的线电压　　　　　D. 断路器正常、长期工作的平均电压

2. 高压电器有关标准规定，产品的使用环境温度为（　　　）。

A. −40～40 ℃　　　　　　　　　　B. 高于−40 ℃

C. 不高于40 ℃　　　　　　　　　　D. 0 ℃左右

3. 海拔高度对高压电器的影响是（　　　）。

A. 海拔高的地区的大气压力低，电器的耐压水平会随之降低

B. 海拔高的地区的大气压力低，电器的耐压水平会随之升高

C. 海拔高的地区的大气压力高，电器的耐压水平会随之降低

D. 海拔高的地区的大气压力高，电器的耐压水平会随之升高

4. 配电变压器低压中性点的接地称作（　　　）。

A. 保护接地　　　B. 重复接地　　　　C. 防雷接地　　　　D. 系统接地

5. 隔离开关在合闸状态时，正确的安装方位是操作手柄向（　　　）。

A. 上　　　　　　B. 下　　　　　　C. 左　　　　　　D. 右

6. 铁壳开关属于（　　　）。

A. 断路器　　　　B. 接触器　　　　C. 负荷开关　　　　D. 主令电器

7. 低压断路器的瞬时动作电磁式过电流脱扣器的作用是（　　　）。

A. 短路保护　　　B. 过载保护　　　C. 漏电保护　　　D. 断相保护

8. 低压断路器的失压脱扣器的动作电压一般为（　　）的额定电压。

A. 10%~20%　　　B. 20%~30%　　　C. 40%~75%　　　D. 80%~90%

9. DZ 型低压断路器的热脱扣器的作用是（　　）。

A. 短路保护　　　B. 过载保护　　　C. 漏电保护　　　D. 断相保护

10. DW 型低压断路器的瞬时动作过电流脱扣器动作电流的调整范围多为额定电流的（　　）倍。

A. 1~3　　　B. 4~6　　　C. 7~9　　　D. 10~20

11. 低压断路器的最大分断电流（　　）其额定电流。

A. 远大于　　　B. 略大于　　　C. 等于　　　D. 略小于

12. 接触器的通断能力应当是（　　）。

A. 能切断和通过短路电流　　　B. 不能切断和通过短路电流

C. 不能切断短路电流，能通过短路电流　　　D. 能切断短路电流，不能通过短路电流

13. 选用交流接触器应全面考虑（　　）的要求。

A. 额定电流、额定电压、吸引线圈电压、辅助接点数量

B. 额定电流、额定电压、吸引线圈电压

C. 额定电流、额定电压、辅助接点数量

D. 额定电压、吸引线圈电压、辅助接点数量

14. 交流接触器本身可兼作（　　）保护。

A. 断相　　　B. 失压　　　C. 短路　　　D. 过载

15. 变压器的额定容量用（　　）表示。

A. kVA　　　B. kW　　　C. kV　　　D. kA

16. 变压器一次绕组与二次绕组所链绕的磁通（　　）。

A. 一次绕组的磁通大　　　B. 二次绕组的磁通大

C. 一样大　　　D. 不一样大

17. 降压变压器一、二次电压与电流之间的关系是（　　）。

A. 一次电压高、电流大；二次电压低、电流小

B. 一次电压低、电流小；二次电压高、电流小

C. 一次电压高、电流小；二次电压低、电流大

D. 一次电压低、电流大；二次电压高、电流小

18. 变压器的铁芯用（　　）制作。

A. 钢板　　　B. 铜板　　　C. 硅钢片　　　D. 永久磁铁

19. 变压器的铁芯用硅钢片的厚度一般为（　　）mm。

A. 0.35~0.5　　　B. 0.5~1　　　C. 1~2　　　D. 2~5

20. 单相自耦变压器有（　　）个绕组。

A. 1　　　B. 2　　　C. 3　　　D. 4

21. 变流比 150/5 的电流互感器配用指示值 150 A/5 A 电流表，当流过电流表的电流为 4 A 时，电流表的指示值为（　　）A。

A. 150　　　B. 120　　　C. 37.5　　　D. 4

22. 三相并联电容器分组安装时，每组一般不宜超过（　　）台。
   A. 4　　　　　　　　B. 8　　　　　　　　C. 12　　　　　　　　D. 16

23. 总容量（　　）kvar 及以上的低压并联电容器组应装电压表。
   A. 30　　　　　　　B. 60　　　　　　　C. 100　　　　　　　D. 2000

24. 低压隔离开关与低压断路器串联使用时，停电时的操作顺序是（　　）。
   A. 先断开断路器，后拉开隔离开关　　　　B. 先拉开隔离开关，后断开断路器
   C. 任意顺序　　　　　　　　　　　　　　D. 同时断（拉）开断路器和隔离开关

25. 验电应由近到远逐相进行，对于现场既有高压装置也有低压装置者，应该（　　）。
   A. 先验高压，后验低压　　　　　　　　　B. 先验低压，后验高压
   C. 无先后顺序要求　　　　　　　　　　　D. 同时验高压和低压

26. 装设临时接地线的顺序是（　　）。
   A. 先接接地端，后接相线端　　　　　　　B. 先接相线端，后接接地端
   C. 同时接地端和相线端　　　　　　　　　D. 没有要求

27. 提高企业用电负荷的功率因数可以使变压器的电压调整率（　　）。
   A. 不变　　　　　　B. 减小　　　　　　C. 增大　　　　　　D. 基本不变

28. 避雷器做泄漏电流试验，数值规定不超过（　　）μA。
   A. 15　　　　　　　B. 5　　　　　　　C. 10　　　　　　　D. 20

二、判断题

1. 绝缘介质可以分为灭弧用绝缘介质及支持用绝缘介质两类。　　　　　　　（　　）
2. 绝缘介质在断路器中只作为灭弧用。　　　　　　　　　　　　　　　　　（　　）
3. 额定电压是指断路器正常、长期工作的电压。额定电压一般指线电压。　　（　　）
4. 额定电压是指断路器正常、长期工作的电压。额定电压一般指相电压。　　（　　）
5. 额定电流是指断路器在标准环境温度下，电气设备长期通过的、发热不超过允许值的最大负荷电流。　　　　　　　　　　　　　　　　　　　　　　　　　　（　　）
6. 额定电流是指断路器在标准环境温度下，电气设备瞬间通过的、发热不超过允许值的最大负荷电流。　　　　　　　　　　　　　　　　　　　　　　　　　　（　　）
7. 接入电流互感器二次回路的电流表，其线圈的额定电流均为 5 A。　　　　（　　）
8. 运行中电流互感器二次电流的大小是由二次侧负载阻抗的大小决定的。　　（　　）
9. 运行中电流互感器只有其一次侧电流足够大，且二次侧开路时，其铁芯中的磁通才会饱和。　　　　　　　　　　　　　　　　　　　　　　　　　　　　　　　（　　）
10. 低压隔离开关的主要作用是检修时实现电气设备与电源的隔离。　　　　（　　）
11. 大容量低压断路器闭合过程中，弧触头先闭合，主触头后闭合；断开时顺序相反。　　　　　　　　　　　　　　　　　　　　　　　　　　　　　　　　　（　　）
12. 交流接触器能切断短路电流。　　　　　　　　　　　　　　　　　　　（　　）
13. 熔断器具有良好的过载保护特性。　　　　　　　　　　　　　　　　　（　　）
14. 双绕组变压器的一、二次电压与一、二次电流成反比，当二次电流增大时一次电流减小。　　　　　　　　　　　　　　　　　　　　　　　　　　　　　　　（　　）
15. 自耦变压器的一次绕组与二次绕组之间不存在电气连接。　　　　　　　（　　）

16. 电流互感器变流比为 100/5，所配接的电流表最大示值量程为 5 A。   （   ）

17. 安装并联电容器组可以提高负载的功率因数。   （   ）

18. 配电室装设并联电容器后，各路低压配电线路上的电流减小。   （   ）

19. 完成停电操作后立即装设临时接地线。   （   ）

20. 工厂企业中的车间变电所常采用低压静电电容器补偿装置，以提高功率因数。

                                                                          （   ）

21. 生产作业的控制不属于车间生产管理的基本内容。   （   ）

第 8 章

电力系统与输配电线路

8.1 电力系统

8.1.1 电力系统与电力网

1. 电力系统的概念

由发电、输电、变电、配电、用电设备及相应的辅助系统组成的电能生产、输送、分配、使用的统一整体称为电力系统，如图 8-1 所示。电力系统也可描述为：由电源、电力网以及用户组成的整体。

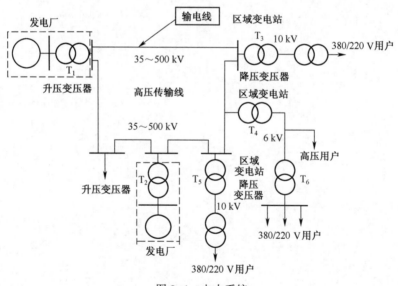

图 8-1　电力系统

2. 电力系统的优点

（1）提高了供电的可靠性。特别是构成了环网，当系统中某局部设备故障或某部分线路检修时，可以通过变更电力网的运行方式，对用户连续供电，以减少由于停电造成的损失。

（2）减少了系统的备用容量，使电力系统的运行具备灵活性。各地区可以通过电力网互相支援，为保证电力系统所必需的备用机组也可大大地减少。

（3）通过合理地分配负荷，降低了系统的高峰负荷，提高了运行的经济性。

（4）不受地方负荷影响，可以增大单台机组的容量，而大容量机组比小容量机组效率高，经济性好。

（5）降低电价。大型电力系统建立后，其运行成本更低。

3. 电力网

由输电、变电、配电设备及相应的辅助系统组成的联系发电与用电的统一整体称为电力网。其作用是输送、控制和分配电能。

一个大的电力网（联合电力网）总是由许多子电力网发展、互联而成，因此分层结构是电力网的一大特点。一般电力网可划分为输电网、二级输电网、高压配电网和低压配电网。

电力网的接线方式大致可分无备用和有备用两类。无备用接线包括单回路放射式、干线式和链式网络。有备用接线包括双回路放射式、干线式、链式以及环式和两端供电网络。无备用接线简单、经济、运行方便，但供电可靠性差。架空线路的自动重合闸装置一定程度上能弥补上述的缺点。相反，有备用接线供电可靠性高，一条线路的故障或检修一般不会影响对用户的供电，但投资大，且操作较复杂。其中，环式供电和两端供电方式较为常用。

电力网按供电范围、输送功率和电压等级来分，有地方网、区域网和远距离网 3 类。

电力网按电压等级来分，有低压网、高压网、超高压网。通常 1 kV 以下的电网称为低压网；1~330 kV 的电网称为高压网；500 kV 及以上的电网称为超高压网。按照电力网规划规程的规定，通常将 110 kV 以上的线路称为送电线路，而 110 kV 以下，包括 110 kV 的线路称为配电线路，110 kV、63 kV 的电网称为高压配电线路，而 20 kV、10 kV 的线路称为中压配电线路，400 V 的线路称为低压配电线路。

电力网按电网结构来分，有开式电网（凡是用户只能从单方向得到电能的电网）和闭式电网（凡是用户可从两个以上的方向得到电能的电网）。

【试题选解 1】　电力线路是电力网的主要组成部分，其作用是输送电能。（　　）

解： 电力线路是电力系统的重要组成部分，它担负着输送和分配电能的任务。由电源向电力负荷中心输送电能的线路称为输电线路或送电线路。送电线路的电压较高，一般在 110 kV 以上。主要担任分配电能任务的线路称为配电线路，配电电压较低，一般在 35 kV 及以下。所以题目中的观点是错误的。

【试题选解 2】　变配电所是电力网中的线路连接点，是用于（　　）的设施。

A. 变换电压　　　B. 交换功率　　　C. 汇集电能　　　D. 分配电能

解： 变配电所是电力网中的线路连接点，是电网的重要组成部分和电能传输的重要环节，是用来变换电压、交换功率和汇集、分配电能的设施，对保证电网安全、经济运行具有举足轻重的作用。所以正确答案为 ABCD。

【试题选解 3】　电力系统的运行具有灵活性，各地区可以通过电力网互相支援，为保证电力系统安全运行所必需的备用机组必须大大地增加。（　　）

解： 电力系统的运行具有灵活性，各地区可以通过电力网互相支援，为保证电力系统安全运行所必需的备用机组必须大大地减少，所以题目中的观点是错误的。

■ 8.1.2　电力负荷

1. 电力负荷的概念

电力负荷又称用电负荷，是指电路中的电功率。电能用户的用电设备在某一时刻向电力系统取用的电功率的总和，称为用电负荷。

在交流电路中，电功率包含有功功率，又称有功负荷，单位 kW（千瓦）；无功功率称为无功负荷，又称无功功率，单位 kvar（千乏）。视在功率包含有功、无功两部分，往往以负荷电流取而代之。由于系统电压比较稳定，电压乘电流就是视在（表观）功率，所以负荷电流也就反映了系统中的视在功率，因此，系统中的电力负荷也可以通过负荷电流反映出来。

2. 电力负荷的分类

（1）按电力用户的不同负荷特征分类。电力负荷可分为各种工业负荷、农业负荷、交通运输业负荷和人民生活用电负荷等。

（2）按负荷发生的不同部位分类。

1）发电负荷：是指发电厂的发电机向电网输出的电力。对电力系统来说，是指发电厂向电网的总供电负荷。

2）供电负荷：是指向电网输出的发电负荷扣除厂用电和发电厂变压器的损耗和线路损耗以后的负荷。

3）线损负荷：是指在输送和分配电能的过程中，线路和变压器的功率损耗的总和。

4）用电负荷：用户实际消耗的负荷。一般供电负荷扣除线损负荷可计为用电负荷。

（3）按电力系统中负荷发生的不同时间分类。

1）高峰负荷又称最高负荷，是指电网中或用户在一天时间内所发生的最高负荷值。其又分为日高峰负荷和晚高峰负荷，在分析某单位的负荷率时，选一天 24 h 中最高的一个小时的平均负荷作为高峰负荷。

2）低谷负荷又称最低负荷，是指电网中或某用户在一天 24 h 内发生的用量最少的一小时平均电量。

3）平均负荷是指电网中或某用户在某一段确定时间阶段的平均小时用电量。

（4）按其用电性质及重要性分类。电力负荷可分为一类负荷、二类负荷和三类负荷。

根据电气设计规程的有关规定，对于一类负荷的供电，应由至少两个独立的电源供电，必要时还应安装发电机组作为紧急备用。二类负荷采用双回路供电。三类负荷采用单回路供电。

【试题选解 4】 为了更好地保证对用户供电，通常根据用户的重要程度和对供电可靠性的要求，将电力负荷分为（　　）。

　　A. 一类　　　　　B. 二类　　　　　C. 三类　　　　　D. 四类

解：电力负荷分类一直是电力系统规划、错峰管理、分时电价、负荷预测的基础，好的负荷分类方法能给系统规划、错峰管理等提供正确的依据和指导。通常根据用户的重要程度和对供电可靠性的要求，可将电力负荷分为三类，即一类负荷、二类负荷和三类负荷，所以正确答案为 C。

▌8.1.3　供电质量

1. 供电质量的含义

供电质量又称为电能质量，包括供电频率质量、供电电压质量和供电可靠性三方面。供电频率质量以频率允许波动偏差来衡量；供电电压质量以用户受电端的电压幅度来衡量；供电可靠性以对用户每年停电的时间或次数来衡量。

2. 衡量电能质量的主要指标

电力生产企业并不能完全控制电能质量，有些电能质量的变化是由电力用户引起的（如谐波、电压波动和闪变等），或是自然灾害及非控制因素引起的。

在不同的时间内供用电的电能指标通常是不相同的，即电能质量在空间和时间上是处在不停的变化之中的。

（1）供电电压质量。

1）电压偏差：电压偏差是指实际电压偏移额定值的大小，一般用相对值表示。我国供电企业对客户供电的电压额定值，低压单相 220 V，三相 380 V；高压为 10 kV、35（6）kV、110 kV、220 kV。

供电企业供到客户受电端的供电电压质量允许偏差：35 kV 及以上电压供电的，电压正负偏差的绝对值之和不超过额定值的 10%；10 kV 及以下三相供电的，为额定值的 ±7%；220 V 单相供电的，为额定值的 7%、−10%。

在电力系统非正常情况下，客户受电端的电压最大允许偏差不应超过额定值的 ±10%。

计算公式：

电压偏差（%）=（实际电压−额定电压）/额定电压×100%

2）电压波动和闪变：在某一时段内，电压急剧变化偏离额定值的现象称为电压波动。当电弧炉等大容量冲击性负荷运行时，剧烈变化的负荷电流将引起线路压降的变化，从而导致电网发生电压波动。由电压波动引起的灯光闪烁，光通量急剧波动，对人眼脑的刺激现象称为电压闪变。

国家标准规定对电压波动的允许值为：10 kV 及以下为 2.5%；35 ~ 110 kV 为 2%；220 kV 及以上为 1.6%。

3）高次谐波：高次谐波的产生，是由于非线性电气设备接到电网中投入运行，使电网电压、电流波形发生不同程度畸变，偏离了正弦波。高次谐波除电力系统自身背景谐波外，主要是用户方面的大功率变流设备、电弧炉等非线性用电设备所引起。高次谐波的存在将导致供电系统能耗增大、电气设备绝缘老化加快，并且干扰自动化装置和通信设施的正常工作。

4）三相不对称：三相不对称是指 3 个相电压的幅值和相位关系上存在偏差。三相不对称主要由系统运行参数不对称、三相用电负荷不对称等因素引起。供电系统的不对称运行，对用电设备及供配电系统都有危害，低压系统的不对称运行还会导致中性点偏移，从而危及人身和设备安全。

电力系统公共连接点正常运行方式下不平衡度国家规定的允许值为 2%，短时不得超过 4%，单个用户不得超过 1.3%。

（2）供电频率质量。我国电力设备的额定频率为 50 Hz。

在电力系统正常状况下，供电频率的允许偏差分为三种情况：

1）电网装机容量在 300 万 kW 及以上的，为 0.2 Hz；

2）电网装机容量在 300 万 kW 以下的，为+0.5 Hz；

3）客户冲击负荷引起系统频率变动一般不得超过+0.2 Hz。

电力系统非正常状况下，供电频率允许偏差不应超过+1.0 Hz。

（3）供电可靠性。供电可靠性是指供电企业每年对客户停电的时间和次数，直接反映供电企业的持续供电能力。

供电设备计划检修时，对 35 kV 及以上电压供电客户的停电次数，每年不应该超过 1 次，对 10 kV 电压供电的客户，每年不超过 3 次。

供电可靠性可以用如下一系列年指标加以衡量：供电可靠率、用户平均停电时间、用户平均停电次数、用户平均故障停电次数等。

国家规定的城市供电可靠率是 99.96/100，即用户年平均停电时间不超过 3.5 h；我国供电可靠率目前一般城市地区达到了 3 个 9（即 99.9%）以上，用户年平均停电时间不超过 9 h；重要城市中心地区达到了 4 个 9（即 99.99%）以上，用户年平均停电时间不超过 53 min。计算公式：

供电可靠率(%) = [8760(年供电小时) − 年停电小时]/8760 × 100%

【试题选解 5】 供电质量指电能质量与电压合格率。（　　）

解： 供电质量包括供电频率质量、供电电压质量和供电可靠性三方面，所以题目中的观点是错误的。

8.2　电　力　线　路

■ 8.2.1　架空线路的结构与选用

1. 电杆及其选用

（1）电杆种类与用途。

1）电杆按所用材质，可分为水泥杆、金属杆和木杆 3 种。

水泥杆具有使用寿命长、维护工作量小等优点，使用较为广泛。水泥杆中使用最多的是拔梢杆，锥度一般均为 1/75，分为普通钢筋混凝土杆和预应力型钢筋混凝土杆。

金属杆包括铁杆和铁塔。铁杆用于 35 kV 或者 110 kV 的架空线路，铁塔用于 110 kV 或 220 kV 的架空线路。木杆目前已很少使用。

2）电杆按其在线路中的用途，可分为直线杆、耐张杆、转角杆、分支杆、终端杆等。

直线杆：又称中间杆或过线杆。其用在线路的直线部分，主要承受导线质量和侧面风力，故杆顶结构较简单，一般不装拉线。

耐张杆：耐张杆除承受导线质量和侧面风力外，还要承受邻档导线拉力差所引起的沿线路方面的拉力。为平衡此拉力，通常在其前后方各装一根拉线。

转角杆：用在线路改变方向的地方。转角在 15°以内时，可仍用原横担承担转角合力；转角在 15°~30°时，可用两根横担，在转角合力的反方向装一根拉线；转角在 30°~45°时，除用双横担外，两侧导线应用跳线连接，在导线拉力反方向各装一根拉线；转角在 45°~90°时，用两对横担构成双层，两侧导线用跳线连接，同时在导线拉力反方向各装一根拉线。

分支杆：设在分支线路连接处，在分支杆上应装拉线，用来平衡分支线拉力。分支杆按结构可分为丁字分支和十字分支两种。

终端杆：设在线路的起点和终点处，承受导线的单方向拉力，为平衡此拉力，需在导线的反方向装拉线。

（2）电杆选用。通常一条完整的架空线路，都存在转角、跨越等情况。因此，在对电杆杆型进行选择时，通常应考虑以下几个方面的问题。

1）既要考虑安全可靠，又不能影响车、船的行驶，还要考虑节省材料。

2）还应根据档距、导线弧垂、导线与地面和各种设施之间的最小垂直距离，以及横担的安装位置来选择杆型。

3）根据安装地点的具体情况来选择杆型。直线杆为架空线路直线部分的支撑点，耐张杆为分段结构的支撑点，转角杆用于改变方向的支撑点，终端杆为始端或终端的支撑点，分支杆用于分出支线的支撑点，跨越杆于跨越某处时使用。

2. 绝缘子及其选用

绝缘子俗称瓷瓶，它是用来支持导线的绝缘体，一般的架空线电力工程中都会用到，绝缘子同时也是一种特殊的绝缘控件，能够在架空输电线路中起到重要作用。

（1）针式绝缘子。针式绝缘子主要用于直线杆和角度较小的转角杆支持导线，分为高压、低压两种。按材料分为针式瓷质绝缘子与针式复合绝缘子。

绝缘子型号说明如下：

P——普通型针式绝缘子；

PQ1——加强绝缘 1 型（重污型）针式绝缘子；

PQ2——加强绝缘 2 型（特重污型）针式绝缘子；

FPQ——复合针式防污型绝缘子；

B——瓷件侧槽以上部位，除承烧面外，全部上半导体釉；

T——带脚，铁担；

M——长脚；

L——不带脚，瓷件与脚螺纹连接；

LT——带脚，瓷件与脚螺纹连接，铁担；

半字线后面的数字 10 表示额定电压 10 kV；T 后的数字 16、20 表示下端螺纹直径。

例如，P-15T16，P 表示普通型针式绝缘子，15 表示额定电压 15 kV，16 表示下端螺纹直径 16 mm。

（2）蝶式绝缘子。蝶式绝缘子的全称为蝴蝶形瓷绝缘子，俗称茶台瓷瓶，分为高压、低压两种，高压型号主要有 E-1、E-2 型等；低压型号主要有 ED-1、ED-2、ED-3、ED-4 型等。蝶式绝缘子主要用于低压配电线路作为直线或耐张绝缘子，也用于 10 kV 配电线路终端杆、耐张转角杆和分支杆上。在高压配电线路中，蝶式绝缘子一般应该与悬式绝缘子相配合使用，作为引流线（跳线）支撑线路金具中的一个元件。

（3）悬式瓷绝缘子。悬式瓷绝缘子主要用于架空配电线路耐张杆，一般低压线路采用一片悬式绝缘子悬挂导线，10 kV 线路采用两片组成绝缘子串悬挂导线，电压越高串得越多。悬式瓷绝缘子按金属附件连接方式，分为球窝型和槽型两种。

（4）支柱绝缘子。其主要用于发电厂及变电所的母线和电气设备的绝缘及机械固定。此外，支柱绝缘子常作为隔离开关和断路器等电气设备的组成部分。支柱绝缘子又可分为针式支柱绝缘子和棒形支柱绝缘子。针式支柱绝缘子多用于低压配电线路和通信线路，棒形支柱绝缘子多用于高压变电所。

（5）玻璃绝缘子。玻璃绝缘子是绝缘件由经过钢化处理的玻璃制成的绝缘子。其表面处于压缩预应力状态，如发生裂纹和电击穿，玻璃绝缘子将自行破裂成小碎块，俗称"自爆"。这一特性使玻璃绝缘子在运行中无须进行"零值"检测。

（6）耐污绝缘子。其主要是采取增加或加大绝缘子伞裙或伞棱的措施以增加绝缘子的爬电距离，以提高绝缘子污秽状态下的电气强度。同时还采取改变伞裙结构形状的方式以减少表面自然积污量，来提高绝缘子的抗污闪性能。耐污绝缘子的爬电距离一般要比普通绝缘子提高 20% ~ 30%，甚至更多。

（7）直流绝缘子。其主要指用在直流输电中的盘形绝缘子。直流绝缘子一般具有比交流耐污型绝缘子更长的爬电距离，其绝缘件具有更高的体电阻率，其连接金具应加装防电解腐蚀的牺牲电极。

（8）拉线绝缘子。拉线绝缘子又称拉线圆瓷，一般用于架空配电线路的终端、转角、耐张杆等穿越导线的拉线上，使下部拉线与上部拉线绝缘。其主要作用是防止拉线带电。

低压线路一般采用瓷拉线绝缘子，一般用 J 表示（JH 表示复合拉线绝缘子），半字线后面的数字表示机械破坏负荷（kN）；10 kV 线路用的拉线绝缘子一般采用悬式绝缘子（玻璃或瓷绝缘子）。

3. 导线及其选用

架空线路常用的导线有裸导线和绝缘导线，除变压器台的引线和接户线采用绝缘导线外多采用裸导线。其从材质上分架空导线有铝芯和铜芯两种，在配电网中，因铝材较轻，对线路连接件和支持件要求低，因此铝芯线应用较多。

（1）常用架空裸导线型号。TJ——铜绞线；LGJ——钢芯铝绞线；LGJQ——轻型钢芯铝绞线；LGJJ——加强型钢芯铝绞线；HLJ——铝合金绞线；GJ——钢导绞线。

导线型号中的拼音字母含义如下。

T——铜导线；J——绞线；L——铝导线；G——钢芯；Q——轻型；H——合金。型号中半字线后面的数字表示导线的截面积，如 TJ-50，表示铜绞线，截面积为 50 mm^2。

（2）常用架空绝缘导线型号。JKY——铜芯聚乙烯绝缘架空导线；JKLY——铝芯聚乙烯绝缘架空导线；JKTRY——软铜芯聚乙烯绝缘架空导线；JKYJ——铜芯交联聚乙烯绝缘架空导线；KTRYJ——软铜芯交联聚乙烯绝缘架空导线；JKLYJ——铝芯轻型聚乙烯绝缘架空导线。

导线型号中的拼音字母含义如下：JK——架空；Y——聚乙烯；L——铝芯；TR——软铜芯；YJ——交联，聚乙烯轻型，铜芯可缺省。

4. 金具及其选用

架空送电线路的金具是用于导线、绝缘子串，并用于杆塔连接的零件。线路金具按性能和用途可大致分为线夹、连接金具、接续金具、保护金具和拉线金具等。

（1）线夹。线夹有悬垂线夹和耐张线夹两类。

悬垂线夹用于将导线固定在直线杆塔的悬垂绝缘子串上，或将避雷线悬挂在直线杆塔上，也可用于换位杆塔上支持换位导线以及非直线杆塔上路线的固定。

耐张线夹用于将导线固定在承力杆塔的耐张绝缘子串上，以及将避雷线固定在承力杆塔上。耐张线夹根据使用和安装备件的不同，分为螺栓型和压缩型两大类。螺栓型耐张线夹用于导线截面积为 240 mm^2 及以上的导线。

（2）连接金具。连接金具用于将绝缘子组装成串，并将绝缘子串连接、悬挂在杆塔横担上。悬垂线夹、耐张线夹与绝缘子串的连接，拉线金具与杆塔的连接，均要使用连接金具。根据使用条件，其分为专用连接金具和通用连接金具。

（3）接续金具。接续金具用于连接导线及避雷线终端，接续非直线杆塔的跳线及补修损伤断股的导线或避雷线。架空线路常用的接续金具有钳接管、压板管、补修管、并沟线夹及跳线夹等。

（4）保护金具。保护金具分为机械和电气两大类。机械类保护金具是为了防止导线、避雷线因受振而造成断股。电气类保护金具是为了防止绝缘子因电压分布不均匀而过早损坏。

（5）拉线金具。拉线金具主要用于拉线杆塔拉线的坚固、调整和连接，包括从杆塔顶端引至地面拉线之间的所有零件。根据使用条件，拉线金具可分为紧线、调节及连接 3 类。紧线零件用于紧固拉线端部，与拉线直接接触，必须有足够的握着力。调节零件用于调节拉线的松紧。连接零件用于拉线组装。

5. 接地装置及其选用

（1）接地装置的类型。

1）单极接地装置。单极接地装置是由一个接地体与接地线组成的接地装置。接地线一端与接地体相连，另一端与电气设备的接地点相连。它适用于对接地要求不太高和电气设备接地点较少的场合。

2）多极接地装置。多极接地装置由两个或两个以上接地体与接地线组成，各接地体之间用接地干线连成一体。接地干线与电气设备的接地点由接地支线相连。多极接地可靠性大，接地电阻小，适用于对接地要求较高、电气设备接地点较多的场合。

3）接地网络。接地网络将多个接地体用接地干线连接成网络，具有接地可靠、接地电阻小的特点，适合大电气设备接地的需要，多用于配电站、大型车间等场所。

（2）接地装置的技术要求。

对接地装置的技术要求主要是对接地电阻的要求，接地电阻原则上越小越好。当避雷针和避雷线单独使用时，接地电阻应小于 10 Ω。配电变压器低压侧中性点的接地电阻应为0.5～10 Ω。保护接地的接地电阻应不大于 4 Ω。当几个设备共用一副接地装置时，接地电阻应按要求最高的为准来取值。

接地线选择要注重以下三方面的要求。

1）接地线有必要具有满意的柔韧性和机械耐拉强度，耐磨，不易锈蚀。

2）满足短路电流热容量的需求。热容量要经核算断定。

3）接地线的截面积必须能满足短路电流的需求，且最小不得小于 25 mm^2（按铜质料需求）。

6. 拉线及其选用

（1）结构。普通拉线分上下两部分，上部为包括固定在电杆上部的部分（称上把）及与上把连接的部分（称中把或腰把）；下部包括地锚把或拉环、拉线棒及埋在地下的部分（包括拉线盘及地横木），称底把。

（2）类型及用途。拉线用于平衡杆塔承受的水平风力和导线、地线的张力。根据不同的作用，其分为普通拉线、人字拉线、四方拉线、水平拉线、V 形拉线、弓形拉线和共用拉线。

1）普通拉线，用于线路的终端杆塔、小角度的转角杆塔、耐张杆塔等处，主要起平衡张力的作用。其一般和电杆成 45°，如果受地形限制，不应小于 30°、大于 60°。

2）人字拉线，又称两侧拉线，装设在直线杆塔垂直线路方向的两侧，用于增强杆塔抗风或稳定性。

3）四方拉线，又叫十字拉线，在垂直线路方向杆塔的两侧和顺线路方向杆塔的两侧均装设拉线，用于增加耐张杆塔、土质松软地区杆塔的稳定性或增强杆塔抗风性及防止导线断线而缩小事故范围。

4）水平拉线，又称过道拉线，也称高桩拉线，在不能直接做普通拉线的地方，如跨越道路等地方，可做过道拉线。

5）V 形拉线，又称为 Y 形拉线，这种拉线分为垂直 V 形和水平 V 形两种。当电杆高、横担多、架设导线较多时，在拉力的合力点上下两处各安装一条拉线，其下部合为一条，构成 V 形拉线。

6）弓形拉线，又称自身拉线，为防止杆塔弯曲、平衡导线不平衡张力，又因地形限制不安装普通拉线时采用弓形拉线。

7）共用拉线，应用在直线线路上，如在同一电杆上，一侧导线粗，一侧导线细，两侧负荷不一样产生了不平衡张力，但又没有地方装设拉线，就只能将线拉在第二根电杆上。

【试题选解 6】 接地装置地下部分应采用焊接，并采用搭接焊，扁钢焊接长度不应小于其宽度的（　　）倍。

A. 2　　　　B. 3　　　　C. 4　　　　D. 6

解：接地装置地下部分应采用焊接，焊接长度的规定为：扁钢与扁钢搭接为扁钢宽度的 2 倍，不少于三面施焊；圆钢与扁钢搭接为圆钢直径的 6 倍，双面施焊；扁钢与钢管、扁钢与角钢焊接，紧贴角钢外侧两面，或紧贴 3/4 钢管表面，上下两侧施焊。所以正确答案为 A。

【试题选解 7】 低压架空线路导线截面积的选择原则是（　　）。

A. 按发热条件选择

B. 按机械强度选择

C. 按允许电压损失条件选择，按发热条件及机械强度来校验

D. 按发热条件选择，按机械强度来校验

解：在选择低压架空线路导线的截面积时，应满足电压损耗、机械强度及发热条件这 3 个基本条件。对于选择低压照明线路的导线截面积，还应考虑可能出现的各种运行方式和谐波电流的影响。一般选择架空线路导线截面积时应先按电压损耗选；短距离导线用发热条件选；大档距线路必须满足机械强度，此后再分别用其他两个条件校验。所以正确答案为 C。

【试题选解 8】　普通拉线与地面的夹角不得大于（　　）。

A. 75°　　　　B. 70°　　　　C. 65°　　　　D. 60°

解：普通拉线与电杆的夹角一般应为 45°，受地形限制时，不应小于 30°，不得大于 60°，所以正确答案为 D。

【试题选解 9】　绝缘台的支持绝缘子高度不应小于（　　）cm。

A. 5　　　　B. 10　　　　C. 15　　　　D. 20

解：绝缘台的台面板用支持绝缘子与地面绝缘，台面板边缘不得伸出绝缘子之外，以免站台翻倾，人员摔倒，支持绝缘子高度不得小于 10 cm。所以正确答案为 B。

【试题选解 10】　用于线路起点的杆型是（　　）。

A. 耐张杆　　　B. 终端杆　　　C. 分支杆　　　D. 换位杆

解：根据电杆的种类及用途，设立于配电线路的首、末两端的电杆称为终端杆。所以正确答案为 B。

8.2.2　架空线路的施工

1. 定位

（1）交点定位法。电杆的位置可按路边的距离和线路的走向及总长度，确定电杆档距和杆位。

（2）目测定位法。目测定位法适用于已知两杆的位置来确定中间杆的位置。

（3）测量定位法。测量定位法一般在地面不平整、地下设施较多的地方实施，这种方法精度较高，效果好，如全站仪直接放坐标定位、经纬仪转角度拉尺子定位、GPS（全球定位系统）流动站跑杆等。

2. 挖坑

35 kV 及以下的架空线路多采用预应力钢筋混凝土电杆，电杆的埋设深度一般应根据有关规程和当地的土壤地质条件来确定。为了简化计算，在一般的土壤地质条件下，埋深可按杆长的 1/6 左右来考虑。

（1）挖杆坑时，若坑基土质不良可挖深后换好土夯实，或加枕木。

（2）坑底要踏平夯实，分层埋土也要夯实，多余土要堆积压紧在电杆根部。

（3）挖坑时，应注意地下各种工程设施，如地下电缆、地下管道等，应与这些设施保持一定的距离。

（4）土质松软的地段，要采取防止塌方措施。

3. 立杆

电杆立杆的方法有人工立杆（包括人力叉杆法起立电杆、单抱杆起吊法组立电杆、脱落式人字抱杆组立电杆）和吊车起立电杆。

（1）人工立杆。

1）将水泥电线杆抬放在顺向杆洞的马道上，杆根朝向洞穴，并用护穴板保护，同时在电杆上捆好晃绳。

2）立杆人员用力将电杆抬到肩上（所有抬杆人员必须一顺肩），电杆抬至 45° 时，执杆叉人员用杆叉撑住电杆，减轻抬杆人员的压力，抬杆人员用力将电杆往上抬，两边晃绳用力拉紧电杆，直到电杆立起。

3）电杆立起后，三方晃绳拉紧，以防电杆歪倒。若所立电杆和其他已立好的电杆不在一条直线上，立杆人员可用钢钎拨动杆根，使杆根和其他杆根在一条直线上。直线看好后可以回填土，此时看横线人员站在垂直线路的一侧，用吊锤目测电杆横线；电杆横线不直时，可以前后推动电杆，并用扁、圆地挞夯实杆根堆土，使电杆中心线与吊锤线重叠。

【特别提醒】

立杆人员必须动作一致，劲往一处用，听从统一指挥，以免发生事故。

（2）吊车起立电杆。

1）将吊车停在合适的位置，放好垫木，若遇土质松软的地方，支脚下垫一块面积较大的厚木板。

2）起吊电杆的钢丝绳套，一般可拴在电杆重心以上的部位，对于拔梢杆的重心在距大头端电杆全长的 2/5 处并加上 0.5 m，等径的重心在电杆的 1/2 处。

3）如果是组装横担后整体起立，电杆头部较重，应将钢丝绳套适当上移。

4）拴好钢丝套后，吊车进行立杆，立杆时在立杆范围以内应禁止行人走动，非工作人员应撤离施工现场。电杆在吊至杆坑中后，进行校正、填土、夯实，其后方可拆除钢丝绳套。

4. 组装横担

（1）安装偏差。横担安装应平整，安装偏差不应超过下列数值的规定：横担端部上下歪斜 20 mm；横担端部左右歪斜 20 mm；双杆横杆与电杆接触处的高差不应大于两杆距的 5‰，左右扭斜不大于横担总长的 1%。

（2）横担的上沿应装在离电杆顶部 100 mm 处。多路横担上下档之间的距离应在 600 mm 左右，分支杆上的单横担的安装方向必须与干线线路横担保持一致。

（3）安装方向。直线单横担应安装于受电侧；90°转角杆或终端杆当采用单横担时，应安装于拉线侧，多层横担与单横担的安装方向相同。双横担必须有拉板或穿钉连接，连接处个数应与导线根数对应。

（4）陶瓷横担安装时，应在固定处垫橡胶垫。垂直安装时，顶端顺线路歪斜不应大于 10 mm；水平安装时，顶端应向上翘起 5°～15°；水平对称安装时，两端应一致，且上下歪斜或左右歪斜不应大于 20 mm。

（5）横担在电杆上的安装部位必须衬有弧形垫铁，以防倾斜。

（6）耐张杆、跨越杆和终端杆上所用的双横担，必须装得整齐。

（7）在直线段内，每档电杆上的横担必须互相平行。

5. 拉线制作

拉线材料一般用镀锌钢绞线。拉线上端是通过拉线抱箍和拉线相连接，下部是通过可调节的拉线金具与埋入地下的拉线棒、拉线盘相连接。拉线连接金具一般采用楔形线夹和 UT 形线夹。

拉线制作时，钢绞线按需用长度计算确定后分别截取上把和下把，并用楔形线夹对上把两端及下把与悬式绝缘子连接端进行固定绑扎。楔形线夹舌板与拉线接触应吻合紧密，受力后无滑动现象，线夹凸肚在尾线侧，安装时不应损伤线股，拉线弯曲部分不应有明显松股。

楔形线夹露出的尾线长度为 30~50 cm，并用镀锌铁线（钢线卡子）与主拉线绑扎固定。拉线回尾绑扎长度为 8~10 cm，端部留头 3~5 cm。绑扎时切勿破坏镀锌铁线的镀锌层。

6. 架线

架线由放线、挂线、紧线、固定线 4 个工序组成，这 4 个工序安装顺序同时施工，一气呵成。因为低压架空配电线路一般在人口较密、车辆较多、道路较窄的地方架设，所以一定要抓紧工期和注意安全。

放线一般有两种方法：一种方法是将导线沿电杆根部放开后，再将导线吊上电杆；另一种方法是在横担上装好开口滑轮，一边放线一边逐档将导线吊放在滑轮内前进。

挂线操作时，非紧线端导线在横担茶台上固定，可在杆上直接操作，也可在杆下先把导线绑扎在茶台上，然后再登杆操作并把茶台用拉板固定在横担上。直线杆上的挂线可在横担上悬挂开口铜或铝滑轮，必须用铁线将滑轮绑扎牢固。也可在横担上垫以草袋或棉垫，其目的是防止紧线时将导线划伤（草袋或棉垫要用绳子绑扎牢固）。

紧线时，要注意横担和杆身的偏斜、拉线地锚的松动、导线与其他物的接触或磨损、导线的垂度等。紧线顺序为：对于单回路段，一般在紧好地线后，先紧中导线，后紧边导线；对于双回路段，紧好地线后，从上至下左右对称紧线。

对于直线杆塔，导线应安装在针式绝缘子或直立瓷横担的顶槽内；水平瓷横担的导线应安装在端部的边槽上；采用绝缘子串悬挂导线时，必须使用悬垂线夹。直线角度杆，导线应固定在针式绝缘子转角外侧的脖子上。绑扎固定时，应先观察前后档距弧垂是否一致，否则应先拉动导线使其基本一致后，再进行绑扎，绑扎必须紧固。

【特别提醒】

观测弧垂时，可使用经纬仪、弛度标板、水准仪等工具，根据所观测线档的档距、悬点高差及地形等因素，灵活运用等长法、异长法、角度法、张力表法、波动法等方法进行观测。无论采用何种弧垂观测方法，三相导线都要统一以其中一根为标准。

7. 接地装置的安装

（1）钢筋混凝土电杆，都用其内主筋作为接地引线，有的混凝土电杆在制作时已将上下端的接地端引出或加长，避免了用电焊加长引线的作业，否则要动用电焊或气焊将主筋用同径的圆钢焊接加长，然后将上端用钢制并沟线夹与架空地线或中性线连接。

下端通常是在引线上焊接一块 300 mm 长、4 mm 厚且开 2 个 $\phi16$ 圆孔的镀锌扁钢，焊接处要涂沥青漆。然后与由接地体引来的接地线螺栓连接，接地线通常也应用镀锌扁钢引来与接地螺栓连接，螺栓必须有平垫、弹簧垫。

（2）预应力水泥杆不允许用主筋接地，一般沿杆身另挂一根接地引线。为了便于用双沟线夹和避雷线连接，一般使用 $\phi16$ 镀锌圆钢或 50 mm 及以上的镀锌钢绞线，沿杆身每隔 1.5 m 用抱箍卡子加以固定。下端采用镀锌圆钢时做法同（1）；采用镀锌钢绞线时，由接地体引来的接地线应用 $\phi16$ 镀锌圆钢，与钢绞线用双沟线夹可靠连接。

（3）铁塔本身可作为接地导体，上端可用螺栓连接短节镀锌钢绞线，然后再与避雷线并沟线夹连接；下端可直接与接地线螺栓连接。

（4）接地体与接地线的安装。

1）在杆塔四周 3~5 m 的地面上挖深 0.8 m、宽 0.4~0.5 m（以能进行安装为宜）的环形地沟。

2）将 2500~3000 mm 的镀锌圆钢垂直打入沟内，上留 100 mm 焊接接地线，打入根数一般为 3~5 根，间隔应大于或等于 5 m。其根数以实测接地电阻为准，接地电阻大于规定值时，应增加根数。

3）用 $\phi12~16$ 的镀锌圆钢或 5 mm×40 mm 的镀锌扁钢，用电焊将环形沟内的接地极焊接起来，并引至杆塔接地引线处，所有焊点应涂沥青漆防腐，如图 8-2 所示。

图 8-2 防雷接地体与接地线的连接

4）接地极引至杆塔出地平 2.0 m 处用绝缘套管或镀锌角钢保护，并用两个抱箍将其与杆固定，然后用黑、白漆间隔 50 mm 涂刷。

【重要提醒】

接地极接地电阻的要求：接地极安装好未与杆塔接地引线连接前应测试其接地电阻，防雷接地电阻值应小于 10 Ω；中性线接地的接地电阻值应小于 4 Ω；重复接地电阻值为 10 Ω。接地电阻达不到要求时可增补接地极或换土。

【试题选解 11】 电线杆挖坑时，挖出的土壤应堆积在离坑边（　　）m 以外的地方。

A. 1　　　　　B. 1.5　　　　　C. 2　　　　　D. 5

解：开挖沟槽、基坑等，挖出的土壤应堆放在沟边多少米以外，决定此尺寸的因素有基坑深度、边坡情况、土体情况、土体含水量、堆土的高度、开挖的实施方式（人工或机械）等。人工挖基槽定额给定为 1~1.5 m，所以正确答案为 A。

【试题选解 12】 配电线路电杆的埋深一般为其杆长的（　　）。

A. 1/4　　　　　B. 1/5　　　　　C. 1/6　　　　　D. 1/7

解：设计架空配电线路一般要求电杆埋深为杆长的 1/6，临时建筑供电电杆埋深为杆长的 1/10 再加 0.6 m，下有底盘和卡盘，以防杆倾。所以正确答案为 C。

【试题选解 13】 架空线路施工时发现导线断股应将其割断压接合格。（　　）

解：架空线路的导线损伤、断股，轻则降低载流量，重则造成断线事故，影响线路的安全运行。因此，一旦发现导线损伤、断股，应立即进行处理。根据导线损伤、断股程度，可将其割断压接合格，所以题目中的观点是正确的。

【试题选解 14】 控制起吊过程中的五线合一是指控制牵引绳中心线、制动绳中心线、抱杆中心线、电杆中心线和基础中心线始终在一垂直平面上。（　　）

解：电杆在吊至杆坑中后，应进行校正、填土、夯实，待电杆立直后，指挥人应指示有关人员观察顺线路方向及横线路线方向电杆是否垂直（纵向可用经纬仪，横向可用线坠），要求达到五线合一，所以题目中的观点是正确的。

*8.2.3　电力电缆敷设与电缆头的施工

1. 电力电缆的敷设施工方法

电力电缆的敷设施工方法，一般可分为人工敷设和机械敷设。人工敷设只适用于回路较少、每根只有几十米或 100~200 m 的短途普通电缆的敷设。对于充油电缆，通常每米质量可达 30 多千克，不宜采用人工敷设。机械敷设可分为电缆输送机牵引敷设和钢丝牵引敷设。

2. 电缆线路敷设的技术标准

（1）电缆敷设时，最小允许弯曲半径为 10D（D 为电缆外径）。不得出现背扣、小弯现象。

（2）电缆沟底应平坦、无石块，电缆埋深距地面不得小于 700 mm，农田中埋深不得小于 1200 mm；石质地带电缆埋深不得小于 500 mm。电缆通过铁路的股道、道口等处一般采用顶管法，其埋深应与电缆沟底相平。

（3）箱盒处的储备电缆最上层埋深应不小于 700 mm。

（4）电缆与夹石、铁器以及带腐蚀性物体接触时，应在电缆上、下各垫盖 100 mm 软土或细沙。

（5）在敷设电缆时，必须根据定测后的电缆径路布置图来敷设电缆，每根电缆两端必须拴上事先备好的写明电缆编号、长度、芯线规格的小铭牌。

（6）放电缆时应做到通信畅通、统一指挥、间距适当、匀速拉放，严禁骤拉硬拖，待电缆的首、尾位置适合后，再同时顺序缓缓将电缆放入沟内，使之保持自然弯曲度。

（7）待电缆全部放入沟内后，按图纸的排列，从头开始核对、整理电缆的根数、编号、规格及排列位置，最后按要求进行防护和回填土。

（8）电缆沟内敷设多条电缆时，应排列整齐，互不交叉，分层敷设时，其上下层间距不得小于 100 mm。

（9）应在以下地点或附近设立电缆埋设标：电缆转向或分支处；当长度大于 200 m 的电缆径路，中间无转向或分支电缆时，应在每隔不到 100 m 处、信号电缆地下接续处、电缆穿越障碍物处标明电缆实际径路的适当地点（路口、桥涵、隧、沟、管、建筑物等处）；根据埋设地点的不同，电缆埋设标上应标明埋深、直线、拐弯或分支等，地下接续处应标写"按续标"字样及接头编号。

（10）室外电缆每端储备长度不得小于 2 m，20 m 以下电缆不得小于 1 m，室内储备长度不得小于 5 m，电缆过桥在桥的两端的储备量为 2 m，接续点每端电缆的储备量不得小于 1 m。

3. 电缆头的施工

常用 35 kV 及以下电缆接头按结构可分为绕包式、热缩式、冷缩式、预制式、模塑式、浇铸式。

电缆接头又称电缆头。电缆线路中间部位的电缆接头称为中间接头，线路两端的电缆接头称为终端头。

（1）电缆接头的基本要求见表 8-1。

表 8-1　电缆接头的基本要求

序号	基本要求	说　明
1	导体连接良好	对于终端，电缆导线电芯线与出线杆、出线鼻子之间要连接良好；对于中间接头，电缆芯线要与连接管之间连接良好。 要求接触点的电阻要小且稳定，与同长度同截面导线相比，对新装的电缆终端头和中间接头，其比值要不大于 1；对已运行的电缆终端头和中间接头，其比值应不大于 1.2
2	绝缘可靠	要有能满足电缆线路在各种状态下长期安全运行的绝缘结构，所用绝缘材料不应在运行条件下加速老化而导致降低绝缘的电气强度
3	密封良好	结构上要能有效地防止外界水分和有害物质侵入绝缘中，并能防止绝缘内部的绝缘剂向外流失，避免"呼吸"现象发生，保持气密性
4	有足够的机械强度	能适应各种运行条件，能承受电缆线路上产生的机械应力
5	耐压合格	能够经受电气设备交接试验标准规定的直流（或交流）耐压试验
6	焊接好接地线	防止电缆线路流过较大故障电流时，在金属护套中产生的感应电压可能击穿电缆内衬层，引起电弧，甚至将电缆金属护套烧穿

（2）制作电缆终端头的操作步骤及方法见表 8-2。

表 8-2　制作电缆终端头的操作步骤及方法

序号	步骤	操 作 方 法
1	剥除塑料外套	根据电缆终端的安装位置至连接设备之间的距离决定剥塑尺寸，一般从末端到剖塑口的距离不小于 900 m
2	锯铠装层	在离剖塑口 20 mm 处扎绑线，在绑线上侧将钢甲锯掉，在锯口处将统包带及相间填料切除
3	焊接地线	将 10~25 mm² 的多股软铜线分为 3 股，在每相的屏蔽上绕上几圈。若电缆屏蔽为铝屏蔽，要将接地铜线绑紧在屏蔽上；若为铜屏蔽，则应焊牢
4	套手套	用透明聚氯乙烯带包缠钢甲末端及电缆线芯，使手套套入，松紧要适度。套入手套后，在手套下端用透明聚氯乙烯带包紧，并用黑色聚氯乙烯带包缠两层扎紧
5	剥切屏蔽层	在距手指末端 20 mm 处，用直径为 1.25 mm 的镀锡铜丝绑扎几圈，将屏蔽层扎紧，然后将末端的屏蔽层剥除。屏蔽层内的半导体布带应保留一段，将它临时剥开缠在手指上，以备包应力锥
6	包应力锥	（1）用汽油将线芯绝缘表面擦拭干净（主要擦除半导体布带黏附在绝缘表面上的炭黑粉）。 （2）用自粘胶带从距手指 20 mm 处开始包锥。锥长 140 mm，最大直径在锥的一半处。锥的最大直径为绝缘外径加 15 mm。 （3）将半导体布带包至最大直径处，在其外面，从屏蔽切断处用 2mm 铅丝紧密缠绕至应力锥的最大直径处，用焊锡将铅丝焊牢，下端和绑线及铜屏蔽层焊在一起（铝屏蔽则只将铅丝和镀锡绑线焊牢）。 （4）在应力锥外包两层橡胶自粘胶带，并将手套的手指口扎紧封口
7	压接线鼻子	在线芯末端长度为线鼻子孔深加 5 mm 处剥去线芯绝缘，然后进行压接。压好后用自粘胶带将压坑填平，并用橡胶自粘带绕包线鼻子和线芯，将鼻子下口封严，防止雨水渗入芯线

续表

序号	步骤	操　作　方　法
8	包保护层	从线鼻子到手套分岔处，包两层黑色聚氯乙烯带。包缠时，应从线鼻子开始，并在线鼻子处收尾
9	标明相色	在线鼻子上包相色塑料带两层，标明相色，长度为 80~100 mm。也应从末端开始，末端收尾。为防止相色带松散，要在末端用绑线绑紧
10	套防雨罩	对户外电缆终端头还应在压接线鼻子前先套进防雨罩，并用自粘橡胶带固定，自粘带外面应包两层黑色聚氯乙烯带。从防雨罩固定处到应力锥接地处的距离要小于 400 mm

（3）制作电缆中间接头的步骤及方法见表 8-3。

表 8-3　制作电缆中间接头的步骤及方法

序号	步骤	操　作　方　法
1	切割塑料外套	将需要连接的电缆两端头重叠，比好位置，切除塑料外套，一般从末端到剖塑口的距离为 600 mm 左右
2	锯铠装层	从剖塑口处将钢甲锯掉，并从锯口处将包带及相间填充物切除
3	剥除电缆护套	在剥除电缆护套时，注意不要将布带（纸带）切断，而要将其卷回到电缆根部作为备用
4	剥除屏蔽层	将电缆屏蔽层外的塑料带和纸带剥去，在准备切断屏蔽的地方用金属线扎紧，然后将屏蔽层剥除并切断，并且要将切口尖角向外返折
5	剥离半导体布带	将线芯绝缘层上的半导体布带剥离，并卷回根部备用
6	压接导体	将电缆绝缘线芯的绝缘按连接套管的长度剥除，然后插入连接管压接，并用锉刀将连接管凸起部分锉平、擦拭干净
7	清洁绝缘表面	将靠近连接管端头的绝缘削成圆锥形，用汽油润湿的布揩净绝缘表面
8	绕包绝缘	（1）等绝缘表面去污溶剂（汽油）完全挥发后，用半导体布带将线芯连接处的裸露导体包缠一层。 （2）用自粘橡胶带以半迭包的方法顺长包绕绝缘。 （3）用半导体布带绕包整个绝缘表面。 （4）用厚 0.1 mm 的铝带卷绕在半导体布带上，并与电缆两端的屏蔽有 20 mm 左右的重叠，再用多股镀锡铜线扎紧两端，然后用软铜线在屏蔽线上交叉绕扎，交叉处及两端与多股镀锡铜线焊接。 （5）用塑料胶带以半迭包法绕包一层。 （6）用白纱带绕包一层
9	芯合拢	将已包好的线芯并拢，以布带填充并使之恢复原状，并用宽布带绕包扎紧
10	绕包防水层	用自粘橡胶带绕包密封防水层成两端锥形的长棒形状后，再用塑料胶带在其外绕包 3 层

（4）电缆头的接地。单芯电缆在正常运行或者过电压时，电缆金属护套都会产生感应电压，这个感应电压有时会危及人身安全，同时还会击穿金属护套的外层。为了减少金属护套的感应电压，需要在电缆头处引接地线接地。电缆头处的接地方式有一端之间接地（另外一端保护接地）、两端之间接地、交叉互连接地。三芯电缆本身对护套产生的感应电压很小，所以三芯电缆只要由接头处直接接地即可。

图 8-3 所示为电缆终端头的接地线安装方法（中间接头也一样，只是接地线不用向后）。钢铠和铜屏蔽层两接地线要求分开焊接时，铜屏蔽层接地线要做好绝缘处理。

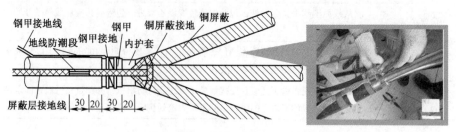

图 8-3　电缆终端头的接地线安装方法

【特别提醒】

制作电缆接头时，提倡分开引出后接地。

【试题选解 15】　简述 10 kV 冷缩式电力电缆中间接头的制作工艺流程。

解：①施工前准备；②剥除外护套、铠装、内护套及填料；③剥切绝缘层，套中间接头管；④压接连接管；⑤安装中间接头管；⑥连接两端铜屏蔽层；⑦恢复内护套；⑧连接两端铠装层；⑨恢复外护套。

【试题选解 16】　直埋电缆的敷设方式适用于电缆根数多的区域。（　　）

解：直埋电缆的敷设方式适用于地下无障碍、交通不太频繁、土壤无腐蚀性等场合，所以题目中的观点是错误的。

【试题选解 17】　制作电缆终端头，需要切断绝缘层、内护套。（　　）

解：制作电缆终端头，要切断绝缘层、内护套。剥切电缆时，不应损伤线芯和保留的绝缘层。附加绝缘的包绕、装配、热缩等应清洁。从剥切电缆开始连续操作直至完成，应缩短绝缘暴露时间。所以题目中的观点是正确的。

【试题选解 18】　10 kV 油浸电缆终端头制作前，应用 2500 V 兆欧表测其绝缘电阻，其阻值不小于（　　）MΩ 为合格。

A. 50　　　　　　B. 100　　　　　　C. 150　　　　　　D. 200

解：根据规定，在制作 10 kV 油浸电缆终端头时，应用 2500 V 兆欧表测其绝缘电阻，其阻值不小于 200 MΩ 为合格，所以正确答案为 D。

*8.2.4　导线截面积的选择

选择导线主要考虑机械强度、容许温升（做到安全可靠供电）、电压损耗（保证供电质量）、经济效益（尽量节约有色金属）。

常用的线芯材质有铝芯和铜芯两种。为了节约建设资金，有条件的地方应选用铝芯线。不适宜使用铝芯线的地方可选用铜芯线。

通常将各种导线长期最大允许通过的电流称为"载流量"。下面介绍三相配电系统中，相线、中性线、保护线和保护中性线的截面积的选择方法。

1. 相线截面积的选择

应使截面积为 S 的导线允许载流量 l 大于等于线路的计算电流 l_e，即 $l \geq l_e$。

　　另外，对于截面积相同的铜、铝导线，铜线的载流量应是铝线的载流量的 1.3 倍，所以对于载流量相同的铜、铝导线，铜线截面积是铝线截面积的 0.6 倍。

　　2. 中性线截面积的选择

　　三相四线制线路的中性线因正常情况下通过的电流为三相不平衡电流和零序电流，所以一般比较小，规定 $S_0 \geq 0.5S$。

　　但对于三次谐波电流突出的三相四线制线路和两相三线及单相线路的中性线，它的截面积应该与相线截面积相等。

　　3. 保护线（PE 线）截面积的选择

　　当 PE 线材质与相线相同时，最小截面积应符合表 8-4 的规定。

表 8-4　保护线最小截面积选择标准

相线截面积 S/mm^2	≤16	16~35	>35
保护线最小截面积/mm^2	S	16	$S/2$

　　4. 保护中性线（PEN 线）截面积的选择

　　对两相三线线路、单相线路和三次谐波突出的三相四线制线路，有 $S_{PEN}=S$。

　　当 $S \leq 16$ mm^2 时，$S_{PEN}=S$；其他情况下，$S_{PEN} \geq 0.5S$。

　　对 PEN 干线，铜线 $S_{PEN} \geq 10$ mm^2；铝线：$S_{PEN} \geq 16$ mm^2；多芯电缆芯线：$S_{PEN} \geq 4$ mm^2。

　　在不需考虑允许的电压损失和导线机械强度的一般情况下，可只按电缆的允许载流量来选择其截面积。选择电缆截面积大小的方法通常有查表法和口诀法两种。

　　（1）查表法。

　　在安装前，常用电缆的允许载流量可通过查阅电工手册得知。架空裸导线和绝缘导线的最小允许截面积分别见表 8-5 和表 8-6。

表 8-5　架空裸导线的最小允许截面积

线路种类		导线最小截面积/mm^2		
		铝及铝合金	钢芯铝线	铜绞线
35 kV 及以上电路		35	35	35
3~10 kV 线路	居民区	35	25	25
	非居民区	25	16	16
低压线路	一般	35	16	16
	与铁路交叉跨越	35	16	16

　　（2）口诀法。

　　电工口诀是电工在长期工作实践中总结出来的用于应急解决工程中的一些比较复杂问题的简便方法。

　　例如，利用下面的口诀介绍的方法，可直接求得导线截面积允许载流量的估算值。

表 8-6　绝缘导线的最小允许截面积

线路种类			导线最小截面积/mm²		
			铜芯软线	铜芯线	PE 线和PEN 线（铜芯线）
照明用灯头下引线	室内		0.5	1.0	有机械性保护时为2.5，无机械性保护时为 4
	室外		1.0	1.0	
移动式设备线路	生活用		0.75	—	
	生产用		1.0	—	
敷设在绝缘子上的绝缘导线（L 为绝缘子间距）	室内	L≤2 m	—	1.0	
	室外	L<2 m		1.0	
		L=2 m		1.5	
		2 m<L≤6 m	—	2.5	
		6 m<L≤12 m		4	
		12 m<L≤25 m		6	
穿管敷设的绝缘导线			1.0	1.0	
沿墙明敷的塑料护套线			—	1.0	

记忆口诀

10 下五，100 上二；

25、35，四、三界；

70、95，两倍半；

穿管、温度，八、九折；

裸线加一半，铜线升级算。

这个口诀以铝芯绝缘导线明敷、环境温度为 25 ℃的条件为计算标准，对各种截面导线的载流量（A）用"截面积（mm²）乘以一定的倍数"来表示。

首先，要熟悉导线芯线截面排列，把口诀的截面积与倍数关系排列起来，表示为

$$\underbrace{……10}_{五倍}\quad \underbrace{16\sim25}_{四倍}\quad \underbrace{35\sim50}_{三倍}\quad \underbrace{70\sim95}_{两倍半}\quad \underbrace{100\ 以上}_{两倍}$$

其次，口诀中的"穿管、温度，八、九折"，是指导线不明敷，温度超过 25 ℃较多时才予以考虑。若两种条件都已改变，则载流量应打八折后再打九折，或者简单地一次以七折计算（即 0.8×0.9＝0.72）。

最后，口诀中的"裸线加一半"是指按一般计算得出的载流量再加一半（即乘以 1.5）；口诀中的"铜线升级算"是指将铜线的截面按截面排列顺序提升一级，然后再按相应的铝线条件计算。

电工在实践中总结出的经验口诀较多，虽然表述方式不同，但计算结果是基本一致的。我们只要记住其中的一两种口诀就可以了。

【特别提醒】

同一规格铝芯导线载流量约为铜芯的 0.7 倍，选用铝芯导线可比铜芯导线大一个规格，交联聚乙烯绝缘可选用小一档规格，耐火电线电缆则应选较大规格。

当环境温度较高或采用明敷方式等，其安全载流量都会下降，此时应选用较大规格。

【试题选解 19】　利用单芯绝缘导线做 PE 线，在有机械防护的条件下，其截面积不得小于（　　）mm²。

　　A. 2.5　　　　　B. 4　　　　　C. 6　　　　　D. 10

解：根据国家标准规定，在三相五线供电线路中，PE 线截面积不应小于下列数值：有防机械损伤保护，铜为 2.5 mm²，铝为 16 mm²；没有防机械损伤保护，铜为 4 mm²，铝为 16 mm²，所以正确答案为 A。

【试题选解 20】　低压架空线路导线截面积的选择原则是（　　）。

　　A. 按发热条件选择

　　B. 按机械强度选择

　　C. 按允许电压损失条件选择，按发热条件及机械强度来校验

　　D. 按发热条件选择，按机械强度来校验

解：低压架空线路导线截面积的选择原则，应满足电压损耗、机械强度及发热条件这 3 个基本条件，题目中的 A、B、D 选项只是其中的一个条件，只有选项 C 同时满足 3 个条件，所以正确答案为 C。

8.3　照明电路安装

■8.3.1　布线种类

室内照明线路主要有明敷布线、暗敷布线和明暗混合布线三大类。

1. 明敷布线

线路沿墙身和顶棚板外表面敷设，能直接看到线路走向的敷设方法，称为明敷布线。

2. 暗敷布线

线路沿墙体内、装饰吊顶内或楼层顶内敷设，不能直接看见线路走向的称为暗敷布线。在家装中，常用这种敷设方式布线。

PVC 电线管
暗敷设布线

3. 明暗混合布线

其特点是，一部分线路可见走向，另一部分线路不可见走向。例如，在一些室内装饰工程中，在墙身部分采取暗敷布线，进入装饰吊顶层则为明敷布线。

【特别提醒】

照明线路布线主要有以下几种：管内穿线 [一般采用阻燃塑料管 PVC（塑料）管和镀锌电线管暗配]，护套线明敷，线槽配线（金属线槽和塑料线槽），瓷珠配线。其中常用的敷线方法有直接敷线、穿管布线、线槽布线。

（1）直接敷线。绝缘导线直接敷线在敷设时应注意两点：一是在屋内直敷布线应采用护套绝缘导线，其截面积不应大于 6 mm²，布线的固定点间距应不大于 300 mm；二是在建筑屋顶棚内、墙内、柱内严禁采用绝缘导线直敷或明敷布线，必须采用金属管和金属线槽布线。

（2）穿管布线。绝缘导线穿管敷设，则注意其电压等级不应低于交流 750 V。

1）明敷于潮湿环境或直接埋于土内的金属管布线，应采用焊接钢管。明敷或暗敷于干燥环境的金属管布线，可采用管壁厚度不小于 1.5 mm 的电线钢管或镀锌钢管。

2）在有酸碱盐腐蚀介质的环境，应采用阻燃性塑料管敷设，但在易受机械损伤的场所不宜采用明敷。暗敷或埋地敷设时，引出地面的一段应采取防止机械损伤的措施；危险爆炸环境，应采用镀锌钢管。

3）3 根以上绝缘导线穿同一根管时，导线的总截面积（包括外护层）不应大于管内净面积的 40%，2 根导线穿同一根管时，管内径不应小于 2 根导线直径之和的 1.35 倍。

4）电线管和热水管、蒸汽管同时敷设时，应敷设在热水管、蒸汽管的下面；有困难时，可敷设在上面，与热水管的间距不小于 0.3 m，在蒸汽管上面不小于 1.0 m；电线管和其他管道的平行净距不应小于 0.1 m。

5）穿金属管的交流线路，应使所有的相线和零线处在同一管内。

（3）线槽布线。线槽布线宜用于干燥和不易受机械损伤的场所。线槽有塑料线槽、金属线槽、地面线槽等。地面线槽每 4~8 m 接一个分线盘或出线盘。强、弱电可以走同路由相邻的地面线槽，而且可接到同一线盒内的各自插座。地面线槽必须接地屏蔽。如办公或营业大厅面积很大，这时在地面线槽的附近留一个出线盒，即可同时解决网络接入和电源供应的问题。

【试题选解 21】 暗敷电线管弯曲半径不得小于电线管外径的（　　　）倍。

A. 5　　　　　　B. 6　　　　　　C. 7　　　　　　D. 8

解：根据电气工程施工工艺标准，明配管管子的弯曲半径不得小于管外径的 3 倍，在不能拆卸的场所或暗敷设使用时，管子的弯曲半径不得小于管外径的 6 倍，所以正确答案为 B。

8.3.2　施工技术要求与操作步骤

1. 照明电路施工的技术要求

（1）选用的材料应符合设计要求，绝缘应符合电路的安装方式，导线的截面积大小应满足供电的要求。

（2）三线制安装必须用 3 种不同色标。原则上，红色、黄色、绿色为火线色标（宜用红色）；蓝色、黑色为零线色标（宜用蓝色）；黄绿彩线为接地色标。

（3）所用导线在管内不得有接头和扭结。

（4）明敷设线路水平敷设时，导线距离地面不得小于 2.5 m。

（5）电线管与其他管道和设备保持一定的安全距离。不同电压的导线严禁混穿于一根线管内。

2. 电线管布线施工的操作步骤

（1）定位画线。按照设计要求，在墙面确定开关盒、插座盒以及配电箱的位置并定位弹线，标出尺寸。线路应尽量减少弯曲、美观整齐。

（2）墙体内稳埋盒、箱。按照进场交底时定好的位置，对照设计图纸检查线盒、配电箱的准确位置，用水泥砂浆将盒、箱稳埋端正，等水泥砂浆凝固达到一定的强度后，接管入盒、箱。

（3）敷设管路。采用管钳或钢锯断管时，管口断面应与中心线垂直，管路连接应该使用直接头。采用专用弯管弹簧进行冷弯，管路垂直或水平敷设时，每隔 1 m 左右设置一个固定点；弯曲部位应在圆弧两端 300~500 mm 处各设置一个固定点。管子进入盒、箱，要一管一孔，管、孔用配套的管端接头以及内锁母连接。管与管水平间距保留 10 mm。

（4）管路穿线。首先检查各个管口的锁扣是否齐全，如有破损或遗漏，均应更换或补齐；管路较长、弯曲较多的线路可吹入适量的滑石粉以便穿线；带线与导线绑扎好后，由两人在线路两端拉送导线，并保持相互联系，这样可使一拉一送时配合协调。

（5）土建结束后，测试导线绝缘。

（6）导线出线接头与设备（开关、插座、灯具等）连接。

（7）校验、自检、试通电。

（8）验收，并保留管线图和视频资料。

3. 塑料槽板布线的操作步骤

（1）线槽选择：根据导线直径及各段线槽中导线的数量确定线槽的规格。线槽的规格是以矩形截面的长、宽来表示，弧形的一般以宽度表示。

（2）定位画线：为使线路安装得整齐、美观，塑料槽板应尽量沿房屋的线脚、横梁、墙角等处敷设，并与用电设备的进线口对正、与建筑物的线条平行或垂直。

（3）槽板固定：用手电钻在线槽内钻孔（钻孔直径 4.2 mm 左右），用作线槽的固定。相邻固定孔之间的距离应根据线槽的宽度确定，一般距线槽的两端 5~10 mm，中间 30~50 mm。线槽宽度超过 50 mm，固定孔应在同一位置的上下分别钻孔。中间两钉之间距离一般不大于 500 mm。

（4）导线敷设：敷设导线应以一分路一条 PVC 槽板为原则。PVC 槽板内不允许有导线接头，以减少隐患，如必须接头时要加装接线盒。导线敷设到灯具、开关、插座等接头处，要留出 100 mm 左右线头，用作接线。在配电箱和集中控制的开关板等处，按实际需要留足长度，并对线段做好统一标记，以便接线时识别。

（5）固定盖板：在敷设导线的同时，边敷线边将盖板固定在底板上。

【试题选解 22】 黄绿双色的导线只能用于保护线。（　　）

解： 为便于识别电气装置中各种导线的作用和类别，根据国家标准的规定，黄绿双色的导线只能用于保护线，严禁混用。所以题目中的观点是正确的。

▌8.3.3　照明灯具的种类与应用

1. 常用电光源

可以将电能转换为光能，从而提供光通量的设备、器具称为电光源。常用的电光源有致发光电光源（如白炽灯、卤钨灯等）、气体放电发光电光源（如荧光灯、汞灯、钠灯、金属卤化物灯等）和固体发光电光源［如 LED（发光二极管）和场致发光器件等］。

2. 气体放电发光电光源

（1）荧光灯。普通型荧光灯是诞生最早的气体放电型电光源，外形为直管状，且管径较粗（T12，ϕ38）。节能型荧光灯主要有细管径 T8 型（ϕ26）和超细管径 T5 型（ϕ16）两种类型。还有细管 H 灯、U 形灯和双 D 灯，通常称它们为紧凑型节能灯。上述几种荧光灯在使用时，必须由镇流器和启辉器配合工作。

（2）高压汞灯。高压汞灯是利用汞放电时产生的高气压获得可见光的电光源，它的发光效率较高，一般为 30~60，使用寿命长达 2500~5000 h。它的缺点是显色性差，显色指数为 30~40，而且不能瞬间启动，并要求电源的电压波动不能太大，还需要镇流器的配合才能工作。

（3）高压钠灯。高压钠灯是一种高强度气体放电灯，它的发光效率非常高，可达 90~100 lm/W，寿命可达 3000 h，其光色柔和，透雾性强，唯独显色指数较低，只有 20~25，在工作时需要镇流器、启辉器的配合。

（4）金属卤化物灯。金属卤化物灯集中了荧光灯、高压汞灯和高压钠灯的优点，是目前世界上最理想的气体放电型电光源，它的发光效率一般为 80 左右，显色指数高达 65~85，使用寿命大都在 10000 h 以上，是名副其实的高效、节能、广用、长命灯。该灯在工作时也需要镇流器的配合。

3. 常用照明灯具

照明灯具分为户外照明和室内照明灯具。户外照明灯具包括道路灯、景观灯、烟花灯、地埋灯、草坪灯、壁灯、射灯、投光灯和洗墙灯等；室内照明灯具包括吊灯、吸顶灯、壁灯、台灯、落地灯等。

【试题选解 23】 高压汞灯关闭后，不能再立即点燃。（　　）

解：高压汞灯的启动需要灯内工作气体中的自由电子受到两个电极之间的电场定向驱动并产生雪崩放电，才能达到正常工作状态。刚刚熄灭的时候灯芯内的工作气体温度太高，气压太高，自由电子移动困难，无法发生后续启动过程。一般情况下，只需等灯泡自然冷却一段时间（大致 1 min 以上），重新启动即可。所以题目中的观点是正确的。

* 8.4　防雷接地装置

■ 8.4.1　防雷与避雷器

1. 雷电的种类与破坏性

雷电可分为直击雷、感应雷（包括静电感应和电磁感应）和球形雷。直击雷是带电云层（雷云）与建筑物、其他物体、大地或防雷装置之间发生的迅猛放电现象，并由此伴随而产生的电效应、热效应或机械力等一系列的破坏作用。感应雷也称为雷电感应或感应过电压，它分为静电感应雷和电磁感应雷。球形雷即球状闪电，俗称滚地雷，通常都在雷暴之下发生，就是一个呈圆球形的闪电球。球状雷十分光亮，略呈圆球形，直径为 15~30 cm。通常它只会维持数秒，但也有维持了 1~2 min 的记录。颜色除常见的橙色和红色外，还有蓝色、亮白色、幽绿色的光环。火球呈现多种多样的色彩。

雷电具有极大的破坏性，其电压高达数百万伏，瞬间电流可高达数十万安培。雷击所造成的破坏性后果体现在下列 3 种层次：造成电力系统电气设备损坏及停电事故，甚至人员伤亡事故；设备或元器件寿命降低；传输或储存的信号、数据（模拟或数字）受到干扰或丢失，甚至使电子设备产生误动作而暂时瘫痪或整个系统停顿。因此，科学的防雷具有十分重要的意义。

2. 避雷器

避雷器是连接在导线和地之间的一种防止雷击的设备，通常与被保护设备并联。避雷器的主要作用是通过并联放电间隙或非线性电阻的作用，对入侵流动波进行削幅，降低被保护设备所受过电压值，从而达到保护电气设备的作用。

避雷器不仅可用来防护大气高电压（雷击），而且可用来防护操作高电压。避雷器的最大也是最重要的作用就是限制过电压以保护电气设备。

避雷器的主要类型有管型避雷器、阀型避雷器和氧化锌避雷器等。每种类型避雷器的主要工作原理是不同的，但是它们的工作实质是相同的，都是为了保护电气设备不受损害。

（1）管型避雷器。管型避雷器由产气管、内外部间隙两部分组成。产气管可用纤维性材料、有机玻璃或塑料制成。内壁间隙装在产气管的内部，一个电极为环形。外部间隙装在管型避雷器与带电的线路之间。

管型避雷器的工作原理：当线路上遭受雷击时，大气过电压使管型避雷器的外部间隙和内部间隙击穿，雷电流通入大地。此时，工频续流在管子内部间隙处发生强烈的电弧，使管子内壁的材料燃烧，产生大量灭弧气体。由于管子容积很小，这些气体的压力很大，因而从管子喷出，强烈吹弧，在电流经过零值时，电弧熄灭。这时，外部间隙的空气恢复了绝缘，使管型避雷器与系统隔离，恢复系统的正常运行。

（2）阀型避雷器。阀型避雷器由空气间隙和一个非线性电阻串联并装在密封的瓷瓶中构成。在正常电压下，非线性电阻阻值很大，而在过电压时，其阻值又很小，避雷器正是利用非线性电阻这一特性而防雷的。在雷电波侵入时，由于电压很高（即发生过电压），间隙被击穿，而非线性电阻阻值很小，雷电流便迅速进入大地，从而防止雷电波的侵入。当过电压消失之后，非线性电阻阻值很大，间隙又恢复为断路状态。随时准备阻止雷电波的入侵。

（3）氧化锌避雷器。其由氧化锌阀片组装而成。氧化锌阀片在正常工作电压下，具有极高的电阻，呈绝缘状态，在雷电过电压作用下，则呈现低电阻状态，泄放雷电流，使与避雷器并联的电气设备的残压被抑制在设备绝缘安全值以下，待有害的过电压消失后，阀片又迅速恢复高电阻，呈绝缘状态，从而达到保护电气设备绝缘免受过电压损害的目的。

（4）保护间隙。保护间隙由一个带电极和一个接地极构成，两极之间相隔一定距离构成间隙。保护间隙是最简单经济的防雷设备，它平时并联在被保护设备旁，在过电压侵入时，间隙先行击穿，把雷电流引入大地，从而保护了设备。

3. 避雷器安装要求

避雷器的安装标准：应安装在靠近配电变压器侧，配变低压侧也应安装，MOA（金属氧化物避雷器）接地线应接至配变外壳，严格按照规程要求定期检修试验。

10 kV 避雷器安装要求如下。

（1）避雷器应安装牢固、排列整齐，引线相间距离及对地距离应符合规定要求。避雷器的引流线要尽可能短而直、连接紧密，不允许中间有接头，引流线应使用截面积不小于 50 mm² 的 10 kV 绝缘线。

（2）避雷器接线端子与引线的连接应可靠，上端引流线和下端接地线应使用铜铝端子连接，连接部位不应使避雷器产生外加应力。

（3）避雷器引下线应可靠接地，紧固件及防松零件齐全，引下线应使用截面积不小于 50 mm² 的铝线或截面积不小于 35 mm² 的铜绞线。

（4）避雷器引流线与电源连接处应采用扎线，扎线长度应大于 15 cm，裸露带电部分宜进行绝缘处理。

（5）避雷器安装前应进行交流耐压试验。

【试题选解 24】 避雷器的接地引下线应与（ ）可靠连接。

A. 设备金属体　　　　　　 B. 被保护设备的金属外壳

C. 被保护设备的金属构架　 D. 接地网

解：避雷器的接地引下线是将避雷针接收的雷电流引向接地装置（大地）的导体，可见，避雷器的接地引下线应与接地装置（接地网）可靠连接，所以正确答案为 D。

■8.4.2　防雷接地与接地电阻值的要求

1. 防雷接地

防雷接地常有信号（弱电）防雷地和电源（强电）防雷地之分，区分的原因不仅是因为要求接地电阻不同，而且在工程实践中信号防雷地常附在信号独立地上，同电源防雷地分开建设。

防雷接地作为防雷措施的一部分，其作用是把雷电流引入大地。建筑物和电气设备的防雷主要是用避雷器（包括避雷针、避雷带、避雷网和消雷装置等）的一端与被保护设备相接，另一端连接地装置，当发生直击雷时，避雷器将雷电引向自身，雷电流经过其引下线和接地装置进入大地。此外，由于雷电引起静电感应效应，为了防止造成间接损害，如房屋起火或触电等，通常也要将建筑物内的金属设备、金属管道和钢筋结构等接地；雷电波会沿着低压架空线、电视天线侵入房屋，引起屋内电气设备的绝缘击穿，从而造成火灾或人身触电伤亡事故，所以还要将线路上和进屋前的绝缘瓷瓶铁脚接地。

对电气装置的保护，除了防雷接地外，还可采用以下措施。

（1）保护接地。保护接地是为了防止设备因绝缘损坏带电而危及人身安全所设的接地，如电力设备的金属外壳、钢筋混凝土杆和金属杆塔。保护接地只是在设备绝缘损坏的情况下才会有电流流过，其值可以在较大范围内变动。

（2）工作接地。工作接地是由电力系统运行需要而设置的（如中性点接地），因此在正常情况下就会有电流长期流过接地电极，但是只是几安培到几十安培的不平衡电流。在系统发生接地故障时，会有上千安培的工作电流流过接地电极，然而该电流会被继电保护装置在 0.05~0.1 s 内切除，即使是后备保护，动作一般也在 1 s 以内。

（3）屏蔽接地。屏蔽接地是消除电磁场对人体危害的有效措施，也是防止电磁干扰的有效措施。人体在电磁场作用下，吸收的辐射能量将发生生物学作用，对人体造成伤害，如手指轻微颤抖、皮肤划痕、视力减退等。对产生磁场的设备外壳设屏蔽装置，并将屏蔽体接地，不仅可以降低屏蔽体以外的电磁场强度，达到减轻或消除电磁场对人体危害的目的，而且可以保护屏蔽接地体内的设备免受外界电磁场的干扰影响。

2. 接地电阻值的要求

接地电阻当然是越小越好，根据设备的不同要求，标准为 4~10 Ω，最高不能大于 10 Ω。

（1）独立的防雷保护接地电阻应小于等于 10 Ω。

（2）独立的安全保护接地电阻应小于等于 4 Ω。

（3）独立的交流工作接地电阻应小于等于 4 Ω。

（4）独立的直流工作接地电阻应小于等于 4 Ω。

（5）共用接地体（联合接地）接地电阻应小于等于 1 Ω。

对于一般用户的变压器，在进线的第一支持物处装设一组低压避雷器或击穿保险器，并将进户线的绝缘子铁脚接地，接地电阻不超过 30 Ω。

10 kV 及以下变压器的防雷接地电阻不应大于 4 Ω。架空线路的防雷接地电阻不应大于 10 Ω。

【试题选解 25】　避雷器接地电阻不应小于 10 Ω。（　　）

解：防雷接地（也就是常见的避雷针），接地电阻越小，一旦遭受雷击雷电通过接地线向大地放电就越快，也就是越安全。根据接地电阻的规定，避雷器接地电阻应小于 10 Ω。所以题目中的观点是错误的。

【练习题】

一、选择题

1. 关于单电源环形供电网络，下述说法中正确的是（　　）。

A. 供电可靠性差、正常运行方式下电压质量好

B. 供电可靠性高、正常运行及线路检修（开环运行）情况下都有好的电压质量

C. 供电可靠性高、正常运行情况下具有较好的电压质量，但在线路检修时可能出现电压质量较差的情况

D. 供电可靠性高，但电压质量较差

2. 对电力系统的基本要求是（　　）。

A. 保证对用户的供电可靠性和电能质量，提高电力系统运行的经济性，减少对环境的不良影响

B. 保证对用户的供电可靠性和电能质量

C. 保证对用户的供电可靠性，提高系统运行的经济性

D. 保证对用户的供电可靠性

3. 停电有可能导致人员伤亡或主要生产设备损坏的用户的用电设备属于（　　）。

A. 一级负荷　　　B. 二级负荷　　　C. 三级负荷　　　D. 特级负荷

4. 对于供电可靠性，下述说法中正确的是（　　）。

A. 所有负荷都应当做到在任何情况下不中断供电

B. 一级和二级负荷应当在任何情况下不中断供电

C. 除一级负荷不允许中断供电外，其他负荷随时可以中断供电

D. 一级负荷在任何情况下都不允许中断供电，二级负荷应尽可能不停电，三级负荷可以根据系统运行情况随时停电

5. 我国目前电力系统的最高电压等级是（　　　）。

A. 交流 500 kV，直流±500 kV

B. 交流 750 kV，直流±500 kV

C. 交流 500 kV，直流±800 kV

D. 交流 1000 kV，直流±800 kV

6. 利用低压配电系统的多芯电缆芯线做 PE 线或 PEN 线时，该芯线的截面积不得小于（　　　）mm²。

A. 1.5　　　　　B. 2.5　　　　　C. 4　　　　　D. 6

7. 架空线路与火灾和爆炸危险环境接近时，其间水平距离一般不应小于杆柱高度的（　　　）倍。

A. 1.0　　　　　B. 1.2　　　　　C. 1.3　　　　　D. 1.5

8. 当线路较长时，宜按（　　　）确定导线截面。

A. 机械强度　　　B. 允许电压损失　　C. 允许电流　　　D. 经济电流密度

9. 低压架空线路导线截面积的选择原则是（　　　）。

A. 按发热条件选择

B. 按机械强度选择

C. 按允许电压损失条件选择，按发热条件及机械强度来校验

D. 按发热条件选择，按机械强度来校验

10. 低压架空线相序排列顺序，面向电源从左侧起是（　　　）。

A. U—V—W—N　　B. U—N—V—W　　C. N—W—V—U　　D. 任意排列

11. 直线杆同杆架设的上、下层低压横担之间的最小距离不得小于（　　　）m。

A. 0.4　　　　　B. 0.5　　　　　C. 0.6　　　　　D. 0.8

12. 在人口密集地区，低压架空线路导线离地面的最小高度为（　　　）m。

A. 6　　　　　B. 5.5　　　　　C. 5　　　　　D. 4.5

13. 低压架空线路导线离建筑物的最小垂直距离为（　　　）m。

A. 1　　　　　B. 1.5　　　　　C. 2　　　　　D. 2.5

14. 低压架空线路导线离建筑物的最小水平距离为（　　　）m。

A. 0.6　　　　　B. 0.8　　　　　C. 1.0　　　　　D. 1.2

15. 低压架空线路导线与树木的最小水平距离（最大风偏情况）为（　　　）m。

A. 0.6　　　　　B. 0.8　　　　　C. 1.0　　　　　D. 1.2

16. 杆长 8 m 的混凝土电杆埋设深度不得小于（　　　）m。

A. 1.0　　　　　B. 1.2　　　　　C. 1.5　　　　　D. 1.8

17. 普通拉线与地面的夹角不得大于（　　　）。

A. 75°　　　　　B. 70°　　　　　C. 65°　　　　　D. 60°

18. 低压接户线跨越交通要道，导线在最大弧垂时，离地面的最小高度为（　　　）m。

A. 6　　　　　B. 5.5　　　　　C. 5　　　　　D. 4.5

19. 低压接户线跨越交通困难的街道时，导线在最大弧垂时，离地面的最小高度为（　　　）m。

A. 5　　　　　　　B. 4　　　　　　　C. 3.5　　　　　　D. 3

20. 杆上作业时，杆上杆下传递工具、器材应采用（　　）方法。

A. 抛扔　　　　　B. 绳和工具袋　　C. 手递手　　　　D. 长杆挑送

21. 交联聚乙烯绝缘单芯电力电缆的最小弯曲半径不得小于电缆外径的（　　）倍。

A. 5　　　　　　　B. 10　　　　　　C. 15　　　　　　D. 20

22. 交联聚乙烯绝缘多芯电力电缆的最小弯曲半径不得小于电缆外径的（　　）倍。

A. 5　　　　　　　B. 10　　　　　　C. 15　　　　　　D. 20

23. 无铅包护套或无钢铠护套橡皮绝缘电力电缆的弯曲半径不得小于电缆外径的（　　）倍。

A. 2　　　　　　　B. 6　　　　　　　C. 8　　　　　　　D. 10

24. 直埋电缆与热力管沟平行时，其间距离不得小于（　　）m。

A. 0.5　　　　　　B. 1　　　　　　　C. 1.5　　　　　　D. 2

25. 直埋电缆与热力管沟交叉接近时，其间距离不得小于（　　）m。

A. 0.5　　　　　　B. 1　　　　　　　C. 1.5　　　　　　D. 2

26. 直埋电缆与城市道路平行时，其间距离不得小于（　　）m。

A. 0.7　　　　　　B. 1　　　　　　　C. 1.5　　　　　　D. 2

27. 直埋电缆与城市道路交叉接近时，其间距离不得小于（　　）m。

A. 0.7　　　　　　B. 1　　　　　　　C. 1.5　　　　　　D. 2

28. 直埋电缆的最小埋设深度一般为（　　）m。

A. 0.6　　　　　　B. 0.7　　　　　　C. 1　　　　　　　D. 2

29. 直埋电缆沟底电缆上、下应铺设厚（　　）mm 的沙或软土。

A. 50　　　　　　　B. 100　　　　　　C. 150　　　　　　D. 200

30. 直埋电缆直线段每（　　）m 应设置明显的方位标志或标桩。

A. 50~100　　　　B. 100~150　　　C. 150~200　　　D. 200~250

31. 电缆标桩应高出地面（　　）mm。

A. 50~100　　　　B. 150~200　　　C. 300~400　　　D. 500

32. 电力电缆铝芯线的连接常采用（　　）。

A. 插接法　　　　B. 钳压法　　　　C. 绑接法　　　　D. 焊接法

33. 铜芯电缆与铝芯电缆的连接应采用（　　）。

A. 铜芯和铝芯直接缠绕连接　　　　B. 铜芯镀锡后与铝芯绑线连接

C. 用铜制线夹压接　　　　　　　　D. 用专用的铜铝连接管压接

34. 摇测低压电力电缆的绝缘电阻应选用电压（　　）V 的兆欧表。

A. 250　　　　　　B. 500　　　　　　C. 1000　　　　　D. 2500

35. 临时接地线必须是透明护套多股软铜线，其截面积不得小于（　　）mm^2。

A. 6　　　　　　　B. 10　　　　　　C. 15　　　　　　D. 25

36. 临时接地线应当采用（　　）。

A. 多股铜绞线　　B. 钢芯铝绞线　　C. 多股软裸铜线　　D. 多股软绝缘铜线

37. 10 kV 及以下临时接地线操作杆的长度一般为（　　）mm。

A. 0.6~0.8   B. 1~1.2   C. 1.5   D. 2

38. 制作热缩电缆头，在将三指手套套入根部加热工作前，应在三岔口根部绕包填充胶，使其最大直径大于电缆外径（   ）mm。

A. 5   B. 10   C. 15   D. 20

39. 电缆头制作中，包应力锥是用自粘胶带从距手指套口 20 mm 处开始包锥，锥长 140 mm，在锥的一半处，最大直径为绝缘外径加（   ）mm。

A. 5   B. 10   C. 15   D. 20

40. 采用三点式的点压方法压接电缆线芯，其压制次序为（   ）。

A. 先中间后两边   B. 先两边后中间   C. 从左至右   D. 任意进行

41. 电缆接头采用封铅法密封时，加热时间不允许超过（   ）min。

A. 10   B. 15   C. 20   D. 25

42. 电线管配线直管部分，每（   ）m 应安装接线盒。

A. 50   B. 40   C. 30   D. 20

43. 电线管配线有一个 90° 弯的，每（   ）m 应安装接线盒。

A. 50   B. 40   C. 30   D. 20

44. 电线管配线有两个 90° 弯的，每（   ）m 应安装接线盒。

A. 30   B. 25   C. 20   D. 15

45. 避雷器属于（   ）保护元件。

A. 过电压   B. 短路   C. 过负载   D. 接地

46. 防直击雷装置由（   ）组成。

A. 接闪器、引下线、接地装置   B. 熔断器、引下线、接地装置
C. 接闪器、断路器、接地装置   D. 接闪器、引下线、电容器

47. 避雷器的作用是防止（   ）的危险。

A. 直击雷   B. 电磁感应雷   C. 静电感应雷   D. 雷电波侵入

48. FS 系列阀型避雷器主要由（   ）组成。

A. 瓷套、火花间隙、熔断器   B. 断路器、火花间隙、非线性电阻
C. 瓷套、火花间隙、非线性电阻   D. 瓷套、电容器、非线性电阻

49. 独立避雷针的冲击接地电阻一般不应大于（   ）Ω。

A. 0.5   B. 1   C. 4   D. 10

50. 标准上规定防雷装置的接地电阻一般指（   ）电阻。

A. 工频   B. 直流   C. 冲击   D. 高频

51. 避雷器属于对（   ）的保护元件。

A. 静电感应雷   B. 电磁感应雷   C. 直击雷   D. 雷电冲击波

52. 采用扁钢做防雷装置的引下线时，其截面积应不小于（   ）mm^2。

A. 24   B. 48   C. 75   D. 100

53. 防雷装置的引下线地下 0.3 m 至地上（   ）m 的一段应加保护。

A. 0.5   B. 1.0   C. 1.7   D. 2.4

54. 重复接地的接地电阻值一般不应超过 （　　　）。

A. 10 Ω　　　　　B. 100 Ω　　　　　C. 0.5 MΩ　　　　　D. 1 MΩ

二、判断题

1. 电力系统是由发电机、变压器、输配电线路和用电设备按照一定规律连接而成，用于电能生产、变换、输送分配和消费的系统。　　　　　　　　　　　　　　　（　　　）

2. 电力系统的中性点是指电力系统中采用星形接线的变压器和发电机的中性点。（　　　）

3. 负荷等级的分类是按照供电中断或减少所造成的后果的严重程度划分的。　（　　　）

4. 保证供电可靠性就是在任何情况下都不间断对用户的供电。　　　　　　　（　　　）

5. 停电将造成设备损坏的用户的用电设备属于二级负荷。　　　　　　　　　（　　　）

6. 供电中断将造成产品大量报废的用户的用电设备属于二级负荷。　　　　　（　　　）

7. 一级负荷在任何情况下都不允许停电，所以应采用双电源供电或单电源双回路供电。

（　　　）

8. 二级负荷可以采用单电源双回路供电。　　　　　　　　　　　　　　　　（　　　）

9. 电力网是指由变压器和输配电线路组成的用于电能变换和输送分配的网络。（　　　）

10. 10 kV 及以下架空线路不得跨越火灾和爆炸危险环境。　　　　　　　　　（　　　）

11. 厂区、居民区内的低压架空线路导线应采用绝缘导线。　　　　　　　　　（　　　）

12. 单股铝线不得架空敷设，但单股铝合金线可以架空敷设。　　　　　　　　（　　　）

13. 耐张杆应能承受在断线情况下沿线路方向导线的拉力。　　　　　　　　　（　　　）

14. 低压配电线路中电杆的埋设深度，一般为杆长的 1/10 加 0.7 m。　　　　　（　　　）

15. 普通拉线与地面的夹角不应小于 60°。　　　　　　　　　　　　　　　　（　　　）

16. 架空线的弧垂越小越好。　　　　　　　　　　　　　　　　　　　　　　（　　　）

17. 当架空线对地高度不够时，可以采取紧线的办法来提高导线高度。　　　　（　　　）

18. 所有电杆应能承受在断线情况下沿线路方向导线的拉力。　　　　　　　　（　　　）

19. 10 kV 线路与低压电力线路交叉时，其间最小垂直距离为 2 m，当两者都采用绝缘导线时，最小垂直距离减小为 1.2 m。　　　　　　　　　　　　　　　　　　　（　　　）

20. 架空线路跨越易燃材料制作屋顶的建筑物时，其间垂直距离不得小于 2.5 m。

（　　　）

21. 弱电线路与电力线路同杆架设时，弱电线路应架设在电力线路的下方。　（　　　）

22. 高压线路与低压线路同杆架设时，档距应符合低压线路的要求。　　　　（　　　）

23. 检查架空线路的安全距离时，应按静态最小距离考虑。　　　　　　　　（　　　）

24. 在城市及居民区，低压架空线路电杆的档距一般不应超过 50 m。　　　　（　　　）

25. 架空线路同一档距内，同一根导线上只允许有一个接头。　　　　　　　（　　　）

26. 架空线路与电缆线路的导线截面相同时，其安全载流量也相同。　　　　（　　　）

27. 直埋地下的电力电缆受温度变化的影响小，比相同材质、相同截面积的架空线路导线的安全载流量大。　　　　　　　　　　　　　　　　　　　　　　　　　　（　　　）

28. 电缆敷设中应保持规定的弯曲半径，以防止损伤电缆的绝缘。　　　　　（　　　）

29. 电力电缆隧道敷设时，隧道内一般每隔 200 m 左右设一个积水坑。　　　（　　　）

30. 电力电缆路径走向应与道路中心线垂直。　　　　　　　　　　　　　　（　　　）

31. 冷缩电缆终端与预制式电缆终端相比，相同处是一种规格对应一种电缆截面。

（　　）

32. 电缆的中间接头是仅连接电缆的导体，以使电缆线路连续的装置。（　　）

33. 高压钠灯属于气体放电灯。（　　）

34. 穿管的导线，无论有几条，仅允许其中的一条导线有一个接头。（　　）

35. 装设独立避雷针以后就可以避免发生雷击。（　　）

36. 阀型避雷器是防止雷电侵入波的防雷装置。（　　）

37. 避雷针是防止雷电侵入波的防雷装置。（　　）

38. 独立避雷针的接地装置必须与其他接地装置分开。（　　）

39. 用接地电阻测量仪测量接地电阻时，电压极（P_1）距被测接地体不得小于 40 m，电流极（C_1）距被测接地体不得小于 20 m。（　　）

40. 重复接地与工作接地在电气上是相连接的。（　　）

第 9 章

相关工种一般知识

9.1 钳工的基本操作

9.1.1 锉削

平面锉削是最基本的锉削，常用有顺向锉法、交叉锉法和推锉法 3 种锉削方式。

1. 顺向锉法

顺向锉法是指锉刀沿着工件表面横向或纵向移动，即锉刀始终朝一个方向推进，如图 9-1 所示。

锉削

顺向锉法具有锉纹清晰、美观和表面粗糙度较小的特点，顺向锉的锉纹整齐一致，这是最基本的一种锉削方法，适用于小平面和粗锉后的场合，以及工件锉光、锉平或锉顺。

2. 交叉锉法

交叉锉法是从两个以上不同方向交替交叉锉削的方法，锉刀运动方向与工件夹持方向成 30°~40°夹角，如图 9-2 所示。

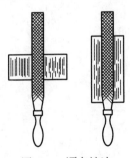

图 9-1 顺向锉法

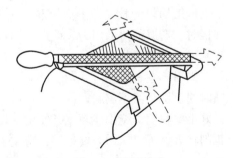

图 9-2 交叉锉法

交叉锉法可使锉刀与工件的接触面积增大，锉刀运动时容易掌握平稳，能及时反映出平面的情况，且锉削效率高，因此它具有锉削平面度好的特点，但表面粗糙度稍差，且锉纹交叉。交叉锉法适用于平面的粗锉和半精锉。

3. 推锉法

推锉法是双手横握锉刀往复锉削的方法，如图9-3所示。

推锉法的锉纹特点同顺向锉法的锉纹特点，锉削的效率较低。适用于狭长平面和修整时余量较小的场合。

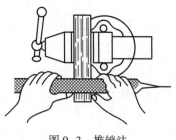

图9-3 推锉法

9.1.2 锯削

1. 锯削的步骤及方法

用锯对材料或工件进行切断或切槽等的加工方法称为锯削。手锯是钳工手工锯削所使用的工具，由锯弓和锯条两部分组成。

（1）选择锯条。根据工件材料的硬度和厚度选择适当齿数的锯条。

（2）装夹锯条。将锯齿朝前装夹在锯弓上，注意锯齿方向，保证前推时进行切削，锯条的松紧要合适，一般用两个手指的力能旋紧为止。另外，锯条不能歪斜和扭曲，否则锯削时易折断。

锯削

（3）装夹工件应尽可能装夹在台虎钳的左边，以免操作时碰伤左手。工件伸出钳口要短，锯切线离钳口要近，否则锯割时产生颤动。工件要夹牢，不可有抖动。

（4）起锯。起锯时以左手拇指撑住锯条，右手稳推手柄，起锯角大约为15°。起锯时的锯弓往复行程应短，压力要小，锯条要与工件表面垂直。

（5）锯割动作。锯割时右手握锯柄，左手轻扶弓架前端。锯弓应做前后直线往复运动，不可做左右摆动，以免锯缝歪斜和折断锯条。前推时要加压，用力要均匀；返回时微微抬起手锯，减少锯齿中部的磨损；锯切时速度以每分钟往返30~60次为宜。

2. 锯削的注意事项

（1）丁字步站立。

（2）右手握把，左手扶弓。

（3）走锯速度均匀（杜绝冲击型的走锯）。

（4）前推时，右肩部协助用力往前送，回程时锯条轻轻滑回。

（5）走满弓（用满全锯条）。

（6）把持锯弓不左右摇晃。

（7）随时纠正锯路，不偏斜。

（8）最好不要在旧锯缝中换新锯条使用（断锯条时除外）。

（9）锯削将近终了时，用力要趋缓，防止手受伤。

9.1.3 錾削

1. 錾削的工作范围及工具

用锤子打击錾子对金属工件进行切削加工的方法，叫作錾削，又称凿削。它的工作范围主要是去除毛坯上的凸缘、毛刺、分割材料、錾削平面及油槽等，经常用于不便于机械加工的场合。

钳工常用的錾子有扁錾、尖錾、油槽錾。

2. 挥锤方法

錾削时手锤的挥锤方法分为腕挥、肘挥和臂挥 3 种。

无论哪一种挥锤方法都应使錾削时锤头的中心线与錾子中心线成一直线。只有这样才会使击锤力集中，錾子平稳，使锤击力有效地作用在刃口上。

3. 錾削的操作要素

錾削的操作要素主要有錾身倾角、錾削深度、夹持高度和錾头高度。

9.1.4　钻削

用钻头在实体材料上加工孔的工艺方法称为钻削加工。钻削是孔加工的基本方法之一，钻床是孔加工的主要机床。

在车床上钻孔时，工件旋转，刀具做进给运动。而在钻床上加工时，工件不动，刀具做旋转主运动，同时沿轴向移动做进给运动。故钻床适用于加工没有对称回转轴线的工件上的孔，尤其是多孔加工，如加工箱体、机架等零件上的孔。

1. 钻床

钻床可分为立式钻床、摇臂钻床、台式钻床、深孔钻床及其他钻床等。

立式钻床的自动化程度一般均较低，故常用于单件、小批生产中加工中小型工件。摇臂钻床是一种摇臂可绕立柱回转和升降，主轴箱又可在摇臂上做水平移动的钻床。台式钻床是一种主轴垂直布置的小型钻床，钻孔直径一般在 15 mm 以下。由于加工孔径较小，台式钻床主轴的转速可以很高，一般可达每分钟几万转。台式钻床小巧灵活，使用方便，但一般自动化程度较低，适用于单件、小批生产中加工小型零件上的各种孔。

2. 钻头

在钻床上主要用钻头（麻花钻）进行钻孔。钻头是钻孔用的刀削工具，常用高速钢（W18Cr4V 或者 W9Cr4V）制成。一般钻头由柄部、切削刃和顶端组成，如图 9-4 所示。

顶端　　　　切削刃　　　　　柄部

图 9-4　钻头的结构

钻孔选择钻头时，通常钻头的顶端直径等于孔径，但根据加工孔的尺寸要求会选择比孔大 0.01 mm 的弹性变形。

【试题选解 1】　錾削时形成的切削角度有前角、后角和楔角，三角之和为 90°。（　　　）

解：錾削时，錾子与工件之间应形成适当的切削角度，由于基面与切削平面是一组相互垂直的表面，錾削时形成的前角、后角和楔角，3 个角度之间存在 90°的关系。所以，题目中的观点是正确的。

【试题选解 2】　平面锉削分为顺向锉法、交叉锉法，还有（　　　）。

A. 拉锉法　　　　B. 推锉法　　　　C. 平锉法　　　　D. 立锉法

解：平面锉削是最基本的锉削，常用有顺向锉法、交叉锉法和推锉法 3 种锉削方式，所以正确答案为 B。

9.2　焊接的基本操作

焊接也称作熔接，是一种以加热、高温或者高压的方式接合金属或其他热塑性材料如塑料的制造工艺及技术。通常情况下，电工自行操作的焊接方法有电烙铁钎焊和焊条电弧焊。

9.2.1　电烙铁钎焊

1. 电烙铁选用

电烙铁的主要用途是焊接元件及导线，按机械结构可分为内热式电烙铁和外热式电烙铁，按功能可分为无吸锡电烙铁和吸锡式电烙铁，根据用途不同又分为大功率电烙铁和小功率电烙铁。

外热式电烙铁的规格很多，常用的有 25 W、45 W、75 W、100 W 等，功率越大，烙铁头的温度也就越高。内热式电烙铁的常用规格为 20 W、25 W、35 W、50 W 等，由于它的热效率高，20 W 内热式电烙铁就相当于 40 W 左右的外热式电烙铁。

一般来说，焊接弱电元件选用 25 W、35 W 的内热式电烙铁，焊接强电元件选用 45 W 以上的外热式电烙铁。

2. 手工焊接操作要领

（1）焊前准备。留意焊接元件有无极性要求，对焊接温度、时间有无特别要求。

（2）实施焊接。按照"手工焊接五步法"，一般焊点用时 2~3 s 完成，如图 9-5 所示。

五步焊接法

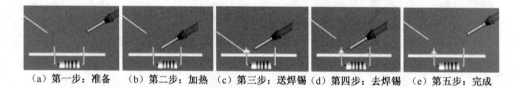

（a）第一步：准备　（b）第二步：加热　（c）第三步：送焊锡　（d）第四步：去焊锡　（e）第五步：完成

图 9-5　手工焊接五步法

（3）焊接后的处理。当焊接结束后，应检查焊接质量，清理 PCB（印制电路板）上的残留物，如锡渣、元件脚等。焊接完毕，立即再次清洁烙铁头，并给烙铁头再次沾锡，最后断电。

9.2.2　焊条电弧焊

1. 焊条电弧焊的焊接方式

焊条电弧焊是利用电弧放电（俗称电弧燃烧）所产生的热量将焊条与工件互相熔化并在

冷凝后形成焊缝，从而获得牢固接头的焊接过程。其焊接方式可分为平焊、立焊、横焊和仰焊 4 种。

2. 焊条电弧焊的基本操作步骤及方法

焊条电弧焊最基本的操作是引弧、运条和收尾。

（1）引弧。引弧时，将焊条末端与焊件表面接触形成短路，然后迅速将焊条向上提起 2~4 mm 的距离，此时电弧即引燃。引弧的方法有划擦法和直击法两种。

运条

（2）运条。焊条的运动称为运条。电弧引燃后，焊条要有 3 个方向的运动：焊条朝熔化方向逐渐送进、焊条沿焊接方向移动速度（即焊接速度）和焊条的横摆动。

（3）收尾。电弧中断和焊接结束时，应把收尾处的弧坑填满。常用的收尾方法有画圈收尾法、反复断弧收尾法和回焊收尾法 3 种。

9.2.3　焊接材料

焊接材料是焊接时所消耗材料（包括焊条、焊丝、焊剂、保护气体、电极、熔剂等）的统称。

1. 焊条

焊条由焊芯和药皮两部分组成。焊芯的主要作用是导电，在焊条端部形成电弧，同时焊芯靠电弧热熔化后，冷却形成具有一定成分的熔敷金属。药皮的主要作用是机械保护、冶金处理和改善焊接工艺性能。

焊条按熔渣的碱度分为酸性焊条和碱性焊条；按药皮的主要成分分为钛型、钛钙型、钛铁矿型、氧化铁型；按用途分为结构钢焊条（J）、钼及铬钼耐热钢焊条（R）、不锈钢焊条（铬不锈钢 G，铬镍不锈钢 A）、堆焊焊条（D）、低温焊条（W）、铸铁焊条（Z）、镍及镍合金焊条（Ni）、铜及铜合金焊条（T）、铝及铝合金焊条（L）、特殊用途焊条（Ts）。

2. 焊丝

焊丝在焊接过程中起传导电流、填充金属、过渡合金的作用，自保护药芯焊丝在焊接过程中还起保护或脱氧和去氮作用。因此，焊丝要具有要求的化学成分、力学性能，而且还应对其尺寸和表面质量提出明确的技术要求。

焊丝按结构形式分为药芯焊丝和实心焊丝，药芯焊丝按结构和填料的不同又分为很多种类型；按钢种分为低碳钢焊丝、低合金钢焊丝（高强度钢用焊丝、Cr-Mo 耐热钢焊丝、低温钢用焊丝）、不锈钢焊丝、硬质合金堆焊焊丝、铜及铜合金焊丝、铝及铝合金焊丝、铸铁焊丝等；按焊接方法分为埋弧焊焊丝、电渣焊焊丝、CO_2 气体保护焊焊丝、氩弧焊焊丝、气体保护焊焊丝（TIG 焊用焊丝、MIG 焊用焊丝、MAG 焊用焊丝）、自保护焊焊丝、堆焊焊丝、气焊焊丝。

3. 焊剂

在焊接时，能够熔化形成熔渣（有的也有气体），对熔化金属起保护和冶金作用的一种颗粒状物质称为焊剂。

焊剂常分为熔炼型焊剂和非熔炼型焊剂（黏结焊剂、烧结焊剂）等。

4. 保护气体

保护气体是焊接过程中用于保护金属熔滴、焊接熔池和焊接区高温金属，防止外界有害气体进入焊接区的气体。

5. 电极

电极是熔焊时，用于传导电流并使填充材料和母材熔化或本身也作为填充材料而熔化的金属丝（焊丝、焊条）、棒（石墨棒、钨棒）、管、板等。电阻焊时，是指用来传导电路和传递压力的金属极。

6. 熔剂

熔剂是气焊时用来去除焊接过程中形成的氧化物、改善熔池的润湿性的粉状物质。

为得到高质量的焊接接头，首先要合理选择焊接材料。

（1）满足焊接接头使用性能的要求。焊接接头使用性能的要求包括常温、高温短时强度，弯曲性能，冲击韧性，硬度，化学成分等，以及一些技术标准和设计图纸中对接头性能的特殊要求，诸如持久强度、蠕变极限、高温抗氧化性能、抗腐蚀性能等。

（2）焊接接头制造工艺性能和焊接工艺性能的要求。经焊接组成的构件，在制造过程中不可避免要进行各种成型和切削加工，如冲压、卷、弯、车、刨等加工工序，这就要求焊接接头具有一定的塑性变形能力和切削性能、高温综合性能等。焊接工艺则根据母材的焊接性差异，要求焊接材料的工艺性能良好，并具有相应的抗裂纹等缺陷的能力。

（3）合理的经济性。在满足上述各种使用性能、制造性能的最低要求的同时，应选择价格便宜的焊接材料，以降低制造成本，提高经济效益。例如，重要部件的低碳钢焊条电弧焊时，应优先选用碱性焊条，因为碱性焊条脱氧、脱硫充分，且氢含量低，具有良好的焊缝金属抗裂性能及冲击韧性。而对于一些非重要部件，可选用酸性焊条，因为酸性焊条既具有良好的工艺性，又满足非重要部件的性能要求，而且价格便宜，可降低制造成本。

9.2.4 焊接的接头形式与参数

1. 焊接的接头形式

焊接接头的主要基本形式有 4 种：对接接头、T 形接头、角接接头和搭接接头。

**焊接接头
形式**

（1）对接接头：是将两块钢板的边缘相对配置，并使其表面成一直线而接合的接头。这种接头能承受较大的静力和震动载荷，所以是焊接结构中最常用的接头形式。

（2）T 形接头：是两个构件相互垂直或倾斜成一定角度而形成的焊接接头。这种接头焊接操作时比较困难，整个接头承受载荷的能力，特别是承受震动载荷的能力比较差。由于结构件组成的复杂多样性，这种接头在焊接结构中也是较为常见的形式之一。

（3）角接接头：是将两块钢板配置成直角或一定的角度，而在板的顶端边缘上焊接的接头。角接接头不仅用于板与板之间的有角度连接，也常用于管与板之间，或管与管之间的有角度连接。

（4）搭接接头：是将两块钢板相叠，而在相叠端的边缘采用塞焊、开槽焊进行焊接的接头形式。这种接头的强度较低，只能用于不太重要的焊接构件中。

2. 焊接参数

焊接参数是指焊接时为了保证焊接质量而选定的物理量的总称。手工焊条电弧焊的工艺参数有焊条的选择（焊条牌号的选择，焊条直径选择）、焊接电流（根据焊条直径来选择，根据焊缝位置选择，根据焊条类型选择，根据焊接经验选择）、电弧电压、焊接速度和焊接层数等。

选择合适的焊接工艺参数，对提高焊接质量和提高生产效率很重要。

【试题选解3】 一般手工电弧焊的焊接电弧中（　　）区温度最高。

A. 阴极　　　　　B. 阳极　　　　　C. 弧柱　　　　　D. 以上都不是

解： 焊接电弧中3个区域的温度分布是不均匀的，一般情况下阳极区温度高于阴极区温度，但都低于该种电极材料的沸点，弧柱区的温度最高，但沿其截面分布不均，其中心部分温度最高，可达5000~8000 K，离开弧柱中心线，温度逐渐降低。所以正确答案为C。

【试题选解4】 在电烙铁手工焊接时，当焊丝熔化一定量后，应立即移开焊丝，移开的方向及角度是（　　）。

A. 左上 45°方向　　　　　B. 左上 30°方向

C. 左上 60°方向　　　　　D. 左下 45°方向

解： 当焊件的焊接面被加热到一定温度时，焊锡丝从烙铁对面接触焊件，在焊丝熔化一定量后，立即向左上45°方向移开焊丝。所以正确答案为A。

*9.3　设 备 吊 装

■ 9.3.1　吊装作业前的安全检查

（1）实施吊装作业单位负责人应对起重吊装机械和吊具进行安全检查确认，确保其处于完好状态。

（2）装置经管部门应对吊装区域内的安全状况进行检查（包括吊装区域的划定、标识、障碍）。警戒区域设置警戒线及吊装现场应设置安全警戒标志，并设专人监护，非作业人员禁止入内。

吊装作业

（3）实施吊装作业单位负责人应在施工现场核实天气情况。室外作业遇到大雪、暴雨、大雾及6级以上大风时，不应安排吊装作业。

（4）在将起重机驶入某一区域时，应该先估计地面及地下土层的条件，以确保起重机的稳定性，并且不会损坏地下设施、不会伤到人员。

（5）严禁利用管道、管架、电杆、机电设备等做吊装锚点。未经有关专业技术人员审查核算，不得将建筑物、构筑物作为锚点。

（6）确保起重机吊钩的安全插销和安全舌片处于良好状态且被正确使用。

（7）确保起重机水平度，其倾斜度不超过1%；确保起吊钢索始终保持垂直；保持货物就在吊臂的正下方。

（8）液压支撑板的大小应该至少是液压支腿截面积的3倍以上。

9.3.2 吊装作业中的安全措施

（1）吊装现场应设置安全警戒标志，并设专人监护，非作业人员禁止入内，安全警戒标志应符合规定。

（2）不应靠近输电线路进行吊装作业。确需在输电线路附近作业时，起重机械的安全距离应大于起重机械的倒塌半径并符合《电业安全工作规程（电力线路部分)》（DL 409—1991）的要求；不能满足时，应停电后再进行作业。

（3）应按规定负荷进行吊装，吊具、索具经计算选择使用，不应超负荷吊装。

（4）起吊前应进行试吊，试吊中检查全部机具、地锚受力情况，发现问题应将吊物放回地面，排除故障后重新试吊，确认正常后方可正式吊装。

（5）指挥人员应佩戴明显的标志，按指挥人员发出的指挥信号进行操作；任何人发出的紧急停车信号均应立即执行；吊装过程中出现故障，应立即向指挥人员报告，没有指挥令，任何人不得擅自离开岗位。

【试题选解 5】 吊装最根本的目的是将设备和构件最终安全、准确地安装就位，确保现场人员、设备与被吊装物不受损伤。（　　）

解： 大型设备安装时，吊装是一种特殊的运输方式，其最根本的目的是将设备和构件最终安全、准确地安装就位，确保现场人员、设备与被吊装物不受损伤。所以题目中的观点是正确的。

【练习题】

一、选择题

1. 锉刀主要工作面，指的是（　　）。

A. 锉齿的上、下两面　　　　B. 两个侧面　　　　C. 全部表面

2. 钻头直径大于 13 mm 时，夹持部分一般做成（　　）。

A. 柱柄　　　　　　　　B. 莫氏锥柄　　　　C. 柱柄或锥柄

3. 在实体材料上加工孔，应选择（　　）。

A. 钻孔　　　　　　　　B. 扩孔　　　　　　C. 铰孔　　　　　　　　D. 镗孔

4. 被广泛应用于单件和小批量生产中的夹具是（　　）。

A. 通用夹具　　　　　　B. 专用夹具　　　　C. 组合夹具

5. 被广泛用于成批和大量生产中的夹具是（　　）。

A. 通用夹具　　　　　　B. 专用夹具　　　　C. 组合夹具

6. 清洁电烙铁所使用的海绵应蘸有适量的（　　）。

A. 酒精　　　　　　　　B. 丙酮　　　　　　C. 干净的水　　　　D. 助焊剂

7. 关于焊接三部曲说法不正确的是（　　）。

A. 准备施焊：左手拿焊丝，右手握烙铁，烙铁头应保持干净，并吃上锡，处于随时可施焊状态

B. 加热与送丝：烙铁头放在焊件上后立即送入焊锡丝

C. 去丝移烙铁：焊锡在焊接面上扩散达到预期的范围后，立即拿开焊丝并移开烙铁，注意去丝时间不得落后于离开烙铁的时间

D. 整个过程不得超过 1~2 s；但有的器件引脚面积较大，焊接时需延长施焊时间；对于导线焊接，焊后应稍用力扯拉，以检查其焊接质量

8. 焊接电流主要影响焊缝的（　　　）。

A. 熔宽　　　　　　　　　B. 熔深　　　　　　C. 余高　　　　　　D. 成型

9. 电弧电压主要影响焊缝的（　　　）。

A. 熔宽　　　　　　　　　B. 熔深　　　　　　C. 余高　　　　　　D. 成型

10. 增大（　　　）可显著提高焊接生产率。

A. 焊接电流　　　　　　　B. 焊接电压　　　　C. 焊接层数　　　　D. 焊接速度

11. 设备吊装规范规定，严禁在（　　　）级以上风速下进行吊装作业。

A. 4　　　　　　　　　　　B. 5　　　　　　　　C. 6　　　　　　　　D. 7

二、判断题

1. 选择锉刀尺寸规格的大小，仅仅取决于加工余量的大小。　　　　　　（　　　）

2. 麻花钻切削时的辅助平面即基面、切削平面和主截面是一组空间平面。（　　　）

3. 麻花钻主切削刃上，各点的前角大小是相等的。　　　　　　　　　　（　　　）

4. 一般直径在 5 mm 以上的钻头，均需修磨横刃。　　　　　　　　　　（　　　）

5. 钻孔时，冷却润滑的目的应以润滑为主。　　　　　　　　　　　　　（　　　）

6. 铰铸铁孔时加煤油润滑，因煤油的渗透性强，会产生铰孔后孔径缩小现象。（　　　）

7. 扩钻是用扩孔钻对工件上已有的孔进行精加工。　　　　　　　　　　（　　　）

8. 铰孔是用铰孔对粗加工的孔进行精加工。　　　　　　　　　　　　　（　　　）

9. 电烙铁整个焊接过程的时间不超过 1~2 s。　　　　　　　　　　　　（　　　）

10. 焊接时焊锡量越多越好，这样焊得牢固。　　　　　　　　　　　　（　　　）

11. 焊锡丝常做成管状，内部充加助焊剂。　　　　　　　　　　　　　（　　　）

12. 起重机司机对任何人发出的紧急停止信号，均应服从。　　　　　　（　　　）

13. 大型设备的吊装，允许在 7 级风力中进行。　　　　　　　　　　　（　　　）

第 *10* 章

电动机与电力拖动

10.1 单相异步电动机

▌10.1.1 单相异步电动机的种类与用途

1. 单相异步电动机的种类

根据启动方法或运行方式的不同，单相异步电动机分为以下几类。

（1）单相电阻启动异步电动机，如冰箱压缩机。

（2）单相电容启动异步电动机，如波轮洗衣机电动机。

（3）单相电容运行异步电动机，如空调压缩机。

单相异步
电动机

（4）单相电容启动和运行异步电动机。例如，部分小型机床、水泵、木工机械、食品机械上使用的单相电动机。

此外，在一些小家电产品中，常常使用单相罩极异步电动机动力源，如洗碗机、抽湿机、抛光机、磨刀器等小家电。

2. 单相异步电动机的用途

单相异步电动机具有结构简单、成本低廉、噪声小等优点，由于只需要单相电源供电，使用方便，因此被广泛应用于工业和人民生活的各个方面，尤以家用电器、电动工具、医疗器械等使用较多。例如，家用电器中洗衣机、电冰箱、电风扇的电动机；电动工具，如手电钻、应用器材、自动化仪表的电动机等。

与同容量的三相异步电动机相比较，单相异步电动机的体积较大，运行性能较差，因此一般只做成小容量的，我国现有产品功率从几瓦到几百瓦。

【试题选解1】　工业自动化仪表的电风扇使用的电动机属于（　　）异步电动机。

A. 单相罩极式　　　　　　B. 电阻启动单相

C. 单相电容式运转　　　　D. 电容启动单相

解：工业自动化仪表虽然种类繁多，但其电风扇使用的电动机基本上是采用微机控制的单相罩极式异步电动机，所以正确答案为A。

■ 10.1.2　单相异步电动机的结构与原理

1. 单相异步电动机的结构

（1）基本结构。单相异步电动机由固定部分——定子、转动部分——转子、支撑部分——端盖和轴承三大部分组成，如图 10-1 所示。

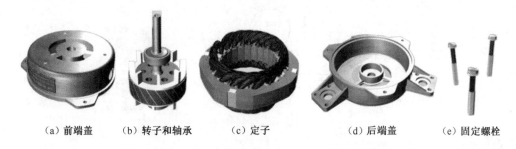

（a）前端盖　　（b）转子和轴承　　（c）定子　　（d）后端盖　　（e）固定螺栓

图 10-1　单相异步电动机的基本结构

定子由机座和带绕组的铁芯组成。铁芯由硅钢片冲槽叠压而成，槽内嵌装两套空间互隔 90°电角度的主绕组（也称运行绕组）和辅绕组（也称启动绕组或副绕组）。主绕组接交流电源，辅绕组串接离心开关 S 或启动电容、运行电容等之后，再接入电源。

转子为笼形铸铝转子，它是将铁芯叠压后用铝铸入铁芯的槽中，并一起铸出端环，使转子导条短路呈鼠笼形。

（2）外部结构。单相异步电动机的外部结构如图 10-2 所示，主要有机座、铁芯、绕组、端盖、轴承、离心开关或启动继电器和 PTC 启动器、铭牌等。

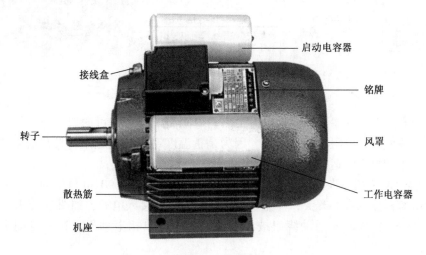

图 10-2　单相异步电动机的外部结构

2. 单相异步电动机的原理

单相异步电动机是由单相交流电源供电的旋转电动机，其定子绕组为单相。当接入单相交流电时，只能产生一交变脉动磁场，所以单相异步电动机不能自启动。一般采用电容分相法、电阻分相法或者罩极分相法来获得旋转磁场，使电动机启动旋转。

（1）单相罩极电动机的电气原理如图10-3所示。定子通入电流以后，部分磁通穿过短路环，并在其中产生感应电流。短路环中的电流阻碍磁通的变化，致使有短路环部分和没有短路环部分产生的磁通有了相位差，从而形成旋转磁场，使转子转起来。

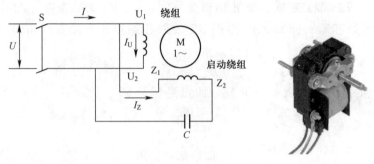

图 10-3　单相罩极电动机的电气原理

（2）电阻启动单相异步电动机有主绕组（工作绕组）和辅助绕组（启动绕组），如图 10-4 所示。在启动绕组中串联电阻来分相，即工作绕组电阻小，电抗大；启动绕组电阻大，电抗小。通电时在两个绕组中的电流有一定的相位差，从而产生较小的启动转矩。

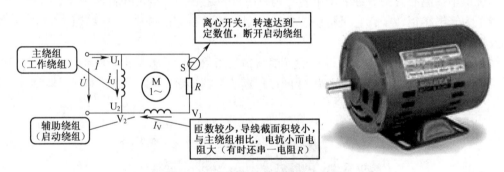

图 10-4　电阻启动单相异步电动机

　　启动电阻与启动线圈串联，刚通电时，启动电阻阻值很小，可向启动线圈供电而启动电动机。启动电流使启动电阻本身也发热，因为是正温度系数热敏电阻，发热后阻值变大，可理解为断路，电动机正常运行。

　　（3）电容启动单相异步电动机在定子上也有主相、副相成90°电角度的两套绕组，辅助绕组与外接电容器接入离心开关，与主绕组并联，并一起接入电源，如图10-5所示。在达到同步转速的75%~80%时，辅助绕组被切去，成为一台单相电动机。这种电动机的功率为120~750 W。

　　（4）电容运行单相异步电动机中有两套绕组，一套为工作绕组或主绕组，另一套为副绕组或启动绕组，工作绕组或主绕组 M 与副绕组 A 的轴线在空间相隔90°电角度，副绕组串联一个适当的电容 C（电容选配不当会使电动机系统变差，如片面增大或减小电容量，负序磁场可能加强，使输出功率减小，性能变坏，磁场可能会由圆形或近似圆形变为椭圆形）再与工作绕组并接于电源。由于副绕组串联了电容，所以副绕组中的电流在相位上超前于主绕组

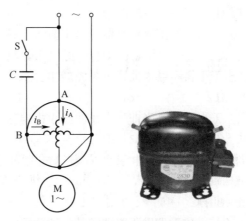

图 10-5　电容启动单相异步电动机

电流，这样由单相电流分解成具有时间相位差的两相电流 M 和 A（也就是事实上的两相电流），因而电动机的两相绕组就能产生圆形或椭圆形的旋转磁场。电容运行单相异步电动机的工作原理如图 10-6 所示。

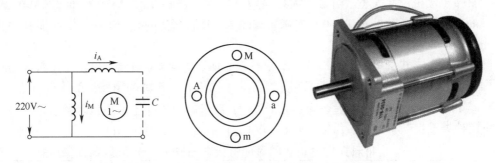

图 10-6　电容运行单相异步电动机的工作原理

【试题选解2】　单相电容启动异步电动机的（　　）组定子绕组在启动时串联有电容器。

A. 1　　　　　B. 2　　　　　C. 3　　　　　D. 4

解：单相电容启动异步电动机在一组定子绕组串联有电容器，通过电容的移相作用，将单相交流电分离出另一相相位差 90° 的交流电，将会在空间上产生（两相）旋转磁场，在这个旋转磁场作用下，转子就能自动启动，所以正确答案为 A。

【试题选解3】　单相罩极异步电动机的转动方向（　　）。

A. 是固定不变的

B. 只能由罩极部分向非罩极部分转动

C. 是可以改变的

D. 可用改变定子电压相位的办法来改变

解：单相罩极异步电动机的启动原理是定子通入电流以后，部分磁通穿过短路环，并在其中产生感应电流。短路环中的电流阻碍磁通的变化，致使有短路环部分和没有短路环部分产生的磁通有了相位差，从而形成旋转磁场，使转子转起来，它的转向是不能改变的。所以正确答案为 A。

10.2　三相异步电动机

■ 10.2.1　三相异步电动机的用途与种类

1. 三相异步电动机的用途

三相异步电动机具有结构简单、制造容易、坚固耐用、维修方便、成本较低、价格便宜等一系列优点，因此，被广泛应用在工业、农业、国防、航天、科研、建筑、交通以及人们的日常生活中。但它的功率因数较低，在应用上受到了一定的限制。

三相异步
电动机

2. 三相异步电动机的种类

三相异步电动机一般为系列产品，其系列、品种、规格繁多，因而分类也较繁多。

（1）按工作原理不同，可分为同步电动机和异步电动机。

（2）按电动机尺寸大小，可分为大型电动机（定子铁芯外径 $D>1000$ mm 或机座中心高 $H>630$ mm）、中型电动机（$D=500\sim1000$ mm 或 $H=355\sim630$ mm）和小型电动机（$D=120\sim500$ mm 或 $H=80\sim355$ mm）。

（3）按冷却方式，可分为自冷式、自扇冷式、他扇冷式等。

（4）按转子结构形式，可分为三相笼型异步电动机和三相绕线型异步电动机。

3. 三相电动机的性能特点

不同种类三相电动机的性能特点见表 10-1。

表 10-1　不同种类三相电动机的性能特点

电动机种类		主要性能特点	典型生产机械举例
异步电动机	笼型 — 普通笼型	机械特性硬，启动转矩不大，调速时需要调速设备	调试性能要求不高的各种机床、水泵、通风机等
	笼型 — 高启动转矩	启动转矩大	带冲击性负载的机械，如剪床、冲床、锻压机；静止负载或惯性负载较大的机械，如压缩机、粉碎机、小型起重机等
	笼型 — 多速	有 2~4 挡转速	要求有级调速的机床、电梯、冷却塔
	绕线型	机械特性硬（转子串电阻后变软）、启动转矩大、调速方法多、调速性能和启动性能较好	要求有一定调速范围、调速性能较好的生产机械，如桥式起重机；启动、制动频繁且对启动、制动转矩要求高的生产机械，如起重机、矿井提升机、压缩机、不可逆轧钢机等
同步电动机		转速不随负载变化，功率因数可调节	转速恒定的大功率生产机械，如大中型鼓风及排风机、泵、压缩机、连续式轧钢机、球磨机等

4. 三相异步电动机的结构

三相异步电动机主要由定子和转子两部分组成，如图 10-7 所示。定子主要由定子铁芯、定子绕组和机座等部分组成；转子由转子铁芯、转子绕组和转轴等部分组成；定子与转子之间有一个很小的气隙。此外，还有机座、端盖轴承、接线盒、风扇等其他部分。

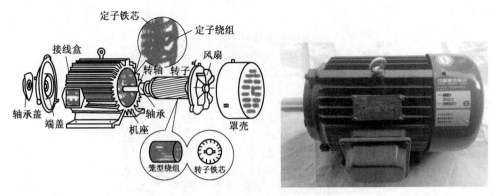

图 10-7　三相异步电动机的结构

（1）定子。定子铁芯是电动机磁路的一部分，并放置定子绕组。定子绕组是电动机的电路部分，通入三相交流电，产生旋转磁场。

（2）转子。转子铁芯是电动机磁路的一部分，并放置转子绕组。一般用 0.5 mm 厚的硅钢片冲制、叠压而成，硅钢片外圆冲有均匀分布的孔，用来安置转子绕组。转子绕组的作用是切割定子旋转磁场产生感应电动势及电流，并形成电磁转矩而使电动机旋转。转轴用来传递转矩及支撑转子的质量，一般由中碳钢或合金钢制成。

【试题选解 4】　下列叙述不属于三相电动机优点的是（　　）。

A. 电动机开动和停止都比较方便　　　　B. 电动机构造简单，体积小

C. 电动机效率高，对环境无污染　　　　D. 电动机要消耗能源

解：电动机具有构造简单、体积小、操作方便（闭合就开动，断开开关就停止）、效率高、无污染等优点，因此在日常的生活和生产中应用十分广泛。所以 A、B、C 说法都是电动机的优点。电动机工作时需消耗电能，将电能转化为机械能，这不是优点。所以正确答案为 D。

【试题选解 5】　三相异步电动机主要由定子和转轴组成。（　　）

解：三相异步电动机的结构主要由定子和转子两部分组成。转轴属于转子的一部分，用来传递转矩及支撑转子的质量，所以题目中的观点是错误的。

10.2.2　三相异步电动机的工作原理与铭牌参数

1. 三相异步电动机的工作原理

当电动机的三相定子绕组（各相差 120° 电角度），通入三相对称交流电后，将产生一个旋转磁场，该旋转磁场切割转子绕组，从而在转子绕组中产生感应电流（转子绕组是闭合通路），载流的转子导体在定子旋转磁场作用下将产生电磁力，从而在电动机转轴上形成电磁转矩，驱动电动机旋转，并且电动机旋转方向与旋转磁场方向相同。

改变电源任意两相的接线（改变相序），旋转磁场即反向旋转，此时电动机反转。

2. 三相异步电动机的铭牌参数

为了电动机能够安全长期运行，制造厂家在铭牌上规定了电动机的额定值，如额定电压、

额定电流、转速等，在交流电动机上还标明频率、效率和功率因数 $\cos\varphi$，这些值大都与绝缘性能和强度有关，电压超过额定值时，绝缘会击穿造成设备损坏。电动机的铭牌举例如图 10-8 所示。

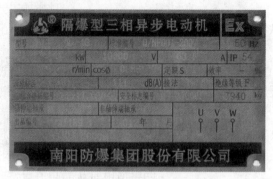

图 10-8 电动机的铭牌举例

交流异步电动机铭牌标注的主要技术参数的含义如下。

（1）型号：表示电动机的类型、结构、规格及性能等特点的代号，如以下几种。

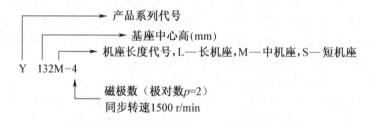

（2）额定功率 P_N：是指电动机运行时转轴上的输出功率。

（3）额定电压 U_N：是指绕组上所加线电压。

（4）额定电流 I_N：是指电动机在额定电压和额定功率时定子绕组中的线电流。

（5）额定转数：在额定电压、额定频率、额定负载下，转子每分钟的转数。

（6）温升：是指绝缘等级所耐受超过环境温度。

（7）工作定额：电动机允许的工作运行方式。

（8）绕组接法：△或Y连接，与额定电压相对应。例如，若铭牌标注接法是△，额定电压标 380 V，则表明电动机电源电压为 380 V 时，应接成△；若电压标 380/220 V，接法标Y/△，则表明电源线电压为 380 V 时，应接成Y，当电源线电压为 220 V 时，应接成△。

【特别提醒】

有的电动机铭牌上还有其他的一些技术参数，如额定转矩、启动转矩与启动能力、最大转矩与过载能力、启动电流、防护等级、噪声等级、频率、绝缘等级等。

【试题选解6】 三相异步电动机的额定功率是满载时转子轴上输出的机械功率，额定电流是满载时定子绕组的线电流。（　　　）

解：本题涉及电动机技术参数的含义，熟记电动机基本的技术参数的含义，便可顺利完成解题。所以题目中的观点是正确的。

【试题选解 7】　电动机的额定电压是指输入定子绕组的每相电压而不是线间电压。(　　)

解： 电动机的额定电压是指加在绕组上的线电压，即 3 根相线中任意两根间的电压，而不是相电压。所以题目中的观点是错误的。

■ 10.2.3　三相异步电动机的接线方式与定子绕组首尾端判别

1. 三相异步电动机的接线方式

三相异步电动机通常采用星形（Y）和三角形（△）两种接线方式，如图 10-9 所示。在电动机接线端子上有 3 块连片：将尾端并联为星形，将首尾串联为三角形。一般 4 个 kW 以上的电动机都用三角形接法，10 kW 以上的要用Y/△减压启动接法。

绕组连接

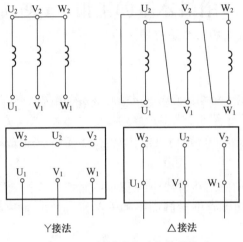

Y接法　　　△接法

图 10-9　三相异步电动机接线方式

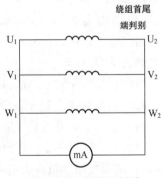

绕组首尾
端判别

2. 三相异步电动机定子绕组首尾端判别

方法一：剩磁法，用万用表或微安表判别定子绕组首尾端。

（1）用万用表 R×1 挡，测出 3 组电动机绕组（若两端为同一绕组，则阻值很小，接近 0 Ω），将测出的同一绕组绑在一起便于区分。

（2）各相绕组假设编号为 U_1、U_2、V_1、V_2 和 W_1、W_2。按图 10-10 所示接线，用手转动电动机转子，如果指针式万用表（用微安挡或毫安挡）指针不动或表的读数非常小，则证明假设的编号是正确的；若表的读数大，则说明其中有一相首尾端假设编号不对，应逐相对调重测，直至表针不摆动为止。

图 10-10　剩磁法判别
定子绕组首尾端

方法二：36 V 交流电源法判别定子绕组首尾端。

（1）用万用表 R×1 挡，分别找出三相绕组的各相两个出线端。任意给三相绕组的线头分别编号为 U_1 和 U_2、V_1 和 V_2、W_1 和 W_2。

（2）把其中任意两相绕组串联后再与电压表或万用表的交流电压挡连接，第三相绕组与36 V 低压交流电源接通，如图 10-11 所示。

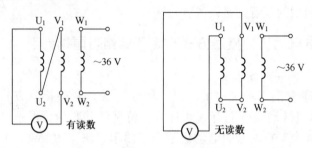

图 10-11　36 V 交流电源法判别定子绕组首尾端

（3）通电后，若电压表无读数，说明连在一起的两个线头同为首端或尾端；若电压表有读数，则连在一起的两个线头中一个是首端，另一个是尾端，任定一端为已知首端，同法可定第三相的首尾端。

【特别提醒】

判别三相异步电动机定子绕组首尾端的办法比较多，这里不逐一介绍。读者只要掌握其中的一种办法，即可完成定子绕组首尾端的判别。

【试题选解 8】 用（　　）可判别三相异步电动机定子绕组首尾端。

A. 电压表　　　　　　　　　B. 功率表

C. 万用表　　　　　　　　　D. 兆欧表

解：根据剩磁法，用万用表可以判别三相异步电动机定子绕组首尾端。所以正确答案为 C。

10.2.4　三相异步电动机的保护与节电措施

1. 三相异步电动机的保护

（1）短路保护。当电动机本身或线路中发生短路故障时，故障电流非常大，因此必须采取短路保护。常用的保护元件是熔断器。当发生短路事故时，熔丝（片）立即爆断，从而保护电动机及线路。

对于容量较大的电动机，也常采用断路器的短路脱扣器做短路保护。

（2）过载保护。对于重要场合的电动机或容量较大的电动机都设有过载保护装置。容量很小的电动机不必设过载保护。常用的过载保护元件是热继电器。当通过热继电器的电流达到设定值时，经过一定的延时，热元件便动作，切断电动机的控制回路（即启动接触器线圈回路），从而使电动机失去电源而停止运行。

热继电器不宜做重复短时工作制的异步电动机的过载保护。对于容量较大的电动机，也有采用断路器的过载脱扣器（一般与热继电器配合使用）做过载保护的。

（3）欠电压保护。电压过低会引起电动机转速降低，甚至停止运行。因此，当电源电压降到 60%~80% 额定电压时，将电动机电源切除而停止工作，这种保护称为欠电压保护。其方法是将欠电压继电器线圈跨接在电源上，其常开触点串接在接触器控制回路中。当电网电压低于欠电压继电器整定值时（吸合电压通常整定值为 $0.8\sim0.85U_N$，释放电压通常整定值为 $0.5\sim0.7U_N$），欠电压继电器动作使接触器释放，接触器主触点断开电动机电源实现欠电压保护。

（4）失电压保护。如果由于某种原因电网突然断电，电动机会停转。为防止电压恢复时电动机的自行启动或电器元件自行投入工作而设置的保护，称为失电压保护。采用接触器和按钮控制的启动、停止，就具有失电压保护作用。这是因为当电源电压消失时，接触器就会自动释放而切断电动机电源，当电源电压恢复时，由于接触器自锁触点已断开，不会自行启动。如果不是采用按钮而是用不能自动复位的手动开关、行程开关来控制接触器，必须采用专门的零电压继电器。工作过程中一旦断电，零电压继电器释放，其自锁电路断开，电源电压恢复时，不会自行启动。

（5）过电流保护。过电流保护是区别于短路保护的一种电流型保护。过电流保护常通过电流继电器来实现，通常过电流继电器与接触器配合使用，即将过电流电器线圈串接在被保护电路中，当电路电流达到其整定值时，过电流继电器动作，而电流继电器常闭触点串接在接触器线圈电路中，使接触器线圈断电释放，接触器主触点断开来切断电动机电源。这种电流保护环节常用于直流电动机和三相绕线转子异步电动机的控制电路中。

（6）断相保护。电动机运行时，如果电源任一相断开，电动机将在断相情况下低速运转或堵转，定子电流很大，这是造成电动机绝缘及绕组烧毁的常见故障之一。因此应进行断相保护。断相保护的方法有用带断相保护的热继电器、电压继电器、电流继电器与固态断相保护器等。

2. 三相异步电动机的节电措施

（1）新购电动机应首先考虑选用高效节能电动机，然后再按需考虑其他性能指标，以便节约电能。

（2）提高电动机本身的效率，如将电动机自冷风扇改为他冷风扇，可在负载很小或户外电动机在冬天时，停用冷风扇，有利于降低能耗。

（3）将定子绕组改接成星三角混合串接绕组，按负载轻重转换星形接法或三角形接法，有利于改善绕组产生的磁动势波形及降低绕组工作电流，达到高效节能的目的。

（4）采用其他连续调速运行方式，如使用调压调速器、变极电动机、电磁耦合调速器、变频调速装置等。

（5）更换"大马拉小车"电动机。另外，合理调整电动机配套使用，可使电动机运行在高效率工作区，达到节能的目的。

（6）合理安装并联低压电容进行无功补偿，有效地提高功率因数，减少无功损耗，节约电能。

（7）从接头处通往电能表及通往电动机的导线截面应满足载流量，且导线应尽量缩短，减小导线电阻，降低损耗。

【特别提醒】

以上措施可以分别采用，也可多项同时采用。

【试题选解9】　经常反转及频繁通断工作的电动机，宜用热继电器来保护。（　　）

解：热继电器主要用于保护电动机的过载，对于正反转和通断频繁的特殊工作的电动机，不宜采用热继电器作为过载保护装置，而应使用埋入电动机绕组的温度继电器或热敏电阻来保护。所以题目中的观点是错误的。

10.2.5 双速异步电动机的原理与接线方式

1. 双速异步电动机的原理

电动机的变速采用改变绕组的连接方式，也就是说，用改变电动机旋转磁场的磁极对数来改变它的转速。

双速电机

根据公式 $n_1 = 60f/p$ 可知，异步电动机的同步转速与磁极对数成反比，磁极对数增加一倍，同步转速 n_1 下降至原转速的一半，电动机额定转速 n 也将下降近似一半，所以改变磁极对数可以达到改变电动机转速的目的。这种调速方法是有级的，不能平滑调速，而且只适用于笼型电动机。

双速异步电动机主要是通过以下外部控制线路的切换来改变电动机线圈的绕组连接方式来实现。

（1）在定子槽内嵌有两个不同极对数的共有绕组，通过外部控制线路的切换来改变电动机定子绕组的接法来实现变更磁极对数。

（2）在定子槽内嵌有两个不同极对数的独立绕组，而且每个绕组又可以有不同的连接方式。

2. 双速异步电动机的接线方式

双速异步电动机的接线有△/YY连接和YY/Y连接两种方式。

（1）△/YY连接。如图 10-12 所示，低速时接成△连接，磁极为 4 极，同步转速为 1500 r/min；高速时接成YY连接，磁极为 2 极，同步转速为 3000 r/min。由此可见，双速电动机高速运转时同步转速是低速运转时的 2 倍，主要用于恒功率负载的调速，如金属切削机床。

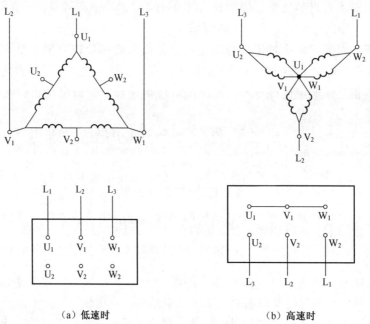

（a）低速时 　　　　（b）高速时

图 10-12 双速异步电动机的△/YY连接

（2）YY/Y 连接。如图 10-13 所示，在 YY 连接时，4U、4V、4W 接在一起，2U、2V、2W 接到三相电源上，每相绕组由两组线圈并接，相当于两个 Y 连接并联，极数 $2p=2$；在单 Y 连接中，4U、4V、4W 接到三相电源上，2U、2V、2W 不做连接，每相绕组由两组线圈串联而成，极数 $2p=4$。这种变极调速方式，调速前后的电动机的转矩不变，故适用于负载转矩恒定情况下的调速，如起重机、运输机械等。

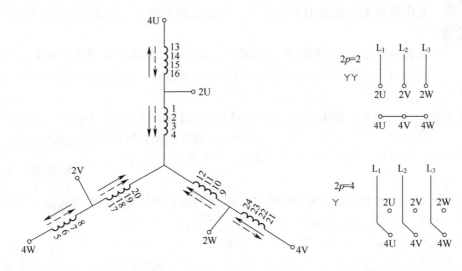

（a）2/4 极的线圈接法　　　　　　　（b）2/4 极的出线端接法

图 10-13　双速异步电动机的 YY/Y 连接

【试题选解 10】　双速异步电动机的接线方法应为（　　）。

A. △/Y　　　　　　B. Y/△　　　　　　C. YY/Y　　　　　　D. Y/△△

解：双速异步电动机的接线方法分为 △/YY 连接和 YY/Y 连接两种，所以正确答案为 C。

【试题选解 11】　△/YY 接线的双速异步电动机，在 △ 接线下开始低速运行，当定子绕组接成（　　）接线时便开始高速启动运行。

A. △　　　　　　　B. Y　　　　　　　　C. YY　　　　　　　D. △ 或者 YY

解：根据双速异步电动机的工作原理可知，低速时接成 △ 连接，高速时接成 YY 连接，所以正确答案为 C。

10.2.6　三相异步电动机的一般试验

电动机在长期闲置、修理及保养后，使用前都要经过必要的检查和试验。试验的项目主要有绝缘试验、空载试验、负载试验、温升试验及耐压试验等，其中最基本的试验项目是绝缘试验和空载试验等。

在试验电动机前，应先进行常规检查。首先检查电动机的装配质量，各部分的紧固螺钉是否拧紧，转子转动是否灵活，引出线的标记、位置是否正确等。在确认电动机的一般情况良好后，将定子绕组引出线的连接片拆下，使绕组的 6 个端头独立，方可进行试验。

1. 绝缘试验

绝缘试验包括绝缘电阻的测定、绝缘耐压试验。以绝缘电阻的测定为例，使用兆欧表测量电动机定子绕组相与相之间、各相对壳体之间的绝缘电阻，绕线转子异步电动机还应检查转子绕组及绕组对壳体之间的绝缘电阻。所测阻值均在 0.5 MΩ 以上，说明绝缘良好。测量时，对于 500 V 以下的电动机用 500 V 兆欧表，对于 500~1000 V 的电动机用 1000 V 兆欧表。

电动机绕组经过重绕修复后，要测定新嵌绕组的直流电阻，一般测 3 次，取其平均值。三相绕组的直流电阻之间的偏差与三相平均值之比应不大于 5%，否则绕组匝间有短路、断路等故障。测量直流电阻使用直流电桥来完成。

2. 空载试验

空载试验的目的是检查电动机的装配质量及运行情况，测定电动机的空载电流和空载损耗功率。

按图 10-14 所示接线后，逐渐升高电压至额定值（380 V），此时电动机应稳定运行，无异常噪声和振动。电流表所测得的数值即为空载电流，功率表显示的输入功率值就是电动机的空载损耗功率。其中空载电流应三相平衡，任意一相空载电流与三相电流平均的偏差均不得大于 10%。

一般情况下，多采用更简便的空载试验方法，即通过控制开关直接给电动机通电，空载启动，用钳形电流表测出空载电流，用固定离心式转速表测出空载速度，并观察电动机的空载运转情况，以确定电动机的好坏。

3. 负载试验

负载试验的方法很多，进行负载试验时，被试电动机应在接近热状态下，并且在额定电压和额定频率下测量不同的负载点，试验过程尽可能快地完成。

三相异步电动机负载试验的目的是确定电动机的效率、功率因数、转速、定子电流、输入功率等与输出功率的关系。测取电动机的工作特性曲线，并考核效率和功率因数是否合格，取得分析电动机运行性能的必要的数据资料。

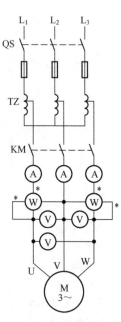

图 10-14　电动机空载
试验接线

4. 温升试验

温升试验又称热试验，温升试验有两种方法：直接法和间接法。直接法温升试验应在额定频率、额定电压和额定负载或铭牌电流下进行。间接法主要包括降低电压负载法、降低电流负载法、定子叠频法等。

温升试验的目的是确定额定负载条件下运行时定子绕组的工作温度和电动机某些部分温度高于冷却介质温度的温升。电动机温升的高低，决定着电动机绝缘的使用寿命，所以温升试验对电动机的质量具有非常重要的作用。

5. 耐压试验

耐压试验时，将电压施于绕组和机壳之间，其他不参与试验的绕组均应和铁芯及机壳做电气连接。

耐压试验的目的是考核电动机绕组相与相、相与机壳之间的绝缘是否受损，是否能承受一定的电压而不击穿。通过耐压试验可确切地发现绝缘局部或整体所存在的缺陷。

【试题选解 12】　检查低压电动机定子、转子绕组各相之间和绕组对地的绝缘电阻，用 500 V 绝缘电阻测量时，其数值不应低于 0.5 MΩ，否则应进行干燥处理。（　　）

解： 电动机绝缘试验时，低压电动机选用 500 V 兆欧表，所测阻值均在 0.5 MΩ 以上，说明电动机的绝缘性能良好，可以正常投入使用。所以题目中的观点是正确的。

【试题选解 13】　怎样做电动机短路试验？

解： 短路试验是用制动设备，将其电动机转子固定不转，将三相调压器的输出电压由零值逐渐升高。当电流达到电动机的额定电流时即停止升压，这时的电压称为短路电压。额定电压为 380 V 的电动机其短路电压一般为 75~90 V。短路电压过高表示漏抗太大；短路电压过低表示漏抗太小。这两者对电动机正常运行都是不利的。

■ 10.2.7　三相异步电动机的制动方法

三相异步电动机脱离电源之后，由于惯性，电动机要经过一定的时间后才会慢慢停下来，但有些生产机械要求能迅速而准确地停车，那么就要求对电动机进行制动控制。

所谓制动，就是给电动机一个与转动方向相反的转矩使电动机迅速停转（或者限制其转速）。制动的方法有机械制动和电气制动两大类。

1. 机械制动

采用机械装置使电动机断开电源后迅速停转的制动方法称为机械制动，可以理解为通过机械装置锁住电动机的轴，使电动机停止转动。其一般有电磁抱闸制动和电磁离合器制动两类。

2. 电气制动

电气制动是电动机在切断电源的同时给电动机一个和实际转向相反的电磁力矩（制动力矩）使电动机迅速停止的方法。其一般有反接制动、能耗制动和回馈制动 3 种方法。

（1）反接制动。反接制动是在电动机切断正常运转电源的同时改变电动机定子绕组的电源相序，使之有反转趋势而产生较大的制动力矩的方法。反接制动的实质：使电动机欲反转而制动，因此当电动机的转速接近零时，应立即切断反接制动电源，否则电动机会反转。实际控制中采用速度继电器来自动切除制动电源。

反接制动的制动力强，制动迅速，控制电路简单，设备投资少，但制动准确性差，制动过程中冲击力强烈，易损坏传动部件。因此适用于 10 kW 以下小容量的电动机，制动要求迅速、系统惯性大、不经常启动与制动的设备，如铣床、镗床、中型车床等主轴的制动控制。

（2）能耗制动。能耗制动是电动机切断交流电源的同时给定子绕组的任意二相加一直流电源，以产生静止磁场，依靠转子的惯性转动切割该静止磁场产生制动力矩的方法。

能耗制动平稳、准确，能量消耗小，但需附加直流电源装置，且制动时间较长，一般多用于起重提升设备及机床等生产机械中。

（3）回馈制动。回馈制动是指电动机转向不变的情况下，由于某种原因，电动机的转速大于同步转速，如在起重机械下放重物、电动机车下坡时，都会出现这种情况，这时重物拖动转子，转速大于同步转速，转子相对于旋转磁场改变运动方向，转子感应电动势及转子电流反向，于是转子受到制动力矩，使重物匀速下降。此过程中电动机将势能转换为电能回馈给电网，所以称为回馈制动。

回馈制动分为直流回馈制动和交流回馈制动。

【试题选解 14】 能耗制动是在制动转矩的作用下，电动机将迅速停车。（　　）

解： 能耗制动是一种应用广泛的电气制动方法。当电动机脱离三相交流电源以后，立即将直流电源接入定子的两相绕组，绕组中流过直流电流，产生了一个静止不动的直流磁场。此时电动机的转子切割直流磁通，产生感应电流。在静止磁场和感应电流相互作用下，产生一个阻碍转子转动的制动力矩，因此电动机转速迅速下降，从而达到制动的目的。当转速降至零时，转子导体与磁场之间无相对运动，感应电流消失，电动机停转，再将直流电源切除，制动结束。能耗制动可以采用时间继电器、速度继电器两种控制形式来实现电动机迅速停车。所以，题目中的观点是正确的。

■ 10.2.8 交流异步电动机的调速

三相异步电动机转速公式为

$$n = \frac{60f}{p}(1-s)$$

由此可见，改变供电频率 f、电动机的极对数 p 及转差率 s 均可改变转速。

1. 变极调速

变极调速只适用于专门生产的变极多速异步电动机，通过绕组的不同连接方式，获得2、3、4 极 3 种速度。

变极调速只能实现较大范围的调速，适用于不需要无级调速的生产机械，如金属切削机床、升降机、起重设备、风机、水泵等。

2. 改变供电频率调速

变频调速是改变电动机定子电源的频率，从而改变其同步转速的调速方法。变频调速系统主要设备是提供变频电源的变频器，变频器可分成交流–直流–交流变频器和交流–交流变频器两大类，目前国内大都使用交流–直流–交流变频器。

变频调速适用于要求精度高、调速性能较好的场合。

3. 改变转差率调速

（1）转子串电阻调速。只适用于绕线式转子异步电动机，改变串联于转子电路上的电阻的阻值，从而改变转差率实现调速，可以实现多种调速，但电阻消耗功率，效率低，机械性能变软，只适用于调速要求不高的场合。

（2）串级调速。只用合于绕线式异步电动机，它通过一定的电子设备将转差功率反馈到电网。在风泵等传动系统中广泛适用。

（3）调压调速。利用晶闸管构成交流调速电路，改变触发角，改变异步电动机的端电压进行调速。效率较低，只用于合特殊转子的电动机。

【试题选解 15】 绕线式异步电动机一般利用改变（　　）的方法进行调速。

A. 电源频率　　　B. 磁极对数　　　C. 转子电路中的电阻　　　D. 电源电压

解： 题目中所述的方法中，改变电源频率调速适用于笼型电动机，也适用于绕线转子异步电动机；磁极对数调速适用于笼型电动机；电源电压调压调速只适用于特殊转子的电动机；转子串电阻调速只适用于绕线式异步电动机。所以正确答案为 C。

* 10.3 直流电动机

10.3.1 直流电动机的结构、种类与原理

1. 直流电动机的结构

直流电动机是将直流电能转换为机械能的电动机。因其良好的调速性能而在电力拖动中得到广泛应用。直流电动机由定子和转子两大部分组成，如图 10-15 所示。

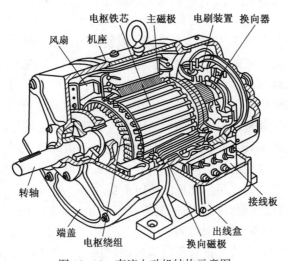

图 10-15 直流电动机结构示意图

（1）定子。直流电动机的定子由机座、主磁极、换向磁极和电刷装置组成。

1）机座：一般用导磁性能较好的铸钢件或钢板焊接而成。机座有两方面的作用：一方面起导磁作用，作为电动机磁路的一部分；另一方面起安装、支撑作用。

2）主磁极：由主磁极铁芯和励磁绕组组成。主磁极铁芯为电动机磁路的一部分，主磁极绕组的作用是通入直流电产生励磁磁场。

3）换向磁极：是位于两个主磁极之间的小磁极，又称为附加磁极，其作用是产生换向磁场，改善电动机的换向。它由换向磁极铁芯和换向磁极绕组组成。

4）电刷装置：作用是通过电刷与换向器的滑动接触，把电枢绕组中的电动势（或电流）引到外电路，或把外电路的电压、电流引入电枢绕组。

（2）转子。直流电动机的转子又称电枢，它是产生感应电动势、电流、电磁转矩而实现能量转换的部件。

1）电枢铁芯：是直流电动机主磁路的一部分，在铁芯槽中嵌放电枢绕组。电枢铁芯一般采用硅钢片叠压而成。

2）电枢绕组：作用是通过电流产生感应电动势和电磁转矩实现能量转换。

3）换向器：作用是将电枢中的交流电动势和电流转换成电刷间的直流电动势和电流，

从而保证所有导体上产生的转矩方向一致。

4）转轴：用来传递转矩。为了使电动机能可靠地运行，转轴一般用合金钢锻压加工而成。

5）风扇：用来降低运行中电动机的温升。

2. 直流电动机的种类

直流电动机按励磁方式分为他励和自励两大类，其中自励又分为并励、串励和复励3种。

3. 直流电动机的原理

直流发电机的工作原理是把电枢线圈中感应的交变电动势，靠换向器配合电刷的换向作用，使之从电刷端引出时变为直流电动势。

直流电动机的工作原理是将直流电源通过电刷接通电枢绕组，使电枢导体有电流流过。电动机内部有磁场存在。载流的转子（即电枢）导体将受到电磁力的作用，所有导体产生的电磁力作用于转子，使转子以 n（r/min）旋转，以便拖动机械负载。

直流电动机的运行是可逆的，即一台直流电动机既可作为发电机运行，也可作为电动机运行。当它作为发电机运行时，外加转矩拖动转子旋转，绕组产生感应电动势，接通负载以后提供电流，从而将机械能转变成电能。当它作为直流电动机运行时，通电的绕组导体在磁场中受力，产生电磁转矩并拖动负载转动，从而将电能转变成机械能。

要改变直流电动机的旋转方向，就需要改变直流电动机的电磁转矩方向。改变电动机转向的方法有两种：一种是改变励磁电流的方向；另一种是改变电枢电流的方向。如果同时改变励磁电流和电枢电流的方向，则电动机的转向不变。

【试题选解16】 直流电动机按主磁极励磁绕组的接法不同，可分为他励和自励两大类。其中，他励直流电动机由于励磁电源可调，应用范围更广泛。（　　）

解：直流电动机的励磁方式是指对励磁绕组如何供电、产生励磁磁通势而建立主磁场的问题。不同励磁方式的直流电动机有着不同的特性。一般情况下，直流电动机的主要励磁方式是并励式、串励式和复励式，直流发电机的主要励磁方式是他励式、并励式和复励式。所以，题目中的观点是正确的。

10.3.2 直流电动机的接线方法

1. 他励直流电动机

励磁绕组与电枢绕组无连接关系，而由其他直流电源对励磁绕组供电的直流电动机称为他励直流电动机，接线如图10-16（a）所示。图中M表示电动机，若为发电机，则用G表示。永磁直流电动机也可看作他励直流电动机。

2. 并励直流电动机

并励直流电动机的励磁绕组与电枢绕组相并联，接线如图10-16（b）所示。作为并励发电机来说，是发电机本身发出来的端电压为励磁绕组供电；作为并励电动机来说，励磁绕组与电枢共用同一电源，从性能上讲与他励直流电动机相同。

3. 串励直流电动机

串励直流电动机的励磁绕组与电枢绕组串联后，再接于直流电源，接线如图10-16（c）所示。这种直流电动机的励磁电流就是电枢电流。

4. 复励直流电动机

复励直流电动机有并励和串励两个励磁绕组，接线如图 10-16（d）所示。若串励绕组产生的磁通势与并励绕组产生的磁通势方向相同，则称为积复励。若两个磁通势方向相反，则称为差复励。

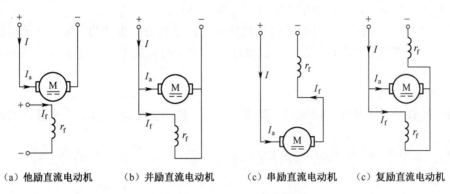

（a）他励直流电动机　　（b）并励直流电动机　　（c）串励直流电动机　　（c）复励直流电动机

图 10-16　直流电动机的接线

【试题选解 17】　拆开某直流电动机后，发现主磁极上的励磁绕组有两种：一种为匝数多而绕组导线较细；另一种为匝数少但绕组导线较粗。可断定该电动机的励磁方式为（　　）。

A. 他励　　　　　B. 并励　　　　　C. 串励　　　　　D. 复励

解：复励直流电动机主磁极上的励磁绕组有两种：一种为匝数多而绕组导线较细；另一种为匝数少但绕组导线较粗。所以正确答案为 D。

*10.4　电力拖动

■10.4.1　电力拖动简介

1. 电力拖动的定义与种类

各类机械设备的运动都要依靠动力。电力拖动是指以电动机作为原动机拖动机械设备运动的一种拖动方式，又称电动机传动。采用电力拖动不但可以把人们从繁重的体力劳动中解放出来，还可以把人们从繁杂的信息处理事务中解脱出来，并能改善机械设备的控制性能，提高产品质量和劳动生产率。

用交流电动机拖动生产机械称为交流电力拖动；用直流电动机拖动生产机械称为直流电力拖动。

2. 电力拖动的组成

电力拖动由电源、电动机、电气控制设备、生产机械的传动机构和工作机构等组成。

（1）电源。其主要是向电动机以及控制设备提供电能。

（2）电动机。其作用是将电能转换为机械能，通过传动机构变速或变换运动方式后，拖动生产机械工作。通过对生产过程的分析，在电力拖动系统的运行过程中，电动机主要工作在以下几种状态下：静止工作状态、加速（启动）工作状态、匀速工作状态、减速（制动）工作状态以及调速过程中的过渡状态。

（3）电气控制设备。其由各种控制电路、驱动电路以及控制计算机等组成，其作用是控制电动机的运行状态，以实现对生产机械运动的自动控制。

（4）生产机械是执行某一生产任务的机械设备，是电动机拖动的对象。其传动机构是将高速运转的电动机轴与工作较慢的生产机械相连接并使两者能够很好地配合的必不可少的变速机械。

3. 电力拖动的特点

电力拖动具有方便经济、效率高、调节性能好、传动效率高、污染少、易于实现生产过程的自动化等特点。

【试题选解18】 电力拖动的特点是：方便经济、（   ）、调节性能好、易于实现生产过程的自动化。

A. 制造简单　　　　　B. 技术简单　　　　　C. 效率高　　　　　D. 转矩大

解：由于电能获得方便，使用电动机的设备体积比其他动力装置小，并且没有气、油等对环境的污染，控制方便，运行性能好，传动效率高，可节省能源等，目前80%以上的机械设备都使用电力拖动。所以正确答案为C。

【试题选解19】 电力拖动的组成部分是（   ）。

A. 生产机械、电动机、控制设备和发电设备
B. 控制设备、电动机
C. 控制设备、保护设备、电动机
D. 电动机、传动装置、控制设备和生产机械

解：电力拖动主要由电源、电动机、电气控制设备、生产机械的传动机构和工作机构等组成，题目中的发电设备就是电源，所以正确答案为A。

10.4.2 电动机的制动

1. 交流电动机的制动

详见本章10.2.7小节中对交流电动机的制动方法的介绍。

2. 直流电动机的制动

直流电动机的制动方式有机械制动、能耗制动、反接制动和回馈制动。

（1）机械制动。直流电动机的机械制动与交流电动机的机械制动类似，一般采用电磁抱闸制动。

（2）能耗制动。是指运行中的直流电动机突然断开电枢电源，然后在电枢回路串入制动电阻，使电枢绕组的惯性能量消耗在电阻上，使电动机快速制动。并励能耗制动接线图如图10-17所示。由于电压和输入功率都为0，所以制动平衡，线路简单。

（3）反接制动。为了实现快速停车，突然把正在运行的电动机的电枢电压反接，并在电枢回路中串入电阻，称为电源反接制动。并励电动机反接制动接线图如图10-18所示。制动期间电源仍输入功率，负载释放的动能和电磁功率均消耗在电阻上，适用于快速停转并反转

的场合，对设备冲击力大。

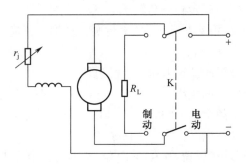

图 10-17　并励能耗制动接线图

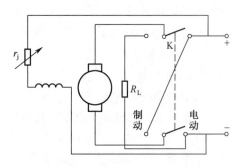

图 10-18　并励电动机反接制动接线图

（4）回馈制动。当电动机的转速在生产机械的作用下超过理想空载转速时（如提升机下放重物），电动机由电动状态变为发电回馈制动状态。所以，产生发电回馈制动的条件是 $n > n_0$。回馈制动的优点是不改变电动机的接线方式，而且能将机械能转变为电能反馈回电网，因此经济效益好。

正向回馈：当电动机减速时，电动机转速从高到低所释放的动能转变为电能，一部分消耗在电枢回路的电阻上，一部分返回电源。

反向回馈：电动机拖位能负载（如下放重物）时，可能会出现这种状态。重物拖动电动机超过给定速度运行，电动机处于发电状态。电磁功率反向，功率回馈电源。

【试题选解 20】　直流电动机进行能耗制动时，必须将所有电源切断。（　　）

解：直流电动机能耗制动是指运行中的直流电动机突然断开电枢电源，然后在电枢回路串入制动电阻，使电枢绕组的惯性能量消耗在电阻上，使电动机快速制动。所以题目中的观点是错误的。

【试题选解 21】　对直流电动机进行制动的所有方法中，最经济的方法是（　　）。

A. 机械制动　　　　　B. 回馈制动　　　　　C. 能耗制动　　　　　D. 反接制动

解：直流电动机的制动方法较多，根据各种制动方法的原理及特点，最经济的方法是回馈制动，回馈制动是非常有效的节能方法。所以正确答案为 B。

【练习题】

一、选择题

1. 罩极式单相异步电动机的定子绕组是（　　）连接电源的。

A. 经过电阻　　　　　B. 经过电容　　　　　C. 经过电感　　　　　D. 直接

2. 异步电动机的定子铁芯由厚（　　）mm、表面有绝缘层的硅钢片叠压而成。

A. 0.35~0.5　　　　　B. 0.5~1　　　　　C. 1~1.5　　　　　D. 1.5~2

3. 中、小型异步电动机定子与转子间的气隙为（　　）mm。

A. 0.02~0.2　　　　　B. 0.2~2　　　　　C. 2~5　　　　　D. 5~10

4. 异步电动机旋转磁场的转速与极数（　　）。

A. 成正比　　　　　B. 的平方成正比　　　　　C. 成反比　　　　　D. 无关

5. 三相异步电动机之所以能转动起来，是由于（　　）作用产生电磁转矩。

A. 转子旋转磁场与定子电流　　　　　B. 定子旋转磁场与定子电流

C. 转子旋转磁场与转子电流　　　　　D. 定子旋转磁场与转子电流

6. 三相异步电动机的三相绕组既可接成△形，也可接成Y形。究竟接哪一种形式，应根据（　　）来确定。

A. 负载的大小　　　　　　　　　　　B. 绕组的额定电压和电源电压

C. 输出功率的多少　　　　　　　　　D. 电流的大小

7. 一般来说，三相异步电动机直接启动的电流是额定电流的（　　）倍。

A. 10　　　　　　B. 1~3　　　　　　C. 4~7　　　　　　D. 8~9

8. 三相异步电动机带额定负载运行，当电源电压降为90%额定电压时，定子电流（　　）。

A. 低于额定电流　　　　　　　　　　B. 超过额定电流

C. 等于额定电流　　　　　　　　　　D. 为额定电流的80%

9. 三相异步电动机虽然种类繁多，但基本结构均由（　　）和转子两大部分组成。

A. 外壳　　　　　　B. 定子　　　　　　C. 罩壳　　　　　　D. 机座

10. 电动机定子三相绕组与交流电源的连接叫接法，其中Y为（　　）。

A. 三角形接法　　　　B. 星形接法　　　　C. 延边三角形接法

11. 三相笼型异步电动机的启动方式有两类，即在额定电压下的直接启动和（　　）启动。

A. 转子串电阻　　　　B. 转子串频敏　　　　C. 降低启动电压

12. 国家标准规定凡（　　）kW 以上的电动机均采用三角形接法。

A. 3　　　　　　　　B. 4　　　　　　　　C. 7.5

13. 三相异步电动机一般可直接启动的功率为（　　）kW 以下。

A. 7　　　　　　　　B. 10　　　　　　　　C. 16

14. 星-三角降压启动，是启动时把定子三相绕组做（　　）连接。

A. 三角形　　　　　　B. 星形　　　　　　C. 延边三角形

15. 异步电动机采用启动补偿器启动时，其三相定子绕组（　　）。

A. 只能采用三角形接法　　　　　　　B. 只能采用星形接法

C. 只能采用星形/三角形接法　　　　　D. 采用三角形接法及星形接法都可以

16. 为防止电路恢复来电而导致电动机启动，从而酿成事故的保护措施叫作（　　）。

A. 过载保护　　　　B. 失电压保护　　　　C. 欠电压保护　　　　D. 短路保护

17. 在三相交流异步电动机定子上布置结构完全相同、在空间位置上互差120°电角度的三相绕组，分别通入（　　），则在定子与转子的空气隙间将会产生旋转磁场。

A. 直流电　　　　　B. 交流电　　　　　C. 脉动直流电　　　　D. 三相对称交流电

18. 在三相交流异步电动机的定子上布置有（　　）的三相绕组。

A. 结构相同，空间位置互差90°电角度

B. 结构相同，空间位置互差120°电角度

C. 结构不同，空间位置互差180°电角度

D. 结构不同，空间位置互差120°电角度

19. 三相异步电动机定子各相绕组在每个磁极下应均匀分布，以达到（　　）的目的。

A. 磁场均匀　　　　　B. 磁场对称　　　　　C. 增强磁场　　　　　D. 减弱磁场

20. 同步电动机转子的励磁绕组的作用是通电后产生一个（　　）磁场。

A. 脉动　　　　　　　　　　　　　　　　B. 交变

C. 极性不变但大小变化的　　　　　　　　D. 大小和极性都不变化的恒定

21. 同步电动机出现"失步"现象的原因是（　　）。

A. 电源电压过高　　　　　　　　　　　　B. 电源电压太低

C. 电动机轴上负载转矩太大　　　　　　　D. 电动机轴上负载转矩太小

22. 异步启动时，同步电动机的励磁绕组不能直接短路，否则（　　）。

A. 引起电流太大，电动机发热

B. 将产生高电势，影响人身安全

C. 将发生漏电，影响人身安全

D. 转速无法上升到接近同步转速，不能正常启动

23. 直流电动机励磁绕组不与电枢连接，励磁电流由独立的电源供给，称为（　　）电动机。

A. 他励　　　　　　　B. 串励　　　　　　　C. 并励　　　　　　　D. 复励

24. 直流电动机主磁极上两个励磁绕组，一个与电枢绕组串联，一个与电枢绕组并联，称为（　　）电动机。

A. 他励　　　　　　　B. 串励　　　　　　　C. 并励　　　　　　　D. 复励

25. 直流电动机主磁极的作用是（　　）。

A. 产生换向磁场　　　B. 产生主磁场　　　　C. 削弱主磁场　　　　D. 削弱电枢磁场

26. 直流电动机中的换向极由（　　）组成。

A. 换向极铁芯　　　　　　　　　　　　　B. 换向极绕组

C. 换向器　　　　　　　　　　　　　　　D. 换向极铁芯和换向极绕组

27. 直流电动机是利用（　　）的原理工作的。

A. 导体切割磁力线　　　　　　　　　　　B. 通电线圈产生磁场

C. 通电导体在磁场中受力运动　　　　　　D. 电磁感应

28. 直流发电机电枢上产生的电动势是（　　）。

A. 直流电动势　　　　B. 交变电动势　　　　C. 脉冲电动势　　　　D. 非正弦交变电动势

29. 直流电动机出现振动现象，其原因可能是（　　）。

A. 电枢平衡未校好　　B. 负载短路　　　　　C. 电动机绝缘老化　　D. 长期过载

30. 直流电动机无法启动，其原因可能是（　　）。

A. 串励电动机空载运行　　　　　　　　　B. 电刷磨损过短

C. 通风不良　　　　　　　　　　　　　　D. 励磁回路断开

31. 三相同步电动机采用能耗制动时，电源断开后，保持转子励磁绕组的直流励磁，同步电动机就成为电枢被外电阻短接的（　　）。

A. 异步电动机　　　　B. 异步发电机　　　　C. 同步发电机　　　　D. 同步电动机

32. 转子绕组串电阻启动适用于（　　）。

A. 笼型异步电动机　　　　　　　　　　　B. 绕线式异步电动机

C. 串励直流电动机　　　　　　　　　　　D. 并励直流电动机

33. 适用于电动机容量较大且不允许频繁启动的降压启动方法是（　　）。

A. Y-△　　　　　B. 自耦变压器　　　　C. 定子串电阻　　　D. 延边三角形

34. 对存在机械摩擦和阻尼的生产机械和需要多台电动机同时制动的场合，应采用（　　）制动。

A. 反接　　　　　　B. 能耗　　　　　　C. 电容　　　　　　D. 再生发电

35. 双速电动机的调速属于（　　）调速方法。

A. 变频　　　　　B. 改变转差率　　　　C. 改变磁极对数　　D. 降低电压

36. 三相绕线转子异步电动机的调速控制采用（　　）的方法。

A. 改变电源频率　　　　　　　　　　　B. 改变定子绕组磁极对数

C. 转子回路串联频敏电阻器　　　　　　D. 转子回路串联可调电阻

37. 串励直流电动机启动时，不能（　　）启动。

A. 串电阻　　　　B. 降低电枢电压　　　C. 空载　　　　　　D. 有载

38. 串励电动机的反转宜采用励磁绕组反接法。因为串励电动机的电枢两端电压很高、励磁绕组两端的（　　），反接较容易。

A. 电压很低　　　　B. 电流很小　　　　C. 电压很高　　　　D. 电流很大

39. 他励直流电动机改变旋转方向，常采用（　　）来完成。

A. 电枢绕组反接法　　　　　　　　　　B. 励磁绕组反接法

C. 电枢、励磁绕组同时反接　　　　　　D. 断开励磁绕组，电枢绕组反接

40. 串励直流电动机反接制动时，当电动机转速接近于零时，就应立即切断电源，防止（　　）。

A. 电流增大　　　　B. 电动机过敏　　　C. 发生短路　　　　D. 电动机反向转动

41. 改变励磁磁通调速法是通过改变（　　）的大小来实现的。

A. 励磁电流　　　　B. 电源电压　　　　C. 电枢电压　　　　D. 电源频率

二、判断题

1. 直流电动机启动时，必须限制启动电流。　　　　　　　　　　　　　　（　　）

2. 励磁绕组反接法控制并励直流电动机正反转的原理是：保持电枢电流方向不变，改变励磁绕组电流的方向。　　　　　　　　　　　　　　　　　　　　　　　　（　　）

3. 直流电动机进行能耗制动时，必须将所有电源切断。　　　　　　　　　（　　）

4. 直流电动机改变励磁磁通调速法是通过改变励磁电流的大小来实现的。（　　）

5. 同步电动机本身没有启动转矩，所以不能自行启动。　　　　　　　　　（　　）

6. 同步电动机停车时，如需进行电力制动，最常用的方法是能耗制动。　（　　）

7. 要使三相绕线式异步电动机的启动转矩为最大转矩，可以通过在转子回路中串入合适电阻的方法来实现。　　　　　　　　　　　　　　　　　　　　　　　　　　（　　）

8. 三相笼型异步电动机正反转控制线路，采用按钮和接触器双重联锁较为可靠。（　　）

9. 反接制动由于制动时对电动机产生的冲击比较大，因此应串入限制电阻，而且仅用于小功率异步电动机。　　　　　　　　　　　　　　　　　　　　　　　　　　　（　　）

10. 改变三相异步电动机磁极对数的调速，称为变极调速。　　　　　　　（　　）

11. 三相异步电动机的变极调速属于无级调速。 （　　）

12. 直流电动机是依据通电导体在磁场中受力而运动的原理制造的。 （　　）

13. 直流电动机的定子是产生电动机磁场的部分。 （　　）

14. 串励直流电动机的励磁绕组导线截面积较大，匝数较多。 （　　）

15. 不论单叠绕组还是单波绕组，电刷一般都应放置在磁极中心线上。 （　　）

16. 直流电动机的换向极绕组，由于它通过的电流较小，故可以用较细的铜线绕制。

（　　）

17. 为改善换向，所有直流电动机都必须装换向极。 （　　）

18. 并励直流电动机启动时，常用减小电枢电压和电枢回路串电阻两种方法。 （　　）

19. 并励直流电动机的正反转控制可采用电枢反接法，即保持励磁磁场方向不变，改变电枢电流方向。 （　　）

20. 并励直流电动机采用反接制动时，经常是将正在电动运行的电动机电枢绕组反接。

（　　）

21. 在小型串励直流电动机上，常采用改变励磁绕组的匝数或接线方式来实现调磁调速。

（　　）

22. 三相电动机的转子和定子要同时通电才能工作。 （　　）

23. 异步电动机的转差率是旋转磁场的转速与电动机转速之差与旋转磁场的转速之比。

（　　）

24. 改变转子电阻调速这种方法只适用于绕线式异步电动机。 （　　）

25. 交流电动机铭牌上的频率是此电动机使用的交流电源的频率。 （　　）

26. 为改善电动机的启动及运行性能，笼型异步电动机转子铁芯一般采用直槽结构。

（　　）

27. 对于异步电动机，国家标准规定 3 kW 以下的电动机均采用三角形连接。 （　　）

28. 再生发电制动只用于电动机转速高于同步转速的场合。 （　　）

29. 用星-三角降压启动时，启动转矩为直接采用三角形连接时启动转矩的 1/3。 （　　）

30. 能耗制动这种方法是将转子的动能转化为电能，并消耗在转子回路的电阻上。

（　　）

31. 转子串频敏变阻器启动的转矩大，适合重载启动。 （　　）

单元二　电工应会技能

■ 第 *11* 章 ■

电工实操口述试题

11.1　仪器仪表测量

1. 常用电工仪表的作用是什么?

答:(1) 万用表一般可以测量交流电压、直流电压、直流电流和电阻。

(2) 钳形电流表可以在不需要断开电路的情况下直接测量交流电流。

(3) 摇表又称兆欧表,专门用于测量电气线路或设备的绝缘电阻,也可以测量高阻值电阻。

(4) 接地电阻测量仪用于测量各种情况下的接地电阻。

2. 常用电工仪表使用前检查哪些项目?

答:(1) 万用表:合格证、外观、指针、表笔、挡位检查及调零。

(2) 钳形电流表:合格证、外观、指针、挡位、钳口检查及调零。

(3) 兆欧表:合格证、外观、指针、表笔、旋把、电压等级检查及校验(开路检查、短路检查)。

(4) 接地电阻测量仪:合格证、外观、指针、表笔、挡位、手柄、配件检查及校验(短路检查)。

3. 安装式仪表和携带式仪表的使用区别有哪些?

答:(1) 安装式仪表固定在盘面上不能动,只要能读出所测物理量的数值就行。

(2) 携带式仪表要知道其作用、特性、使用场合及使用的注意事项。

4. 电流表与电压表连接电路的主要区别有哪些?

答:(1) 电流表与被测电路串联,本身内阻小不影响所测电流数值。

(2) 电压表与被测电路并联,本身内阻大、分流小不影响所测电压数值。

5. 钳形电流表在什么情况下使用?

答:在运行中不能停电的线路需要知道其单相电流时可用钳形电流表去测量。

6. 钳形电流表使用前有哪些检查项目？

答：（1）量程：不知道电路中电流数值时把量程放置在最大挡。

（2）钳口接触面：应平整、无生锈、接触紧密压力足够。

7. 钳形电流表测量电流时被测导线放在何处？为什么？

答：被测导线放在钳口中央，以免发生误差。

8. 钳形电流表测量小于 5 A 的电流时如何减小测量误差？

答：为使指针指示在盘面 1/2~2/3 的位置，将被测电流导线多绕几圈放进钳口，把读数除以圈数即可。

9. 钳形电流表测量过程中量程如何选择与调整？

答：钳形电流表测量电流时量程先放置在最大挡，指针应指示在盘面 1/2~2/3 的位置。若指针指示在小于 1/2 处，则要退出测量，向下调一挡再测量。不能在测量中切换量程。

10. 钳形电流表能否测量高压电流？为什么？

答：不能，安全距离不够，可能危及生命。

11. 万用表能测量哪几个物理量（强电）？

答：电阻、交流电压、直流电压、直流电流 mA 级（特殊的万用表可测交流电流）。

12. 万用表安全构造有哪三部分？各部分的作用是什么？

答：万用表由表头、转换开关和测量电路三部分构成。

表头指示被测物理量；转换开关切换测量种类和量程倍率；测量电路把各种被测物理量转换成表头指针能显示的数值。

13. 表棒的颜色如何对应插孔？

答：红棒为"+"，黑棒为"-"，不能调换。

14. 万用表指针指示在盘面的什么位置误差最小？如何调节？

答：指示在盘面 1/2~2/3 的位置误差最小，由转换开关来调节。

15. 电气元件在运行时，可否用万用表测量电阻？为什么？

答：不能。测量的数值不准确，并有可能烧坏万用表。

16. 万用表的电阻挡严禁测量何种物理量？

答：电阻挡严禁测量电压和电流，否则表会被烧坏。

17. 用万用表测量电压时可否带电切换量程？

答：不可带电切换电压量程。

18. 万用表使用完毕，转换开关放在何处最合理？为什么？

答：应将转换开关旋至 OFF（关）挡，如果没有这个挡位，应将开关旋至交流电压最高挡。这样可防止下次使用直接测量电压或电流时烧坏万用表。

19. 测量电流或电压时，万用表倍率如何选择？

答：应先选择最大挡。如果指针偏转角度太小，再选择合适的量程，使指针偏转到量程的 1/2~2/3 位置。

20. 万用表调零旋钮起什么作用？

答：测量电阻时，选好倍率就要对指针用旋钮调零，因为用选择开关改变不同量程的欧姆表的内阻不同。调零前将红、黑测量棒短接，调整旋钮使指针指到"0"。

21. 设备刚停电测量热态电阻要注意什么？

答：刚停电时，有电容的设备中存在电能未释放，此时测量电阻会伤及表头及人员，应先对地放电后测量。

22. 万用表的表头是何种计量仪表？

答：表头是磁电系的直流电流表，所以测量电路要把各种被测物理量转换成适合表头测量的微小的直流电流。

23. 兆欧表（摇表）有何作用？哪些情况要使用？

答：兆欧表用于测量线路和电气设备的绝缘电阻。正常设备运行前或停电后，发生异常或事故后，设备大小修后都要测量绝缘电阻。

24. 常用的兆欧表有几种额定电压等级？如何选用？

答：常用的电压等级为 500 V、1000 V、2500 V。500 V 以下的设备选用电压等级为 500 V 或 1000 V 的表；500 V 及以上的设备选用电压等级为 1000 V 或 2500 V 的表。

25. 兆欧表测电阻前先做哪两种试验来检查表的好坏？

答：测量前先将兆欧表分别进行一次开、短路试验。E、L 开路，转到手柄达 120 r/min 时，指针指向"∞"；E、L 短接，轻轻转动手柄数十圈，指针若指向"0"，则表明表是好的。

26. 被测电阻刚断电可否立即测量绝缘电阻？

答：被测设备刚停电要进行对地放电，确保安全才能摇测绝缘电阻。

27. 兆欧表共有几个接线柱？如何接线？

答：兆欧表有 3 个接线端（柱）。E——接地或金属外壳；L——接线路（导电部分）；另有保护环 G，在测量电缆对地绝缘电阻时接在电缆外壳与芯线之间的绝缘层上，消除表面漏电引起的测量误差。

28. 兆欧表摇动转轴手柄有何要求？

答：摇动手柄转速由慢到快达到 120 r/min，始终要注意指针指示，开始看时间，稳定转速 120 r/min 约 1 min 读数，即为被测绝缘电阻值。若在过程中指针指向"0"，则应立即停止摇动，说明绝缘层已被击穿。

29. 兆欧表测量电容及电缆或较长线路的绝缘电阻有何注意点？

答：这些设备电容比较大，摇测绝缘电阻时对它们充电，有较高的残压，摇测完绝缘电阻后，由另一人戴绝缘手套断开 L 后才能停止摇动，以免电容上的电量向兆欧表倒充电产生严重后果。

30. 接地电阻测量仪（接地摇表）有何作用？哪些情况要使用？

答：接地电阻测量仪用于测量电气设备接地装置的接地电阻值。常在接地装置安装结束后，正常设备运行前或达到规程规定检测周期时使用。

31. 选用仪表应注意哪些参数？

答：选用仪表应注意用途、精度、测量范围这些参数。

32. 功率表是何种计量仪表？使用时注意哪些安全事项？

答：功率表是一种电动系计量仪表；使用时应注意电流量程、电压量程、功率量程都不能超出额定最大量程。

33. 如何判断测量结果是否合格?

答:(1) 低压设备或线路的绝缘电阻不低于 0. 5 MΩ。

(2) Ⅰ类电动工具的绝缘电阻不应低于 2 MΩ。

(3) Ⅱ类电动工具的绝缘电阻不应低于 7 MΩ。

(4) Ⅲ类电动工具的绝缘电阻不应低于 1 MΩ。

(5) 保护接地工作接地电阻不应大于 4 Ω。

(6) 重复接地电阻不应大于 10 Ω。

(7) 三类建筑防雷接地电阻不应大于 30 Ω(一、二类建筑防雷接地电阻不应大于 10 Ω)。

(8) 防静电接地电阻不应大于 100 Ω。

34. 为什么磁电系仪表只能测量直流电,不能测量交流电?

答:磁电系仪表由于永久磁铁产生的磁场方向不能改变,所以只有通入直流电流才能产生稳定的偏转,如果在磁电系测量机构中通入交流电流,产生的转动力矩也是交变的,可动部分由于惯性而来不及转动,所以这种测量机构不能直流测量交流。(交流电每周的平均值为零,所以结果没有偏转,读数为零)

35. 万用表测量电容器时应注意哪些事项?

答:用万用表测量时,应根据电容器和额定电压选择适当的挡位。例如,电力设备中常用的电容器,一般电压较低只有几伏到几千伏,若用万用表 R×10 k 挡测量,由于表内电池电压为 15~22. 5 V,很可能使电容击穿,故应选用 R×1 k 挡测量;对于刚从线路上拆下来的电容器,一定要在测量前对电容器进行放电,以防电容器中的残存电荷向仪表放电,使仪表损坏;对于工作电压较高、容量较大的电容器,应对电容器进行足够的放电,放电时操作人员应做防护措施,以防发生触电事故。

11. 2　照　明　电　路

1. 照明一般可分为哪三种?

答:生活照明、工作照明和事故照明。

2. 照明按光源形式安排可分哪三种?

答:一般照明、局部照明和混合照明。

3. 照明装置的安装要求可概括成哪八个字?

答:正确、合理、牢固、整齐。

4. 一般灯头对地距离为多少?

答:在一般场所灯头对地距离不应低于 2 m。

5. 一般灯头在潮湿或危险场所对地距离为多少?

答:不得低于 2. 5 m。

6. 对地不足 1 m 的电灯应采用多少伏的电压才安全?

答:应采用 36 V 及以下的安全电压。

7. 在安装普通电灯开关、普通插座时对地距离是多少?

答:一般都不低于 1. 3 m。

8. 插座的安装最低不得低于多少？应采用什么样的插座？

答：最低不得低于 15 cm，并选用安全插座。

9. 在特别潮湿和闷热的危险场所，使用的安全照明灯电压是多少？

答：不超过 12 V。

10. 在单相照明线路中导线两线间对地绝缘电阻是多少？

答：不应低于 0.22 MΩ 。

11. 行灯电源引线的长度一般不超过多少？

答：一般不超过 2 m。

12. 单股导线如何做接头？

答：凡是截面积小于 6 mm² 的导线一般采用绞接法，绞线时先将导线互绞 3 圈，然后将两线端分别在另一线上紧密地缠绕 5 圈，使端部紧贴导线，即中间绞 3 圈两边分别绞 5 圈。

13. 选择使用导线有何规定？

答：应采用符合国家电线产品技术标准的导线，同时要考虑到导线的安全载流量、导线的电压降及允许的电压损失、导线的机械强度。

14. 在照明电路中使用中性线有何要求？

答：单相用电时零线应与相线截面相同，三相四线中零线截面不得小于相线的 1/2。

15. 20 号、18 号、16 号、14 号、12 号铝熔丝的额定电流是多少？熔断电流是多少？

答：额定电流分别为 5 A、7.5 A、11 A、15 A、25 A，熔断电流为额定电流的 2 倍。

16. 漏电保护装置在线路中能起到什么作用？

答：（1）防止单相触电事故。

（2）防止由于漏电引起火灾。

（3）可用于检测和切断各种一相接地故障。

（4）有的漏电保护装置还可用于过载、过电压、欠电压和断相保护。

17. 安装漏电保护器时，工作零线不得在漏电保护器负载侧重复接地，为什么？

答：工作零线在漏电保护器负载侧重复接地，因流进流出漏电保护器的电流不相等，会造成漏电保护器不能正常工作。

18. 为什么安装漏电保护器后还不得拆除原有的安全措施？

答：安装漏电保护器后不得拆除原有的安全措施，常见原因有四：一是本身结构原因；二是人为原因；三是接线错误；四是选用问题。

19. 安装漏电保护器时为什么必须严格区分中性线 N 和保护线 PE？

答：安装漏电保护器时严格区分中性线 N 和保护线 PE 的目的是：使用三相四线和四相四线漏电保护器，中性线应接入漏电保护器。经过漏电保护器的中性线不得作为保护线。否则，漏电保护器不能正常工作，不能有效地防止触电事故发生。

20. 安装日光灯应注意哪些安全事项？

答：（1）日光灯管应用灯座固定在灯架上，不应使用导线直接连接在引脚上。

（2）日光灯具的质量不得由本身的电源线来承受。

21. 采用 42 V 及以下的安全电压，如何选用变压器？

答：采用 42 V 及以下的安全电压，选用变压器应采用双线圈、安全、隔离的变压器；不得采用自耦变压器；变压器的二次侧都不能接地。

22. 安装在单相照明电路中的熔断器有什么要求？

答：（1）在相线、工作零线上应装设熔断器。

（2）熔断器的熔断电流不得大于线路额定电流。

（3）熔断器熔体额定电流应大于等于保护电器可靠动作的电流。

23. 采用保护接零系统中，系统有哪些要求？

答：采用保护接零系统中，系统要求是：中性点必须接地；零线上严禁装设任何保护电器或熔断器；保护接地和保护接零不得混装。

24. 低压照明线路允许电压降是如何规定的？

答：低压照明线路允许电压降规定：一般规定为 $\pm 5\% U_N$，特殊照明设备为 $2\% \sim 3\% U_N$。

25. 照明电路由哪几个部分组成？

答：照明电路由电源、线路、灯具、控制器等部分组成。

26. 工厂工矿灯或封闭式照明灯具主要适用于哪些环境？

答：工厂工矿灯或封闭式照明灯具主要适用于室内外、潮湿、多尘的环境。

27. 漏电保护器的主要作用是什么？

答：（1）防止单相触电事故发生。

（2）防止漏电引发的火灾事故发生。

（3）监督用户电气设备的对地绝缘状况等。

28. 施工现场配电系统应采用什么配电系统？

答：施工现场配电系统应采用三级配电、两级保护；设置总配电箱、开关箱，实行分级配电。

29. 安全标志分为几大标志？

答：安全标志分为禁止、警告、提示、指令类四大标志。

30. 验电笔有几大作用？

答：验电笔具有测量交、直流，判断直流电极性的作用。

31. 工作零线（N）与保护零线有何区别？

答：工作零线通过单相回路电流和三相不平衡电流，正常时有电流流过；保护零线是通过故障电流，正常时无电流流过。

32. 室内灯具安装高度的规定是什么？

答：（1）室内灯具距离地面高度不得低于 2.4 m。

（2）危险性较大的场所，当灯具距离地面高度小于 2.4 m 时，使用额定电压为 36 V 及以下的照明灯具，或采用专用保护措施。

33. 漏电保护开关的选择依据有哪些？

答：（1）漏电保护开关的额定电压、额定电流、刀闸极数、动作电流、动作时间应与线路条件相适应。

（2）用于防止各类人身触电事故的，应选用 30 mA、0.1 s 的漏电保护开关。

34. 电能表安装有何规定？

答：如果表箱布置采用横排一列式的，表箱底部对地面的垂直高度距离一般为 1.7 ~ 1.9 m；

如果采用上下两列布置的，上表箱底对地面高度不应超过 2.1 m。

低压表位线的选择：应采用固定电压为 500 V 的绝缘导线，导线截流量应与负载相适应，其最小截面积——铜芯不应小于 1.5 mm²，铝芯不应小于 4 mm²。

35. 一般场所灯具、开关与地面的垂直安装高度是多少？

答：（1）灯具：室内干燥场所不应低于 1.8 m，室内潮湿场所不应低于 2.5 m，室外安装不应低于 3 m。

（2）开关：墙边开关一般 1.3~1.5 m，拉绳开关安装高度 2~3 m，照明分路总开关底边安装高度 1.8~2 m。

11.3 触电急救与消防

1. 触电有哪几种情况？

答：单相触电、两相触电和跨步电压触电。

2. 触电急救的要点是什么？

答：（1）迅速使触电者脱离电源。

（2）就地抢救。

（3）使用正确的急救方法。

（4）急救要坚持到医务人员或救护车到场。

3. 发生低压触电事故，触电者脱离电源方法有哪些？

答：（1）断开电源开关或拔出插头。

（2）用绝缘工具剪断电线。

（3）用绝缘物作为工具，拉开触电者或移开电线，使触电者脱离电源。

（4）用右手抓住触电者干燥的衣服，将触电者拉离电源。

4. 发生高压触电事故，触电者脱离电源方法有哪些？

答：（1）立即电话通知有关部门停电。

（2）戴上绝缘手套，穿上绝缘鞋，用相应等级的绝缘工具拉开高压开关。

（3）如果附近不能用开关断电，则戴上绝缘手套，穿上绝缘鞋，用相应等级的绝缘工具使触电者脱离电源。

5. 发生触电事故，触电者脱离电源的注意事项有哪些？

答：（1）救人时要确保自身安全，防止自己触电。

（2）防止触电者脱离电源后可能摔伤。

（3）若事故发生在夜间，应迅速解决临时照明问题。

6. 触电者的"假死现象"有哪些情况？

答：（1）心跳停止，但呼吸尚在。

（2）呼吸停止，但心跳尚在。

（3）心跳与呼吸全部停止。

7. 单人徒手心肺复苏操作流程有哪些？

答：心肺复苏流程：判断意识→呼救（包括整理体位）→判断脉搏和呼吸→定位→按

压→清除口腔异物→开放气道→吹气→检查评估。

8. 口对口人工呼吸法每分钟为几次？

答：人工呼吸法为每分钟 12~16 次，每次吹 2 s、停 3 s。

9. 胸外心脏挤压法每分钟为几次？

答：胸外心脏挤压法每分钟为 80~100 次。

10. 胸外心脏挤压法挤压的深度是多少？

答：挤压深度为 4~5 cm。

11. 单人与双人复苏法有什么区别？

答：单人是挤压 15 次，吹气 2 次；双人是吹 2 次，挤压 15 次，最后再按人工呼吸的口诀进行。

12. 怎样做单人心肺复苏？

答：（1）判定患者神志是否丧失。如果无反应，一方面呼救，让旁人拨电话通知急救中心，另一方面摆好患者体位，打开气道。

（2）如果患者无呼吸，即刻进行口对口吹气两次，然后检查颈动脉，如果脉搏存在，表明心脏尚未停搏，无须进行体外按摩，仅做人工呼吸即可，按每分钟 12 次的频率进行吹气，同时观察患者胸廓的起落。一分钟后检查脉搏，如果无搏动，则人工呼吸与心脏按压同时进行。按摩频率为每分钟 80~100 次。

（3）按摩和人工呼吸同时进行时，其比例为 15∶2，即 15 次心脏按压，2 次吹气，交替进行。

（4）操作时，抢救者同时计数 1、2、…、15 次按摩后，抢救者迅速倾斜头部，打开气道，深吸气，捏紧患者鼻孔，快速吹气 2 次。然后再回到胸部，重新开始心脏按压 15 次。如此反复进行，一旦心跳开始，立即停止按摩。

13. 怎样做双人心肺复苏？

答：双人心肺复苏法是指两人同时进行徒手操作，即一人进行心脏按压，另一人进行人工呼吸。其操作要领如下。

（1）双人抢救的效果要比单人进行的效果好。按摩速度为每分钟 80~100 次。心脏按压与人工呼吸的比例为 5∶1，即 5 次心脏按压，1 次人工呼吸，交替进行。

（2）操作时由按摩者数口诀：1 下、2 下……，人工呼吸者打开患者气道做准备，每当口诀数完第 4 下时，人工呼吸者开始深吸气，在按摩者数完第 5 下时深吸一口气，此时正值按摩者松手，气体易于吹入肺内，可以看到患者胸廓膨起。然后按摩者按摩 5 次，人工呼吸者吹气 1 次，如此反复进行。

14. 判断人的生命迹象，用几项指标衡量？

答：人的生命迹象指标有呼吸、心跳、意识。

15. 65~70 m² 的变配电所应最低配置多少台灭火器？

答：65~70 m² 的变配电所应最低配置 7 台灭火器。

16. 人工呼吸常见有几种方法？

答：人工呼吸常见有口对口吹气法、俯卧压背法、仰卧压胸法，但以口对口吹气式人工呼吸最为方便和有效。

17. 触电者脱离电源后，正常时伤员体位应如何放置？

答：触电者脱离电源后，正常时伤员体位应俯卧法放置或仰卧法放置。

18. 胸外心脏按压时，伤员体位有几种放置方法？

答：胸外心脏按压时，伤员体位有俯卧法放置和仰卧法放置两种。

19. 什么是感知电流？男女人体感知电流的平均值各是多少？

答：引起感觉的最小电流叫作感知电流，如轻微针刺、发麻。关于男女人体感知电流的平均值，男士为 1.1 mA，女士为 0.7 mA。

20. 触电事故有哪些规律？

答：(1) 夏秋季天气潮湿、炎热，事故多。

(2) 新工人、非专业电工多。

(3) 低压工频电源多。

(4) 农村多于城市。

(5) 中青年多。

(6) 单相触电多。

(7) 操作规程人员缺少安全知识，违反操作规程。

(8) 设备不合格，维修不善。

21. 防止触电有哪些常用措施？

答：绝缘、屏护、使用安全电压、加装触保器。

22. 发生人员触电时，如何切断电源？

答：发生人员触电时应采用关闸，挑、砍电线，砸、蹬、垫等切断电源的方法。

23. 怎么做才能使触电者的气道尽快畅通？

答：气道畅通方法有清除口腔异物、宽衣、抬颈仰卧；推颌；捶背。

24. 使触电者脱离电源的常用工具有哪些？

答：使触电者脱离电源的常用工具有电工钳、斧头、衣服、手套、绳索、皮带、木板、木棒等。

25. 高压触电事故，如何让触电者快速脱离电源？

答：高压触电事故，让触电者快速脱离电源的方法有停电、抛掷裸金属线。

26. 触电急救的要点是什么？

答：触电急救的要点是迅速停电、就地抢救、救护得法、坚持不懈。

27. 防止触电有哪些措施？

答：防止触电常用措施有绝缘、遮栏、阻挡物、加大间隔、自动断电源、安全电压、接地、接零、加强绝缘、不导电环境、等电位等。

28. 由粉尘、纤维形成自燃或爆炸的环境，其危险区域划为几个区域？

答：由粉尘、纤维形成自燃或爆炸的环境，其危险区域划为两个区域，即 10 区和 11 区。

29. 干粉灭火器有什么特点？

答：干粉灭火器具有不导电，可扑救电气设备火灾，可扑救石油、石油产品、油漆、有机溶剂、天然气和天然气设备火灾，但不宜扑救旋转电气设备火灾等特点。

30. 火灾危险环境按规定划为几个区域？

答：火灾危险环境按规定划为 3 个区域，即 21 区（可燃液体）、22 区（可燃粉尘或纤维）和 23 区（固体状可燃物质）。

31. 在火灾现场尚未停电时，应设法先切断电源，切断电源时应注意什么？

答：火灾发生后，由于受潮或烟熏，有关设备绝缘能力降低，因此拉闸要用适当的绝缘工具，谨防断电时触电。

切断电源的地点要适当，防止切断电源后影响扑救工作进行。剪断电线时，不同相电线应在不同部位剪断，以免造成短路，剪断空中电线时，剪断位置应选择在电源方向的支持物上，以防电线剪断后落下来造成短路或触电伤人事故。

如果线路上带有负载，则应先切除负载，再切断灭火现场电源。在拉开闸刀开关切断电源时，应使用绝缘棒或戴绝缘手套操作，以防触电。

32. 灭火主要有几种方法？

答：灭火主要有冷却、隔离、窒息灭火 3 种方法。

33. 二氧化碳灭火器灭火时的注意事项有哪些？

答：（1）灭火距离 5 m。

（2）使用二氧化碳灭火器时不能直接用手抓住喇叭筒外壁或金属连接管，防止手被冻伤，也可以戴防护手套。

（3）室外灭火时应选择上风位置喷射。

（4）室内狭小空间灭火时，应先打开门窗通风，防止窒息，灭火后人员应迅速撤离。

（5）可以用于 600 V 以下带电灭火。

34. 干粉灭火器灭火时的注意事项有哪些？

答：（1）干粉灭火器易受潮结块，使用前应先上下摇晃几下。

（2）灭火时应站在上风位置。

（3）旋转电气设备不宜使用干粉灭火器。

（4）可用于 50 kV 以下带电灭火。

35. 泡沫灭火器的检查要求有哪些？

答：（1）压力表指针应在绿区。

（2）铅封应完整。

（3）检查合格证，在有效期内。

（4）灭火器可见部位防腐层应完好无锈蚀。

（5）灭火器可见零部件应完整，无松动、变形、锈蚀和损坏。

（6）喷嘴及喷射软管应完整，无堵塞。

36. 引起电气设备火灾的原因有哪些？

答：（1）电气设备短路。

（2）电气设备严重过载。

（3）电路连接点接触不良。

（4）电气设备绝缘损坏。

37. 带电灭火的安全距离及注意事项有哪些？

答：（1）高压电 10 kV 的安全距离为 0.7 m，35 kV 的安全距离为 1 m。

（2）人站在上风处。

38. 带电火灾的灭火器如何选择？

答：（1）二氧化碳灭火器及 1211 灭火器。

（2）不能使用泡沫酸碱灭火器。

11.4 工具用具的使用

1. 低压验电器（电笔）

作用：低压验电器是检测电气设备、电路是否带电的一种基本安全用具。

使用场合：电压测量范围为 60～500 V，高压 500 V 的电压不能用普通低压验电器来测量。

保养：保存在干燥处，避免摔碰。

检查：（1）检查笔身有无破损。

（2）在确定带电线路的相线上测试电笔是否发亮。

2. 绝缘手套

作用：绝缘手套作为低压（1000 V 及以下）工作时的基本安全用具，可直接操作电气设备，而高压工作时只能作为辅助安全用具。

保养：（1）使用后应将内外污物擦洗干净，待干燥后，撒上滑石粉。

（2）放在干燥通风场所，避免阳光直射，避免接触酸、碱、油等腐蚀品。

（3）应倒立竖放，列册登记。

检查：合格证、有效期（6 个月）、外观、电压等级检查及充气试验。

3. 低压绝缘鞋

作用：低压绝缘鞋可作为防跨步电压的基本安全用具。

使用场合：主要应用在工频 1000 V 以下作为辅助安全用具。

保养：（1）放在干燥通风场所，避免阳光直射，避免接触酸、碱、油等腐蚀品。

（2）应倒立竖放，列册登记。

检查：合格证、有效期（6 个月）、外观、耐压数值检查。

4. 高压绝缘靴

作用：高压绝缘靴可作为防跨步电压的辅助安全用具。

保养：（1）放在干燥通风场所，避免阳光直射，避免接触酸、碱、油等腐蚀品。

（2）应倒立竖放，列册登记。

检查：合格证、有效期（6 个月）、外观、耐压数值检查。

5. 安全帽

作用：用来防止冲击物伤害到头部的防护用品。

保养：（1）安全帽不宜长时间在阳光下曝晒。

（2）安全帽要放在干燥通风场所，避免阳光直射和靠近热源，避免接触酸、碱、油等腐蚀品。

（3）应保持安全帽整洁，不能接触火源，不要任意涂刷油漆，不准当凳子坐。

6. 防护眼镜

作用：防护眼镜用于保护眼睛和面部免受紫外线、红外线和微波等电磁波的辐射，以及粉尘、烟尘、金属和砂石、碎石、碎石屑及化学溶液溅射的损伤。

保养：（1）放置时将眼镜的凸面朝上，若将凸面朝下摆放会磨花镜片。

（2）用后要及时用净水冲洗，并用专用拭镜布将水珠擦干净，以延长使用寿命。

（3）不宜长时间在阳光下曝晒。

检查：合格证、外观检查。

7. 安全带

作用：安全带是用来防止失足跌落摔伤的安全用具。

使用场合：2 m 及以上高处作业。

保养：（1）安全带应用温和的肥皂水清洗，绝不能使用酸溶剂和基于酸或溶剂的任何物品清洗。

（2）在远离热源和通风良好的地方晾干。

（3）保存在干燥通风处，避免阳光直射，避免腐蚀性气体以及过冷、过热。

（4）每半年做一次载荷试验。

检查：合格证、有效期（6个月）及各配件外观检查。

8. 携带型接地线

作用：携带型接地线是用来防止工作地点突然来电，消除停电设备或线路可能产生的感应电压，以及泄放停电设备或线路剩余电荷的重要安全工具。

保养：（1）携带型接地线检查周期为每5年一次。

（2）放在干燥通风场所，避免阳光直射，避免接触酸、碱、油等腐蚀品。

检查：合格证、连接牢靠、截面积检查。

9. 绝缘夹钳

作用：在带电的情况下，绝缘夹钳是用来安装或拆卸熔断器的工具，在 35 kV 及以下的电力系统中，作为基本安全用具。

保养：放在干燥通风场所，避免阳光直射，避免接触酸、碱、油等腐蚀品。

检查：合格证、有效期（12个月）、外观、电压等级检查。

10. 绝缘垫

作用：在带电操作断路器或隔离开关时增强操作人员对地绝缘，防止接触电压与跨步电压对人体的伤害。

使用场合：一般铺在配电室的地面上。

保养：放在干燥通风场所，避免阳光直射，避免接触酸、碱、油等腐蚀品。

检查：合格证、有效期（24个月）、外观、电压等级检查。

11. 登高板

作用：用来攀登电杆。

保养：放在干燥通风场所，避免阳光直射，避免接触酸、碱、油等腐蚀品。

检查：合格证、各配件外观检查、人体载荷冲击试验。

12. 脚扣

作用：用来攀登电杆。

保养：放在干燥通风场所，避免阳光直射，避免接触酸、碱、油等腐蚀品。

检查：合格证、各配件外观检查、人体载荷冲击试验。

13. 绝缘拉杆

作用：用来操作高压跌落式熔断器。

保养：（1）放在干燥通风场所，避免阳光直射，避免接触酸、碱、油等腐蚀品。

（2）应直立竖放，列册登记。

（3）绝缘拉杆每年进行一次绝缘试验。

第 *12* 章

电气安装实操

12.1 低压电气设备安装

12.1.1 登高板登杆

1. 登高板的使用方法

登高板又名踏板，由脚板、绳索、铁钩组成。脚板由坚硬的木板制成，绳索为 16 mm 多股白棕绳（麻绳）或尼龙绳，绳两端系结在踏板两头的扎结槽内，绳顶端系结铁挂钩，绳的长度应与使用者的身材相适应，一般在 1.8 m 左右。踏板和绳均应能承受 300 kg 的质量。

踏板登杆

(1) 电杆是否有伤痕、裂缝，电杆的倾斜度情况，确定选择登杆的位置。

(2) 使用前应进行检查，踏板、钩子不得有裂纹和变形，心形环完整，绳索无断股或霉变；绳扣接头每股绳连续插花应不少于 4 道，绳扣与踏板间应套接紧密。

(3) 登杆前应对登高板做人体冲击试登，判断登高板是否有变形和损伤。

(4) 登杆时，将一只登高板背在身上（钩子朝电杆面，木板朝人体背面），左手握绳、右手持钩，从电杆背面适当位置绕到正面并将钩子朝上挂稳，右手收紧（围杆）绳子并抓紧上板两根绳子，左手压紧踩板左边绳内侧端部，右脚蹬在板上，左脚上板绞紧左边绳，第二板从电杆背面绕到正面并将钩子朝上挂稳，右手收紧（围杆）绳子并抓紧上板两根绳子，左手压紧踩板左边绳内侧端部，右脚蹬上板，左脚蹬在杆上，左大腿靠近升降板，右腿膝肘部挂紧绳子，侧身、右手握住下板钩脱钩取板，左脚上板绞紧左边绳，依次交替进行完成登杆工作，如图 12-1 所示。

(5) 下杆时先把上板取下，钩口朝上，在大腿部对应杆身上挂板，左手握住上板左边绳，右手握上板绳，抽出左腿，侧身、左手压登高板左端部，左脚蹬在电杆上，右腿膝肘部挂紧绳子并向外顶出，上板靠近左大腿。左手松出，在下板挂钩 100 mm 左右处握住绳子，左右摇动使其围杆下落，同时左脚下滑至适当位置登杆，定住下板绳（钩口朝上），左手握住上板左边绳（右手握绳处下），右手松出左边绳、只握右边绳，双手下滑，同时右脚下上板、踩下板，左腿绞紧左边绳、踩下板，左手扶杆，右手握住上板，向上晃动松下上板，挂下板，依次交替进行完成下杆工作，如图 12-2 所示。

2. 使用注意事项

(1) 踏板使用前，要检查踏板有无裂纹或腐朽，绳索有无断股。

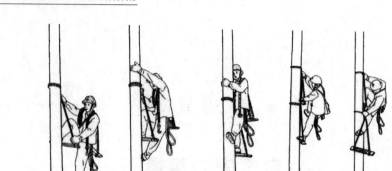

(a) 上登板　　　　　　　(b) 登杆上升

图 12-1　登高板登杆

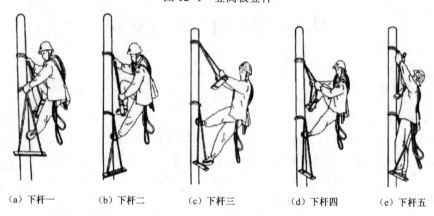

(a) 下杆一　　(b) 下杆二　　(c) 下杆三　　(d) 下杆四　　(e) 下杆五

图 12-2　登高板下杆

（2）踏板挂钩时必须正钩，钩口向外、向上，切勿反钩，以免造成脱钩事故。

（3）登杆前，应先将踏板钩挂好使踏板离地面 15～20 cm，用人体做冲击载荷试验，检查踏板有无下滑、是否可靠。

（4）上杆时，左手扶住钩子下方绳子，然后必须用右脚（哪怕左撇子也要用右脚）脚尖顶住水泥杆塔上另一只脚，防止踏板晃动，左脚踏到左边绳子前端。

（5）为了保证在杆上作业使身体平稳，不使踏板摇晃，站立时两腿前掌内侧应夹紧电杆。

【操作试题 1】　用踏板登杆

一、操作准备

1. 场地准备

（1）鉴定场地。

（2）场地空旷平整。

（3）每次鉴定一人。

2. 设备及工具准备

电力线路电杆、踏板、安全带。

二、操作考核规定说明

1. 操作程序

（1）检查登杆工具：安全带 、踏板。

（2）检查电杆杆根及拉线，确保其牢固。

（3）系好安全带。

（4）上杆。

①站在平地挂踏板，另一块踏板背挂在肩上，左右手分别握住麻绳，右脚踏上踏脚板。

②两手脚同时用力使人体上升，左手立即上扶电杆，人体随即站到踏脚板上。

③站在板上将提上的左脚围绕左边麻绳，踏入麻绳的三角档内站稳，然后脱卸肩上踏脚板。

④站在板上，悬挂上面一级踏脚板。

⑤引身攀登上面一级踏脚板。

⑥左脚蹬杆，左手随即抓住下面一级踏脚板挂钩，脱掉下一级踏脚板后往上提吊。

（5）下杆

①下杆时悬挂下面一级踏脚板。

②侧身将下面一级踏脚板尽量往下移。

③抓住上面一级踏脚板，重心往下移。

（6）手和脚的动作顺序应协调一致。

（7）如操作违章，将停止考核。

2. 考核方式

实际操作，以操作过程与操作标准进行评分。

3. 考核时间

（1）准备工作 3 min。

（2）正式操作 5 min。

（3）超时 1 min 从总分中扣 1 分，总超时 3 min 停止操作。

三、评分记录表（表 12-1）

表 12-1　用踏板上杆评分记录表

序号	考核项目	评分要素	配分	评分标准	检测结果	扣分	得分	备注
1	准备	工具、用具准备	3	少 1 件扣 0.5 分				
2	操作前的检查工作	（1）检查踏板、安全带等用具 （2）检查杆根及拉线	6	少检查 1 项扣 1 分 少检查 1 项扣 3 分				
3	操作	登杆	15	上杆前不检查踏板扣 1 分；上杆至 1 m 以上时不系安全带扣 3 分；上杆时，脚、手不协调扣 3 分				
4	安全生产	按国家颁发的有关法规或企业自定的有关规定	6	少穿 1 件劳保用品从总分中扣 2 分；每违反一项规定从总分中扣 2 分；严重违规取消考核				
5	时间	操作时间为 5 min		规定时间内完成，不加分也不减分；每超时 1 min 从总分中扣 1 分，超时 3 min 仍未完成，该项考核不合格				
	合　计		30					

■ 12.1.2 横担安装

1. 技术要求

横担安装应平正，横担端部上下歪斜不应大于 20 mm，横担端部左右扭斜不应大于 20 mm。双杆的横担，横担与电杆连接处的高差不应大于连接距离的 5/1000，左右扭斜不应大于横担端部长度的 1/100。

横担安装

横担的上沿至杆顶距离不得小于 0.2~0.3 m。在直线段内，每挡电杆上的横担必须互相平行。

2. 杆上作业安装横担的注意事项

(1) 杆上作业时，安全带不应拴得太长，最好在电杆上缠两圈。

(2) 当吊起的横担放在安全带上时，应将吊物整理顺当。

(3) 不用的工具不能随手放在横担及杆顶上，应放入工具袋或工具夹内。

(4) 地面工作人员工作完后应离开杆下，以免高空吊物伤人。

3. 横担的安装位置

(1) 直线杆的横担应安装在负载侧（与电源相反的方向），90°转角杆的横担应装于拉线侧。

(2) 转角杆、分支杆、终端杆以及受导线张力不平衡的电杆，横担应装在导线张力的反方向侧。

(3) 多层横担均应装在同一侧。

4. 单横担的安装

单横担在架空线路上应用最广，通常直线杆、分支杆、轻型转角杆和终端杆都使用单横担。安装时，用 U 形抱箍从电杆背部抱过杆身，穿过 M 形抱铁和横担的两孔，用螺母拧紧固定，如图 12-3 所示。螺栓拧紧后，外露长度不应大于 30 mm。

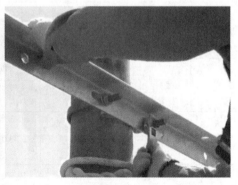

图 12-3 单横担的安装

【操作试题 2】 配电架空线路直线杆附件安装（横担安装）见表 12-2。

表 12-2　配电架空线路直线杆附件安装

试题正文	配电架空线路直线杆附件安装		考试时限	20 min	本卷满分	100
操作起始时间	时　分至　　时　分		实用时间			
需要说明的问题和要求	1. 地面设一人配合工作 2. 所需材料规格根据现场电杆的规格配备					
工具、材料、设备、场地	杆顶支架 1 副、直线杆横担 1 副、U 形抱箍 1 副、柱形绝缘子、矮脚 2 个、高脚 1 个、登杆工具、安全帽、安全带、吊物绳、电工工具等					

评分标准	序号	项目名称	质量要求	满分	扣分标准	得分
	1	工作前准备		15		
	1.1	正确选择材料	配备齐全，逐一检查	5	漏、错检一项扣 1 分； 不按规定穿着一项扣 1 分	
	1.2	准备工具	满足工作需要，并做外观检查	5		
	1.3	穿戴好安全帽、绝缘鞋、工作服	穿戴正确、无误	5		
	2	工作过程		55		
	2.1	登杆前的检查	检查杆根是否能登杆	5	漏检一项扣 2 分； 不做试验扣 4 分； 动作不熟练扣 2~5 分； 过高、过矮均扣 2 分； 错一处扣 2 分； 安装不正确扣 3 分； 方法不正确扣 2~10 分； 绳结不正确扣 2 分； 松动扣 5 分	
	2.2	对登杆工具的试验	登杆前对登杆工具进行冲击试验	5		
	2.3	登杆	登杆动作规范、熟练	10		
	2.4	工作位置确定	工作站位符合工作需要	5		
	2.5	安全带固定	系绑在电杆上、牢固	5		
	2.6	横担安装	方法正确 横担与线路方向垂直 横担与杆顶距离符合要求 横担两端处于水平位置 U 形抱箍螺丝紧固并用双螺母拧紧	15		
	2.7	杆顶支架安装	安装方法正确	5		
	2.8	柱形绝缘子安装	安装方法正确	5		
	3	工作终结验收检查		30		
	3.1	杆顶支架安装	符合安装有关标准	10	不符合要求扣 2~8 分； 杆上遗留一物扣 3 分； 高空跌落一物扣 5 分； 不符合要求扣 2~4 分	
	3.2	柱形绝缘子安装	符合安装有关标准	10		
	3.3	安全文明生产	无损伤	10		

考评组长签字		考评员签字	

操作说明：

（1）在指定的场地上独立完成操作。

（2）时间到应立即停止操作，整理工具材料离开操作场地。

（3）严格遵守安全操作规程。

■ 12.1.3　绝缘子安装

绝缘子安装

1. 绝缘子安装基本技术要求

（1）中压线路直线杆采用柱形绝缘子或瓷横担绝缘子，耐张杆采用悬式绝缘子。

（2）零线绝缘子与相线绝缘子应有颜色区别，零线绝缘子应采用棕色瓷瓶，相线绝缘子应采用白色瓷瓶。

（3）绝缘子表面光滑，无裂纹、缺釉、破损等缺陷。

（4）瓷件与铁件组合无歪斜现象，且结合紧密、牢固，铁件镀锌良好，螺杆与螺母配合紧密，弹簧销、弹簧垫的弹力适宜。

（5）绝缘子安装前应擦拭干净，不得有裂纹、硬伤、铁脚活动等缺陷。

2. 绝缘子安装注意事项

（1）绝缘子的额定电压符合线路电压。安装前应对绝缘子进行外观检查，并用兆欧表测量绝缘电阻，测得的绝缘电阻值应符合要求。

（2）绝缘子与角钢横担之间应垫一层薄橡皮，以免紧固螺栓时压碎绝缘子。

（3）绝缘子不得倒装，螺栓应由上向下插入绝缘子中心孔，螺母要拧在横担下方，螺栓两端均需垫垫圈。

【操作试题3】　横担、杆顶支架及绝缘子安装

一、考核要点

（1）登杆用具、安全用具及个人工器具的选择和作用。

（2）工器具的使用和检查。

（3）熟悉材料的规格、型号及适用范围。

（4）横担、杆顶支架及绝缘子安装的操作步骤、技术规范及工艺要求。

（5）安全措施及注意事项。

二、考核时间

40 min。

三、说明事项

（1）杆上单独操作，设监护人1名、辅助工1名。

（2）每超时3 min扣1分。

四、工具、材料、设备、场地

（1）登杆工具：脚扣、安全带。

（2）个人工具、安全帽、传递绳、直线杆横担1副、杆顶支架1副（配螺帽）、U形抱箍1副、针式绝缘子3只。

（3）利用现有停电线路或利用培训线路操作。

五、质量考核要求（表 12-3）

表 12-3　横担、杆顶支架及绝缘子安装质量考核要求

序号	项目名称	质量要求
1	工作前准备（答题要点）	
1.1	登杆工具	外观检查及冲击试验合格的登杆工具
1.2	传递绳	规格、长度合格，方便工作
1.3	着装、安全帽	着装规范、安全帽佩戴正确
1.4	工器具、材料	准备齐全、符合规范
1.5	杆塔稳固性	登杆前检查杆根、拉线是否牢固
1.6	现场交底	由工作负责人现场模拟召开站班会交底
2	操作步骤（答题要点）	
2.1	蹬杆	蹬杆熟练，吊绳带上杆
2.2	所选工作位置正确	适合操作的最佳位置
2.3	安全带使用正确	系好安全带后应检查扣环是否扣牢并系好后备保护绳
2.4	吊上横担和 U 形抱箍并安装	①横担与线路方向垂直； ②横担距杆顶距离符合要求； ③横担两端处于水平位置； ④U 形抱箍螺栓螺丝紧固并用双螺母紧固； ⑤杆上工作无遗落物
2.5	吊上杆顶支架并安装	动作熟练、安装正确、螺栓紧固
2.6	绝缘子安装	针式绝缘子与横担垂直，且螺栓紧固
3	安全及其他要求（答题要点）	
3.1		严格执行安全工作规程
3.2		动作熟练流畅，无野蛮作业
3.3		传递绳应绑牢，杆上不能掉东西
3.4		检查现场，清理工具，文明生产
总成绩：		

12.1.4　拉线安装

1. 拉线的结构

拉线分为上把、中把、下把（又称底把）3 部分，如图 12-4 所示。上把与电杆上的拉线抱箍相连或直接固定在电杆上。中把起连接上把和底把的作用，并通过拉线绝缘子与上把加以绝缘，通过花篮螺栓可以调整拉线的拉紧力。拉线绝缘子离地面的高度不应小于 2.5 m，以免在地面活动的人触及上把。底把的下端固定在拉线盘（又称地锚）上，上端露出地面 0.5 m 左右。拉线盘一般用混凝土或石块制成，尺寸规格不宜小于 100 mm×300 mm×800 mm，埋深为 1.5 m 左右。

拉线安装

2. 拉线的常用形式

拉线的常用形式有普通拉线、人字拉线、十字拉线、水平拉线、弓形拉线、Y 形拉线和 Z 形拉线。

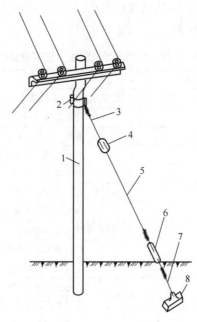

图 12-4 拉线的结构

1—电杆；2—抱箍；3—上把；4, 6—拉线；5—中把；7—底把；8—拉线盘

3. 材料选择制作要求

拉线一般采用多股镀锌钢绞线，其规格为 GJ-35～100。

拉线制作时，钢绞线按需用长度计算确定后分别截取上把和下把，并用楔形线夹对上把两端及下把与悬式绝缘子连接端进行固定绑扎。楔形线夹舌板与拉线接触应吻合紧密，受力后无滑动现象，线夹凸肚在尾线侧，安装时不应损伤线股，拉线弯曲部分不应有明显松股。楔形线夹露出的尾线长度为 30～50 cm，并用镀锌铁线（钢线卡子）与主拉线绑扎固定。拉线回尾绑扎长度为 8～10 cm，端部留头 3～5 cm。绑扎时切勿破坏镀锌钢绞线的镀锌层。

4. 工具选择

（1）个人工具：钢丝钳、活动扳手 2 把、记号笔、钢卷尺，如图 12-5（a）所示。

（2）专用工具：木槌、断线钳、吊绳、登杆工具、安全带，如图 12-5（b）所示。

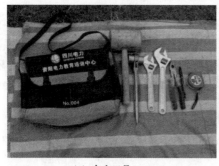

（a）个人工具

（b）专用工具

图 12-5 拉线制作与安装工具

（3）拉线制作要点见表 12-4。

表 12-4　拉线制作要点

序号	内容	要　　点	
1	基本方法	用尺量出钢绞线及回弯处的长度，利用钳具、大剪刀、铁锤等工具，人力制作回弯并装入线夹	
2	操作程序	根据测量计算的结果，量出钢绞线长度→断开→制作上把（图 12-6）→现场组立、校正杆段→制作下把（图 12-7）→绑扎断头→涂漆→调整拉线	
3	质量标准检查项目	各部件规格强度必须符合设计要求	（关键）与图纸核对
		拉线连接强度必须符合设计要求	（关键）按标准金具核对
		拉线可调部分不少于线夹可调部分的 1/2	（关键）尺量
		拉线与拉棒应是一直线，组合拉线应受力一致。拉线制作质量检查如图 12-8 所示	（一般）观察
4	检查方式	X 形拉线的交叉点处应有足够的空隙，避免相互磨碰	（一般）观察
		拉线线夹弯曲部位不应有明显松股，拉线断头应用 ϕ1.2 镀锌铁丝绑扎 5 道；与本线的绑扎处用 ϕ3.2 铁丝扎 5 道，线夹尾线长度为 300~400 mm	（一般）观察
5	注意事项	（1）线夹舌板应与拉线紧密接触，受力后无滑动现象。线夹的凸背应在尾侧，安装时，线股不应松散及受损坏。 （2）同组拉线使用两个线夹时，线夹尾线端方向统一在线束的外侧。 （3）杆塔多层拉线应在监视下对称调节，防止过紧或受力不匀。 （4）线夹及花篮螺栓的螺杆必须露出螺母，并加装防盗帽。 （5）拉线断头处及拉线钳夹紧处损伤时应涂红丹防锈。 （6）当拉线制作采用爆压、液压时，参见对应施工工艺规程。 （7）现场负责人对拉线制作工艺质量负责检验	

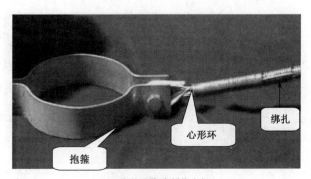

（a）绑扎缠绕法制作上把

图 12-6　制作与安装上把

（b）楔形线夹法制作上把

（c）安装上把

图 12-6（续）

（a）下把制作

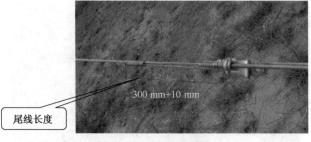

（b）下把的尾线长度

图 12-7 制作下把

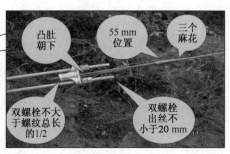

图 12-8　拉线制作质量检查

拉线制作及安装操作提示如下。

（1）拉线与电杆的夹角一般为 45°~60°，当受地形限制时，不宜小于 30°。终端杆的拉线及耐张杆承力拉线应与线路方向对正；转角拉线应与转角后线路方向对正；防风拉线应与线路方向垂直；拉线穿过公路时，对路面中心的垂直距离不得小于 6 m。

（2）采用 UT 形线夹及楔形线夹固定，安装前螺纹上应涂润滑剂；拉线弯曲部分不应有明显松股，露出的尾线不宜超过 400 mm；所有尾线方向应一致；调节螺钉应露扣，应有不小于 1/2 螺杆螺纹长度可供调节。调整后 UT 形线夹应用双螺母且拧紧，花篮螺栓应封固，尾线应绑扎固定。

（3）居民区、厂矿内，混凝土电杆的拉线从导线之间穿过时，拉线中间应装设拉线专用的蛋形绝缘子。

（4）拉线底把埋设必须牢固可靠，拉线棒与底拉盘应用双螺母固定，拉线棒外露地面长度一般为 500~700 mm。

（5）拉线安装前应对拉线抱箍及其穿钉、心形环、钢绞线或镀锌铁丝、拉线棒、底盘、线夹、花篮、螺钉、蛋形绝缘子等进行仔细检查，有不妥的不得使用。拉线组装完后，应对杆头进行检查，不得有遗留物滞留在杆上。

【操作试题 4】　普通拉线的制作

一、考核要求

（1）正确识读普通拉线安装图。

（2）正确识别设备、材料，正确选用电工工具、仪表。

（3）按照技术要求完成普通拉线安装作业。

（4）元器件安装正确、牢固可靠，工艺符合要求。

（5）检查、验收。

视频：拉线制作

二、考核项目及评分标准（表12-5）

表12-5 普通拉线制作考核项目及评分标准

序号	项目	考核要点	配分	评分标准	扣分	得分
1				工作准备		
1.1	着装穿戴	穿工作服、绝缘鞋；戴安全帽、线手套	5	1. 未穿工作服、绝缘鞋，未戴安全帽、线手套，缺少每项扣1分； 2. 着装穿戴（纽扣、拉链等）不规范，每处扣1分； 3. 线手套破损每处扣1分		
1.2	材料选择及工器具检查	选择材料及工器具齐全，符合使用要求，设备材料需一次性准备充分	5	1. 工器具不齐全或不符合要求，登高工器具无试验合格证或超试验周期每件扣1分； 2. 工具未检查、检查项目不全每件扣1分；检查方法不正确每件扣0.5分； 3. 设备材料未做外观检查每件扣1分； 4. 设备材料准备不充分，少选、错选每件扣2分		
2				工作过程		
2.1	工器具使用	工器具使用正确恰当，不得掉落	5	1. 使用手锤时戴线手套每次扣3分； 2. 使用金属物件敲打金具或拉线扣1分		
2.2	登高作业	登杆前核对线路名称、杆号，检查杆基、杆身、拉线等；正确使用全方位安全带（绑腿必须在膝盖以上）；杆上作业站立位置正确（在人体的右方工作时，右方支撑脚应该在下，左方工作时，左方支撑脚应该在下）；避免高空意外落物；施工器具使用工具袋传递，工作绳、后备保护绳固定位置正确，工作中必须使用安全带、安全绳双重保护并检查扣环是否扣牢，全过程使用安全带保护	15	1. 登杆前未核对线路名称、杆号，未检查杆基、杆身、拉线每项扣1分； 2. 未使用全方位安全带扣5分；安全带、后备保护绳、脚扣未做外观检查每件扣1分，安全带扭结、绑腿在膝盖以下、绑肩脱落每项扣1分；第一次使用前未进行冲击试验安检每件扣1分； 3. 使用安全带、后备保护绳时，未检查扣环扣好每次扣1分，登杆全过程不系安全带扣5分； 4. 登杆过程中脚踏空、手抓空、脚扣互碰每次扣2分； 5. 掉脚扣每次扣5分，从杆上滑落扣10分； 6. 杆上落物每次扣1分，抛物每次扣2分； 7. 提升物件时工作绳未系在牢固的构件上每次扣2分； 8. 提升物件时碰杆体每次扣1分； 9. 工作过程中不执行安全带、后备保护绳双重保护每次扣2分，杆上工作时站姿不对每次扣1分		

续表

序号	项目	考核要点	配分	评分标准	扣分	得分
2				工作过程		
2.3	拉线制作	正确制作拉线上把、中把、下把，夹舌板与拉线接触紧密，线夹凸肚安装合理，拉线弯曲部分无明显松股，线夹处露出的尾线长度合适，绑扎整齐、紧密，缠绕长度符合要求。 上、中把尾线从楔形线夹处露出的长度为 300 mm；尾线在凸肚侧用 1 个 12#钢丝卡子距尾线头 50 mm 处卡住（U 形卡副线）。正确计算钢绞线长度并一次截取。 下把尾线从 UT 形线夹处露出的长度为 500 mm，绑扎终点距尾线末端 50 mm，尾线用 10#铁丝绑扎 120 mm，小辫不少于 3 个花；副头应在 UT 形线夹凸出部分，留有 1/2 螺帽杆丝扣长度可供调整。所有拉线尾头均应用铁丝绑扎牢固防止散股、尾线应在凸肚侧；拉线绝缘子在拉线段落时，距离地面不小于 2.5 m，绝缘子安装方向正确；拉线制作过程中不应损伤镀锌层	45	1. 钢绞线散股每处扣 1 分； 2. 尾线露出长度每超 ±10 mm 每处扣 1 分； 3. 尾线方向错误每处扣 10 分； 4. 钢绞线与夹舌板间隙不紧密每超 2 mm 每处扣 1 分； 5. 铁丝绑扎长度为 120 mm，每超 ±10 mm 扣 1 分；绞向不对扣 5 分； 6. 尾线端头每超 ±10 mm 扣 1 分； 7. 绑扎缝隙每超 1 mm 扣 1 分； 8. 绑线损伤、钢绞线损伤、线夹损伤每件扣 1 分； 9. 缺少垫片备帽或备帽不紧扣 1 分； 10. 拉线完成制作后钢绞线在绑把内绞花扣 2 分； 11. 小辫收尾没有拧紧、收尾不规范（小辫少于 3 个花）、收尾没有剪断压平，小辫压平方向不正确每处扣 2 分； 12. 钢丝卡子距离不正确每超 10 mm 扣 1 分；上、中把拉线钢丝卡子 U 形不卡副线扣 1 分；拉线绝缘子两侧钢丝卡子安装方向、位置错误每个扣 1 分；螺丝不紧固每处扣 1 分； 13. 拉线绝缘子高度未达到要求扣 2 分；方向装反扣 2 分，不使用拉线绝缘子扣 20 分； 14. 拉线尾头未使用铁丝绑扎或铁丝缠绕方向错误每处扣 1 分；铁丝脱落每处扣 1 分，铁丝缠绕不紧密每处扣 0.5 分； 15. 使用不合格材料每件扣 5 分		
2.4	拉线安装	正确安装拉线，使用紧线器调整，拉线紧固无松弛现象；安装工艺规范，线夹平面应向上，螺丝穿向符合规定	15	1. 正确使用紧线器调整拉线，不使用紧线器调整拉线扣 5 分；使用紧线器不正确每次扣 2 分；未检查电杆调整是否到位扣 2 分，拉线松弛不紧固扣 5 分； 2. 线夹装反或螺丝穿向错误每处扣 1 分； 3. UT 形线夹双螺母紧后露出丝距不得大于丝纹总长的 1/2 丝杆，不得小于 2 个丝扣，不规范每处扣 2 分； 4. 缺少、漏装元件（如垫圈、弹簧销等）每件扣 1 分		

续表

序号	项目	考核要点	配分	评分标准	扣分	得分
3				工作终结验收		
3.1	安全文明生产	汇报结束前,所选工器具放回原位,摆放整齐;无损坏工具;恢复现场;无不安全行为	5	1. 出现不安全行为每次扣5分;工作过程不戴线手套(打锤除外)每次扣1分; 2. 损坏工器具,每件扣3分; 3. 作业完毕,现场清理不彻底扣1分,不清理现场扣2分; 4. 出现重大安全问题,裁判终止工作		
4		速度分	5	在规定时间内完成,超过时间停止工作,用时最短者得5分,其余选手按下列公式计算时间分:选手得分=用时最短选手所用时间/本人操作时间×5		
5		得分		每项分值扣完为止		

三、操作工艺及要求

(1) 识读安装图,明确各项安全技术措施。

(2) 检查电杆牢固情况,检查设备、材料,应符合设计要求。

(3) 准备登高作业的工具、安全用具和搬运工具,并检查是否符合安全技术要求。

(4) 按技术要求,挖地锚坑。

(5) 埋设拉线石条并填土夯实。

(6) 按技术要求,先用1只螺栓将拉线抱箍固定在电线杆上,然后把上把拉环放在拉线抱箍内,用另一只螺栓固定,然后安装中把和下把。

(7) 登高作业必须有人在现场监护。注意文明操作和安全操作,电杆下严禁有人工作,除监护人外,其他人员必须在1.2倍杆高的距离以外。

12.1.5 紧线与绑扎导线

1. 紧线

(1) 紧线方法。紧线是将导线、地线由一端或是中间的耐张杆塔处收紧,直到达到设计要求的弧垂值(与同一个气温下的松紧程度对应)。

紧线施工的方法一般有单线紧线法、双线紧线法、三线紧线法,在送电线路上采用比较广泛的是单线紧线法。这种方法所需的设备少,牵引力小,施工人员也较少。紧线的次序无特殊情况时先紧挂线,后紧中相导线,再紧线两边相导线。

(2) 锚线工具。锚线钢丝绳或钢绞线、地锚、卡线器、线卡子等,如果是分裂导线还需要锚线架。

(3) 收紧(或叫紧线)工具。机动绞磨(汽油动力或电动)或人工绞磨,手搬葫芦或手拉葫芦。

(4) 紧线器的使用。紧线器又被称作棘轮收紧器,是专门为拉紧架空线路中的导线或者电缆而制作的一种工具。紧线器最大的作用就是能够极大地方便人们对于架空电缆或者导线的拉紧工作。目前，紧线器主要分为两种，即单棘齿紧线器和双棘齿紧线器。紧线器的使用步骤及方法见表 12-6。

表 12-6　紧线器的使用步骤及方法

步骤	操作方法	图示
1	准备工作。在使用前，先检查紧线器，主要是从紧线器的结构和表面来查看，并确保紧线器是完好无损，防止其在使用的过程中出现故障，造成不必要的损失和意外	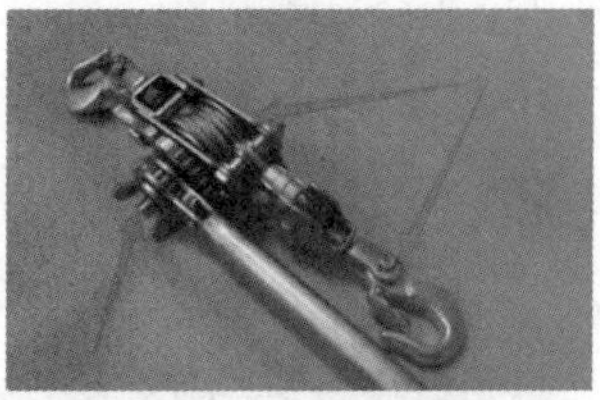
2	松开紧线器上的钢丝绳或镀锌铁线，并固定在横担上	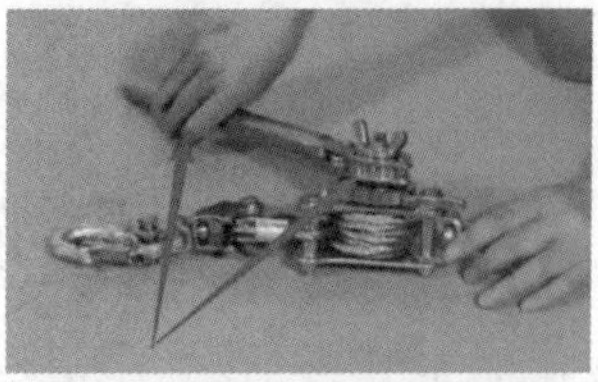
3	用夹线钳夹住导线，扳动专用扳手进行紧线工作	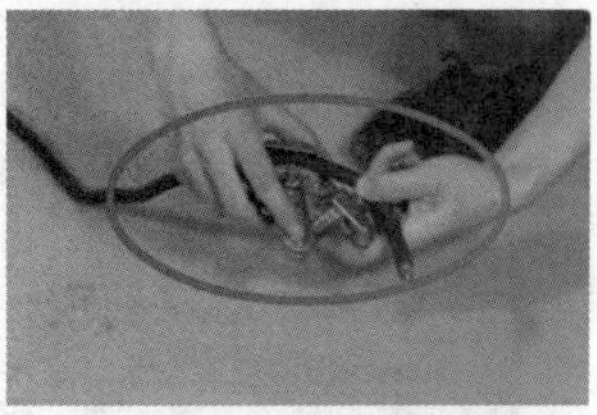
4	线路收紧后，将收紧的电缆或者导线固定在绝缘子上	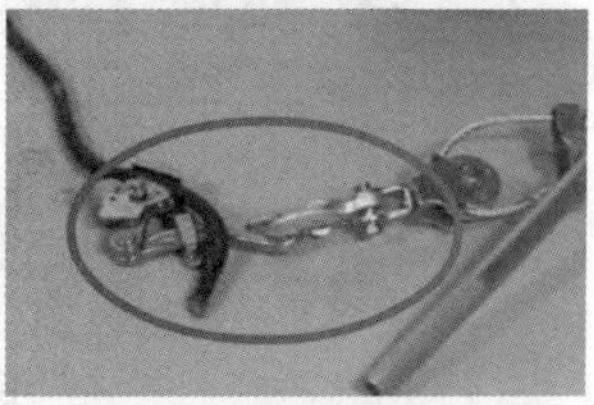
5	松开棘爪和夹线钳	
6	重新将钢丝绳或镀锌铁线绕在棘轮的滚筒上，并将回收完好的紧线器放回原处，以备下次使用	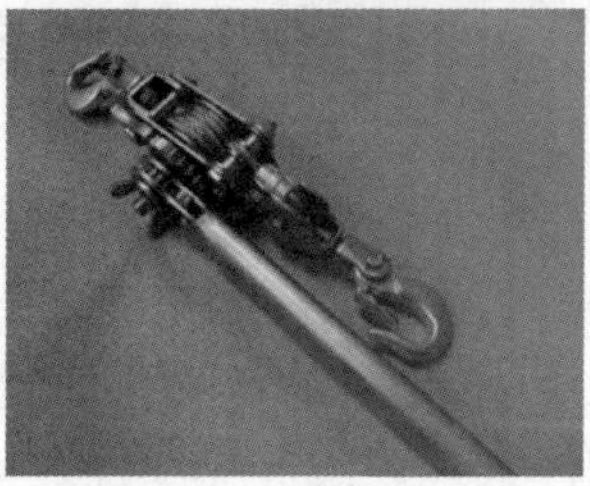

2. 绑扎导线

架空配电线路的导线，在针式及蝶式绝缘子上的固定，普遍采用绑线缠绕法。

（1）针式瓷瓶颈槽绑扎法。

1）把导线嵌入瓷瓶顶部线槽中，并在导线左边近瓷瓶处用短扎线绕上 3 圈，然后放在左侧，待与长左线相绞。

2）把长扎线按顺时针方向，从瓷瓶顶槽外侧绕到导线右边下侧，并在左侧导线上缠绕 3 圈。

3）再按顺时针方向围绕瓷瓶颈槽内侧（即前面）到导线左边下侧，并在左侧导线缠绕 3 圈（在原 3 圈扎线的左侧）。

4）再围绕瓷瓶颈槽外侧顺时针到导线右边下侧，继续缠绕导线 3 圈（也排列在原 3 圈右侧）。

5）把扎线围绕瓷瓶颈槽内侧顺时针到导线左边下侧，并斜压在顶槽中导线上，继续扎到导线右边下侧。

6）从导线右边下侧按逆时针方向围绕瓷瓶颈槽到左边导线下侧。上述过程的操作如图 12-9 所示。

顶槽绑扎法

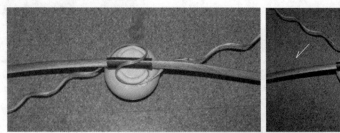

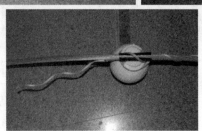

图 12-9　针式瓷瓶颈槽绑扎法

7）把扎线从导线左边下侧斜压在顶槽中导线上，使顶槽中导线被扎线压成 X 状。

8）将扎线从导线右边下侧，按顺时针方向围绕瓷瓶颈槽，到扎线的另一端，相交于瓷瓶中间，并在缠绕 6 圈后剪去余端。

（2）针式瓷瓶颈槽绑扎法（侧扎法）。

1）把绑线盘成一个圆盘，在绑线的一端留出一个短头，其长度为 250 mm 左右，用绑线的短头在绝缘子左侧的导线上绑 3 圈（导线在瓷瓶的背面，即外侧），方向呈向导线外侧（经导线上方绕向导线内侧，然后放在左侧，待与长绑线相绞）。

导线侧扎法

2）用盘起来的绑线向绝缘子脖颈内侧（即瓷瓶的前面）绕过，绕到绝缘子左侧导线上并绑 3 圈（逆时针），方向是从导线下方绕到导线外侧，再到导线上方。

3）用盘起来的绑线，从绝缘子脖颈内侧绕回到绝缘子左侧导线上，并绑 3 圈（顺时针），方向是至导线下方经过外侧绕到导线上方（此时左侧导线上已绑有 6 圈），然后再经过绝缘子脖颈内侧回到绝缘子右侧导线上（逆时针），再绑 3 圈，方向是从导线的下方经外侧绕到导线上方（此时右侧导线上已绑有 6 圈），如图 12-10 所示。

图 12-10　针式瓷瓶颈槽绑扎法

4）用盘起来的绑线向绝缘子脖颈内侧绕过，绕到绝缘子左侧导线下方（顺时针），并向绝缘子左侧导线外侧，经导线下方绕到右侧导线的上方（顺时针）。

5）在绝缘子右侧上方的绑线，经脖颈内侧绕回到绝缘子左侧，经导线上方由外侧绕到绝缘子右侧下方，回到导线内侧（顺时针），这时绑线已在绝缘子外侧导线上压了一个 X 字。

6）将压完 X 字的绑线短头绕到绝缘子脖颈内侧中间（顺时针）与左侧的绑线短头并绞 2~3 个，绞合成一小辫，剪去多余绑线并将小辫沿瓶弯下压平。

（3）导线终端杆蝶式瓷瓶上的绑扎法。

1）把绑线盘成圆盘，在绑线一端留出一个短头，长度比绑扎长度多 50 mm。

2）把绑线短头压在导线与折回导线中间凹进去的地方，然后用绑线在导线上绑扎。

3）绑扎 5 圈后，短头压在缠绕层上，再继续绑 5 圈，短头折起；再继续绑 5 圈，之后重复上述步骤。绑扎到规定长度后，与短头互拧 2~3 个绞合，成一小辫并压平在导线上，如图 12-11 所示。

4）把导线端折回，压在绑线上。

【操作试题 5】　在针式绝缘子颈部绑扎导线

一、操作准备

1. 场地准备

（1）鉴定场地。

（2）场地空旷平整。

（3）每次鉴定一人。

2. 工具及材料准备

工具：钢丝钳。

材料：绑扎线、铝包带、钢芯铝绞线（LGJ-50）、针式绝缘子（P-15T）。

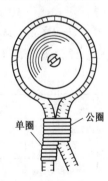

单圈　　公圈

图 12-11　导线终端杆蝶
式瓷瓶上的绑扎法

二、操作考核规定说明

1. 操作程序

（1）在 LGJ-50 钢芯铝绞线上缠绕铝包带，其缠绕方向与外层线股的绞制方向一致；把导线嵌入绝缘子颈部的嵌线槽内。

（2）把绑扎线短端先贴近绝缘子处导线右边缠绕 3 圈，接着与绑扎线长端互绞 6 圈。

（3）一只手把导线扳紧在嵌线槽内，另一只手把绑扎线长端从绝缘子的背后紧紧绕到导线左下方。

（4）把绑扎线长端从导线的左下方绕到导线右上方，并如同上法再把绑扎线长端绕扎绝缘子 1 圈。

（5）把绑扎线长端再绕到导线左上方，并继续绕到导线右下方，使绑扎线在导线上形成 X 形的交叉状。

（6）重复步骤（5），再把绑扎线围绕到导线左上方。

（7）把绑扎线长端在贴近绝缘子处紧绕导线 3 圈，然后向绝缘子背后绕去，与绑扎线短端紧绞 6 圈后剪去余端。

（8）收拾好工具、用具。

2. 操作说明

（1）绑扎必须紧密、整齐、牢固和可靠。

（2）铝包带的缠绕长度应超出接触部分 30 mm。

（3）导线截面积在 50 mm^2 及以下时宜采用直径为 2 mm 的绑扎线，导线截面积在 70 mm^2 及以上时宜采用直径为 3 mm 的绑扎线。

（4）如操作违章，将停止考核。

3. 考核方式

实际操作，以操作过程与操作标准进行评分。

4. 考核时间

（1）准备工作 3 min。

（2）正式操作 10 min。

（3）超时 1 min 从总分中扣 1 分，总超时 5 min 停止操作。

三、评分记录表（表 12-7）

表 12-7　评分记录表

序号	考核项目	评分要素	配分	评分标准	检测结果	扣分	得分	备注
1	准备	工具、用具准备	3	少一件扣 0.5 分				
2	选择铝绑扎线	根据导线型号选择铝绑扎线	3	选择错误扣 3 分				
3	绑扎导线	在导线上缠绕铝包带	5	缠绕方向不正确扣 3 分；缠绕长度未超出接触部分 30 mm 扣 2 分				

序号	考核项目	评分要素	配分	评分标准	检测结果	扣分	得分	备注
3	绑扎导线	绑扎导线	15	绑扎线每绑扎错一处扣3分;绑扎不牢固扣6分;绑扎线不整齐扣3分				
4	文明操作	清理现场	4	未清理现场扣2分;未收拾工具、用具扣2分				
5	安全生产	按国家颁发的有关法规或企业自定的有关规定		少穿一件劳保用品从总分中扣2分;每违反一项规定从总分中扣2分;严重违规取消考核				
6	时间	该项操作时间为 10 min		在规定的时间内完成,不加分也不减分,每超时 1 min 从总分中扣 1 分;超时 5 min 终止操作,该项操作无成绩				
	合计		30					

▌12.1.6 用兆欧表测量电缆线路的绝缘电阻

兆欧表主要用来检查电气设备、家用电器或电气线路对地及相间的绝缘电阻,以保证这些设备、电器和线路工作在正常状态,避免发生触电伤亡及设备损坏等事故。

兆欧表有三个接线柱:一个为 L,一个为 E,还有一个为 G(屏蔽)。L 接电线,E 接电缆的铁皮,将 G 接到电缆的绝缘纸上,即可测试绝缘电缆,如图 12-12 所示。

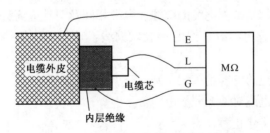

图 12-12 兆欧表测量电缆线路的绝缘电阻

【操作试题 6】 用兆欧表测量 10 kV 电缆线路的绝缘电阻
一、操作准备
1. 场地准备
(1)鉴定场地。

用兆欧表测量
绝缘电阻

（2）场地空旷平整。

（3）每次鉴定一人。

2. 设备及工具准备

设备：10 kV 电缆。

工具：活动扳手。

仪表：2500 V 兆欧表。

二、操作考核规定说明

1. 操作程序

（1）测量前先对兆欧表进行检查，即对兆欧表做开路试验、短路试验，以确认兆欧表的完好。

（2）核对将要测量的线路名称，办理停电工作票，得到停电通知后，进行验电并做好安全措施。

（3）打开电缆头并将电缆放电。

（4）正确接线。接线柱 L 接电缆芯线，E 接电缆金属外皮，接线柱 G 引线缠绕在电缆的屏蔽纸上。

（5）线路接好后，按顺时针方向由慢到快摇动兆欧表手柄。当调速器发生滑动时，说明发电机达到了额定转速。

（6）保持均匀转速，待表盘上的指针停稳后，指针指示值就是被测电缆的绝缘电阻值。

（7）正确读数值并做记录。

（8）将电缆放电。

（9）对电缆绝缘电阻值与以前的测量值进行对比，符合规程要求时，将电缆按原来各相连接方式重新连接好。

（10）拆下兆欧表的引线，收好工具、用具。

2. 规定说明

（1）测量前，必须切断被测电缆的电源；电缆相间及对地应充分放电。

（2）接线柱引线应选用绝缘良好的多股软铜线，且不允许缠绕在一起，也不得与地面接触。

（3）测量时，若电缆的电容量较大，则应有一定的充电时间。

（4）测量后，应将电缆对地充分放电。

（5）若操作违章，将停止考核。

3. 考核方式

实际操作，以操作过程与操作标准进行评分。

4. 考核时间

（1）准备工作 3 min。

（2）正式操作 15 min。

（3）超时 1 min 从总分中扣 1 分，总超时 5 min 停止操作。

三、评分记录表（表 12-8）

表 12-8　用兆欧表测量 10 kV 电缆线路的绝缘电阻评分记录表

序号	考核项目	评分要素	配分	评分标准	检测结果	扣分	得分	备注
1	准备	工具、用具准备	4	少一件扣 1 分				
2	测量前的检查工作	（1）对兆欧表进行检查。 （2）核对线路名称，办理停电工作票，停电后进行验电，并做安全措施。 （3）将电缆解开并放电	8	未做短路试验、开路试验各扣 2 分； 未核对线路名称扣 2 分；未办理工作票扣 4 分；停电后，未验电并做安全措施从总分中扣 8 分； 未放电扣 2 分				
3	测量绝缘电阻	（1）正确接线。 （2）正确测量。 （3）同以前的测量值进行对比	20	接线不正确，扣 4 分；不会接线，本项目不得分； 转速不均匀扣 4 分；转速未达到 120 r/min 扣 4 分；未等到指针停稳就读数扣 4 分；读数不准确或数值单位错误扣 4 分；不会操作仪表本项不得分； 未进行对比扣 4 分				
4	测量后整理	（1）将电缆充分放电。 （2）将电缆头按原来的各相连接方式重新连接好。 （3）拆下兆欧表的引线，收好工具、用具	8	未充分放电扣 2 分； 未连接扣 4 分；未按原来的方式连接扣 2 分； 未拆下引线扣 1 分；未收拾工具、用具扣 2 分				
5	安全生产	按国家颁发的有关法规或企业自定的有关规定		少穿一件劳保用品从总分中扣 2 分；每违反一项规定从总分中扣 2 分；严重违规取消考核				
6	时间	操作时间为 15 min		规定时间内完成，不加分也不减分；每超时 1 min 从总分中扣 1 分，超时 5 min 仍未完成，该项考核不合格				
	合　　计		40					

12.2 交流电动机控制线路的接线

■12.2.1 三相异步电动机点动控制线路的接线

点动控制是指按下按钮，电动机就得电运转；松开按钮，电动机就失电停转。点动正转控制线路是用按钮、接触器来控制电动机运转的最简单的正转控制线路。

【操作试题7】 三相异步电动机点动控制线路的接线

1. 电路分析

（1）三相异步电动机点动控制线路的组成。

三相异步电动机点动控制电气原理图如图 12-13 所示。从图 12-13 中可以看出，点动正转控制线路由转换开关 QS、熔断器 FU、启动按钮 SB、接触器 KM 及电动机 M 组成。其中，以转换开关 QS 做电源隔离开关；熔断器 FU 做短路保护；按钮 SB 控制接触器 KM 的线圈得电、失电；接触器 KM 的主触头控制电动机 M 的启动与停止。

点动控制
电路安装

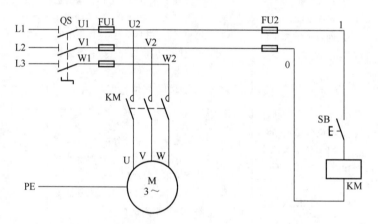

图 12-13 三相异步电动机点动控制电气原理图

（2）三相异步电动机点动控制的控制原理。

当电动机需要点动时，先合上转换开关 QS，此时电动机 M 尚未接通电源。按下启动按钮 SB，接触器 KM 的线圈得电，带动接触器 KM 的 3 对主触头闭合，电动机 M 接通电源便启动运转。当电动机需要停转时，只要松开启动按钮 SB，使接触器 KM 的线圈失电，带动接触器 KM 的 3 对主触头恢复断开，电动机 M 就失电停转。

2. 训练器材

训练所需器材见表 12-9。

3. 训练（考试）操作步骤

（1）准备工作。

1）熟悉电气的结构及动作原理。在连接控制线路前，应熟悉按钮开关、交流接触器的结构形式、动作原理及接线方式和方法。

表 12-9 器材明细表

代号	名　称	型　号	规　格	数量
M	三相异步电动机	Y-112M-4	4 kW、380 V、△接法	1
QS	组合开关	HZ10-25-3	三极，额定电流 25 A	1
FU1	螺旋式熔断器	RL1-60/25	500 V、60 A 配熔体额定电流 25 A	3
FU2	螺旋式熔断器	RL1-15/2	500 V、15 A 配熔体额定电流 2 A	2
KM	交流接触器	CJ10-20	20 A、线圈电压 380 V	1
SB	按钮	LA10-3H	保护式、按钮数 3	1
T	端子排	JX2-1015	10 A、15 节	1
	木板（配电板）		650 mm×500 mm×50 mm	1
	万用表	MF47 型		

2）记录设备参数。将所使用的主要电器的型号、规格及额定参数记录下来，并理解和体会各参数的实际意义。

3）电动机外观检查。接线前，应先检查电动机的外观有无异常。如果条件许可，可以用手转动电动机的转子，观察转子转动是否灵活、与定子的间隙是否有摩擦现象等。

4）电动机的绝缘检查。电动机在安装或投入运行前，应对其绕组进行绝缘电阻的检查，其测量项目包括各绕组的相间绝缘电阻和各绕组对外壳（地）的绝缘电阻，把测量结果填入表 12-10 中，检查绝缘电阻值是否符合要求。一般情况下，其绝缘电阻应大于 0.5 MΩ。

表 12-10 电动机绕组绝缘电阻的测量

相间绝缘	绝缘电阻/MΩ	各相对地绝缘	绝缘电阻/MΩ
U 相与 V 相		U 相对地	
V 相与 W 相		V 相对地	
W 相与 U 相		W 相对地	

（2）安装接线。

1）检查电气元件质量。在不通电的情况下，用万用表检查各触点的分、合情况是否良好。检查接触器时，应拆卸灭弧罩，用手同时按下 3 副主触点并用力均匀。同时，应检查接触器线圈电压与电源电压是否相符。

2）安装电气元件。在配电板上将电气元件摆放均匀、整齐、紧凑、合理，元器件布置图可参考图 12-14 所示。注意组合开关、熔断器的受电端子应安装在控制板的外侧，并使熔断器的受电端为底座的中心端；紧固各元件时应用力均匀，紧固程度适当。

3）布线。主电路采用 BV1.5 mm²（黑色）；控制电路采用 BV1 mm²（红色）；按钮线采用 BVR0.75 mm²（红色）；接地线采用 BVR1.5 mm²（绿/黄双色线）。

布线要符合电气原理图要求。先将主电路的导线配完后，再配控制回路的导线。布线时还应符合平直、整齐、紧贴敷设面、走线合理及触点不得松动等要求。具体来说，应注意以

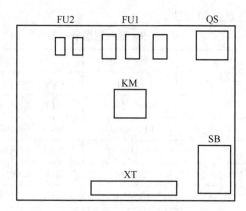

图 12-14 元器件布置图

下几点。

①走线通道应尽可能少，同一通道中的沉底导线按主、控电路分类集中，单层平行密排，并紧贴敷设面。

②同一平面的导线应高低一致或前后一致，不能交叉。当必须交叉时，该根导线应在接线端子引出时，水平架空跨越，但必须走线合理。

③布线应横平竖直，变换走向应垂直。

④导线与接线端子或线桩连接时，应不压绝缘层、不反圈及不露铜过长，并做到同一元件、同一回路的不同触点的导线间距离保持一致。

⑤一个元件接线端子上的连接导线不得超过两根，每节接线端子板上的连接导线一般只允许连接 1 根。

⑥布线时，严禁损伤线芯和导线绝缘。不在控制板上的电气元件要从端子排上引出。

4）检验控制板布线正确性。

①按照图 12-12 所示用兆欧表进行检查，应选用电阻挡的适当倍率，并进行校零，以防错漏短路故障。

②检查控制电路，可以将表笔分别搭在 U1、V1 线端上，读数应为"∞"，按下 SB 时读数应为接触器线圈的直流电阻阻值。

③检查主电路时，可以用手动来代替接触器受电线圈励磁吸合时的情况进行检查。

5）连接电源、电动机等控制板外部的导线。

（3）通电试车。经检查合格后，可以通电试车。

1）接通电源，合上电源开关 QS。

2）按下启动按钮 SB，接触器 KM 线圈得电，KM 主触头闭合，电动机 M 启动运转，观察线路和电动机运行有无异常现象；松开启动按钮 SB，接触器 KM 线圈失电，KM 主触头断开，电动机停转，这就是所谓的点动控制电路。

若操作中发现有不正常现象，则应断开电源，经分析排除后重新操作。

4. 注意事项

（1）电动机和按钮的金属外壳必须可靠接地。接至电动机的导线必须穿在导线通道内加以保护，或者采用坚韧的四芯橡皮线或塑料护套线进行临时通电校验。

（2）电源进线应接在螺旋式熔断器底座的中心端上，出线应接在螺纹外壳上。

（3）按钮内接线时，用力不能过猛，以防螺钉打滑。

（4）接线时一定要认真仔细，不可接错。

（5）接电前必须经检查无误后，才能通电操作。

（6）一定要注意安全操作。

【特别提醒】

接触器的选择依据是：线圈电压与线路电压相符；主触点额定电流不小于线路额定电流。

12.2.2　三相异步电动机单向连续运转（带点动）线路的接线

电动机点动控制中，松开按钮电动机停转，是因为松开按钮导致控制线路断电，进而接触器线圈失电、主触点断开、主电路断路，进而电动机失电停转。而要实现连续控制的关键显然是如何实现按钮松开时控制线路不断电，于是利用接触器常开辅助触点与按钮并联，当按下启动按钮，主触点闭合的同时辅助触点也闭合，将按钮短路，从而，当松开按钮时，控制线路仍然通电，进而接触器线圈不失电，主触点也不会断开，电动机实现连续运转。

单向连续运转
（带点动）
控制接线

【操作试题 8】　三相异步电动机单向连续运转（带点动）线路的接线

1. 电路分析

（1）元器件作用：交流接触器 KM 控制电动机接通与断开，并具有欠电压、失电压保护功能；热继电器 FR 作为电动机的过载保护；停止按钮 SB1 控制电动机的停止；启动按钮 SB3 控制电动机的连续启动；点动按钮 SB2 控制电动机的点动启动。此种控制线路，点动控制和连续运行相对独立。其原理图如图 12-15 所示。

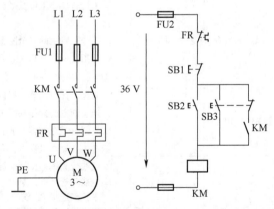

图 12-15　三相异步电动机单向连续运转（带点动）线路原理图

（2）点动控制电路：工作时，首先合上电源总开关，接通三相电源。按下点动按钮 SB2，接触器线圈 KM 得电，串在主电路中的 3 个主触点 KM 闭合，接通电源，电动机转动；松开点动按钮 SB2，接触器线圈 KM 断电，其 3 个主触点 KM 断开，电动机停转。FU1、FU2 分别用于主电路和控制电路的短路保护。

（3）连续运行控制电路：合上电源总开关，按下启动按钮 SB3，接触器线圈 KM 得电，经热继电器 FR，构成控制回路，接在主电路中的 KM 主触点接通，电动机 M 启动运转，同时与 SB3 并联的 KM 辅助常开触点也闭合；当松开启动按钮 SB3 时，KM 仍使接触器 KM 线圈继续带电，电动机 M 继续连续运行，这种作用称为自锁，KM 触点称为自锁触点。按下停止按钮 SB1，切断控制电路，接触器 KM 的主触点断开，电动机停止运行；过载时，热继电器 FR 常闭辅助触点断开，切断控制回路电源。

2. 考试时间

35 min。

3. 训练（考试）要求

（1）掌握电工在操作前、操作过程中及操作后的安全措施。

（2）熟练规范地使用电工工具进行安全技术操作。

（3）会正确地使用电工常用仪表，并能读数。

（4）实操开考前，考点应将完好的电路板、各种颜色的绝缘导线及负载等考试设备和测量仪表及工具准备到位，确保无任何安全隐患的存在，在考评员同意后，考试才能开始；如果在考试过程中考试设备出现了安全隐患或不能立即排除的故障，本实操项目的考试终止，其后果由考点负责。

（5）评分标准见表 12-11。

表 12-11　三相异步电动机单向连续运转（带点动）线路的接线评分标准

序号	考试项目	考试内容及要求	配分	评分标准
1	操作前的准备	防护用品的正确穿戴	2	1. 未正确穿戴工作服的，扣 1 分； 2. 未穿绝缘鞋的，扣 1 分
2	操作前的安全	安全隐患的检查	4	1. 未检查操作工位及平台上是否存在安全隐患的，扣 2 分； 2. 操作平台上的安全隐患未处置的，扣 1 分； 3. 未指出操作平台上的绝缘线破损或元器件损坏的，扣 2 分
3	操作过程的安全	安全操作规程	11	1. 未经考评员同意，擅自通电的，扣 5 分； 2. 通、断电的操作顺序违反安全操作规程的，扣 5 分； 3. 刀闸（或断路器）操作不规范的，扣 3 分； 4. 考生在操作过程中，有不安全行为的，扣 3 分
		安全操作技术	16	1. 接线处露铜超出标准规定的，每处扣 1 分； 2. 压接头松动的，每处扣 2 分； 3. 未正确连接 PE 线的，扣 3 分； 4. 绝缘线用色不规范的，扣 5 分； 5. 熔断器、断路器、热继电器进出线接线不规范的，每处扣 2 分； 6. 电路板中的接线不合理、不规范的，扣 2 分； 7. 启停控制按钮用色不规范的，扣 3 分； 8. 未正确连接三相负载的，扣 3 分； 9. 接线端子排列不规范的，每处扣 1 分； 10. 工具使用不熟练或不规范的，扣 2 分

续表

序号	考试项目	考试内容及要求	配分	评分标准
4	操作后的安全	操作完毕作业现场的安全检查	3	1. 操作工位未清理、不整洁的，扣 2 分； 2. 工具及仪表摆放不规范的，扣 1 分； 3. 损坏元器件的，扣 2 分
5	仪表的使用	用指针式万用表测量电压	4	1. 万用表不会使用或使用方法不正确的，扣 4 分； 2. 不会读数的，扣 2 分
6	考试时间	35 min	扣分项	每超时 1 min 扣 2 分，直至超时 10 min，终止整个实操项目考试
7	否定项	否定项说明	扣除该题分数	出现以下情况之一的，该题记为 0 分： 1. 接线原理错误的； 2. 电路出现短路或损坏设备等故障的； 3. 功能不能完全实现的； 4. 在操作过程中出现安全事故的
合　计			40	

4. 训练（考试）操作步骤

（1）检查操作工位及平台上是否存在安全隐患（人为设置），并能排除所存在的安全隐患。

（2）根据如图 12-13 所示的电气原理图，在已安装好的电路板上选择所需的电气元件，并确定配线方案。

（3）按给定条件选配不同颜色的连接导线。

（4）按要求对三相电动机进行单向连续运转（带点动）线路进行接线。安装完毕，必须经过认真检查，以防止接线错误或漏接线引起线路动作不正常，甚至造成短路事故。

1）核对接线。按电气原理图或电气接线图从电源端开始，逐段核对接线及接线端子处线号，重点检查主回路有无漏接、错接及控制回路中容易接错的线号，还应核对同一导线两端线号是否一致。

2）检查端子接线是否牢固。检查端子上所有接线压接是否牢固、接触是否良好，不允许有松动、脱落现象，以免通电试车时因导线虚接造成故障。

（5）通电前使用仪表检查线路，确保不存在安全隐患后再通电。在控制电路不通电时，用手动来模拟电器的操作动作，用万用表测量线路的通断情况。检查时应根据控制电路的动作来确定检查步骤和内容，并根据原理图和接线图选择测量点。

（6）检查电动机能否实现点动、连续运行和停止。通电步骤如下。

1）将电源引入配电板（注意不准带电引入）。

2）合闸送电，检测电源是否有电（用试电笔测试）。

3）按工作原理操作电路；不带电动机，检查控制电路的功能；接入电动机，检查主电路的功能，检查电动机运行是否正常。

（7）用指针式万用表检测电路中的电压，并会正确读数。

（8）操作完毕作业现场的安全检查。

5. 电路安装

（1）布置电气元件时，不可将元件安装到控制板边上，至少留 50 mm 的距离；元件之间至少留 50 mm 的距离，既有安全距离，又便于走线。

（2）在安装电气元件之前，先检测器件的外形是否完整，有无破损，触头的电压、电流是否符合要求；用万用表电阻挡检查每个元器件的动合、动断触头及线圈阻值是否符合要求。

（3）布线顺序为先控制电路、后主电路，以不妨碍后续布线为原则。布线时严禁损伤线芯和导线绝缘层。

6. 布线工艺要求

（1）导线尽可能靠近元器件走线；尽量用导线颜色分相，必须符合平直、整齐、走线合理等要求。

（2）对明露导线要求横平竖直，导线之间避免直接交叉；导线转弯应成 90°带圆弧的直角，在接线时可借助螺丝刀刀杆进行弯线，避免用尖嘴钳等进行直接弯线，以免损伤导线绝缘。

（3）控制线应紧贴控制板布线，主回路线相邻元件之间距离短的可"架空走线"。

（4）板前明线布线时，布线通道应尽可能少同路并行，导线按主、控电路分类集中。

（5）可移动控制按钮连接线必须用软线，与配电板上元器件连接时必须通过接线端，并加以编号。

（6）所有导线从一个端子到另一个端子的走线必须是连续的，中间不得有接头。

（7）所有导线的连接必须牢固，不得压塑料层，露铜不得超过 3 mm，导线与端子的接线，一般是一个端子只连接一根导线，最多不得超过两根。

（8）导线线号的标志应与原理图和接线图相符。在每一根连接导线的线头上必须套上标有线号的套管，位置应接近端子处。在遇到 6 和 9 或 16 和 91 这类倒顺都能读数的号码时，必须做记号加以区别，以免造成线号混淆。线号的编制方法应符合国家相关标准。

（9）装接线路的顺序一般以接触器为中心由里向外、由低向高，先控制电路后主电路，以不妨碍后续布线为原则。对于电气元件的进出线，则必须按照上面为进线、下面为出线、左边为进线、右边为出线的原则接线。

（10）螺旋式熔断器中心片应接进线端，螺壳接负载方；电器上空余螺钉一律拧紧。

（11）接线柱上有垫片的，平垫片应放在接线圈的上方，弹簧垫片应放在平垫片的上方。

7. 注意事项

（1）正确选择按钮，绿色为启动，红色为停止，黑色为点动。

（2）穿正规工作服，穿好绝缘鞋，通电时要有人监护。

（3）安装完毕的控制电路板，必须经过认真检查后，才能通电试车，以防止接线错误或漏接线引起线路动作不正常，甚至造成短路事故。

【特别提醒】

热继电器的整定方法：热继电器的额定动作电流等于电动机的额定电流。

断路器的选择依据：额定电流不小于电动机额定电流的 1.25~1.3 倍；断路器额定工作电压不小于线路额定电压。

12.2.3　三相异步电动机正反转控制线路的接线

电动机正反转
控制线路的接线

【操作试题 9】　三相异步电动机正反转控制线路的接线

1. 电路分析

三相异步电动机接触器联锁正反转控制原理图如图 12-16 所示。线路中采用了两个接触器，即正转用的接触器 KM1 和反转用的接触器 KM2，它们分别由正转启动按钮 SB2 和反转启动按钮 SB3 控制。这两个接触器的主触头所接通的电源相序不同，KM1 按 L1—L2—L3 相序接线，KM2 则对调了两相的相序。其控制电路有两条，一条是由按钮 SB2 和 KM1 线圈等组成的正转控制电路，另一条是由按钮 SB3 和 KM2 线圈等组成的反转控制电路。

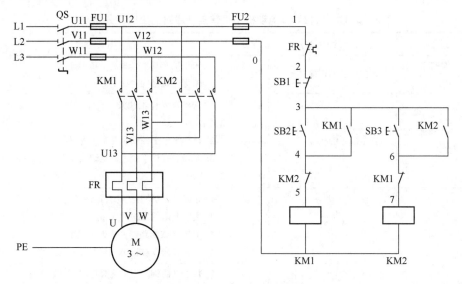

图 12-16　三相异步电动机接触器联锁正反转控制原理图

（1）控制原理。当按下正转启动按钮 SB2 后，电源通过热继电器 FR 的动断触点、停止按钮 SB1 的动断触点、正转启动按钮 SB2 的动合触点、反转交流接触器 KM2 的常闭辅助触头、正转交流接触器线圈 KM1，使正转接触器 KM1 带电而动作，其主触头闭合使电动机正向转动运行，并通过接触器 KM1 的常开辅助触头自动保持运行。

反转启动过程与上述过程相似，只是接触器 KM2 动作后，调换了两根电源线 U、W 相（即改变电源相序），从而达到反转目的。

（2）互锁原理。接触器 KM1 和 KM2 的主触头绝不允许同时闭合，否则会造成两相电源短路事故。为了保证一个接触器得电动作时，另一个接触器不能得电动作，以避免电源的相间短路，就在正转控制电路中串接了反转接触器 KM2 的常闭辅助触头，而在反转控制电路中串接了正转接触器 KM1 的常闭辅助触头。当接触器 KM1 得电动作时，串在反转控制电路中的 KM1 的常闭触头分断，切断了反转控制电路，保证 KM1 主触头闭合时 KM2 的主触头不能闭合。同样，当接触器 KM2 得电动作时，KM2 的常闭触头分断，切断正转控制电路，避免两相电源短路事故的发生。

这种在一个接触器得电动作时，通过其常闭辅助触头使另一个接触器不能得电动作的作用叫联锁（或互锁）。实现联锁作用的常闭触头称为联锁触头（或互锁触头）。

2. 考试时间

35 min。

3. 训练（考试）要求

（1）按给定电气原理图，选择合适的电气元件及绝缘电线进行接线。

（2）按要求对电动机进行正反转运行接线。

（3）通电前使用仪表检查电路，确保不存在安全隐患以后再上电。

（4）电动机运行良好，各项控制功能正常实现。

（5）评分标准见表 12-12。

表 12-12 三相异步电动机正反转控制线路的接线评分标准

序号	考试项目	考试内容及要求	配分	评分标准
1	操作前的准备	防护用品的正确穿戴	2	1. 未正确穿戴工作服的，扣 1 分； 2. 未穿绝缘鞋的，扣 1 分
2	操作前的安全	安全隐患的检查	4	1. 未检查操作工位及平台上是否存在安全隐患的，扣 2 分； 2. 操作平台上的安全隐患未处置的，扣 1 分； 3. 未指出操作平台上的绝缘线破损或元器件损坏的，扣 2 分
3	操作过程的安全	安全操作规程	11	1. 未经考评员同意，擅自通电的，扣 5 分； 2. 通、断电的操作顺序违反安全操作规程的，扣 5 分； 3. 刀闸（或断路器）操作不规范的，扣 3 分； 4. 考生在操作过程中，有不安全行为的，扣 3 分
		安全操作	16	1. 接线处露铜超出标准规定的，每处扣 1 分； 2. 压接头松动的，每处扣 2 分； 3. 未正确连接 PE 线的，扣 3 分； 4. 绝缘线用色不规范的，扣 5 分； 5. 熔断器、断路器、热继电器进出线接线不规范的，每处扣 2 分； 6. 电路板中的接线不合理、不规范的，扣 2 分； 7. 启停控制按钮用色不规范的，扣 3 分； 8. 未正确连接三相负载的，扣 3 分； 9. 接线端子排列不规范的，每处扣 1 分； 10. 工具使用不熟练或不规范的，扣 2 分
4	操作后的安全	操作完毕作业现场的安全检查	3	1. 操作工位未清理、不整洁的，扣 2 分； 2. 工具及仪表摆放不规范的，扣 1 分； 3. 损坏元器件的，扣 2 分
5	仪表的使用	用指针式钳形电流表测量三相电动机中的电流	4	1. 不会使用钳形电流表的或使用方法不正确的，扣 4 分； 2. 不会读数的，扣 2 分
6	考试时间	35 min	扣分项	每超时 1 min 扣 2 分，直至超时 10 min，终止整个实操项目考试

续表

序号	考试项目	考试内容及要求	配分	评分标准
7	否定项	否定项说明	扣除该题分数	出现以下情况之一的，该题记为 0 分： 1. 接线原理错误的； 2. 电路出现短路或损坏设备等故障的； 3. 功能不能完全实现的； 4. 在操作过程中出现安全事故的
	合　计		40	

4. 训练（考试）操作步骤

（1）检查操作工位及平台上是否存在安全隐患（人为设置），并能排除所存在的安全隐患。

（2）根据如图 12-16 所示的电气原理图，在已安装好的电路板上选择所需的电气元件，并确定配线方案。

（3）按给定条件选配不同颜色的连接导线。

（4）按要求对三相异步电动机正反转控制线路进行接线。

（5）通电前使用仪表检查线路，确保不存在安全隐患后再通电。在控制电路不通电时，用手动来模拟电器的操作动作，用万用表测量线路的通断情况。检查时应根据控制电路的动作来确定检查步骤和内容，并根据原理图和接线图选择测量点。

（6）检查电动机能否实现正转、反转运行和停止。

（7）用指针式钳形电流表检测电动机运行中的电流，并会正确读数。

（8）操作完毕作业现场的安全检查。

5. 电路安装

（1）布置电气元件时，不可将元件安装到控制板边上，至少留 50 mm 的距离；元件之间至少留 50 mm 的距离，既有安全距离，又便于走线。

（2）在安装电气元件之前，先检测器件的外形是否完整，有无破损，触头的电压、电流是否符合要求；用万用表电阻挡检查每个元器件的动合、动断触头及线圈阻值是否符合要求。

（3）布线顺序为先控制电路后主电路，以不妨碍后续布线为原则。主电路的连接线一般采用较粗的 2.5 mm² 的单股塑料铜芯线；控制电路一般采用 1 mm² 的单股塑料铜芯线，并且要用不同颜色的导线来区分主电路、控制电路和接地线。明配线安装的特点是线路整齐美观，导线去向清楚，便于查找故障。

6. 注意事项

（1）布线工艺要求与 12.2.2 小节中相同。

（2）简单的电气控制线路可直接进行布置接线；较为复杂的电气控制线路，布置前建议绘制电气接线图。

（3）穿正规工作服，穿好绝缘鞋，通电时要有人监护。

【特别提醒】

电动机正反转控制线路中 KM1 和 KM2 常闭触点起互锁作用，是为了防止两个交流接触器同时吸合导致主电路短路事故。

短路保护与过载保护的区别是：短路保护是指线路或设备发生短路时，能迅速切断电源的一种保护；过载保护是指线路或设备的负载超过允许的范围时，能适当延时后切断电源的一种保护。

▌12.2.4 带测量功能的电动机控制线路的接线

带测量功能的电动机控制线路

【操作试题 10】 带测量功能的电动机控制线路的接线

1. 电路分析

带熔断器（断路器）、仪表、互感器的电动机控制线路原理图如图 12-17 所示。这实际上是一种三相异步电动机全压启动控制电路。用两个控制按钮控制接触器 KM 线圈的通、断电，从而控制电动机 M 启动和停止。

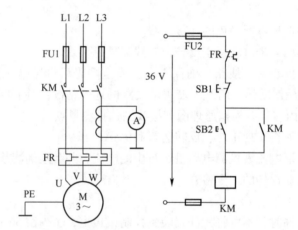

图 12-17 带熔断器（断路器）、仪表、互感器的电动机控制线路原理图

启动时，合上电源总开关，按动启动按钮 SB2，KM 线圈通电并自锁，M 通电工作。按动停止按钮 SB1，KM 线圈失电并断开触点，KM 断电停止工作，松开 SB1 后，自锁触头处于断开位置，接触器线圈仍处于断电状态。

KM 自锁触点是指与 SB1 并联的常开辅助触点，其作用是当按钮 SB1 闭合后又断开，KM 的通电状态保持不变，称为通电状态的自我锁定。停止按钮 SB2 用于切断 KM 线圈电流并打开自锁电路，使主回路的电动机 M 定子绕组断电停止工作。

过载保护：热继电器 FR 用于电动机过载时，其在控制电路的常闭触点打开，接触器 KM 线圈断电，使电动机 M 停止工作。排除过载故障后，手动使其复位，控制电路可以重新工作。

短路保护：熔断器组 FU1 用于主电路的短路保护，FU2 用于控制电路的短路保护。

失电压保护：电路失电，接触器 KM 失电释放，不操作启动按钮，KM 线圈不会再次自行通电，电动机不会自行启动。

2. 电流表、互感器的选用

（1）电流互感器额定一次工作电流按运行电流的 120%～150% 选择。

（2）电流互感器额定一次工作电压与运行电压相符；电压等级有 0.5 kV、10 kV、15 kV、35 kV 等，低电压的测量中均用 0.5 kV 的。

（3）考虑测量准确性时，电流互感器准确度等级需比仪表等级高一个等级。

（4）根据被测电流的大小来选择电流表，指针指示范围应该在 1/2 刻度以上为准，可以选用交流 5 A 或与电流互感器额定一次电流相符合配套刻度的交流电流表。一般测量用的电流互感器准确度等级主要有 0.1、0.2、0.5、1.0、3.0、5.0 共 6 个等级；一般选用 0.2 或 0.5 级的电流互感器用于测量。电流互感器常用一次绕组额定电流有 20 A、30 A、50 A、75 A、100 A、150 A、200 A、250 A、300 A、350 A、400 A、500 A、600 A、750 A、1000 A、1500 A、2000 A、5000 A、10000 A，更大的电流还可以根据需要进行特定制造；二次绕组额定电流一般有 1 A 或 5 A，常用为 5 A。

3. 考试时间

30 min。

4. 训练（考试）要求

（1）按给定电气原理图，选择合适的电气元件及绝缘电线。

（2）按要求进行带熔断器、仪表、电流互感器的电动机运行控制线路接线。

（3）通电前使用仪表检查电路，确保不存在安全隐患以后再通电。

（4）电动机连续运行、停止，电压表和电流表正常显示。

（5）实操开考前，考点应将完好的电路板、各种颜色的绝缘导线及负载等考试设备和测量仪表及工具准备到位，确保无任何安全隐患的存在，在考评员同意后，考试才能开始；如果在考试过程中考试设备出现了安全隐患或不能立即排除的故障，本实操项目的考试终止，其后果由考点负责。

（6）评分标准见表 12-13。

表 12-13　带熔断器（断路器）、仪表、互感器的电动机控制线路的接线评分标准

序号	考试项目	考试内容及要求	配分	评分标准
1	操作前的准备	防护用品的正确穿戴	2	1. 未正确穿戴工作服的，扣 1 分； 2. 未穿绝缘鞋的，扣 1 分
2	操作前的安全	安全隐患的检查	4	1. 未检查操作工位及平台上是否存在安全隐患的，扣 2 分； 2. 操作平台上的安全隐患未处置的，扣 1 分； 3. 未指出操作平台上的绝缘线破损或元器件损坏的，扣 2 分
3	操作过程的安全	安全操作规程	11	1. 未经考评员同意，擅自通电的，扣 5 分； 2. 通、断电的操作顺序违反安全操作规程的，扣 5 分； 3. 刀闸（或断路器）操作不规范的，扣 3 分； 4. 考生在操作过程中，有不安全行为的，扣 3 分

序号	考试项目	考试内容及要求	配分	评分标准
3	操作过程的安全	安全操作技术	16	1. 接线处露铜超出标准规定的，每处扣 1 分； 2. 压接头松动的，每处扣 2 分； 3. 未正确连接 PE 线的，每处扣 3 分； 4. 绝缘线用色不规范的，扣 5 分； 5. 熔断器、断路器、热继电器进出线接线不规范的，每处扣 2 分； 6. 电路板中的接线不合理、不规范的，扣 2 分； 7. 启停控制按钮用色不规范的，扣 3 分； 8. 互感器安装位置不正确的，扣 1 分； 9. 互感器、电流表接线不正确，每处扣 2 分； 10. 未正确连接三相负载的，扣 3 分； 11. 接线端子排列不规范的，每处扣 1 分； 12. 工具使用不熟练或不规范的，扣 2 分
4	操作后的安全	操作完毕作业现场的安全检查	3	1. 操作工位未清理、不整洁的，扣 2 分； 2. 工具及仪表摆放不规范的，扣 1 分； 3. 损坏元器件的，扣 2 分
5	仪表的使用	用指针式万用表测量电压	4	1. 万用表不会使用的或使用方法不正确的，扣 4 分； 2. 不会读数的，扣 2 分
6	考试时间	30 min	扣分项	每超时 1 min 扣 2 分，直至超时 10 min，终止整个实操项目考试
7	否定项	否定项说明	扣除该题分数	出现以下情况之一的，该题记为 0 分： 1. 接线原理错误的； 2. 电路出现短路或损坏设备等故障的； 3. 功能不能完全实现的； 4. 在操作过程中出现安全事故的
	合　计		40	

5. 训练（考试）操作步骤

（1）检查操作工位及平台上是否存在安全隐患（人为设置），并能排除所存在的安全隐患。

（2）根据如图 12-17 所示的电气原理图，在已安装好的电路板上选择所需的电气元件，并确定配线方案。

（3）按给定条件选配不同颜色的连接导线。

（4）按要求对带熔断器（断路器）、仪表、电流互感器的电动机控制线路进行接线。互感器二次侧 K1、K2 经过电流端子进入电流表。

（5）通电前使用仪表检查线路，确保不存在安全隐患后再通电。

（6）检查电动机能否实现启动和停止，在连续运行过程中电流表能否有指示。

（7）用指针式万用表检测电路中的电压，并会正确读数。

（8）操作完毕作业现场的安全检查。

6．注意事项

（1）布线工艺要求与 12.2.2 小节中相同。

（2）接电流互感器时应注意一次侧、二次侧的极性，同名端要对应，不得接错。

（3）安装时，若电流表的指针没有指向"0"位，应调整机械调零钮，使指针在
"0"位。

▌12.2.5　三相异步电动机Y—△自动降压启动控制线路的接线

对于较大容量的电动机，不能采取直接启动，需要采用降压启动的方法。Y—△启动就
是降压启动的方法之一。

Y—△启动用于电动机电压为 380/220 V，绕组接法相应为Y/△的较大容量
电动机启动。启动时，绕组为Y形连接，待转速增加到一定程度后再改为△形
连接。由于该方法的启动电流为直接启动时的 1/3，启动转矩也同时减少到直
接启动的 1/3，因此这种启动方法只能工作在空载或轻载启动的场合。

Y—△降压
启动线路接线

【操作试题 11】　三相异步电动机Y—△自动降压启动控制线路的接线

1．电路分析

（1）控制线路组成。三相异步电动机Y—△自动降压启动控制线路如图 12-18 所示，电
路元器件及其作用见表 12-14。

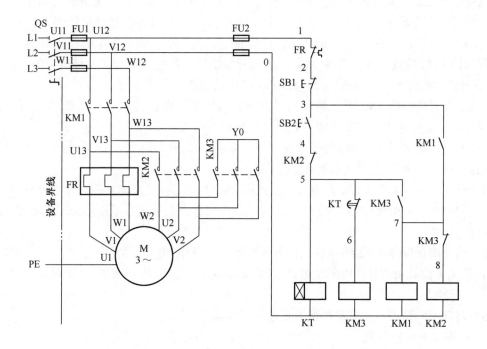

图 12-18　三相异步电动机Y—△自动降压启动控制线路

表 12-14　电路元器件及其作用

元器件	名　　称	作　　用
SB2	启动按钮	手动按钮开关，用于控制电动机的启动运行
SB1	停止按钮	手动按钮开关，用于控制电动机的停止运行
KM1	主交流接触器	电动机主运行回路用接触器，在启动时通过电动机启动电流，运行时通过正常运行的线电流
KM3	Y形连接的交流接触器	用于电动机启动时做Y形连接的交流接触器，启动时通过Y形连接降压启动的线电流，启动结束后停止工作
KM2	△形连接的交流接触器	用于电动机启动结束后恢复△形连接做正常运行的接触器，通过绕组正常运行的相电流
KT	时间继电器	控制Y—△自动降压启动的启动过程时间（电动机启动时间），即电动机从启动开始到额定转速及运行正常后所需的时间
FR	热继电器（或电动机保护器）	热继电器主要在三相电动机中起过载保护作用；电动机保护器具有三相电动机的过载保护、断相保护、短路保护和平衡保护等作用

（2）控制原理。

1）按下启动按钮 SB2 后，电源通过热继电器 FR 的动断触点、停止按钮 SB1 的动断触点、△形连接交流接触器 KM2 常闭辅助触头，接通时间继电器 KT 的线圈使其动作并延时开始。此时时间继电器 KT 已动作，触点本来应断开，但由于其延时触点是瞬间闭合延时断开（延时结束后断开），通过此 KT 延时触点去接通 Y 形连接的交流接触器 KM3 的线圈回路，则交流接触器 KM3 带电动作，其主触头去接通三相绕组，使电动机处于 Y 形连接的运行状态；KM3 辅助常开触头闭合去接通主交流接触器 KM1 的线圈。

2）主交流接触器 KM1 带电启动后，其辅助触头进行自保持功能（自锁功能）；而 KM1 的主触头闭合去接通三相交流电源，此时电动机启动过程开始。

3）当时间继电器 KT 延时断开触点（动断触点）的时间达到（或延时到）电动机启动过程结束时间后，时间继电器 KT 触点随即断开。

4）时间继电器 KT 触点断开后，则交流接触器 KM3 失电。KM3 主触头切断电动机绕组的 Y 形连接回路，同时接触器 KM3 的常闭辅助触头闭合，去接通△形连接交流接触器 KM2 的线圈电源。

5）当交流接触器 KM2 动作后，其主触头闭合，使电动机正常运行于△形连接状态。而 KM2 的常闭辅助触头断开，时间继电器 KT 线圈失电，并对交流接触器 KM3 联锁。电动机处于正常运行状态。

6）启动过程结束后，电动机按△形连接正常运行。

2. 训练（考试）器材

训练（考试）所需要的器材见表 12-15。

表 12-15　器材明细表

代　号	名　称	型　号	规　格	数量
M	三相异步电动机	Y-112M-4	4 kW、380 V、△接法	1
QS	组合开关	HZ10-25-3	三极，额定电流 25 A	1
FU1	螺旋式熔断器	RL1-60/25	500 V、60 A 配熔体额定电流 25 A	3
FU2	螺旋式熔断器	RL1-15/2	500 V、15 A 配熔体 2 A	2
KM1、KM2、KM3	交流接触器	CJ10-20	20 A、线圈电压 380 V	3
SB1、SB2	按钮	LA4-3H	保护式、按钮数 3	1
FR	热继电器	JR16-20/3	三极、20 A	1
KT	时间继电器	JS7-2A	线圈电压 380 V	1
XT	端子排	JD0-1020	10 A、20 节	1
	木板（配电板）		650 mm×500 mm×50 mm	1
	万用表	MF47 型		1

3. 训练（考试）要求

（1）按给定电气原理图，选择合适的电气元件及绝缘电线。

（2）按要求进行异步电动机 Y—△ 自动降压启动控制线路接线。

（3）通电前使用仪表检查电路，确保不存在安全隐患以后再通电。

（4）正确使用万用表、兆欧表及钳形电流表等电工仪表，测得相关数据填写在表 12-16 中。

表 12-16　测量数据记录表

测量项目	选用仪表及测量方法	测得数据
电动机线圈电阻		
交流接触器线圈电阻		
电动机运行时的电流		

（5）评分标准见表 12-17。

表 12-17　三相异步电动机 Y—△ 自动降压启动控制线路的接线评分标准

序号	主要内容	考核要求	评分标准	配分	得分
1	元件安装	1. 按图纸的要求，正确使用工具和仪表，熟练安装电气元件； 2. 元件在配电板上布置要合理，安装要准确紧固； 3. 按钮盒不固定在板上	1. 元件布置不整齐、不匀称、不合理，每个扣 1 分； 2. 元件安装不牢固、安装元件时漏装螺钉，每个扣 1 分； 3. 损坏元件，每个扣 2 分	5	

续表

序号	主要内容	考核要求	评分标准	配分	得分
2	布线	1. 接线要求美观、紧固、无毛刺，导线要进入线槽； 2. 电源和电动机配线、按钮接线要接到端子排上，进出线槽的导线要有端子标号，引出端要用别径（叉形冷压端头）压端子	1. 电动机运行正常，如不按电路图接线，扣 1 分； 2. 布线不用线槽，不美观，主电路、控制电路，每根扣 0.5 分； 3. 接点松动、露铜过长、反圈、压绝缘层，标记线号不清楚、遗漏或误标，引出端无别径压端子，每处扣 0.5 分； 4. 损伤导线绝缘或线芯，每根扣 0.5 分	15	
3	通电试验	在保证人身和设备安全的前提下，通电试验一次成功	1. 时间继电器及热继电器整定值错误各扣 2 分； 2. 主、控电路配错熔体，每个扣 1 分； 3. 一次试车不成功扣 5 分；二次试车不成功扣 10 分；三次试车不成功扣 15 分	16	
合计得分					

4. 训练（考试）操作步骤

训练（考试）操作步骤与前面介绍的基本相同，这里就不再详细阐述。下面主要介绍通电试车的方法。

（1）接通电源，合上电源开关 QS。

（2）启动试验。按下启动按钮 SB2，进行电动机的启动运行。观察线路和电动机运行有无异常现象，并仔细观察时间继电器和电动机控制电器的动作情况以及电动机的运行情况。改变时间继电器 KT 的延时时间，比较电动机的降压启动过程。

（3）功能试验。做 Y—△转换启动控制和保护功能的控制试验，如失电压保护、过载保护和启动时间等。

（4）停止运行。按下停止按钮 SB1，电动机 M 停止运行。

（5）若操作中发现有不正常现象，则应断开电源分析排除故障后重新操作。将电路故障现象记录下来，同时将分析故障的思路、排除故障的方法和找到的故障原因记录下来。

5. 注意事项

（1）电动机、时间继电器、接线端子板的不带电金属外壳或底板应可靠接地。

（2）电源进线应接在螺旋式熔断器底座的中心端上，出线应接在螺纹外壳上。

（3）进行 Y—△启动控制的电动机，必须是有 6 个出线端子且定子绕组在△接法时的额定电压等于三相电源线电压的电动机。

（4）电动机的△接法不能接错，应将电动机定子绕组的 U1、V1、W1 通过 KM2 接触器分别与 W2、U2、V2 连接。否则，会使电动机在△接法时造成三相绕组连接同一相电源或其中一相绕组接入同一相电源而无法工作等故障。

（5）KM3 接触器的进线必须从三相绕组的末端引入，若误从首端引入，则在 KM3 接触器吸合时，会产生三相电源短路事故。

（6）通电校验前要检查一下熔体规格及各整定值是否符合原理图的要求。

（7）训练时一定要注意安全操作。

12.2.6 两台电动机联动控制线路的接线

电动机顺
序控制电路安装

在装有多台电动机的生产机械上，各电动机所起的作用是不同的，有时需按一定的顺序启动或停止，才能保证操作过程的合理和工作的安全可靠，这就是顺序控制。顺序控制可以通过控制电路实现，也可通过主电路实现。

【操作试题 12】　两台电动机联动控制线路的接线

1. 电路分析

图 12-19 所示为两台电动机联动控制线路原理图。该电路采用 3 个交流接触器（KM1、KM2、KM3）和 3 个行程开关（SQ1、SQ2、SQ3）实现 M1 电动机的正反转和 M1、M2 之间的顺序控制。用 KM1、KM2 实现 M1 电动机的正反转；用 SQ1、SQ2、SQ3 实现 M1 正转→到位→M2 转动→到位→M1 反转→到位的顺序控制。其动作过程如下：

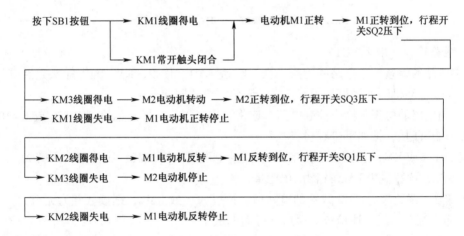

2. 训练（考试）器材

根据原理图，元件清单中应包括低压断路器（1 个）、交流接触器（3 个）、热继电器（2 个）、熔断器（2 个）、按钮（3 个）、行程开关（3 个）、电动机（2 台）和指示灯（1 个）。

训练所需的工具有万用表、螺丝刀、尖嘴钳、验电笔。

3. 训练（考试）操作步骤

（1）安装接线。

1）检查电气元件质量。

2）安装电气元件。

主电路有两台电动机、三个接触器，节点处连线较多，注意元件每一接线处的接线不要多于两根，以免接触不良。

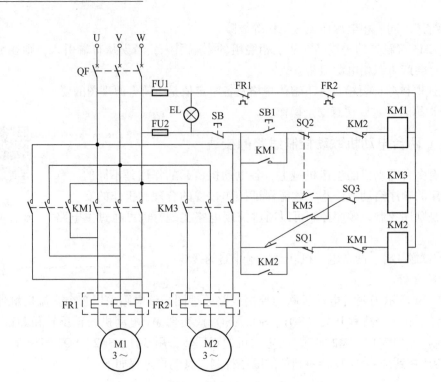

图 12-19 两台电动机联动控制线路原理图

（2）线路检查（取下 FU1）。

1）主电路的检查。主电路的检查主要是检查 KM1、KM2、KM3 的主触头是否能正常闭合和 M1、M2 电动机的各绕组是否有正常的阻值，方法同前。

2）控制电路的检查。检查控制电路，应将万用表挡位选择开关拨到 R×10 或 R×100，或者数字表的 2 kΩ 挡，按如下步骤检查。

①按 SB1（或 KM1），读数应为 KM1 线圈的电阻值，按 KM2，则读数为无穷大。

②按 SQ2，读数应为 KM3 线圈的电阻值。

③按 SQ3，读数应为 KM2 线圈的电阻值，再按 SQ1 或 KM1，则读数变为无穷大。

（3）通电试车。经上述检查无误后，可通电试车。

1）电路送电。合上 QF，电源指示灯 EL 亮，供电正常。

2）按 SB1，KM1 吸合，M1 电动机正转。

3）按行程开关 SQ2，KM1 失电，M1 电动机停转；同时 KM3 吸合，M2 电动机转动。

4）按行程开关 SQ3，KM3 失电，M2 停止转动；同时 KM2 得电，M1 电动机反转。

5）按 SQ1，KM2 失电，M1 电动机停车。

4. 注意事项

（1）在对 M1 电动机的主电路接线时，要注意正确调换相序，否则会造成主电路短路。

（2）认真识别和检查行程开关的常开触点和常闭触点，并正确连接。

（3）该电路有两台电动机，要注意身体与电动机保持一定距离，以免在电动机启动和切换时伤及操作者或其他人。

12.2.7　双速电动机控制线路的接线

【操作试题 13】　双速电动机控制线路的接线

1. 电路分析

双速电动机控制线路的接线

双速电动机属于异步电动机变极调速，是通过改变定子绕组的连接方法达到改变定子旋转磁场磁极对数的目的，从而改变电动机的转速。双速电动机适用于各种机床，如车床、镗床、钻床、铣床等，在粗加工时采用低速运行，在精加工时采用高速运行。

双速电动机控制原理图如图 12-20 所示，其动作过程为：

按SB2 → KM1线圈得电 → KM1主触头闭合 → 电动机做△连接,低速运行
（6只灯泡亮度较暗）

↳ KA线圈得电 → KA自锁触头自保

↳ KA常开触头闭合 → KT线圈得电,并开始延时,时间到 →

KM1主触头断开（低速停止）

→ KT的延时断开触头断开 → KM1线圈失电 → KM3常开触头闭合
→ KT的延时断开触头闭合 → KM1线圈得电 → KM2线圈得电 → KM2主触头闭合

↳ KM3主触头闭合 → 电动机做丫连接,高速运行
（6只灯泡正常发光）

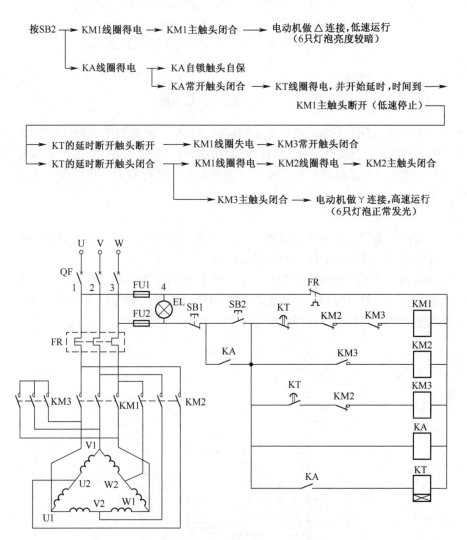

图 12-20　双速电动机控制原理图

当 KM1 闭合时，电动机做△连接，如图 12-21（a）所示，U2、V2、W2 空着，而 U1、V1、W1 分别和电源 U、V、W 相连接（为顺时针），此时为普通三角形连接，电动机低速运行；当 KM2、KM3 闭合时，电动机做双丫连接，如图 12-21（b）所示，U1、V1、W1 经 KM3 短接在

一起，而 U2、V2、W2 分别和电源 W、V、U 相连接（为逆时针），此时两个半相绕组并联，其中 1 个半相绕组电流反相，电动机极对数减少一半，于是电动机高速运行。

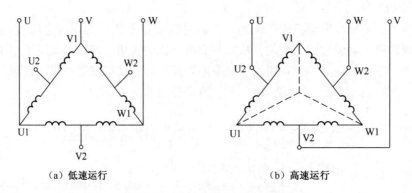

（a）低速运行　　　　　　　（b）高速运行

图 12-21　双速电动机接线原理图

从图 12-21 中可以看出，电动机由低速变成高速以后，电源相序由顺时针变成了逆时针，但是，电动机不会反转，这是因为电动机的空间机械角度不变，而电角度随着极对数的变化而变化，极对数的变化要求电源的相序改变（训练时如果条件有限，可以采用 6 个灯泡来代替 6 个半绕组）。

2. 训练（考试）操作步骤

（1）元件检查。参照前面几个训练所介绍的方法，对图 12-20 所需元件进行检查。如用灯泡代替双速电动机，则要 6 个灯泡的电阻必须相等。

（2）线路安装。图 12-20 的主电路用 6 只灯泡代替后，其接线比较复杂，经简化后，可按图 12-22 所示接线，并且灯泡不存在正反转的问题。所以，接线时不要管电源的相序，这样，思路就比较清楚了，其他部分仍然按照图 12-20 所示进行接线。

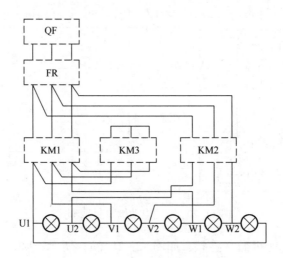

图 12-22　主电路简化接线图

（3）线路检查（取下 FU1）。用指针式万用表的 R×10 或 R×100 挡，或者用数字表的 2 kΩ 挡，然后按如下步骤检查。

1）主电路的检查。

①表笔放在 1、2（或 1、3 或 2、3）处，按 KM1，读数为 $4R_{灯}/3$。

②表笔放在 1、2（或 1、3 或 2、3）处，同时按 KM2 和 KM3，读数为 $R_{灯}$。

2）控制电路的检查。

①表笔放在 3、4 处，按 SB2，读数为 KM1 和 KA 线圈的并联值。

②表笔放在时间继电器的"＿⌐＿"处或 KM3 常开触头两端，读数为上述值与 KM3 或 KM2 线圈的串联值。

（4）通电试车。

经上述检查无误后，可通电试车。

1）电路通电。合上 QF，电源指示灯 EL 亮。

2）电动机运行。按 SB2，电动机低速运行（6 只灯亮度较暗），延时后电动机高速运行（6 只灯正常发光）。

3）电动机停止。按 SB1，电动机停止（6 只灯全灭）。

3. 注意事项

（1）6 只灯泡的功率要一样大。

（2）时间继电器的延时闭合和延时断开触头要有一个公共点。

（3）双速电动机由低速转换到高速时要注意换相序。

12.3　简单电子线路安装

12.3.1　简单电子线路安装须知

1. 分立电子元器件焊接的方法

（1）清除元器件焊脚处的氧化层，并搪锡。

（2）分立元器件直脚插入的焊接工艺方法。在确认元器件各焊脚所对应的位置后，插入孔内，先下焊，而后剪去多余的部分。每次下焊的时间不超过 2 s。

（3）分立元器件弯脚插入的焊接工艺方法。在确认元器件各焊脚所对应的位置后，先弯曲 90°（略带弧形），再插入孔内，然后下焊，而后剪去多余的部分。每次下焊的时间不超过 2 s。

2. 分立电子元器件焊接时的注意事项

（1）选用 25 W 的电烙铁，焊头要锉得稍尖。焊接时，焊头的含锡量要适当，以满足一个焊点的需要为度。

（2）焊接时，将含有锡液的焊头先蘸一些松香，然后对准焊点，迅速下焊。当锡液在焊点四周充分熔开后，迅速向上提起焊点。焊接完毕，用棉纱蘸适量的纯酒精清除干净焊接处残留的焊剂。

3. 焊接安全知识

（1）电烙铁不用或暂停使用时，需将烙铁头蘸锡，并放置在烙铁架上，以保护烙铁和人员安全。

（2）电烙铁的金属外壳必须接地。

（3）烙铁头若已损伤变形或出现针孔，应立即停用，以避免损坏被焊物。

（4）电烙铁不用时要关闭电源，拔下插头，以免烫伤他人。

（5）不准甩动使用中的电烙铁，以免锡珠溅出伤人。

4. 检查与测试

（1）检查。安装正确、元器件无差错、无缺焊、无错焊及塔焊。

（2）静态测试。将万用表置于欧姆挡，检测电气元件在路（元件在电路中）的直流电阻，以确认安装是否正确。

（3）动态测试。通电，用万用表测试电路的电压、电流；用示波器测试电路的波形。

【特别提醒】

测量电压时，注意选择合适的量程，特别要注意是交流电压还是直流电压。测量直流电压时要区分正负极性。

■ 12.3.2 简单电子线路安装试题

【操作试题14】 简单放大电路的安装

简单放大电路如图12-23所示。

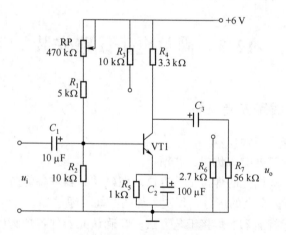

图12-23 简单放大电路

（1）考核要求。

1）正确识读给定晶体管放大电路。

2）正确识别设备、材料，正确选用电工工具、仪器、仪表。

3）正确检查电路，试运行良好。

（2）考前准备。

电烙铁、电工通用工具1套、镊子、钢板尺、卷尺、小刀、锥子、针头等；万能印制板

（2 mm×150 mm×200 mm）1 块，单股镀锌铜线 AV-0.1 mm² （红色），多股镀锌铜线 AVR-0.1 mm²（白色）；松香和焊锡丝等，其数量按需要而定。直流稳压电源（0~36 V）1 台，信号发生器（XD 型或自定）1 台，示波器 1 台、万用表 1 块，绝缘鞋、工作服等。

（3）操作步骤。

1）根据电路图配齐元器件，并进行检查。

2）在电路板上安装元器件。

3）安装完毕，经确认无误后，接通电源进行调试。

4）静态工作点测试。

5）动态调试。

【操作试题 15】　单相调压电源安装

（1）单相调压电源原理图如图 12-24 所示。

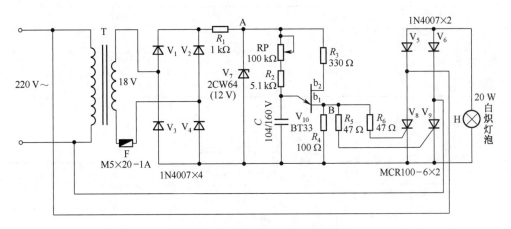

图 12-24　单相调压电源原理图

（2）元器件清单见表 12-18。

表 12-18　元器件清单

名称	数量	名称	数量	名称	数量
电阻器　47 Ω	2	保险管　1 A	1	电源线	1
电阻器　100 Ω	2	二极管　1N4007	6	M3×6　螺杆	2
电阻器　330 Ω	1	稳压管　12 V	1	M3　螺母	2
电阻器　1 kΩ	1	晶闸管　MCR100-6	2	电路板	1
电阻器　5.1 kΩ	1	单结晶体管　BT33	1	图纸 配件清单	1
电位器　100 kΩ	1	电源变压器	1		

（3）评分标准。因为元器件性能和万用表的差异，所有数据以考评员在电路安装正确的前提下实测±10%内得分。

1）元器件识别及检测，填入表 12-19。考生能独立挑选识别元器件清单列出的元器件，在开考 15 min 后发现元器件损坏的按自己烧坏扣分。

表 12-19　元器件识别及检测

元件名称	测量挡位	测量方法和数值	结论
二极管 1N4007			
晶闸管 MCR100-6			
稳压管 2CW64			

2）整机装配。严格按照无线电设备装接工艺组装焊接，元器件整形美观整齐，布局合理规范，焊点明亮光滑，没有安装错误，没有脱焊、连焊。

3）性能测试。测试调压变化后电路发生的相关逻辑功能，填入表 12-20。

表 12-20　性能测试

调压范围	单结晶体管 b1 电压	A 点电压	H 两端电压	结论
电位器最左端				
电位器最右端				
电位器中间端				

（4）分数统计表见表 12-21。

表 12-21　分数统计表

序号	考核题目	配分	扣分原因	实得分
1	元器件识别及检测	15		
2	整机装配	20		
3	整机测试 整机质量检测	15		
4	工具、设备的使用维护及安全文明生产	10		
合计		60	得分　　　　考评员签字	

12.4　照明电路接线

12.4.1　导线连接

铜导线与铜导线之间的连接，一般都是采用绞合连接的方法。绞合连接是指将需要连接导线的线芯直接紧密绞合在一起。连接导线的基本要求如下：电气接触好，即接触电阻要小；要有足够的机械强度；连接处的绝缘强度不低于导线本身的绝缘强度。

1. 单股铜芯导线直接连接

（1）将两导线端去其绝缘层后做"×"形相交，如图 12-25（a）所示。

（2）互相绞合 2~3 匝后扳直两线头，如图 12-25（b）所示。

（3）两线端分别紧密向芯线上并绕 5~6 圈，如图 12-25（c）所示。

（4）把多余线端剪去，如图 12-25（d）所示。

（5）钳平切口，如图 12-25（e）所示。

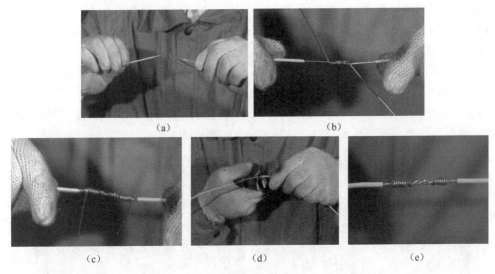

图 12-25　单股铜芯导线直接连接

2. 单股铜芯导线分支连接

（1）支线端和干线十字相交，如图 12-26（a）所示。

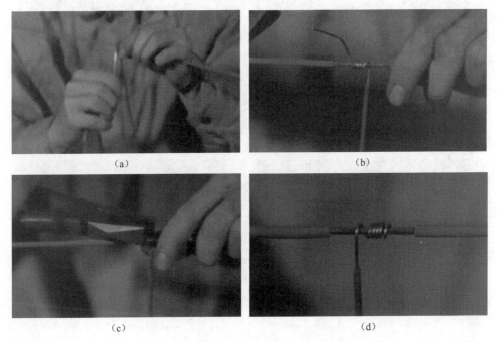

图 12-26　单股铜芯导线分支连接

（2）支线芯线根部留出 3 mm 后在干线缠绕 1 圈，再环绕成结状，如图 12-26（b）所示。

（3）收紧线端向干线并绕 6~8 圈，如图 12-26（c）所示；剪平切口，如图 12-26（d）所示。如果连接导线截面较大，两芯线十字相交后，直接在干线上紧密缠绕 8 圈即可。

3. 多股导线的直线连接

（1）把剥削去绝缘层的芯线头散开并拉直，剪断靠近绝缘层根部 1/3 线段的芯线，把 2/3 芯线头分散成伞状，如图 12-27（a）所示。

（2）把两组伞状芯线线头隔根对插，并捏平两端芯线，选择右侧 1 根芯线扳起，垂直于芯线，并按顺时针方向缠绕 3 圈，如图 12-27（b）和（c）所示。

（3）将余下的芯线向右扳直，再把第 2 根芯线扳起，垂直于芯线，仍按顺时针方向紧紧压住前一根扳直的芯线缠绕 3 圈，如图 12-27（d）所示。

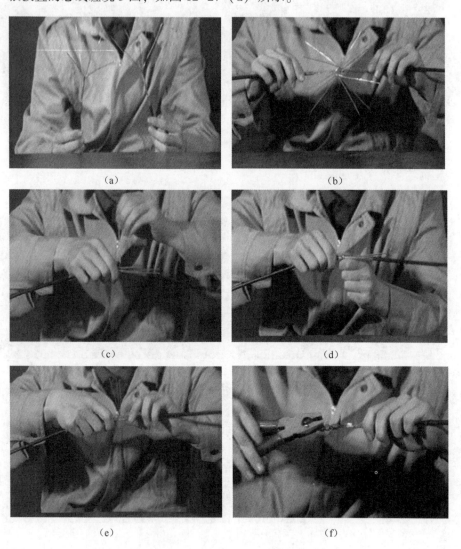

（a）　　　　　　　　　　　（b）

（c）　　　　　　　　　　　（d）

（e）　　　　　　　　　　　（f）

图 12-27　多股导线的直线连接

（4）将余下的芯线向右扳直，再把剩余的芯线依次按上述步骤操作后，切去多余的芯线，钳平线端，如图 12-27（e）所示。

（5）用同样的方法缠绕另一边芯线，切去多余的芯线，如图 12-27（f）所示。

4. 多股导线的 T 形分支连接

（1）将分支芯线散开钳直，接着把靠近绝缘层 1/8 线段的芯线绞紧（以 7 股铜芯线为例），如图 12-28（a）所示。

（2）将其余线头 7/8 的芯线分成 4、3 两组并排齐，用"一"字螺钉旋具把干线的芯线撬分两组，将支线中 4 根芯线的一组插入两组芯线干线中间，而把 3 根芯线的一组支线放在干线芯线的前面，如图 12-28（b）所示。

（3）把右边 3 根芯线的一组在干线一边按顺时针方向紧紧缠绕 3~4 圈，钳平线端，再把左边 4 根芯线的一组芯线按逆时针方向缠绕，缠绕 4~5 圈后，钳平线端，如图 12-28(c)~(f) 所示。

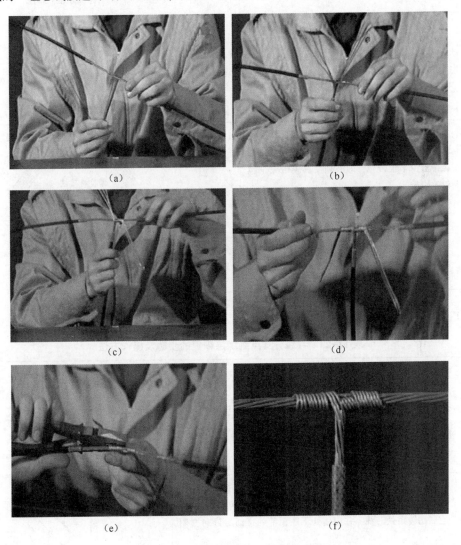

图 12-28　多股导线的 T 形分支连接

5. 导线绝缘层恢复

导线连接后，必须进行导线绝缘层的恢复工作。导线绝缘恢复的基本要求：绝缘带包匀、紧密，不露铜芯。

（1）导线直接点绝缘层恢复的步骤及操作方法见表12-22。

表12-22　导线直接点绝缘层恢复的步骤及操作方法

步骤	操作方法	图　示
1	用黄蜡带或涤纶薄膜带从导线左侧的完好绝缘层上开始顺时针包缠	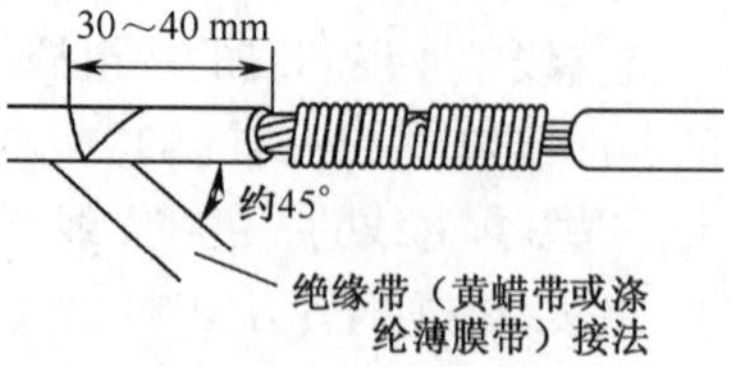
2	进行包扎时，绝缘带与导线应保持45°的倾斜角并用力拉紧，使绝缘带半幅相叠压紧	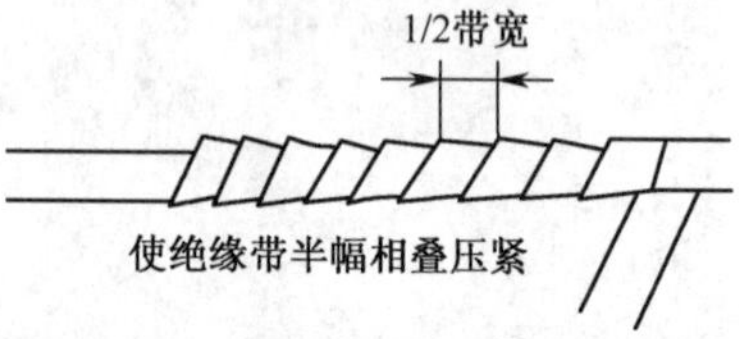
3	包至另一端也必须包入与始端同样长度的绝缘层，然后接上黑胶带，黑胶带应包出绝缘带至少半根带宽，即必须使黑胶带完全包没绝缘带	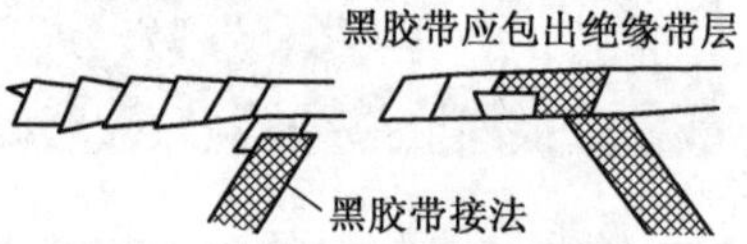
4	黑胶带的包缠不得过疏过密，包到另一端也必须完全包没绝缘带，收尾后应用手的拇指和食指紧捏黑胶带两端口，进行一正一反方向拧紧，利用黑胶带的黏性，将两端充分密封起来	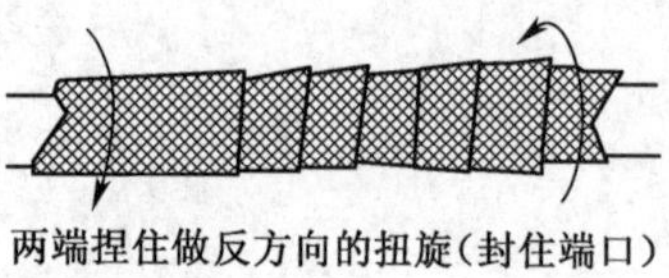

（2）导线分支点绝缘层恢复的步骤及操作方法见表12-23。

表12-23　导线分支点绝缘层恢复的步骤及操作方法

步骤	操作方法	图示
1	用黄蜡带或涤纶薄膜带从左侧的完好的绝缘层上开始顺时针包缠	
2	包到分支线时，应用左手拇指顶住左侧直角处包上的带面，使它紧贴转角处芯线，并应使处于线顶部的带面尽量向右侧斜压	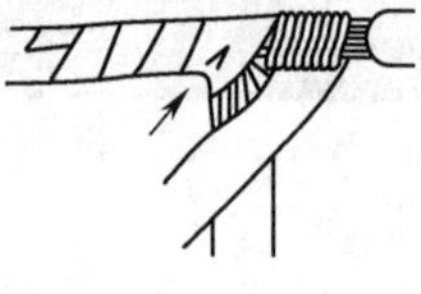

步骤	操作方法	图示
3	绕至右侧转角处，用左手食指顶住右侧直角处带面并使带面在干线顶部向左侧斜压，与被压在下边的带面呈 X 状交叉。然后把带再回绕到右侧转角	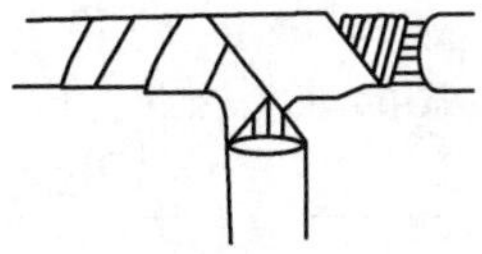
4	黄蜡带或涤纶薄膜带沿紧贴住支线连接处根端，开始在支线上缠包，包上完好绝缘层上约两根带宽时，原带折回再包至支线连接处根端，并把带向干线左侧斜压	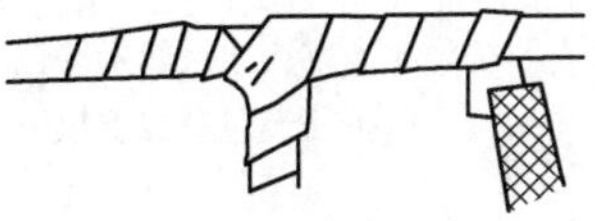
5	当带围过干线顶部后，紧贴干线右侧的支线连接处开始在干线右侧芯线上进行包缠	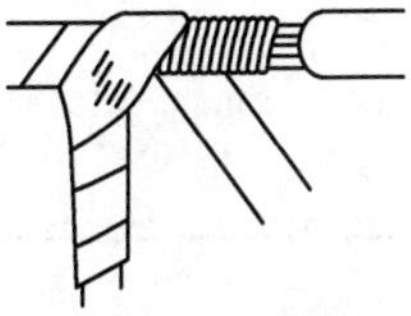
6	包至干线另一端的完好绝缘层上后，接上黑胶带，再按第2~5步方法继续包缠黑胶带	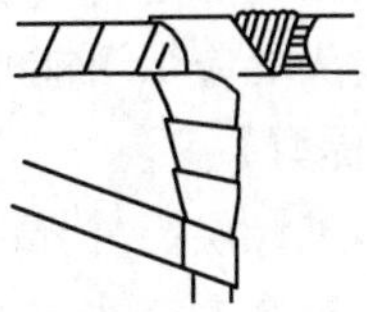

（3）导线并接点的绝缘层恢复的步骤及操作方法见表 12-24。

表 12-24　导线并接点的绝缘层恢复的步骤及操作方法

步骤	操作方法	图示
1	用黄蜡带或涤纶薄膜带从左侧的完好的绝缘层上开始顺时针包缠	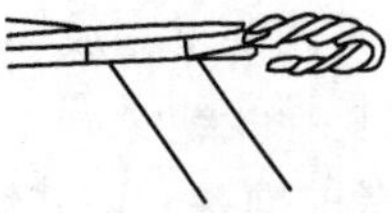
2	由于并接点较短，绝缘带叠压宽度可紧些，间隔可小于1/2带宽	
3	包缠到导线端口后，应使带面超出导线端口 1/2~3/4 带宽，然后折回伸出部分的带宽	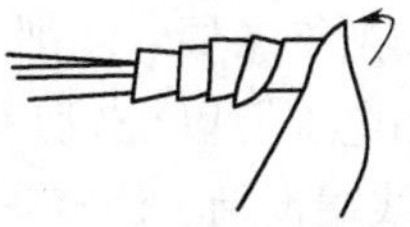
4	把折回的带面揪平压紧，接着缠包第二层绝缘层，包至下层起包处为止	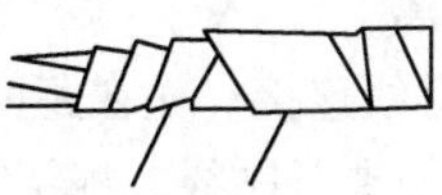
5	接上黑胶带，并使黑胶带超出绝缘带层至少半根带宽，完全压住绝缘带	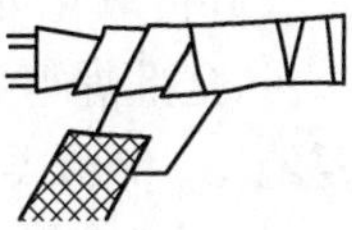

续表

步骤	操作方法	图示
6	按第2步方法把黑胶带包缠到导线端口	
7	按第4步方法把黑胶带缠包端口绝缘带层，要完全压住绝缘带；然后折回缠包第二层黑胶带，包至下层起包处为止	
8	用右手拇指和食指紧捏黑胶带断带口，使端口密封	

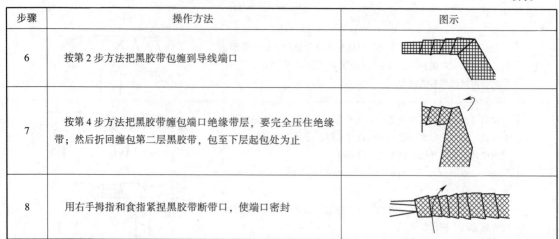

恢复线头绝缘层时，要求绝缘带一圈一圈包缠紧密，中间不能有气泡产生。绝缘带包缠完毕，连接头处应尽可能平整、光滑，不能裸露导线的芯线。

【特别提醒】

导线的绝缘层因外界因素而破损，也必须用上面介绍的方法恢复其绝缘，恢复绝缘后的绝缘强度应符合安全要求。

【操作试题16】 进行 4 mm² 单股铜芯线直线连接，并在连接处进行绝缘恢复。

（1）考核要求。

1）完成导线绝缘层剥削及表面处理。

2）按给定技术要求及工艺标准完成单股导线分支绞接法连接。

3）按工艺要求完成导线接头挂锡。

4）恢复导线绝缘。

（2）考前准备。铜芯绝缘电线（BV−4 或自定）2 m，绝缘带 1 卷，黑胶布 1 卷，塑料胶带 1 卷，电工通用工具 1 套，绝缘鞋、工作服等。

（3）操作工艺。

1）阅读导线连接工艺图样，明确工艺要求。

2）剥削绝缘层。剥削导线时应戴绝缘手套。

3）用电工刀以 45° 切入绝缘层，当切近芯线时，停止用力，接着刀面与芯线保持 25° 左右用力向线端推削，注意不可切入芯线。绝缘剥削长度掌握在 150 mm。操作时，应与他人离开一定距离。

4）芯线连接。先在距两线头绝缘层 30 ~ 40 mm 处 45° 相交互绞，然后扳直两线头垂直缠绕，注意要紧贴线芯缠绕，末端要用钢丝钳加力拧紧并钳平毛刺。

5）对接头进行氧化处理。涂上焊锡膏，用锡勺盛上熔化的锡，从接头上面往下浇，要重复多次，直到全部焊牢为止。最后用抹布轻轻擦去焊渣，使接头表面光滑。

6）恢复绝缘。确认导线连接处平整无毛刺后，按照操作步骤和工艺方法在连接部位缠两层绝缘胶布，一定要保证胶布和线芯之间紧密接触，不能露出线芯。

12. 4. 2　照明电路的安装

常用照明电路的安装方法有塑料护套线配线、电线管配线和塑料槽板配线。

1. 塑料护套线配线

塑料护套线可以直接敷设在楼板、墙壁以及其他建筑物表面，可用铝片线卡（俗称钢精扎头）或塑料钢钉线卡作为导线的支持物。由于塑料护套线的截面积较小，大容量电路不宜采用。

塑料护套线配线的安装步骤：弹线定位→预埋塑料胀管→固定铝片线卡→敷设护套线→铝片线卡的夹持→线路检查、绝缘摇测。

弹线定位时，塑料护套配线应符合以下规定：线卡距离木台、接线盒及转角处不得大于50 mm。线卡最大间距为 300 mm，间距均匀，允许偏差 5 mm。线路与其他管道相遇时，应加套保护管且绕行。

【特别提醒】

敷设后，要检查线路是否横平竖直，对不整齐的线段应予以整理，务求线路整齐美观。

2. 电线管配线

电线管配线是指把绝缘导线穿入保护管内敷设，它具有安全可靠、耐潮、耐腐、导线不易受机械损伤等优点，但安装和维修不便，且造价较高，适用于车间厂房、民用建筑及建筑物顶棚的照明和动力线路的配线，但对金属管有严重腐蚀的场所不应使用。

电线管配线通常有明配和暗配两种。明配时，要求横平竖直、整齐美观、牢固可靠且固定点间距均匀。暗配时，要求管路短、弯曲少、不外露，以便穿线。为了使导线不被损坏，也便于日后维修、更换，一般把导线穿在管子里。

（1）线管选择。根据穿管导线截面和根数来选择线管的管径，一般要求穿管导线的总截面（包括绝缘层）不应超过线管内径截面的 40%。

（2）PVC 电线管安装。

1）草拟布线图。

2）画线。确定线路终端插座、开关、面板的位置，在墙面标画出准确的位置和尺寸。一般来说，强电走上，弱电在下。

3）开槽。开槽深度应一致，一般是 PVC 管直径+10 mm。

4）埋设暗盒及敷设 PVC 电线管。暗线敷设必须配阻燃 PVC 管。当管线长度超过 15 m 或有两个直角弯时，应增设拉线盒。天棚上的灯具位设拉线盒固定。PVC 管接头均用配套接头，用 PVC 胶水粘牢，弯头均用弹簧弯曲。

5）穿线。两人配合操作，在管子的两端一人送线、一人拉线。

6）安装开关、面板、各种插座、配电箱和灯具。安装电源插座时，面向插座的左侧应接零线（N），右侧应接相线（L），中间上方应接保护地线（PE）。保护地线为 2.5 mm^2 的双色软线。

7）检查。用 500 V 兆欧表检查线路的绝缘是否符合规定。

8）完成电路布线图。

【特别提醒】

同一回路电线应穿入同一根管内。当布线长度超过 15 m 或中间有 3 个弯曲时，在中间应该加装一个接线盒，因为拆装电线时，太长或弯曲多了，线从穿线管过不去。在布线过程中，如果确定了相线、零线、地线的颜色，任何时候，颜色都不能用混了。

3. 塑料槽板配线

塑料线槽由槽底、槽盖及附件组成，它由难燃型硬聚氯乙烯工程塑料挤压成型。选用塑料线槽时，应根据设计要求选择型号、规格相应的定型产品。

塑料槽板配线的安装步骤：弹线定位→线槽固定→线槽连接→槽内放线→导线连接→绝缘摇测线路检查→槽板盒盖。

（1）弹线定位。按设计图确定进户线、盒、箱等电气器具固定点的位置，从始端至终端（先干线后支线）找好水平或垂直线，用粉袋在线路中心弹线，分匀档，用笔画出加档位置后，再细查木砖是否齐全、位置是否正确，否则应及时补齐。然后在固定点位置进行钻孔，埋入塑料胀管或伞形螺栓。弹线时不应弄脏建筑物表面。

（2）线槽固定。混凝土墙、砖墙可采用塑料胀管固定塑料线槽。根据胀管直径和长度选择钻头，在标出的固定点位置上钻孔，不应歪斜、豁口，应垂直钻好孔后，将孔内残存的杂物清净，用木槌把塑料胀管垂直敲入孔中，并以与建筑物表面平齐为准，再用石膏将缝隙填实抹平。用半圆头木螺丝架垫圈将线槽底板固定在塑料胀管上，紧贴建筑物表面。应先固定两端，再固定中间，同时找正线槽底板，应横平竖直，并沿建筑物形状表面进行敷设。

（3）线槽连接：线槽及附件连接处应严密平整，无缝隙。

1）槽底和槽盖直线段对接：槽底固定点间距应不小于 500 mm，盖板应不小于 300 mm，底板离终端点 50 mm 及盖板离终端点 30 mm 处均应固定。三线槽的槽底应用双钉固定。槽底对接缝与槽盖对接缝应错开并不小于 100 mm。

2）线槽分支接头，线槽附件如直通、三通转角、接头、插口、盒、箱应采用相同材质的定型产品。槽底、槽盖与各种附件相对接时，接缝处应严实平整。

3）线槽各种附件安装要求：盒子均应两点固定，各种附件角、转角、三通等固定点不应少于两点（卡装式除外）。接线盒灯头盒应采用插口连接。线槽的终端应采用终端头封堵。在线路分支接头处应采用相应接线箱。安装铝合金装饰板时，应牢固平整严实。

（4）槽内放线：清扫线槽。放线时，先用布清除槽内的污物，使线槽内外清洁。

【操作试题 17】 单相电能表带照明灯的接线

考试方式：实物操作方式。

考试时间：30 min。

1. 训练（考试）要求

（1）掌握电工在操作前、操作过程中及操作后的安全措施。

（2）熟练规范地使用电工工具进行安全技术操作。

（3）会正确地使用电工常用仪表，并能正确读数。

（4）实操开考前，考点应将完好的电路板、各种颜色的绝缘导线及负载等考试设备和测量仪表及工具准备到位，确保无任何安全隐患的存在，在考评员同意后，考试才能开始；如果在考试过程中考试设备出现了安全隐患或不能立即排除的故障，本实操项目的考试终止，其后果由考点负责。

单相电能表
带照明灯接线

（5）评分标准见表 12-25。

表 12-25　单相电能表带照明灯的接线评分标准

序号	考试项目	考试内容及要求	配分	评分标准
1	操作前的准备	防护用品的正确穿戴	2	1. 未正确穿戴工作服的，扣 1 分； 2. 未穿绝缘鞋的，扣 1 分
2	操作前的安全	安全隐患的检查	4	1. 未检查操作工位及平台上是否存在安全隐患的，扣 2 分； 2. 操作平台上的安全隐患未处置的，扣 1 分； 3. 未指出操作平台上的绝缘线破损或元器件损坏的，扣 2 分
3	操作过程的安全	安全操作规程	11	1. 未经考评员同意，擅自通电的，扣 5 分； 2. 通、断电的操作顺序违反安全操作规程的，扣 5 分； 3. 刀闸（或断路器）操作不规范的，扣 3 分； 4. 考生在操作过程中，有不安全行为的，扣 3 分
		安全操作技术	16	1. 电能表进出线错误的，扣 3 分； 2. 电能表压接头不符合要求的，每处扣 2 分； 3. 控制开关安装的位置不正确的，扣 5 分； 4. 漏电断路器接线错误的，扣 5 分； 5. 插座接线不规范的，扣 5 分； 6. 未正确连接 PE 线的，扣 3 分； 7. 工作零线与保护零线混用的，扣 5 分； 8. 接线处露铜超出标准规定的，每处扣 1 分； 9. 压接头松动的，每处扣 2 分； 10. 电路板中的接线不合理、不规范的，扣 2 分； 11. 绝缘线用色不规范的，扣 5 分； 12. 接线端子排列不规范的，每处扣 1 分； 13. 工具使用不熟练或不规范的，扣 2 分
4	操作后的安全	操作完毕作业现场的安全检查	3	1. 操作工位未清理、不整洁的，扣 2 分； 2. 工具及仪表摆放不规范的，扣 1 分； 3. 损坏元器件的，扣 2 分
5	仪表的使用	用摇表测量电路的绝缘电阻	4	1. 摇表不会使用的或使用方法不正确的，扣 4 分； 2. 不会读数的，扣 2 分
6	考试时间	30 min	扣分项	每超时 1 min 扣 2 分，直至超时 10 min，终止整个实操项目考试
7	否定项	否定项说明	扣除该题分数	出现以下情况之一的，该题记为 0 分： 1. 接线原理错误的； 2. 电路出现短路或损坏设备等故障的； 3. 功能不能完全实现的； 4. 未接入插座的； 5. 在操作过程中出现安全事故的
	合计		40	

2. 训练（考试）操作步骤

（1）检查操作工位及平台上是否存在安全隐患（人为设置），并能排除所存在的安全隐患。

（2）根据如图 12-29 所示电气原理图，在已安装好的电路板上选择所需的电气元件，并确定配线方案。

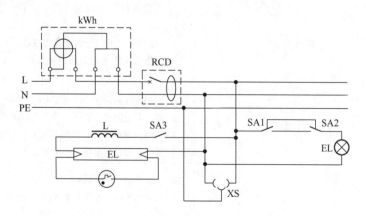

图 12-29　单相电能表带照明灯电气原理图

（3）按给定条件选配不同颜色的连接导线。

（4）按要求对单相电能表带照明灯电路进行接线。

1）电能表有 4 个接线柱，从左至右，接线规则为：1 进相，2 出相，3 进零，4 出零。

2）开关串联在相线上，才能控灯且安全。

3）相线与螺口灯座的中心触点连接。

4）按照漏电断路器上的电源和负载标志进行接线，不得将两者接反。

5）插座的接线，左零（零线 N）右相（相线 L）上接地（保护零线 PE）。

（5）通电前使用仪表检查线路，确保不存在安全隐患后再通电。

（6）检查单相漏电断路器能否起漏电保护作用，白炽灯能否实现双控，日光灯（或 LED 灯）能否实现单控等。

（7）用摇表检测三相电动机的绝缘，并会正确读数。

（8）操作完毕作业现场的安全检查。

3. 注意事项

（1）布线工艺要求。

1）导线尽可能靠近元器件走线；尽量用导线颜色分相，必须符合平直、整齐、走线合理等要求。

2）对明露导线要求横平竖直，导线之间避免直接交叉；导线转弯应成 90°带圆弧的直角，在接线时可借助螺丝刀刀杆进行弯线，避免用尖嘴钳等进行直接弯线，以免损伤导线绝缘。

3）控制线应紧贴控制板布线，主回路线相邻元件之间距离短的可"架空走线"。

4）板前明线布线时，布线通道应尽可能少同路并行，导线按主、控电路分类集中。

5）可移动控制按钮连接线必须用软线，与配电板上元器件连接时必须通过接线端，并加以编号。

6）所有导线从一个端子到另一个端子的走线必须是连续的，中间不得有接头。

7）所有导线的连接必须牢固，不得压塑料层、露铜不得超过 3 mm，导线与端子的接线，一般是一个端子只连接一根导线，最多不得超过两根。

8）导线线号的标志应与原理图和接线图相符。在每一根连接导线的线头上必须套上标有线号的套管，位置应接近端子处。在遇到 6 和 9 或 16 和 91 这类倒顺都能读数的号码时，必须做记号加以区别，以免造成线号混淆。线号的编制方法应符合国家相关标准。

9）装接线路的顺序一般以接触器为中心由里向外、由低向高，先控制电路后主电路，以不妨碍后续布线为原则。对于电气元件的进出线，则必须按照上面为进线、下面为出线、左边为进线、右边为出线的原则接线。

10）螺旋式熔断器中心片应接进线端，螺壳接负载方；电器上空余螺钉一律拧紧。

11）接线柱上有垫片的，平垫片应放在接线圈的上方，弹簧垫片放在平垫片的上方。

（2）电能表安装好后，合上隔离开关，开启用电设备，转盘从左向右转动（点表示通常有转向指示图标）；关闭用电设备后转盘有时会有轻微转动，但不超过 1 圈为正常。

（3）安装时必须严格区分中性线和保护接地线。保护地线不得接入漏电断路器内。

（4）操作试验按钮，检查漏电断路器是否能可靠动作。一般情况下应试验 3 次以上，并且都能正常动作才行。

【操作试题 18】　间接式三相四线有功电能表的接线及安全操作

考试方式：实物操作方式。

考试时间：30 min。

间接式三相
电能表的接线

1. 训练（考试）要求

（1）掌握整个操作过程的安全措施，熟练规范地使用电工工具进行安全技术操作。

（2）按照原理图正确接线，通电运行正常；会正确使用万用表测量电路中的电压，并能够正确读数。

（3）三相负载可以用三相异步电动机或者用 3 个灯泡组合代替。

（4）做好准备工作，在考评员同意后才能开考。

（5）评分标准见表 12-26。

表 12-26　间接式三相四线有功电能表的接线评分标准

序号	考试项目	考试内容及要求	配分	评分标准
1	操作前的准备	防护用品的正确穿戴	2	1. 未正确穿戴工作服的，扣 1 分； 2. 未穿绝缘鞋的，扣 1 分
2	操作前的安全	安全隐患的检查	4	1. 未检查操作工位及平台上是否存在安全隐患的，扣 2 分； 2. 操作平台上的安全隐患未处置的，扣 1 分； 3. 未指出操作平台上的绝缘线破损或元器件损坏的，扣 2 分

序号	考试项目	考试内容及要求	配分	评分标准
3	操作过程的安全	安全操作规程	11	1. 未经考评员同意，擅自通电的，扣5分； 2. 通、断电的操作顺序违反安全操作规程的，扣5分； 3. 刀闸（或断路器）操作不规范的，扣3分； 4. 考生在操作过程中，有不安全行为的，扣3分
		安全操作技术	16	1. 三相电能表进出线接线错误的，扣3分； 2. 三相电能表压接头不符合要求的，每处扣2分； 3. 互感器一二次接线不规范的，每处扣2分； 4. 断路器进出线接线错误的，扣2分； 5. 一次接线和二次接线混接的，扣5分； 6. 未正确连接三相负载的，扣4分； 7. 未正确连接PE线的，扣3分； 8. 工作零线与保护零线混用的，扣5分； 9. 电路板中的接线不合理、不规范的，扣2分； 10. 接线端子排列不规范的，每处扣1分； 11. 接线处露铜超出标准规定的，每处扣1分； 12. 接线松动的，每处扣2分； 13. 绝缘线用色不规范的，每处扣5分； 14. 工具使用不熟练或不规范的，扣2分
4	操作后的安全	操作完毕作业现场的安全检查	3	1. 操作工位未清理、不整洁的，扣2分； 2. 工具及仪表摆放不规范的，扣1分； 3. 损坏元器件的，扣2分
5	仪表的使用	用兆欧表测量电路的绝缘电阻	4	1. 兆欧表不会使用的或使用方法不正确的，扣4分； 2. 不会读数的，扣2分
6	考试时间	30 min	扣分项	每超时1 min扣2分，直至超时10 min，终止整个实操项目考试
7	否定项	否定项说明	扣除该题分数	出现以下情况之一的，该题记为0分： 1. 接线原理错误的或接线不符合安全规范的； 2. 电路出现短路或损坏设备等故障的； 3. 电流互感器的同名端与三相电能表的进出线接线错误的； 4. 在操作过程中出现安全事故的
	合计		40	

2. 训练（考试）操作步骤

（1）根据如图12-30所示三相四线有功电能表经电流互感器的接线原理图，选择合适的元器件和绝缘导线。

（2）按要求在配电板上合理安装元器件，对间接式三相四线有功电能表进行接线。

电能表的1、4、7接电流互感器二次侧S1端，即电流进线端；3、6、9接电流互感器二次侧S2端，即电流出线端；2、5、8分别接三相电源；10、11是接零端，如图12-31所示。

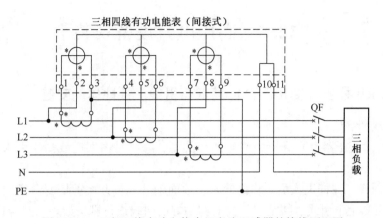

图 12-30　三相四线有功电能表经电流互感器的接线原理图

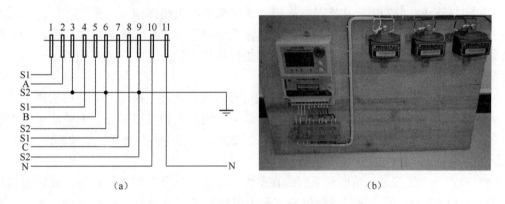

（a）　　　　　　　　　　　　　　　　　　　（b）

图 12-31　间接式三相四线有功电能表接线图

为了安全，应将电流互感器 S2 端连接后接地。

电流互感器二次侧不允许开路。若二次侧开路可能产生严重后果，一是铁芯过热，甚至烧毁互感器，二是由于二次绕组匝数很多，会感应出危险的高电压，危及人身和设备的安全。

（3）三相负载可以用三相异步电动机或者用 3 个灯泡组合代替。

（4）检查 3 个电流互感器的同名端与三相四线有功电能表的接线是否正确。

（5）通电前使用仪表检查线路，确保不存在安全隐患后再通电。

（6）操作完毕，对作业现场进行安全检查。

3. 注意事项

（1）三相四线电能表接线应注意相序。互感器接线要用线径不小于 2.5 mm 的铜芯线。

（2）电源的零线不能剪断直接接入用户的负荷开关，以防止断零线和烧坏用户的设备。

（3）注意电压的连接片螺钉要拧紧，以防止松脱，造成断压故障。

（4）检查接线应正确，接头牢固，接触良好，不得虚接。通电时应使电能表垂直于地面。

* **12.5 高压电气设备安装**

■ 12.5.1 10 kV柱上（变压器台）高低压引线、接地体的安装

1. 高压引线的安装

10 kV柱上（变压器台）高压引线有两种类型，一种是由架空线高压引入，另一种是电缆引入。

（1）引线制作。在杆上人员工作的同时，地面辅助人员开始剪切变台搭建所需的熔断器上下引线、避雷器上下引线、接地引线。对剪切好的引线进行剥头处理，并与接线端子压接，压接后做好相色标识处理。

（2）熔断器上引线安装。杆上人员将压好接线端子的引线，使用直径不小于2.5 mm的黑色单股塑料铜线，分别固定在熔断器横担上装绝缘子和引线横担绝缘子上。将压好接线端子的一端用螺栓固定在熔断器上接线端。引线连接应顺直无碎弯，工艺美观。熔断器上口至熔断器上装绝缘子的引线要有一定弧度，不应使接线端子受力，并保证三相弧度一致。最后使用双并沟线夹或T形线夹进行连接紧固。

（3）熔断器下引线及接地环安装。引线在熔断器横担侧装绝缘子上绑扎回头固定后，将压好接线端子的一端用螺栓固定在熔断器下接线端，调整三相弧度一致，不应使接线端子受力。在距熔断器横担侧装绝缘子中心水平面以下200 mm处安装接地环，接地环应方向一致，并在同一水平面上。

（4）避雷器引线安装。熔断器下引线在避雷器横担绝缘子上绑扎固定后，在距避雷器横担绝缘子上约100 mm处用穿刺线夹将避雷器上引线一端与熔断器下引线连接，另一端与避雷器上接线端连接。引线应有一定弧度，并保证三相弧度一致。使用绝缘线将避雷器接地端连在一起并引出。连接线要平直，无弓弯。避雷器引出接地线沿横担内槽敷设电杆内侧，并用钢包带固定在电杆上。避雷器引线安装后，加装绝缘护罩。

（5）变压器高低压侧引线安装。导线剥皮、涂导电膏、缠绕铝包带。变压器高压侧引线使用设备线夹与变压器高压接线柱连接，并安装绝缘护罩。变压器低压侧出线采用PVC管形式安装，使用两套电缆固定支架进行固定，转弯处采用45°弯头。变压器低压接线柱头处理加装一个45°弯头，留有滴水弯并进行密封。变压器低压侧出线上端，使用抱杆线夹与变压器低压侧接线柱固定连接，并加装绝缘护罩。出线下端进入综合配电箱与开关进线端连接。

（6）接地引线安装。避雷器、变压器外壳，综合配电箱和变压器中性点接地引线分别沿横担和电杆内侧敷设，并在适当位置采用钢包带固定，固定应牢固、美观，分别与接地极扁钢连接处用螺栓固定，接地引线应横平竖直。

2. 低压出线的安装

低压出线分为低压电缆入地和低压上返高压同杆架设两种形式。低压电缆入地出线时，低压出线管采用长度为2.5 m、直径为110 mm的钢管，由综合配电箱下方出线。入地后与低压线路连接。低压上返高压同杆架设时，低压出线管采用直径为75 mm的PVC管，由综合配

电箱侧方出线，用电缆抱箍将 PVC 管安装在变压器托担、避雷器托担、高压熔断器横担、高压引线横担预留的 PVC 管抱箍固定孔上，在转弯处采用45°弯头，出线口处加装一个45°弯头并留有滴水弯。低压出线穿管后，两端进行封堵。低压出线与低压线路采用双并沟线夹连接，并加装绝缘护套。低压出线与综合配电箱负荷开关可使用延长板可靠连接，出线应排列整齐、安装规范。安装完毕后，对综合配电箱刀熔开关及断路器进行就地操作 3 次，拉合顺畅，指示分明，操作完后开关应处在断开位置。

3. 接地体的安装

在变台周围挖深 600 mm、宽 400 mm 的直形沟槽，将接地体置于沟槽内并打入地下，垂直接地体的间距不宜小于其长度的 2 倍，接地体连接处全部采用焊接，并做好防腐处理，外露接地棒长度约为 1.9 m。接地棒加装绝缘保护管。接地体安装合格后进行回填土并夯实。在回填后沟面应有防沉层，其高度宜为 100~300 mm。

4. 接地电阻测量

当接地装置安装完毕后应进行接地电阻的测量，在充分考虑接地电阻系数的前提下，配电变压器容量在 100 kVA 以下时，其接地电阻不应大于 10 Ω；在 100 kVA 及以上时，接地电阻不应大于 4 Ω，当接地电阻达不到要求时，要采取相应降阻措施。

【操作试题 19】 配电变压器高低压引线、接地装置的安装

1. 考核要求

正确识读如图 12-32 所示安装图，识别本操作所需设备、材料，正确选择工具、仪器、仪表，完成 BT-3 直线型双杆变压器引线、接地装置的安装。

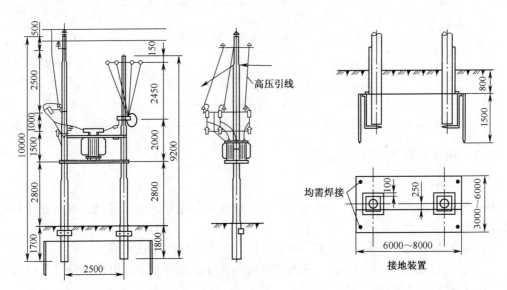

图 12-32 BT-3 直线型双杆变压器引线、接地装置安装图

2. 说明

（1）避雷器、跌落式熔断器、变压器、接地引线、低压横担、绝缘子等均已安装好。

（2）所需材料及设备由操作者根据变压器容量选择。

（3）工作时设专人监护。

（4）在培训（考试）场地操作。

3. 评分标准（表12-27）。

表 12-27 配电变压器高低压引线安装评分标准

序号	项目名称	质量要求	配分	扣分
1		工作前准备	20	
1.1	选择材料	选择与变压器容量相匹配的高低压导线、设备线夹等	10	每漏选、错选一项扣2分
1.2	选择工器具	带好所需的个人工具	5	
1.3	安全着装	穿戴好安全帽、工作服、绝缘鞋等	5	
2		工作过程	40	
2.1	登杆工具检查	对登杆工具进行人体冲击试验	5	位置选择不当扣5分，动作不熟练扣5分；一头不牢靠扣3分；一相绑扎不正确扣2分
2.2	登杆	登杆选择位置合适，动作熟练、规范	10	
2.3	接线安装	变压器高压引线与跌落式熔断器下端头连接牢靠；变压器低压侧零线与避雷器下端头连接牢靠；接地线与接地体焊接	5 5	
2.4	导线固定	高压引线与高压绝缘子绑扎正确；低压引线与低压绝缘子绑扎正确； 变压器低压侧零线桩头引线与接地引线连接牢靠； 接地引线与接地螺栓连接牢固	5 5 5	
3		工作终结验收	40	接线出现严重错误扣总分100%；发生一次违章扣5分；其他错一项扣5分
3.1	引线检查	引线连接操作程序正确、熟练； 布线均匀美观、松紧适度。电气间隙符合规定	10 15	
3.2	安全文明生产	杆上无遗留物及跌落物； 工作完毕交还工器具，清理现场	10 5	
		得分		

12.5.2 10 kV 隔离开关的安装

1. 安装前的检查

（1）仔细阅读产品说明书，查看施工图纸，检查设备型号、电压等级、容量是否符合安装图的要求。

（2）检查隔离开关内部有无受潮，所有部件，包括瓷件应完好无损。

（3）隔离开关的操作机构等各零件的所有固定连接部分应紧固，可动部分（包括底座转动部位）应灵活。

（4）用 1000 V 或 2500 V 兆欧表测量绝缘电阻，额定电压 10 kV 的隔离开关的绝缘电阻为 800～1000 MΩ。

（5）检查可动触刀与触头的接触情况是否满足说明书中的规定。

2. 安装步骤

（1）吊装底座和基座。用人力或滑轮将隔离开关三相底座吊到基础上，调整其横向与纵向误差，使之控制在 5 mm 以内。然后采用底座上垫金属垫片来校正底座的水平度和垂直度。垫片间与构架间点焊，防止受力后位移，调整完毕用电焊焊牢。

将隔离开关各相基座分别吊装到三相底座上，并用螺栓紧固，再将各相二节基座吊上组装，调整其水平度与垂直度。

（2）操作机构安装。据设计将操作机构装入开关的中间极或边极下部，首先将开关和操作机构都置于合闸位置，移动操作机构，使机构的转轴与开关转轴成一直线，中心对准后，将操作机构固定。配置开关与机构之间的连杆，并在轴连接处钻孔，打入圆锥销固定。操作机构安装后，进行焊接固定即可进行调试。

（3）连接操作拉杆。三相联动水平拉杆用钢管制成。钢管在地面上校直，连接头的一端插入钢管焊接，注意留出的螺栓长度要足够长，以供开关调节需要。固定螺栓稍用力拧紧即可，便于后面调试步骤。

（4）高压隔离开关调试。①接地刀的调整：接地刀的调整应在主闸刀调好后进行。合上主闸刀，检查各相接地刀闸的转轴应在同一直线上，否则必须校正。配置三相转轴之间的连杆，连杆用稍大于转轴的钢管，并在连接处钻孔，打入圆锥销固定。注意不许焊接，调节刀刃转轴上的扭力弹簧，使之操作力矩小。②合闸同期性调整：三相联动开关应调整同期性，方法是通过调节相间连杆来达到。首先使开关各相主闸刀上的触头接触，触头接触时，触头水平方向之间应有一定的间隙，但导电的接触部分应良好。③隔离开关触头接触的调整：用 0.05 mm×10 mm 的塞尺检查。对于线接触塞尺应塞不进去，对于面接触塞尺，其塞入深度为：在接触表面宽度为 50 mm 及以下时，不应超过 4 mm；在接触表面宽度为 60 mm 及以上时，不应超过 6 mm。

（5）将隔离开关的底座和操作机构的外壳接地。

【操作试题 20】　10 kV 隔离开关的安装

1. 工具、设备、材料

隔离开关担一副∠63×6×1500，M16×300 螺栓 4 支，垫片 8 只，个人工具 2 套，防坠落安全带 2 套，登杆工具 2 副，吊物绳 1 条，滑轮 1 只。

2. 说明

两人在杆上操作，一人在杆下配合。所需材料规格根据现场杆型规格配备。

3. 评分标准（表 12-28）

表 12-28　10 kV 隔离开关安装评分标准

序号	项目名称	质量要求	配分	扣分
1		工作前准备	15	
1.1	正确选择材料	选择材料规格应与需求相匹配	5	错、漏检一项扣 1 分；不按规定穿着扣 2 分
1.2	正确选择工器具	满足工作要求，并做检查	5	
1.3	着装	正确穿戴棉质工作服及安全帽	5	

续表

序号	项目名称	质量要求	配分	扣分
2		工作过程	65	未做检查扣4分； 未做试验扣4分； 登杆不熟练扣2~4分； 过高、过矮均扣2分； 安装方法不正确、不熟练扣2~4分； 顺序有误扣3分
2.1	登杆前检查	检查杆根及拉线符合登杆要求	5	
2.2	登杆工具检查	对登杆工具进行接线冲击试验	5	
2.3	登杆	登杆动作规范、熟练，使用防坠装置	5	
2.4	工作位置确定	站位恰当，正确使用安全带	5	
2.5	隔离开关安装	方法正确、动作规范、熟练	10	
2.6	操作顺序	操作熟练，方法正确	5	
2.7	安全生产	传递工具材料使用绳索，传送横担使用倒背扣，动作规范，扣好后备保护绳	20	抛掷工具材料每次扣10分； 掉工具、材料每次扣3分； 绳扣不正确扣3分； 不扣后备保护绳扣5分； 传送过程发生明显碰撞每次扣2分
3		工作终结验收	10	不合规定扣1~5分 不水平扣2~4分 不牢固扣5分 不用双螺母每一处扣2分
3.1	隔离开关安装	符合规范要求，操作机构安装牢固，转动部分涂以润滑油。限位位置准确可靠，分、合闸指示符合规定	10	
4	文明生产	工具材料摆放整齐有序	5	
5	综合评介	整个工作过程评介	5	
	总得分			

12.5.3 10 kV 负荷开关的安装

10 kV 负荷开关的安装要求类似于隔离开关。

（1）户内型高压负荷开关应垂直安装，户外型有的要求水平安装。垂直安装时，静触头要在上。

（2）负荷开关静触头侧接电源，动触头侧接负载。

（3）高压负荷开关初始安装好后必须进行认真细致反复的调试。调试后要达到：分合闸过程皆达到三相同期（三相动触头同步动作），其先后最大距离差不得大于 3 mm；在合闸位置，动刀片与静触头的接触长度要与动刀片宽度相同（刀片全部切入），且刀片下底边与静触头底边保持 3 mm 左右的距离，保证不能撞击瓷绝缘，静触头的两个侧边都要与动刀片接触，且保证有一定的夹紧力，不能单边接触（"旁击"）；在分闸位置，动静触头间要有一定的隔离距离，户内压气式负荷开关不小于（182±3）mm，户外压气式负荷开关不小于 175 mm。

（4）带有高压熔断器的高压负荷开关，其熔断器的安装要保证熔管与熔座接触良好。熔管的熔断指示器应朝下，以便于运行人员巡视检查。

（5）高压负荷开关的传动机构和配装的操作机构都应完好。分合闸操作灵活、不抗劲，操作机构的定位销在"分""合"的位置，能确保负荷开关状态到位（即"确已拉开""确已合好"）。

（6）负荷开关与接地开关配套使用时，应装设联锁并确保其可靠性。

（7）高压负荷开关完整地安装在它固定的支架上。它的操作机构应按规定的方式进行操作，特别是，如果操作机构是电动或气动的，它的操作都应分别在最低电压或最低气压下进行，除非电流的截断会影响试验结果。在后一种情况，负荷开关操作时的电压或气压应在规定的范围内选择，以使在触头分离时就具有最高速度和最大熄弧性能。应该表明在上述条件下，负荷开关在空载时能满意地操作。如有可能，应记录动触头行程等数据。非人力操作的负荷开关，可以用远距离控制关合的装置来进行操作。

12.5.4 10 kV 互感器的安装

1. 电压互感器的安装

（1）安装前的检查。

1）检查瓷套管有无裂纹，边缘是否毛糙或损坏，瓷管与上盖间的胶合是否牢靠，用手轻轻扳动套管，套管不应活动。

2）检查电压互感器的油位指示器，应无堵塞和渗油现象。油面的高度一般距油箱盖 5~10 mm。

3）检查电压互感器的外壳有无漏油现象，如发现此类现象，应把铁芯吊出，将油放出后进行修补，用手转动油箱上的阀门，阀门应转动灵活。

（2）安装与固定。电压互感器一般均直接安装于混凝土墩上。有时，电压互感器也装在成套开关柜内。

（3）接线。在单相回路中，只需 1 台单相电压互感器将一次线圈接到高压电源线上，低压线圈（二次线圈）接到电压表端子上，如图 12-33（a）所示。在三相回路中，为了安装电能表、电力表、电流表等以观察三相电压，可以采用三相电压互感器或 3 台单相的电压互感器组配在一起接成星形或三角形接线，如图 12-33（b）所示。

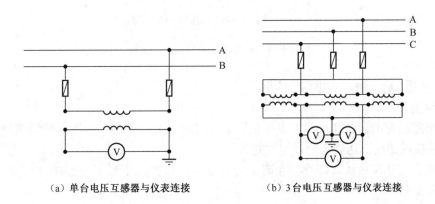

（a）单台电压互感器与仪表连接　　　（b）3台电压互感器与仪表连接

图 12-33　电压互感器与仪表的连接

注意：电压互感器的铁芯和外壳也必须可靠接地，电压互感器的低压侧要装熔断器。

2. 电流互感器的安装

（1）安装前的检查。检查瓷体外表是否有掉落、裂纹等现象，法兰盘有无裂纹，穿心导电杆固定是否牢固等。

（2）安装与固定。

1）将电流互感器安装在金属构架上，如母线架上。

2）在母线穿过墙壁或楼板的地方，将电流互感器直接用基础螺栓固定在墙壁或楼板上，或者先将角钢做成矩形框架，然后再将电流互感器固定在框架上。

3）安装在成套配电柜内。

（3）接线。在单相回路中，用1台电流互感器来测量回路中的电流。在三相三线的电气回路中，可以用两台电流互感器接成V形接线的方式，接两台电流表测量电流，接线方式如图12-34（a）所示。在三相三线式的回路里，有时也采用3台电流互感器接成三角形接线，如图12-34（b）所示，分别测量三相电流。在三相四线制供电系统中，应安装3台电流互感器分别供电流表使用，接线方式可采用星形接线，如图12-34（c）所示。

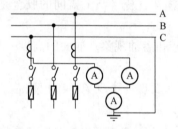

（a）2台电流互感器与仪表连接

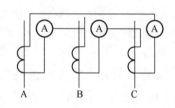

（b）3台电流互感器接成三角形与仪表连接

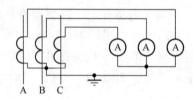

（c）3台电流互感器接成星形与仪表连接

图12-34 电流互感器与仪表的连接

【操作试题21】 电压互感器的安装

1. 考核要求

（1）根据给定的设备和仪器仪表，在规定的时间内按如图12-35所示安装图进行安装连接，不要漏接或错接，达到考题规定的要求。

（2）安装完毕应做认真自查，在确认无误后，在监护人指导下按程序进行通电试运转。操作时注意安全。

（3）正确识别本操作所需设备、材料，正确选择电工工具、仪器、仪表。

2. 操作工艺提示

（1）根据电压互感器的安装图正确选择电工工具、仪器仪表。

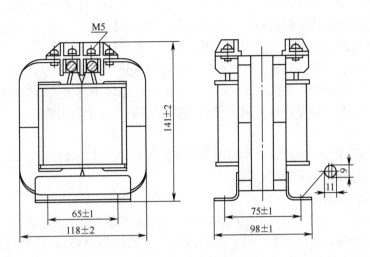

图 12-35　电压互感器安装尺寸

（2）对互感器进行外观检查。

（3）安装固定电压互感器。

（4）接线：接套管上的母线，接地线（电压互感器的铁芯和二次绕组在同一点接地）。

12.5.5　10 kV 断路器的安装

1. 安装要求

（1）安装前的各零件、组件必须检验合格。首先，检查断路器外观，如导电杆上绝缘保护层是否完好，有无裂纹及其他缺陷；外壳表面如何，有无因运输原因造成损伤；铭牌数据是否与要求相符等。其次，检查随机附件、备件和文件是否齐全。然后，手动试操作 5~10 次，检查断路器操作机构的动作性能，应能分、合灵活，"分""合"及"储能"指示正确。最后，对断路器主回路同极断口间、相间及相对地和控制部分进行工频耐压试验。

（2）安装用的工位器具、工具必须清洁并满足装配要求。紧固件拧紧时应使用呆扳手或梅花、套筒扳手，在灭弧室附近拧螺丝，不得使用活扳手。

（3）安装顺序应遵守安装工艺规程，各元件安装的紧固件规格必须按设计规定采用。特别是灭弧室静触头端固定的螺栓，其长度规格绝不许弄错。

（4）装配后的极间距离，上、下出线的位置距离应符合图样尺寸的要求。

（5）各转动、滑动件装配后应运动自如，运动摩擦处涂抹润滑油脂。

（6）调整试验合格后应清洁抹净，各零部件的可调连接部位均应用红漆打点标记，出线端处涂抹凡士林并用洁净的纸包封保护。

2. 安装

（1）按照断路器的安装尺寸和电力工程要求制作固定支架，并将断路器牢固地固定在支架上。断路器的装配一般可分成三个部分安装，即前部、上部和后部。

前部安装顺序是：骨架入位→支柱绝缘子→水平绝缘子→托架→下母排→灭弧室与并排绝线杆→上母排→导电夹软连接→触头弹簧座滑套→三角拐臂。

上部安装顺序是：主轴及轴承座→油缓冲器→绝缘推杆。

后部安装顺序是：操作机构→分闸弹簧→计数器→分合闸指示→接地标志。

再将上述三大部分安装连接起来：前部与上部，由绝缘推杆可调活接头用销子与三角拐臂连接；后部与上部，由操作机构的可调传动连杆用销子与主轴拐臂连接。装配过程简单、直观、方便。

（2）连接导线端子与断路器进出线端子的螺栓应拧紧，以保证接触良好。

（3）控制电路按线路图连接正确。

3. 机械特性的调整

（1）初调。主要针对组装完毕的断路器各极的触头开距和接触行程进行调整。

（2）开距和接触行程的调整。各类型断路器，按照动触杆运动轴线与触头合闸弹簧轴线的相对位置来看，大体分两种类型：第一种为同轴式，动触杆轴线与合闸弹簧轴线相重合；第二种为异轴式，动触杆轴线与合闸弹簧轴线相分离，合闸弹簧装设于绝缘推杆的轴上，且两轴位置几近直角。

手动调整好开距、接触行程后，在电动分合闸操作之前还必须把辅助开关的联锁位置调整好，否则可能烧坏电器元件。调整时，把辅助开关与主轴拐臂连杆一端的联销解开，手动合闸断路器，同时将辅助开关转至刚刚跳断位置，调整活接螺栓及连杆的长度，使连杆与活接螺栓的销孔大致吻合。再以手动分闸断路器，并将辅助开关转至刚跳断位置，也应使连杆与活接螺栓的销孔大致吻合，调整时多次反复直至达到上述要求为止，再穿上销子。力求在断路器的合闸或分闸行程终结前，辅助开关电接点都能提前一点切断。

【操作试题 22】 SN10-10 型高压少油断路器的安装

1. 考核要求

（1）根据给定的设备和仪器仪表，在规定的时间内按如图 12-36 所示安装图进行安装连接，不要漏接或错接，达到考题规定的要求。

（2）安装完毕应做认真自查，在确认无误后，在监护人指导下按程序进行通电试运转。操作时注意安全。

（3）正确识别本操作所需设备、材料，正确选择电工工具、仪器、仪表。

2. 操作工艺提示

（1）断路器安装前应进行必要的检查。

（2）按图安装断路器。先在地面进行单相组装，然后分相吊装到基础上，用螺栓紧固。

（3）按照工艺要求进行断路器的拆装和调整。

（4）交验。

【特别提醒】

断路器在调整时，没有注满油前禁止分合闸。调整后，手动分合闸几次，确定正常后才能通电操作。

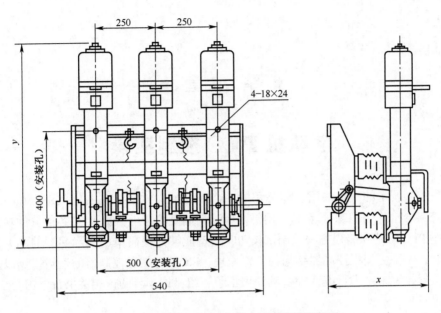

图 12-36　SN10-10 型高压少油断路器安装图

■ 第 *13* 章 ■

电动机 PLC 控制实操

可编程控制技术的操作采用三菱公司的 FX 序列 PLC（Programmable Logic Controller，可编程逻辑控制器）作为训练（考试）用机。考试大纲要求考生掌握 PLC 各部分的功能及基本操作，掌握 PLC 的基本编程方法及调试技巧，具备能够处理简单的实际问题的能力。本书围于篇幅限制，关于可编程控制器结构与工作原理、FX 型可编程控制器的逻辑指令以及利用逻辑指令对电气控制系统进行编程等基础知识不予介绍，请读者阅读相关书籍学习。

13.1 编程器基本操作

一、训练（考试）器材

FX₂₀ 手持
编程器的使用

（1）FX₂₀系列可编程控制器 1 套（包括手持编程器 1 个、电缆 1 根）。
（2）电工工具 1 套。
（3）导线若干。

二、训练（考试）操作试题

（1）用 FX-20P-E 手持式编程器在联机方式下输入下列指令：LD X0，OR M0，ANI T1，OUT M0，OUT T0 K5，OUT T1 K10，LD M0，ANI T0，OUT Y0，END，并观察其运行结果。
（2）通过 LED 显示屏把已写入 PLC 中的上述程序读出来。
（3）分别完成按 GO 键前的修改，按 GO 键后的修改；最后，把修改后的程序恢复为没有修改前的程序。
（4）在（2）的基础上插入 ANI X1（在 ANI T1 指令前），并观察 PLC 运行时输出指示灯 Y0 的变化。
（5）在（2）的基础上删除 OR M0 指令，观察 PLC 运行时输出指示灯 Y0 的变化。

三、训练（考试）指导

目前使用的编程工具有两种，一种是便携式（即手持式）编程器，另一种是计算机上的编程软件。编程器是 PLC 重要的外部设备，它的作用是通过编程语言，把用户程序送到 PLC 的用户程序存储器中，即写入程序。除此之外，编程器还能对程序进行读出、插入、删除、修改、检查，也能对 PLC 的运行状况进行监视。

FX 系列 PLC 使用的编程器有 FX-10P-E 和 FX-20P-E 两类，这两类编程器的使用方法基本相同，所不同的是，FX-10P-E 的液晶显示屏只有两行，而 FX-20P-E 有 4 行。另外，FX-10P-E 只有在线编程功能，而 FX-20P-E 除了有在线编程功能外，还有离线编程功能，如图 13-1 所示。

图 13-1　FX-20P-E
手持式编程器

1. 编程器的工作方式选择

在联机编程方式下，按 OTHER 键，即进入工作方式选择的操作，可供选择的工作方式共有 7 种，它们依次是：

（1）offline mode：进入脱机编程方式；

（2）program check：程序检查，若没有错误，则显示 "NO ERROR（没有错误）"；若有错误，则显示出错指令的步序号及出错代码；

（3）data transfer：数据传送，若 PLC 内安装有存储器卡盒，则在 PLC 的 RAM（Random Access Memory，随机存取存储器）和外装的存储器之间进行程序和参数的传送。反之则显示 no mem cassette（没有存储器卡盒），不进行传送；

（4）parameter：对 PLC 的用户程序存储器容量进行设置，还可以对各种具有断电保持功能的编程元件的范围以及文件寄存器的数量进行设置；

（5）xym..no.conv.：修改 X、Y、M 的元件号；

（6）buzzer level：蜂鸣器的音量调节；

（7）latch clear：复位有断电保持功能的编程元件。

对文件寄存器的复位与其使用的存储器类别有关，只能对 RAM 和写保护开关处于 off 位置的 EEPROM（Electrically Erasable Programmable Read Only Memory，带电可擦可编程只读存储器）中的文件寄存器复位。

2. 程序的写入

在写入程序之前，一般要将 PLC 内部存储器的程序全部清除（简称清零）。清零后即可进行程序写入操作。

写入操作包括基本指令（包括步进指令）、功能指令的写入。基本指令有 3 种情况：一是仅有指令助记符，不带元件；二是有指令助记符和一个元件；三是指令助记符带两个元件。

3. 程序的读出

把已写入 PLC 中的程序读出，这是经常要做的事。读出时有根据步序号、指令及元件读出等几种方式。

4. 程序的修改

在指令输入过程中，若要修改，可按照如图 13-2 所示的操作进行。

5. 程序的插入

程序插入操作是指根据步序号读出程序，再在指定的位置上插入指令或指针。其操作如图 13-3 所示。

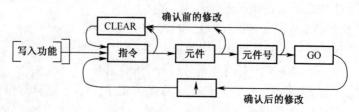

图 13-2　修改程序的基本操作

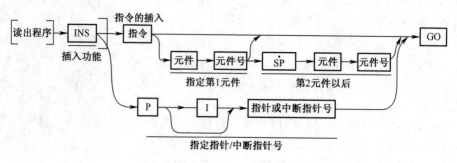

图 13-3　程序插入的基本操作

6. 程序的删除

删除程序分为逐条删除、指定范围删除和全部 NOP（No Operation，无操作）指令的删除几种形式。

（1）逐条删除。读出程序，逐条删除光标指定的指令或指针，其基本操作如图 13-4所示。

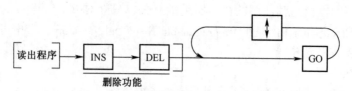

图 13-4　逐条删除程序的基本操作

（2）指定范围删除。从指定的起始步序号到终止步序号之间的程序成批删除的操作如图 13-5 所示。

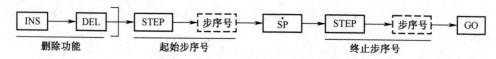

图 13-5　指定范围删除程序的基本操作

（3）全部 NOP 指令的删除。将程序中所有的 NOP 一起删除的操作如图 13-6 所示。

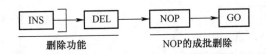

图 13-6　删除全部 NOP 指令的基本操作

13.2　三速电动机的 PLC 控制

一、训练（考试）器材

（1）可编程控制器 1 台。

（2）交流接触器 5 个（40 A）。

（3）热继电器 1 个（40 A）。

（4）按钮 3 个（常开，其中 1 个用来代替热继电器的常开触头）。

（5）三相异步电动机 1 台。

（6）实训控制台 1 个。

（7）熔断器两个（0.5 A）。

（8）电工常用工具 1 套。

（9）连接导线若干。

二、训练（考试）操作试题

设计一个用 PLC 基本逻辑指令来控制的三速电动机的控制系统，控制要求如下。

（1）先启动电动机低速运行，使 KM1、KM2 闭合；低速运行 T1（3s）后，电动机中速运行，此时断开 KM1、KM2，使 KM3 闭合；中速运行 T2（3 s）后，使电动机高速运行，断开 KM3，闭合 KM4、KM5。

（2）5 个接触器在 3 个速度运行过程中要求软互锁。

（3）如有故障或者热继电器动作，可随时停机。

三、训练（考试）指导

1. I/O 点分配

X0：停止按钮，X1：启动按钮，X2：热继电器常开触点，Y1：KM1，Y2：KM2，Y3，KM3，Y4：KM4，Y5：KM5。

2. 系统接线图

根据系统控制要求，其系统接线图如图 13-7 所示。

3. 梯形图设计

根据控制要求和 PLC 的 I/O 分配，其梯形图如图 13-8 所示。

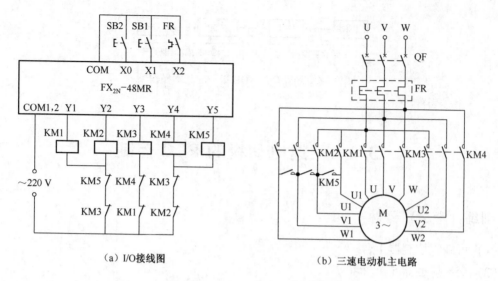

（a）I/O接线图　　　　　　　　（b）三速电动机主电路

图 13-7　三速电动机系统接线图

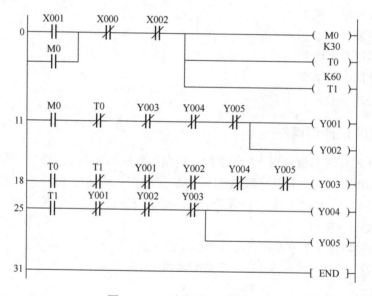

图 13-8　三速电动机的梯形图

4. 系统调试

（1）输入程序。按照前面介绍的程序输入方法，正确输入程序。

（2）静态调试。按图 13-7（a）所示的 PLC 的 I/O 接线图正确连接好输入设备，进行 PLC 的模拟静态调试（将运行开关打到 run，按下启动按钮，这时 Y1、Y2 亮 3 s 后 Y1、Y2 熄灭，Y3 亮，又 3 s 后 Y3 熄灭，Y4、Y5 亮。在此期间，只要按停止按钮或热继电器动作，Y1、Y2、Y3 都将全部熄灭），并通过手持编程器监视，观察其是否与指示一致。若不一致，则需检查并修改程序，直至指示正确，即达到技能鉴定的要求。

（3）动态调试（技能鉴定不做要求）。按图 13-7（a）所示的 PLC 的 I/O 接线图正确连接好输出设备，进行系统的空载调试，观察交流接触器能否按控制要求动作（按下启动按钮，这时 KM1、KM2 闭合，3 s 后 KM1、KM2 断开，KM3 闭合，又 3 s 后 KM3 断开，KM4、KM5 闭合。在此期间，只要按停止按钮或者热继电器动作，KM1、KM2、KM3 都将全部断开），并通过手持编程器监视，观察其是否与指示一致。若不一致，则需要检查线路或修改程序，直至交流接触器能按控制要求动作。然后按图 13-7（b）所示的主电路图连接好电动机，进行带载动态调试。

13.3　电动机 Y/△ 的 PLC 控制

一、训练（考试）器材

（1）可编程控制器 1 台。
（2）交流接触器 3 个（40 A）。
（3）热继电器 1 个（40 A）。
（4）按钮 3 个（常开，其中 1 个用来代替热继电器的常开触头）。
（5）三相异步电动机 1 台。
（6）实训控制台 1 个。
（7）熔断器两个（0.5 A）。
（8）电工常用工具 1 套。
（9）连接导线若干。
（10）指示灯 1 个。

二、训练（考试）操作试题

设计一个用 PLC 基本逻辑指令来控制电动机 Y/△ 启动的控制系统，控制要求如下。
（1）按下启动按钮，KM2（星形接触器）先闭合，KM1（主接触器）再闭合，3 s 后 KM2 断开，KM3（三角形接触器）闭合。启动期间要有闪光信号，闪光周期为 1 s。
（2）具有热保护和停止功能。

三、训练（考试）指导

1. I/O 分配
X0：停止按钮，X1：启动按钮，X2：热继电器常开触点，Y0：KM1，Y1：KM2，Y2：KM3，Y3：信号闪烁显示。

2. 系统接线图
根据系统控制要求，其系统接线图如图 13-9 所示。

3. 梯形图设计
根据控制要求和 PLC 的 I/O 分配，其梯形图如图 13-10 所示。

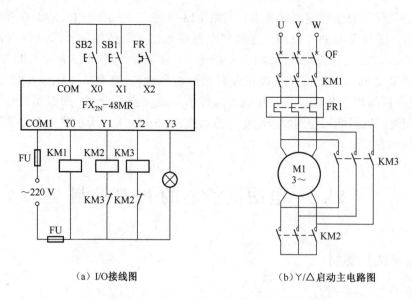

（a）I/O接线图　　　　　　（b）Y/△启动主电路图

图 13-9　电动机Y/△启动系统接线图

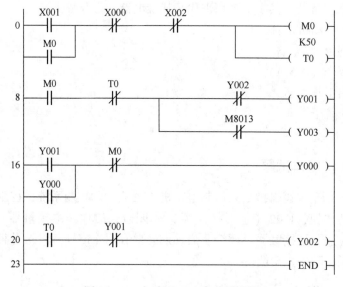

图 13-10　电动机Y/△启动梯形图

4. 系统调试

（1）输入程序。按前面介绍的程序输入方法，正确输入程序。

（2）静态调试。按图 13-9（a）所示的 PLC 的 I/O 接线图正确连接好输入设备，进行 PLC 的模拟静态调试［按下启动按钮 SB1（X1）时，Y0、Y1 亮，3 s 后 Y1 熄灭，Y2 亮，在 Y1 亮的时间内，Y3 闪 3 次，当按停止按钮或热继电器动作时，Y0、Y1、Y2、Y3 都将全部熄灭］，并通过手持编程器监视，观察其是否与指示一致。若不一致，则需检查并修改程序，直至指示正确，即达到技能鉴定的要求。

（3）动态调试（技能鉴定不做要求）。按图 13-9（a）所示的 PLC 的 I/O 接线图正确连接好输出设备，进行系统的空载调试，观察交流接触器能否按控制要求动作［即按启动按钮 SB1（X1）时，KM1（Y0）、KM2（Y1）闭合，3 s 后 KM2 断开，KM3（Y2）闭合，启动期间指示灯（Y3）闪三次，当按停止按钮 SB2（X0）或热继电器 FR（X2）动作时，KM1、KM2 或 KM3 都断开］，并通过手持编程器监视，观察其是否与指示一致。若不一致，则需检查线路或修改程序，直至交流接触器能按控制要求动作。然后按图 13-9（b）所示的主电路图连接好电动机，进行带载动态调试。

13.4　电动机循环正反转的 PLC 控制

一、训练（考试）器材

（1）可编程控制器 1 台。
（2）交流接触器 2 个（40 A）。
（3）热继电器 1 个（40 A）。
（4）按钮 3 个（常开，其中 1 个用来代替热继电器的常开触头）。
（5）三相异步电动机 1 台。
（6）实训控制台 1 个。
（7）熔断器两个（0.5 A）。
（8）电工常用工具 1 套。
（9）连接导线若干。

二、训练（考试）操作试题

设计一个用 PLC 的基本逻辑指令来控制电动机循环正反转的控制系统，控制要求如下。
（1）按下启动按钮，电动机正转 3 s，停 2 s，反转 3 s，停 2 s，如此循环 5 个周期，然后自动停止。
（2）运行中，可按停止按钮停止，热继电器动作也应停止。

三、训练（考试）指导

1. I/O 分配
X0：停止按钮，X1：启动按钮，X2：热继电器动合触点，Y1：电动机正转接触器，Y2：电动机反转接触器。
2. 系统接线图
根据系统控制要求，其系统接线图如图 13-11 所示。
3. 梯形图设计
根据控制要求，可采用时间继电器连续输出并累积计时的方法，这样可使电动机的运行由时间来控制，使编程的思路变得很简单，而电动机循环的次数，则由计数器来控制。时间

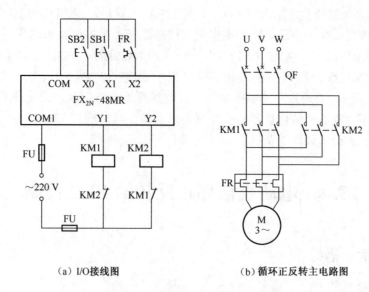

（a）I/O接线图   （b）循环正反转主电路图

图 13-11 电动机循环正反转系统接线图

继电器 T0、T1、T2、T3 的用途如下（设电动机运行时间 $t_1 = 3$ s；电动机停止时间 $t_2 = 2$ s），T0 为 t_1 的时间，所以 T0 = 30；T1 为 $t_1 + t_2$ 的时间，所以 T1 = 50；T2 为 $t_1 + t_2 + t_1$ 的时间，所以 T2 = 80；T3 为 $t_1 + t_2 + t_1 + t_2$ 的时间，所以 T3 = 100。因此，根据上述分析可画出其梯形图。

4. 系统调试

（1）输入程序。通过手持编程器将梯形图正确输入 PLC 中。

（2）静态调试。按图 13-11（a）所示的 PLC 的 I/O 接线图正确连接好输入设备，进行 PLC 的模拟静态调试 [按下启动按钮（X0）后，Y1 亮 3 s 后熄灭 2s，然后 Y2 亮 3 s 后熄灭 2 s，循环 5 次，在此期间，只要按停止按钮或热继电器动作，Y1、Y2 都将全部熄灭]，观察 PLC 的输出指示灯是否按要求指示。若未按要求指示，则需检查并修改程序，直至指示正确，即达到技能鉴定的要求。

（3）动态调试（技能鉴定不做要求）。按图 13-11（a）所示的 PLC 的 I/O 接线图正确连接好输出设备，进行系统的空载调试，观察交流接触器能否按控制要求动作。若不能，则需检查线路或修改程序，直至交流接触器能按控制要求动作。再按图 13-11（b）所示的主电路图连接好电动机，进行带载动态调试。

13.5 电动机正反转能耗制动的 PLC 控制

一、训练（考试）器材

（1）可编程控制器 1 台。

（2）交流接触器 3 个（40 A）。

（3）热继电器 1 个（40 A）。

（4）按钮 3 个（常开，其中 1 个用来代替热继电器的常开触头）。

（5）三相异步电动机 1 台。

（6）实训控制台 1 个。

（7）熔断器两个（0.5 A）。

（8）电工常用工具 1 套。

（9）连接导线若干。

二、训练（考试）操作试题

设计一个用 PLC 基本逻辑指令来控制电动机正反转能耗制动的控制系统，控制要求如下。

（1）按 SB1，KM1 闭合，电动机正转。

（2）按 SB2，KM2 闭合，电动机反转。

（3）按 SB3，KM1 或 KM2 停，KM3 闭合，能耗制动（制动时间为 T 秒）。

（4）FR 动作，KM1 或 KM2 或 KM3 释放，电动机自由停车。

三、训练（考试）指导

1. I/O 分配

X0：停止按钮，X1：正转启动按钮，X2：反转启动按钮，X3：热继电器常开触点，Y1：正转接触器，Y2：反转接触器，Y3：制动接触器。

2. 系统接线图

根据系统控制要求，其系统接线图如图 13-12 所示。

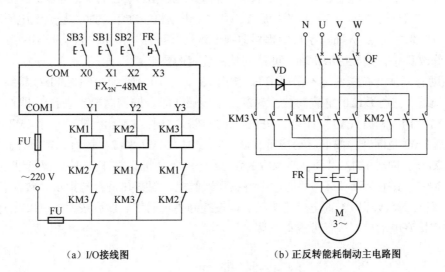

　　（a）I/O 接线图　　　　　　　　　（b）正反转能耗制动主电路图

图 13-12　电动机正反转能耗制动系统接线图

3. 梯形图设计

根据控制要求和 PLC 的 I/O 分配，其梯形图如图 13-13 所示。

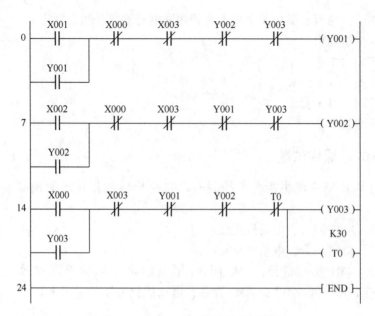

图 13-13　电动机正反转能耗制动梯形图

4. 系统调试

（1）输入程序。按前面介绍的程序输入方法，用手持编程器正确输入程序。

（2）静态调试。按图 13-12（a）所示的 PLC 的 I/O 接线图正确连接好输入设备，进行 PLC 的模拟静态调试［按下正转启动按钮 SB1（X1）时，Y1 亮，按下停止按钮 SB3 时，Y1 熄灭，同时 Y3 亮，T 秒后 Y3 熄灭；按下反转启动按钮 SB2（X2）时，Y2 亮，按下停止按钮 SB3 时，Y2 熄灭，同时 Y3 亮，T 秒后 Y3 熄灭。电动机正在工作时，若热继电器动作，则 Y1、Y2、Y3 都熄灭］，并通过手持编程器监视，观察其是否与指示一致。若不一致，则需检查线路或修改程序，直至指示正确，即达到技能鉴定的要求。

（3）动态调试（技能鉴定不做要求）。按图 13-12（a）所示的 PLC 的 I/O 接线图正确连接好输出设备，进行系统的空载调试，观察交流接触器能否按控制要求动作［即按下启动按钮 SB1（X1）时，KM1（Y1）闭合，按下停止按钮 SB3 时，KM1 断开，同时 KM3（Y3）闭合，T 秒后 KM3 也断开；按下启动按钮 SB2（X2）时，KM2（Y2）闭合，按下停止按钮 SB3 时，KM2 断开，同时 KM3 闭合，T 秒后 KM3 断开。电动机正在工作时，若热继电器动作，则 KM1、KM2、KM3 都断开］，并通过手持编程器监视，观察其是否与指示一致。若不一致，则需检查线路或修改程序，直至交流接触器能按控制要求动作。然后按图 13-12（b）所示的主电路图连接好电动机，进行带载动态调试。